华为
HCIP-Datacom
认证实验指导

（视频讲解+在线刷题）

刘伟　王鹏　周航　阳惠娇 ◎ 编著

清华大学出版社

北京

内 容 简 介

华为 HCIP-Datacom 认证是华为技术有限公司基于"平台＋生态"战略、围绕"云－管－端"协同的新 ICT 技术架构而打造的高级工程师级别的网络技术职业认证体系。

本书以新版华为网络技术职业认证 HCIP-Datacom（考试代码为 H12-821、H12-831）为基础，以 eNSP 模拟器为仿真平台，从行业实际应用出发组织全书内容。本书分为两篇共 22 章，其中核心技术篇包括 OSPF、IS-IS、路由引入、路由控制、BGP、RSTP、MSTP、堆叠、IP 组播、IPv6、防火墙、VPN、BFD、VRRP、DHCP 等技术与实验项目；高级路由和交换技术篇包括 IGP 高级特性、BGP 高级特性、IPv6 路由、VLAN 高级特性、以太网交换安全、MPLS 和 MPLS LDP、MPLS VPN 等高级技术和实验项目。

本书可以作为华为 HCIP-Datacom 网络技术职业认证的备考指南和实验参考书或华为 ICT 学院的配套实验教材，也可以作为计算机网络相关专业的实训指导书，还可以作为相关企业的培训教材，对于从事网络管理和运维的技术人员来说，本书也是一本很实用的技术参考书。

图书在版编目（CIP）数据

华为 HCIP-Datacom 认证实验指导：视频讲解 + 在线刷题 / 刘伟等编著．
北京：清华大学出版社，2025.3. -- ISBN 978-7-302-68368-1

Ⅰ．TP393.18

中国国家版本馆 CIP 数据核字第 2025HN7335 号

责任编辑：袁金敏
封面设计：刘　超
责任校对：徐俊伟
责任印制：刘　菲

出版发行：清华大学出版社
　　　　　网　　　址：https://www.tup.com.cn，https://www.wqxuetang.com
　　　　　地　　　址：北京清华大学学研大厦 A 座　　邮　　编：100084
　　　　　社 总 机：010-83470000　　　　　邮　　购：010-62786544
　　　　　投稿与读者服务：010-62776969，c-service@tup.tsinghua.edu.cn
　　　　　质 量 反 馈：010-62772015，zhiliang@tup.tsinghua.edu.cn

印 装 者：河北鹏润印刷有限公司
经　　销：全国新华书店
开　　本：190mm×235mm　　印　　张：29.75　　字　　数：816 千字
版　　次：2025 年 3 月第 1 版　　印　　次：2025 年 3 月第 1 次印刷
定　　价：119.00 元

产品编号：107042-01

前　　言

华为作为全球领先的通信设备供应商，其产品涉及路由、交换、安全、无线、存储、云计算等领域。而华为推出的系列职业认证 HCIA、HCIP、HCIE 无疑是 IT 领域最成功的职业认证之一。本书以 HCIP–Datacom 职业认证为依托，从实际应用角度出发，以华为官方考试大纲为背景设计拓扑，详细地介绍了新版 HCIP 中的技术内容。

华为认证体系介绍

依托华为公司雄厚的技术实力和专业的培训体系，华为认证考虑不同客户对 ICT（Information and Communications Technology，信息与通信技术）不同层次的需求，致力于为客户提供实战性、专业化的技术认证。根据 ICT 的特点和客户不同层次的需求，华为认证为客户提供了面向多个方向的三级认证体系。近几年，华为认证发展非常迅速，整体上分为 IT（Information Technology，信息技术）和 CT（Communications Technology，通信技术）两大板块，其中，信息技术部分包括万物互联、大数据、人工智能、云计算、云服务等技术；通信技术部分主要包括数据通信（Datacom）、无线技术、安全、SDN（Software Defined Network，软件定义网络）和数据中心等内容。本书重点介绍 Datacom。

华为职业认证概况如图 0–1 所示。本书重点介绍 HCIP–Datacom 中级认证涉及的内容。

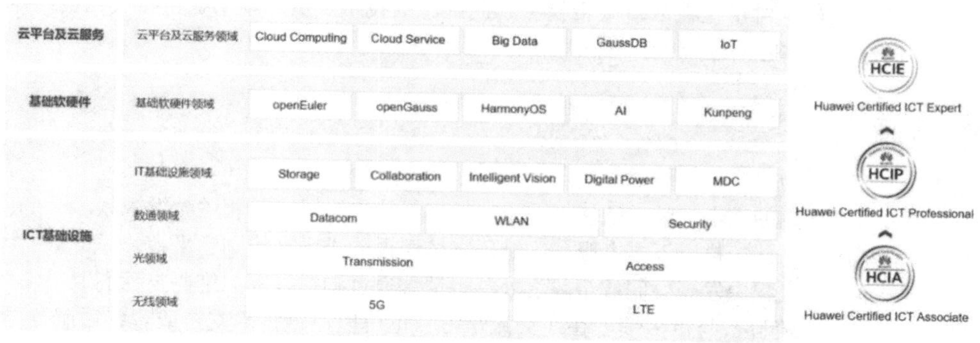

图 0–1　华为职业认证概况

本书特色

（1）内容完善，系统全面。本书以新版华为网络技术职业认证 HCIP–Datacom 为基础，以 eNSP 模拟器为仿真平台，从行业实际应用出发系统全面地组织本书内容。

（2）目标导向，实践为王。本书以实际应用为目标，采用案例驱动的方式，真实模拟企业环境。这不仅培养了读者的网络设计、配置、分析和排错能力，而且可以为他们未来的职业生涯打下坚实基础。

（3）与时俱进，紧跟前沿。本书内容与新版的华为 HCIP-Datacom 认证大纲紧密结合，确保读者在学习过程中既能掌握前沿知识，又能顺利通过认证考试。对于重点和难点内容，我们进行了深入的剖析和解读，确保读者能够真正理解和掌握。

（4）学练一体，完美融合。本书不仅提供了详尽的理论知识梳理，更通过大量的实验案例让读者在实践中学习和成长。每个步骤都有详细的操作指导和分析，真正做到了学练一体，确保学习效果的最大化。

（5）视频教学，直击核心。除了文字内容，我们还提供了部分实操教学视频。这些视频不仅可以指导读者如何进行实际操作，还结合网络工程师的职业规划、技术难点和工作项目等内容，为读者提供全方位的教学指导。

读者对象

本书面向多层次读者，满足多样化需求。

（1）华为 HCIP-Datacom 网络技术职业认证备考学员。本书可作为其备考的指导用书。

（2）华为 ICT 学院学员。作为学院的配套教材，本书为学员提供全面、深入的 ICT 知识体系，助力学员掌握前沿技术。

（3）计算机网络专业的学生。无论你是初学者还是希望提升技能的学子，本书都是你学习路上的得力助手，助你深入理解晦涩难懂的知识，提升技能。

（4）企业培训的必备教材。针对企业培训需求，本书提供了系统化的培训内容，帮助企业快速提升员工或学员的 ICT 技能。

（5）网络技术人员。对于正在从事或希望深入此领域的技术人员，本书提供了实用的技术参考和解决方案，帮助你解决实际问题。

本书资源

本书提供关键知识点的教学视频，请使用手机扫描书中的二维码观看相关教学视频。

本书提供在线刷题，请扫描以下本书服务二维码，按照说明进入在线刷题平台。

若您在学习本书的过程中发现疑问或错漏之处，也请您通过扫描以下二维码与我们取得联系。

您可以进入读者交流群，与更多读者在线交流学习，也可以通过技术支持或者售后服务与我们取得联系，感谢您的支持。

本书服务二维码

目　　录

第 1 篇

核心技术

核心技术篇的主要内容有 OSPF、IS-IS、路由引入、路由控制、BGP、RSTP、MSTP、堆叠、IP 组播、IPv6、防火墙、VPN、BFD、VRRP、DHCP。

学习完本篇，读者可以掌握中大型网络的特点和通用技术，具备使用华为数通设备进行中大型企业网络的规划设计、部署运维、故障定位的能力，能够胜任中大型企业网络工程师岗位。

第1章　OSPF 开放式最短路径优先协议

本章阐述OSPF协议的特征、术语，OSPF的路由器类型、网络类型、区域类型、LSA类型，OSPF报文的具体内容及作用，描述OSPF的邻居关系，通过实验让读者掌握OSPF在各种场景中的配置。

本章包含以下内容:
- OSPF概述
- OSPF基本配置实验
- OSPF网络类型配置实验
- OSPF高级配置实验

1.1　OSPF 概述

OSPF（Open Shortest Path First，开放式最短路径优先）是 IETF（The Internet Engineering Task Force，国际互联网工程任务组）开发的一个基于链路状态的内部网关协议（Interior Gateway Protocol，IGP）。目前，针对 IPv4 协议使用的是 OSPF Version 2（RFC 2328），针对 IPv6 协议使用的是 OSPF Version 3（RFC 2740）。如无特殊说明，本书中所指的 OSPF 均为 OSPF Version 2。

1.1.1　OSPF 特征

OSPF 具有以下特征:
（1）OSPF 把 AS（Autonomous System，自治系统）划分成逻辑意义上的一个或多个区域。
（2）OSPF 通过 LSA（Link State Advertisement，链路状态通告）的形式发布路由。
（3）OSPF 依靠在 OSPF 区域内各设备间交互 OSPF 报文来达到路由信息的统一。
（4）OSPF 报文封装在 IP 报文内，可以采用单播或组播的形式发送。

1.1.2　OSPF 术语

（1）Router ID: 用于在自治系统中唯一地标识一台运行 OSPF 的路由器。每台运行 OSPF 的路由器都有一个 Router ID。
（2）链路: 路由器的接口。
（3）链路状态: 对接口及与其相邻路由器关系的描述。例如，接口的信息包括接口的 IP 地址、掩码、所连接的网络的类型、连接的邻居等。所有这些链路状态的集合形成链路状态数据库（Link State DataBase，LSDB）。
（4）Cost: OSPF 使用 Cost 作为路由器的度量值。

- 每个激活 OSPF 的接口都有一个 Cost 值。OSPF 接口的 Cost=100/ 接口带宽，其中，100 为 OSPF 的参考带宽（reference-bandwidth），单位为 MB。
- 一条 OSPF 路由的 Cost，是该路由从起源一路到达本地的所有入接口 Cost 值的总和。

（5）区域：共享链路状态信息的一组路由器。在同一个区域内的路由器拥有相同的链路状态数据库。

（6）自治系统：采用同一种路由协议交换路由信息的路由器及其网络构成的系统。

（7）LSA：用于描述路由器和链路的状态，LSA 包含的信息有路由器接口的状态和所形成的邻接状态。不同类型的 LSA，其功能不同。

（8）邻居：如果两台路由器共享一条公共数据链路，并且能够协商 Hello 数据包中指定的一些参数，它们就形成邻居关系。

（9）邻接：相互交换 LSA 的 OSPF 邻居关系建立的关系。

（10）DR（Designated Router）：指定路由器。

（11）BDR（Backup Designated Router）：备份指定路由器。

1.1.3　OSPF 路由器类型

OSPF 的路由器类型如图 1–1 所示。

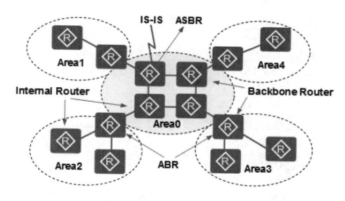

图 1–1　OSPF 的路由器类型

（1）Backbone Router（骨干路由器）：至少有一个接口属于骨干区域。

（2）Internal Router（区域内路由器）：所有接口属于同一个 OSPF 区域。

（3）ABR（Area Border Router，区域边界路由器）：可以同时属于两个以上的区域，但其中一个必须是骨干区域。

（4）ASBR（AS Boundary Router，自治系统边界路由器）：只要一台 OSPF 设备引入了外部路由的信息，它就成为 ASBR。

1.1.4　OSPF 网络类型

OSPF 的网络类型见表 1–1。

表 1-1　OSPF 的网络类型

网络类型	链路层协议	选择 DR	Hello 间隔 /s	Dead 间隔 /s	邻　居
P2P	PPP、HDLC	否	10	40	自动发现
广播	Ethernet	是	10	40	自动发现
NBMA	帧中继	是	30	120	管理员配置
P2MP	管理员配置	否	30	120	自动发现

1.1.5　OSPF 区域类型

OSPF 的区域类型及作用见表 1-2。

表 1-2　OSPF 的区域类型及作用

区域类型	作　用
骨干区域	连接所有其他 OSPF 区域的中央区域，通常用 Area 0 表示
标准区域	最通用的区域，它传输区域内路由、区域间路由和外部路由
Stub 区域	拒绝 4、5 类 LSA； 自动下发一条 3 类 LSA 的默认路由
Totally Stub 区域	拒绝 3、4、5 类 LSA； 自动下发一条 3 类 LSA 的默认路由
NSSA	拒绝 4、5 类 LSA，引入 7 类 LSA； 自动下发一条 7 类 LSA 的默认路由
Totally NSSA	拒绝 3、4、5 类 LSA，引入 7 类 LSA； 自动下发一条 3 类和 7 类 LSA 的默认路由

1.1.6　OSPF LSA 类型

LSA 是 OSPF 进行路由计算的关键依据，OSPF 的 LSU 报文可以携带多种不同类型的 LSA，各种类型的 LSA 拥有相同的报头。报头格式见清单 1-1。

清单 1-1　LSA 的报头格式

LS Age		Options	LS Type
Link State ID			
Advertising Router			
LS Sequence Number			
LS Checksum		Length	

以下是对报头格式中各字段的解释。

（1）LS Age（链路状态老化时间）：此字段表示 LSA 已经生存的时间，单位为 s。LSA 的最大生存时间为 3600s，每隔 1800s 更新一次。

（2）Options（可选项）：每个 bit 对应 OSPF 所支持的某种特性。

（3）LS Type（链路状态类型）：指示本 LSA 的类型。

（4）Link State ID（链路状态 ID）：不同的 LSA，对该字段的定义不同。

（5）Advertising Router（通告路由器）：产生该 LSA 的路由器的 Router ID。

（6）LS Sequence Number（链路状态序列号）：当 LSA 有新的实例产生时，序列号就会增加。序列号范围为 0X80000001 ～ 0X7FFFFFFF，序列号越大，代表其越新。

（7）LS Checksum（校验和）：保证数据的完整性和准确性。

（8）Length：包含 LSA 头部在内的 LSA 的总长度值。

OSPF 中对路由信息的描述都封装在 LSA 中发布。常用的 LSA 类型及作用见表 1-3。

表 1-3　常用的 LSA 类型及作用

LSA 类型	作　用
Router	每个设备都会产生，描述了设备的链路状态和开销，在所属的区域内传播
Network	由 DR 产生，描述本网段的链路状态，在所属的区域内传播
Network-summary	由 ABR 产生，描述区域内某个网段的路由，并通告给其他区域
ASBR-summary	由 ABR 产生，描述到 ASBR 的路由，通告给除 ASBR 所在区域的其他相关区域
AS-external	由 ASBR 产生，描述到 AS 外部的路由，通告到所有的区域
NSSA	由 ASBR 产生，描述到 AS 外部的路由，仅在 NSSA 区域内传播

1.1.7　OSPF 数据报文类型

OSPF 用 IP 报文直接封装协议报文，协议号为 89。OSPF 的数据报文类型及作用见表 1-4。

表 1-4　OSPF 的数据报文类型及作用

报文类型	作　用
Hello	周期性发送，用于发现和维持 OSPF 邻居关系
DD	描述本地 LSDB 的摘要信息，用于对两台设备进行数据库同步
LSR	用于向对方请求所需的 LSA； 设备只有在 OSPF 邻居双方成功交换 DD 报文后才会向对方发出 LSR 报文
LSU	用于向对方发送其所需要的 LSA
LSA	用于对收到的 LSA 进行确认

1.1.8　OSPF 路由类型

AS 区域内路由和区域间路由描述的是 AS 内部的网络结构，AS 外部路由则描述了应该如何选择到除 AS 以外目的地址的路由。OSPF 将引入的 AS 外部路由分为 Type 1 和 Type 2 两类，见表 1-5。

表 1-5　OSPF 的路由类型及含义

路由类型	含　义
Intra Area	区域内路由
Inter Area	区域间路由
Type 1	● 这类路由的可信度高一些； ● 到第一类外部路由的开销 = 本路由器到相应 ASBR 的开销 +ASBR 到该路由目的地址的开销； ● 存在多个 ASBR 时，每条路径分别计算到第一类外部路由的开销，得到的开销值用于路由选路
Type 2	● 这类路由的可信度比较低，所以 OSPF 协议认为从 ASBR 到自治系统之外的开销远远大于在自治系统之内到达 ASBR 的开销。 ● OSPF 计算路由开销时只考虑 ASBR 到自治系统之外的开销，即到第二类外部路由的开销 =ASBR 到该路由目的地址的开销。 ● 存在多个 ASBR 时，先比较引入路由的开销值，选取开销值最小的 ASBR 路径进行路由引入。如果引入路由的开销值相同，则比较本路由器到相应 ASBR 的开销值，选取开销值最小的路径进行路由引入。无论选择哪条路径引入路由，第二类外部路由的开销都等于 ASBR 到该路由目的地址的开销

1.1.9　OSPF 邻居关系

（1）Down：邻居会话的初始阶段，表明没有在邻居失效时间间隔（dead interval）内收到来自邻居路由器的 Hello 数据包。

（2）Attempt：该状态仅发生在 NBMA 网络中，表明对端在邻居失效时间间隔超时前仍然没有回复 Hello 报文。此时路由器依然以轮询 Hello 报文的时间间隔（poll interval）向对端发送 Hello 报文。

（3）Init：收到 Hello 报文后状态为 Init。

（4）2Way：收到的 Hello 报文中包含自己的 Router ID，则状态为 2Way；如果不需要形成邻接关系，则邻居状态机就停留在此状态；否则进入 ExStart 状态。

（5）ExStart：开始协商主从关系，并确定 DD 序列号，此时状态为 ExStart。

（6）Exchange：主从关系协商完毕开始交换 DD 报文，此时状态为 Exchange。

（7）Loading：DD 报文交换完成即 Exchange done，此时状态为 Loading。

（8）Full：LSR 重传列表为空，此时状态为 Full。

1.2　OSPF 基本配置实验

实验 1-1　配置单区域 OSPF

扫一扫，看视频

1. 实验目的

（1）实现单区域 OSPF 的配置。

（2）描述 OSPF 在多路访问网络中邻居关系建立的过程。

2. 实验拓扑

配置单区域 OSPF 的实验拓扑如图 1-2 所示。

图1-2 配置单区域 OSPF

3. 实验步骤

（1）配置 IP 地址。

R1 的配置：

```
<Huawei>system-view
[Huawei]undo info-center enable
[Huawei]sysname R1
[R1]interface g0/0/0
[R1-GigabitEthernet0/0/0]ip address 12.1.1.1 24
[R1-GigabitEthernet0/0/0]quit
[R1]interface LoopBack 0
[R1-LoopBack0]ip address 1.1.1.1 24
[R1-LoopBack0]quit
```

R2 的配置：

```
<Huawei>system-view
[Huawei]undo info-center enable
[Huawei]sysname R2
[R2]interface g0/0/1
[R2-GigabitEthernet0/0/1]ip address 12.1.1.2 24
[R2-GigabitEthernet0/0/1]quit
[R2]interface g0/0/0
[R2-GigabitEthernet0/0/0]ip address 23.1.1.2 24
[R2-GigabitEthernet0/0/0]quit
[R2]interface LoopBack 0
[R2-LoopBack0]ip address 2.2.2.2 24
[R2-LoopBack0]quit
```

R3 的配置：

```
<Huawei>system-view
[Huawei]undo info-center enable
[Huawei]sysname R3
[R3]interface g0/0/1
[R3-GigabitEthernet0/0/1]ip address 23.1.1.3 24
[R3-GigabitEthernet0/0/1]quit
[R3]interface LoopBack 0
[R3-LoopBack0]ip address 3.3.3.3 24
```

```
[R3-LoopBack0]quit
```

（2）运行 OSPF。

R1 的配置：

```
[R1]ospf router-id 1.1.1.1                            // 启用 OSPF，设置它的 Router ID 1.1.1.1
[R1-ospf-1]area 0  // 区域 0
[R1-ospf-1-area-0.0.0.0]network 12.1.1.0 0.0.0.255// 宣告网络 12.1.1.0
[R1-ospf-1-area-0.0.0.0]network 1.1.1.0 0.0.0.255 // 宣告网络 1.1.1.0
[R1-ospf-1-area-0.0.0.0]quit
```

R2 的配置：

```
[R2]ospf router-id 2.2.2.2
[R2-ospf-1]area 0
[R2-ospf-1-area-0.0.0.0]network 12.1.1.0 0.0.0.255
[R2-ospf-1-area-0.0.0.0]network 23.1.1.0 0.0.0.255
[R2-ospf-1-area-0.0.0.0]network 2.2.2.0 0.0.0.255
[R2-ospf-1-area-0.0.0.0]quit
```

R3 的配置：

```
[R3]ospf router-id 3.3.3.3
[R3-ospf-1]area 0
[R3-ospf-1-area-0.0.0.0]network 23.1.1.0 0.0.0.255
[R3-ospf-1-area-0.0.0.0]network 3.3.3.0 0.0.0.255
[R3-ospf-1-area-0.0.0.0]quit
```

【技术要点】

OSPF的进程ID编号范围为1~65535，只在本地有效，不同路由器的进程ID可以不同。

【技术要点】

（1）Router ID用于在自治系统中唯一地标识一台运行OSPF的路由器，它是一个32位的无符号整数。

（2）Router ID选举规则如下。

①手动配置OSPF路由器的Router ID（建议手动配置）。

②如果没有手动配置Router ID，则路由器使用LoopBack接口中最大的IP地址作为Router ID。

③如果没有配置LoopBack接口，则路由器使用物理接口中最大的IP地址作为Router ID。

4. 实验调试

（1）在 R1 上查看当前设备所有激活的 OSPF 的接口信息。

```
<R1>display ospf interface all
    OSPF Process 1 with Router ID 1.1.1.1                //OSPF 的进程为 1，Router ID 为 1.1.1.1
    Interfaces
Area: 0.0.0.0    (MPLS TE not enabled)                //OSPF 的区域为 0
Interface: 12.1.1.1 (GigabitEthernet0/0/0)
```

1

```
Cost: 1          State: DR          Type: Broadcast     MTU: 1500  Priority: 1
//G0/0/0 的开销为 1，它是 DR，网络类型为广播，MTU 为 1500，优先级为 1
Designated Router: 12.1.1.1                           //DR 为 12.1.1.1
Backup Designated Router: 12.1.1.2                    //BDR 为 12.1.1.2
Timers: Hello 10, Dead 40, Poll 120, Retransmit 5, Transmit Delay 1
Interface: 1.1.1.1 (LoopBack0)
Cost: 0          State: P-2-P       Type: P2P        MTU: 1500
Timers: Hello 10, Dead 40, Poll 120, Retransmit 5, Transmit Delay 1
```

（2）在 R1 上查看当前设备的邻居状态。

```
<R1>display ospf peer
        OSPF Process 1 with Router ID 1.1.1.1
                Neighbors
 Area 0.0.0.0 interface 12.1.1.1(GigabitEthernet0/0/0)'s neighbors
 Router ID: 2.2.2.2          Address: 12.1.1.2
  State: Full  Mode:Nbr is  Master  Priority: 1    // 邻居状态为 Full，邻居为 Master
  DR: 12.1.1.1  BDR: 12.1.1.2  MTU: 0
  Dead timer due in 34  sec
  Retrans timer interval: 5
  Neighbor is up for 00:29:56
  Authentication Sequence: [ 0 ]
```

（3）在 R1 上查看当前设备的 LSDB。

```
<R1>display ospf lsdb
        OSPF Process 1 with Router ID 1.1.1.1
                Link State Database
                    Area: 0.0.0.0
 Type       LinkState ID      AdvRouter       Age  Len  Sequence    Metric
 Router     2.2.2.2           2.2.2.2         109  60   8000000A    1
 Router     1.1.1.1           1.1.1.1         169  48   80000007    1
 Router     3.3.3.3           3.3.3.3         114  48   80000005    1
 Network    23.1.1.2          2.2.2.2         109  32   80000003    0
 Network    12.1.1.1          1.1.1.1         169  32   80000003    0
```

（4）在 R1 上查看当前设备的 OSPF 路由表。

```
<R1>display ospf routing
        OSPF Process 1 with Router ID 1.1.1.1
                Routing Tables
 Routing for Network
 Destination       Cost   Type       NextHop      AdvRouter     Area
 1.1.1.1/32        0      Stub       1.1.1.1      1.1.1.1       0.0.0.0
 12.1.1.0/24       1      Transit    12.1.1.1     1.1.1.1       0.0.0.0
 2.2.2.2/32        1      Stub       12.1.1.2     2.2.2.2       0.0.0.0
 3.3.3.3/32        2      Stub       12.1.1.2     3.3.3.3       0.0.0.0
 23.1.1.0/24       2      Transit    12.1.1.2     2.2.2.2       0.0.0.0
 Total Nets: 5
 Intra Area: 5  Inter Area: 0  ASE: 0  NSSA: 0
```

（5）在 R1 上开启以下命令，观察 OSPF 的状态机。

```
<R1>terminal debugging                              // 使能终端显示 Debug 信息功能
<R1>terminal monitor                                // 使能终端显示信息中心发送信息的功能
<R1>debugging ospf event                            // 用来查看 OSPF 协议工作过程中的所有事件
<R1>debugging ospf packet                           // 用来查看 OSPF 协议工作过程中的所有报文
<R1>system-view
[R1]interface g0/0/0
[R1-GigabitEthernet0/0/0]shutdown
[R1-GigabitEthernet0/0/0]quit
[R1]interface g0/0/0
[R1-GigabitEthernet0/0/0]undo shutdown
[R1-GigabitEthernet0/0/0]quit
[R1]info-center enable
```

调试信息如下：

```
Sep  2 2022 15:13:00-08:00 R1 %%01IFPDT/4/IF_STATE(l)
[0]:Interface GigabitEthernet0/0/0 has turned into UP state.
[R1]
Sep  2 2022 15:13:00-08:00 R1 %%01IFNET/4/LINK_STATE(l)[1]:The line protocol IP on the
    interface GigabitEthernet0/0/0 has entered the UP state.
[R1]
Sep  2 2022 15:13:00.191.7-08:00 R1 RM/6/RMDEBUG:
 FileID: 0xd017802c Line: 1295 Level: 0x20
  OSPF 1: Intf 12.1.1.1 Rcv InterfaceUp State Down -> Waiting.
// 接入 UP 后，OSPF 从 Down 状态进入 Waiting 状态
[R1]
Sep  2 2022 15:13:00.191.8-08:00 R1 RM/6/RMDEBUG:
 FileID: 0xd0178025 Line: 559 Level: 0x20
 OSPF 1: SEND Packet. Interface: GigabitEthernet0/0/0
[R1]
Sep 2 2022 15:13:00.191.9-08:00 R1 RM/6/RMDEBUG:  Source Address: 12.1.1.1
[R1]
Sep 2 2022 15:13:00.191.10-08:00 R1 RM/6/RMDEBUG:  Destination Address: 224.0.0.5
[R1]
Sep  2 2022 15:13:00.191.11-08:00 R1 RM/6/RMDEBUG:  Ver# 2, Type: 1 (Hello)
[R1]
Sep  2 2022 15:13:00.191.12-08:00 R1 RM/6/RMDEBUG:  Length: 44, Router: 1.1.1.1
[R1]
Sep  2 2022 15:13:00.191.13-08:00 R1 RM/6/RMDEBUG:  Area: 0.0.0.0, Chksum: fa9c
[R1]
Sep  2 2022 15:13:00.191.14-08:00 R1 RM/6/RMDEBUG:  AuType: 00
[R1]
Sep  2 2022 15:13:00.191.15-08:00 R1 RM/6/RMDEBUG:  Key(ascii): * * * * * * * *
[R1]
Sep  2 2022 15:13:00.191.16-08:00 R1 RM/6/RMDEBUG:  Net Mask: 255.255.255.0
```

1

```
[R1]
Sep  2 2022 15:13:00.191.17-08:00 R1 RM/6/RMDEBUG:  Hello Int: 10, Option: _E_
[R1]
Sep  2 2022 15:13:00.191.18-08:00 R1 RM/6/RMDEBUG:  Rtr Priority: 1, Dead Int: 40
[R1]
Sep  2 2022 15:13:00.191.19-08:00 R1 RM/6/RMDEBUG:  DR: 0.0.0.0
[R1]
Sep  2 2022 15:13:00.191.20-08:00 R1 RM/6/RMDEBUG:  BDR: 0.0.0.0
[R1]
Sep  2 2022 15:13:00.191.21-08:00 R1 RM/6/RMDEBUG:  # Attached Neighbors: 0
[R1]
Sep  2 2022 15:13:00.191.22-08:00 R1 RM/6/RMDEBUG:
[R1]
Sep  2 2022 15:13:00.191.23-08:00 R1 RM/6/RMDEBUG:
  FileID: 0xd017802c Line: 1409 Level: 0x20
  OSPF 1 Send Hello Interface Up on 12.1.1.1            //R1 在接口上发送 Hello 包
[R1]
Sep  2 2022 15:13:00.641.1-08:00 R1 RM/6/RMDEBUG:
  FileID: 0xd0178024 Line: 2236 Level: 0x20
  OSPF 1: RECV Packet. Interface: GigabitEthernet0/0/0
[R1]
Sep 2 2022 15:13:00.641.2-08:00 R1 RM/6/RMDEBUG:  Source Address: 12.1.1.2
[R1]
Sep 2 2022 15:13:00.641.3-08:00 R1 RM/6/RMDEBUG:  Destination Address: 224.0.0.5
[R1]
Sep  2 2022 15:13:00-08:00 R1 %%01OSPF/4/NBR_CHANGE_E(l)[2]:Neighbor changes
    event: neighbor status changed. (ProcessId=256, NeighborAddress=2.1.1.12,
    NeighborEvent=HelloReceived, NeighborPreviousState=Down, NeighborCurrentState=Init)
    // 邻居收到 Hello 包，状态从 Down 进入 Init
[R1]
Sep 2 2022 15:13:00.641.5-08:00 R1 RM/6/RMDEBUG:  Ver# 2, Type: 1 (Hello)
[R1]
Sep 2 2022 15:13:00.641.6-08:00 R1 RM/6/RMDEBUG:  Length: 44, Router: 2.2.2.2
[R1]
Sep 2 2022 15:13:00.641.7-08:00 R1 RM/6/RMDEBUG:  Area: 0.0.0.0, Chksum: f89a
[R1]
Sep 2 2022 15:13:00.641.8-08:00 R1 RM/6/RMDEBUG:  AuType: 00
[R1]
Sep 2 2022 15:13:00.641.9-08:00 R1 RM/6/RMDEBUG:  Key(ascii): * * * * * * * *
[R1]
Sep 2 2022 15:13:00.641.10-08:00 R1 RM/6/RMDEBUG:  Net Mask: 255.255.255.0
[R1]
Sep 2 2022 15:13:00.641.11-08:00 R1 RM/6/RMDEBUG:  Hello Int: 10, Option: _E_
[R1]
Sep 2 2022 15:13:00.641.12-08:00 R1 RM/6/RMDEBUG:  Rtr Priority: 1, Dead Int: 40
[R1]
```

```
Sep  2 2022 15:13:00.641.13-08:00 R1 RM/6/RMDEBUG:  DR: 0.0.0.0
[R1]
Sep  2 2022 15:13:00.641.14-08:00 R1 RM/6/RMDEBUG:  BDR: 0.0.0.0
[R1]
Sep  2 2022 15:13:00.641.15-08:00 R1 RM/6/RMDEBUG:  # Attached Neighbors: 0
[R1]
Sep  2 2022 15:13:00.641.16-08:00 R1 RM/6/RMDEBUG:
[R1]
Sep  2 2022 15:13:00.641.17-08:00 R1 RM/6/RMDEBUG:
 FileID: 0xd017802d Line: 1136 Level: 0x20
  OSPF 1: Nbr 12.1.1.2 Rcv HelloReceived State Down -> Init.
[R1]
Sep  2 2022 15:13:10-08:00 R1 %%01OSPF/4/NBR_CHANGE_E(l)[3]:Neighbor changes
    event: neighbor status changed. (ProcessId=256, NeighborAddress=2.1.1.12,
    NeighborEvent=2WayReceived, NeighborPreviousState=Init, NeighborCurrentState=2Way)
```
// 邻居收到 Hello 包，并在 Hello 包中看到自己的 Router ID，状态从 Init 进入 2Way
```
[R1]
Sep  2 2022 15:13:39-08:00 R1 %%01OSPF/4/NBR_CHANGE_E(l)[4]:Neighbor changes
    event: neighbor status changed. (ProcessId=256, NeighborAddress=2.1.1.12,
    NeighborEvent=AdjOk?, NeighborPreviousState=2Way, NeighborCurrentState=ExStart)
```
// 发送 DD 报文，进入 ExStart 状态
```
[R1]
Sep  2 2022 15:13:44-08:00 R1 %%01OSPF/4/NBR_CHANGE_E(l)[5]:Neighbor changes event:
    neighbor status changed. (ProcessId=256, NeighborAddress=2.1.1.12, NeighborEvent=
    NegotiationDone,NeighborPreviousState=ExStart,NeighborCurrentState=Exchange)
```
// 交互 DD 报文并发送 LSR、LSU 进入 Exchange 状态
```
[R1]
Sep  2 2022 15:13:44-08:00 R1 %%01OSPF/4/NBR_CHANGE_E(l)[6]:Neighbor changes event:
    neighbor status changed. (ProcessId=256, NeighborAddress=2.1.1.12, NeighborEvent=
    ExchangeDone,NeighborPreviousState=Exchange,NeighborCurrentState=Loading)
```
// 交互完毕进入 Loading 状态
```
[R1]
Sep  2 2022 15:13:44-08:00 R1 %%01OSPF/4/NBR_CHANGE_E(l)[7]:Neighbor changes
event: neighbor status changed. (ProcessId=256, NeighborAddress=2.1.1.12,
NeighborEvent=LoadingDone, NeighborPreviousState=Loading, NeighborCurrentState=Full)
```
//LSA 同步完成进入 Full 状态

实验 1-2 配置 OSPF 报文分析和验证

1. 实验目的
（1）通过抓包分析 OSPF 的报文。
（2）实现 OSPF 区域认证的配置。

2. 实验拓扑
配置 OSPF 报文分析和验证的实验拓扑如图 1-3 所示。

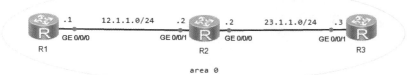

图 1-3　配置 OSPF 报文分析和验证

3. 实验步骤

（1）IP 地址的配置、运行 OSPF 的步骤与实验 1-1 相同，此处略。

（2）在 R1 的 G0/0/0 接口抓包。

第 1 步：分析报头。OSPF 所有的包都有一个共同的报头，报头格式如图 1-4 所示。

```
> Frame 17: 82 bytes on wire (656 bits), 82 bytes captured (656 bits) on interface 0
> Ethernet II, Src: HuaweiTe_62:20:56 (00:e0:fc:62:20:56), Dst: IPv4mcast_05 (01:00:5e:00:00:05)
> Internet Protocol Version 4, Src: 12.1.1.1, Dst: 224.0.0.5
∨ Open Shortest Path First
  ∨ OSPF Header
    1 Version: 2
    2 Message Type: Hello Packet (1)
    3 Packet Length: 48
    4 Source OSPF Router: 1.1.1.1
    5 Area ID: 0.0.0.0 (Backbone)
    6 Checksum: 0xf694 [correct]
    7 Auth Type: Null (0)
    8 Auth Data (none): 0000000000000000
```

图 1-4　OSPF 报头格式

【技术要点】

OSPF报头格式字段解析如下。

（1）Version：OSPF的版本号。对于OSPFv2来说，其值为2。

（2）Message Type：OSPF报文的类型，包括hello、DD、LSR、LSU、LSACK。

（3）Packet Length：OSPF报文总长度，包括报头在内，单位为字节。

（4）Source OSPF Router：发送该报文的路由器标识。

（5）Area ID：发送该报文的所属区域。

（6）Checksum：校验和，包含除了认证字段的整个报文的校验和。

（7）Auth Type：验证类型，其值有三种表示，0表示不认证，1表示简单认证，2表示MD5认证。

（8）Auth Data：认证字段，0表示未作定义，1表示密码信息，2表示KEY ID、MD5等。

第 2 步：分析 Hello 包。Hello 包的格式如图 1-5 所示。

```
∨ OSPF Hello Packet
  1 Network Mask: 255.255.255.0
  2 Hello Interval [sec]: 10
  ∨ Options: 0x02, (E) External Routing
      0... .... = DN: Not set
      .0.. .... = O: Not set
      ..0. .... = (DC) Demand Circuits: Not supported
      ...0 .... = (L) LLS Data block: Not Present
    3 .... 0... = (N) NSSA: Not supported
    4 .... .0.. = (MC) Multicast: Not capable
    5 .... ..1. = (E) External Routing: Capable
      .... ...0 = (MT) Multi-Topology Routing: No
  6 Router Priority: 1
  7 Router Dead Interval [sec]: 40
  8 Designated Router: 0.0.0.0
  9 Backup Designated Router: 0.0.0.0
 10 Active Neighbor: 2.2.2.2
```

图 1-5　Hello 包的格式

【技术要点】

Hello包的格式字段解析如下。

（1）Network Mask：发送Hello报文的接口所在网络的掩码。

（2）Hello Interval：发送Hello报文的时间间隔。

（3）N：处理Type-7 LSAs。

（4）MC：转发IP组播报文。

（5）E：允许Flood AS-External-LSAs。

（6）Router Priority：DR优先级，默认为1。如果设置为0，则路由器不能参与DR或BDR的选举。

（7）Router Dead Interval：失效时间。如果在此时间内未收到邻居发来的Hello报文，则认为邻居失效。

（8）Designated Router：DR的接口地址。

（9）Backup Designated Router：BDR的接口地址。

（10）Active Neighbor：邻居，以Router ID标识。

第3步：分析 DD 包。DD 包的报文格式如图 1-6 所示。

```
∨ OSPF DB Description
  1 Interface MTU: 0
  2 > Options: 0x02, (E) External Routing
  ∨ DB Description: 0x00
      .... 0... = (R) OOBResync: Not set
    3 .... .0.. = (I) Init: Not set
    4 .... ..0. = (M) More: Not set
    5 .... ...0 = (MS) Master: No
  6 DD Sequence: 2225
 7 > LSA-type 1 (Router-LSA), len 48
   > LSA-type 1 (Router-LSA), len 60
   > LSA-type 1 (Router-LSA), len 48
   > LSA-type 2 (Network-LSA), len 32
   > LSA-type 2 (Network-LSA), len 32
```

图 1-6　DD 包的报文格式

【技术要点】

DD包的报文格式字段解析如下。

（1）Interface MTU：在不分片的情况下，此接口最大可发出的IP报文长度。

（2）Options：可选项。

（3）I：当发送连续多个DD报文时，如果发送的是第一个DD报文，则置为1，否则置为0。

（4）M（More）：当发送连续多个DD报文时，如果发送的是最后一个DD报文，则置为0；否则置为1，表示后面还有其他的DD报文。

（5）MS（Master/Slave）：当两台OSPF路由器交换DD报文时，首先需要确定双方的主从关系，Router ID大的一方会成为Master。当值为1时，表示发送方为Master。

（6）DD Sequence：DD报文序列号。主从双方利用序列号来保证DD报文传输的可靠性和完整性。

（7）LSA Headers：该DD报文中所包含的LSA的头部信息。

第4步：分析LSR。LSR的报文格式如图1-7所示。

```
∨ Link State Request
  1 LS Type: Router-LSA (1)
  2 Link State ID: 2.2.2.2
  3 Advertising Router: 2.2.2.2
```

图1-7　LSR的报文格式

【技术要点】

LSR的报文格式字段解析如下。

（1）LS Type：LSA的类型号。

（2）Link State ID：根据LSA中的LS Type和LSA description在路由域中描述一个LSA。

（3）Advertising Router：产生此LSA的路由器的Router ID。

第5步：分析LSU。LSU的报文格式如图1-8所示。

```
∨ LS Update Packet
    Number of LSAs: 1
  ∨ LSA-type 1 (Router-LSA), len 48
    1 .000 0000 0000 0001 = LS Age (seconds): 1
      0... .... .... .... = Do Not Age Flag: 0
    2 > Options: 0x02, (E) External Routing
    3 LS Type: Router-LSA (1)
    4 Link State ID: 1.1.1.1
    5 Advertising Router: 1.1.1.1
    6 Sequence Number: 0x80000010
    7 Checksum: 0x4abe
    8 Length: 48
```

图1-8　LSU的报文格式

【技术要点】

LSU的报文格式字段解析如下。

（1）LS Age：LSA产生后所经过的时间，单位为s。无论LSA是在链路上传送还是保存在LSDB中，其值都会不停地增长。

（2）Options：可选项。

（3）LS Type：LSA的类型。

（4）Link State ID：与LSA中的LS Type和LSA description一起在路由域中描述一个LSA。

（5）Advertising Router：产生此LSA的路由器的Router ID。

（6）Sequence Number：LSA的序列号。其他路由器根据这个值可以判断哪个LSA是最新的。

（7）Checksum：除了LS Age外其他各区域的校验和。

（8）Length：LSA的总长度，包括LSA Header，以字节为单位。

注意：所有的LSA都有一个这样的LSU报文。

第6步：分析LSA。LSA的报文格式如图1-9所示。

LSA用来对接收到的LSU报文进行确认。内容是需要确认的LSA的Header（一个LSA报文可对多个LSA进行确认）。LSA报文根据不同的链路以单播或组播的形式发送。

（3）在R1和R2之间采用接口认证。

R1的配置：

```
[R1]interface g0/0/0
[R1-GigabitEthernet0/0/0]ospf authentication-mode md5 1 cipher joinlabs
```

R2的配置：

```
[R2]interface g0/0/1
[R2-GigabitEthernet0/0/1]ospf authentication-mode md5 1 cipher joinlabs
```

在R1的G0/0/0接口中抓包，认证报头格式如图1-10所示。

```
v LSA-type 1 (Router-LSA), len 48
    .000 0000 0000 0010 = LS Age (seconds): 2
    0... .... .... .... = Do Not Age Flag: 0
  > Options: 0x02, (E) External Routing
    LS Type: Router-LSA (1)
    Link State ID: 1.1.1.1
    Advertising Router: 1.1.1.1
    Sequence Number: 0x80000010
    Checksum: 0x4abe
    Length: 48
```

图1-9　LSA的报文格式

```
> Frame 40: 98 bytes on wire (784 bits), 98 bytes captured (784 bits) on interface 0
> Ethernet II, Src: HuaweiTe_62:20:56 (00:e0:fc:62:20:56), Dst: IPv4mcast_05 (01:00:5e:00:00:05)
> Internet Protocol Version 4, Src: 12.1.1.1, Dst: 224.0.0.5
v Open Shortest Path First
  v OSPF Header
      Version: 2
      Message Type: Hello Packet (1)
      Packet Length: 48
      Source OSPF Router: 1.1.1.1
      Area ID: 0.0.0.0 (Backbone)
      Checksum: 0x0000 (None)
    1 Auth Type: Cryptographic (2)
    2 Auth Crypt Key id: 1
    3 Auth Crypt Data Length: 16
    4 Auth Crypt Sequence Number: 505
    5 Auth Crypt Data: b93b24a774016af91a7b9b6217a5a246
```

图1-10　认证报头格式

【技术要点】

认证报头格式字段解析如下。

（1）Auth Type：认证类型为MD5。

（2）Auth Crypt Key id：配置的ID号。

（3）Auth Crypt Data Length：数据长度为16。

（4）Auth Crypt Sequence Number：认证的序列号为505。

（5）Auth Crypt Data：认证数据为Hash得到的字符串。

（4）在区域0中配置区域认证。

R1的配置：

```
[R1]ospf
[R1-ospf-1]area 0
```

```
[R1-ospf-1-area-0.0.0.0]authentication-mode md5 1 cipher joinlabs
```

R2 的配置：

```
[R2]ospf
[R2-ospf-1]area 0
[R2-ospf-1-area-0.0.0.0]authentication-mode md5 1 cipher joinlabs
```

R3 的配置：

```
[R3]ospf
[R3-ospf-1]area 0
[R3-ospf-1-area-0.0.0.0]authentication-mode md5 1 cipher joinlabs
```

【技术要点】

　　OSPF支持报文验证功能，只有通过验证的OSPF报文才能被接收，否则将不能正常建立邻居关系。

　　路由器支持以下两种验证方式。

　　（1）区域验证方式：属于区域的接口发出的OSPF报文都会携带认证信息。

　　（2）接口验证方式：通过本接口发送的报文都会携带认证信息。

　　当以上两种验证方式都存在时，优先使用接口验证方式。

1.3　OSPF 网络类型配置实验

实验 1-3　配置 P2P 网络类型

扫一扫，看视频

1. 实验目的

（1）实现单区域 OSPF 的配置。

（2）实现通过 display 命令查看 OSPF 的网络类型。

2. 实验拓扑

配置 P2P 网络类型的实验拓扑如图 1-11 所示。

图 1-11　配置 P2P 网络类型

3. 实验步骤

（1）配置 IP 地址。

R1 的配置：

```
<Huawei>system-view
Enter system view, return user view with Ctrl+Z.
[Huawei]undo info-center enable
[Huawei]sysname R1
[R1]interface s0/0/0
[R1-Serial0/0/0]ip address 12.1.1.1 24
[R1-Serial0/0/0]quit
[R1]interface LoopBack 0
[R1-LoopBack0]ip address 1.1.1.1 32
[R1-LoopBack0]quit
```

R2 的配置：

```
<Huawei>system-view
Enter system view, return user view with Ctrl+Z.
[Huawei]undo info-center enable
[Huawei]sysname R2
[R2]interface s0/0/1
[R2-Serial0/0/1]ip address 12.1.1.2 24
[R2-Serial0/0/1]quit
[R2]interface LoopBack 0
[R2-LoopBack0]ip address 2.2.2.2 32
[R2-LoopBack0]quit
```

（2）运行 OSPF。

R1 的配置：

```
[R1]ospf router-id 1.1.1.1
[R1-ospf-1]area 0
[R1-ospf-1-area-0.0.0.0]network 12.1.1.0 0.0.0.255
[R1-ospf-1-area-0.0.0.0]network 1.1.1.1 0.0.0.0
[R1-ospf-1-area-0.0.0.0]quit
```

R2 的配置：

```
[R2]ospf router-id 2.2.2.2
[R2-ospf-1]area 0
[R2-ospf-1-area-0.0.0.0]network 12.1.1.0 0.0.0.255
[R2-ospf-1-area-0.0.0.0]network 2.2.2.2 0.0.0.0
[R2-ospf-1-area-0.0.0.0]quit
```

4. 实验调试

（1）在 R1 上查看 s0/0/0 的二层封装协议。

```
[R1]display interface s0/0/0                 // 查看接口 s0/0/0 信息
Serial0/0/0 current state: UP
Line protocol current state: UP
Last line protocol up time: 2022-04-28 17:13:04 UTC-08:00
Description:
```

```
Route Port,The Maximum Transmit Unit is 1500, Hold timer is 10(sec)
Internet Address is 12.1.1.1/24
Link layer protocol is PPP              // 二层封装协议为 PPP
LCP opened, IPCP opened
Last physical up time: 2022-04-28 17:08:25 UTC-08:00
Last physical down time: 2022-04-28 17:08:22 UTC-08:00
Current system time: 2022-04-28 17:19:13-08:00 Interface is V35
    Last 300 seconds input rate 7 bytes/sec, 0 packets/sec
    Last 300 seconds output rate 9 bytes/sec, 0 packets/sec
    Input: 3742 bytes, 169 Packets
    Ouput: 4310 bytes, 177 Packets
    Input bandwidth utilization: 0.08%
Output bandwidth utilization: 0.11%
```

（2）在 R1 上查看 OSPF 的网络类型。

```
[R1]display ospf interface s0/0/0
          OSPF Process 1 with Router ID 1.1.1.1
                  Interfaces
 Interface: 12.1.1.1 (Serial0/0/0) --> 12.1.1.2
 Cost: 1562    State: P-2-P    Type: P2P      MTU: 1500
 Timers: Hello 10 , Dead 40 , Poll  120 , Retransmit 5 , Transmit Delay 1
```

通过本实验可以看到，如果链路层封装的是 PPP（二层封装协议），那么 OSPF 的网络类型为 P2P。

实验 1-4　配置 Broadcast 网络类型

扫一扫，看视频

1. 实验目的
（1）控制 OSPF DR 的选举。
（2）实现通过 display 命令查看 OSPF 的网络类型。

2. 实验拓扑
配置 Broadcast 网络类型的实验拓扑如图 1-12 所示。

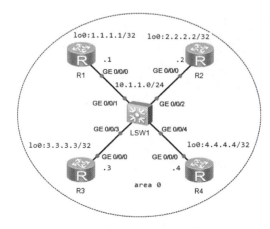

图 1-12　配置 Broadcast 网络类型

3. 实验步骤

（1）配置 IP 地址。

R1 的配置：

```
<Huawei>system-view
Enter system view, return user view with Ctrl+Z.
[Huawei]undo info-center enable
[Huawei]sysname R1
[R1]interface g0/0/0
[R1-GigabitEthernet0/0/0]ip address 10.1.1.1 24
[R1-GigabitEthernet0/0/0]quit
[R1]interface LoopBack 0
[R1-LoopBack0]ip address 1.1.1.1 32
[R1-LoopBack0]quit
```

R2 的配置：

```
<Huawei>system-view
Enter system view, return user view with Ctrl+Z.
[Huawei]undo info-center enable
[Huawei]sysname R2
[R2]interface g0/0/0
[R2-GigabitEthernet0/0/0]ip address 10.1.1.2 24
[R2-GigabitEthernet0/0/0]quit
[R2]interface LoopBack 0
[R2-LoopBack0]ip address 2.2.2.2 32
[R2-LoopBack0]quit
```

R3 的配置：

```
<Huawei>system-view
[Huawei]undo info-center enable
[Huawei]sysname R3
[R3]interface g0/0/0
[R3-GigabitEthernet0/0/0]ip address 10.1.1.3 24
[R3-GigabitEthernet0/0/0]quit
[R3]interface LoopBack 0
[R3-LoopBack0]ip address 3.3.3.3 32
[R3-LoopBack0]quit
```

R4 的配置：

```
<Huawei>system-view
Enter system view, return user view with Ctrl+Z.
[Huawei]undo info-center enable
[Huawei]sysname R4
[R4]interface g0/0/0
[R4-GigabitEthernet0/0/0]ip address 10.1.1.4 24
```

```
[R4-GigabitEthernet0/0/0]quit
[R4]interface LoopBack 0
[R4-LoopBack0]ip address 4.4.4.4 32
[R4-LoopBack0]quit
```

（2）运行OSPF。

R1的配置：

```
[R1]ospf router-id 1.1.1.1
[R1-ospf-1]area 0
[R1-ospf-1-area-0.0.0.0]network 10.1.1.0 0.0.0.255
[R1-ospf-1-area-0.0.0.0]network 1.1.1.1 0.0.0.0
[R1-ospf-1-area-0.0.0.0]quit
```

R2的配置：

```
[R2]ospf router-id 2.2.2.2
[R2-ospf-1]area 0
[R2-ospf-1-area-0.0.0.0]network 10.1.1.0 0.0.0.255
[R2-ospf-1-area-0.0.0.0]network 2.2.2.2 0.0.0.0
[R2-ospf-1-area-0.0.0.0]quit
```

R3的配置：

```
[R3]ospf router-id 3.3.3.3
[R3-ospf-1]area 0
[R3-ospf-1-area-0.0.0.0]network 10.1.1.0 0.0.0.255
[R3-ospf-1-area-0.0.0.0]network 3.3.3.3 0.0.0.0
[R3-ospf-1-area-0.0.0.0]quit
```

R4的配置：

```
[R4]ospf router-id 4.4.4.4
[R4-ospf-1]area 0
[R4-ospf-1-area-0.0.0.0]network 10.1.1.0 0.0.0.255
[R4-ospf-1-area-0.0.0.0]network 4.4.4.4 0.0.0.0
[R4-ospf-1-area-0.0.0.0]quit
```

4. 实验调试

（1）在R1上查看G0/0/0的二层封装。

```
<R1>display interface g0/0/0
GigabitEthernet0/0/0 current state: UP
Line protocol current state: UP
Last line protocol up time: 2022-04-28 17:42:07 UTC-08:00
Description:
Route Port,The Maximum Transmit Unit is 1500
Internet Address is 10.1.1.1/24
IP Sending Frames' Format is PKTFMT_ETHNT_2, Hardware address is 5489-98ab-3a55
Last physical up time: 2022-04-28 17:41:34 UTC-08:00
```

```
Last physical down time: 2022-04-28 17:41:23 UTC-08:00
Current system time: 2022-04-28 18:06:52-08:00
Hardware address is 5489-98ab-3a55
    Last 300 seconds input rate 82 bytes/sec, 0 packets/sec
    Last 300 seconds output rate 9 bytes/sec, 0 packets/sec
    Input: 106447 bytes, 962 packets
    Output: 13822 bytes, 154 packets
    Input:
      Unicast: 14 packets, Multicast: 943 packets
      Broadcast: 5 packets
    Output:
      Unicast: 17 packets, Multicast: 137 packets
      Broadcast: 0 packets
    Input bandwidth utilization : 0%
    Output bandwidth utilization : 0%
```

通过以上输出可以看到，二层封装为 PKTFMT_ETHNT_2。

（2）在 R1 上查看 OSPF 的网络类型。

```
<R1>display ospf interface g0/0/0
        OSPF Process 1 with Router ID 1.1.1.1
                Interfaces
Interface: 10.1.1.1 (GigabitEthernet0/0/0)
Cost: 1        State: DR        Type: Broadcast    MTU: 1500
Priority: 1
Designated Router: 10.1.1.1
Backup Designated Router: 10.1.1.2
Timers: Hello 10, Dead 40, Poll  120, Retransmit 5, Transmit Delay 1
```

通过以上输出可以看到，二层封装为 PKTFMT_ETHNT_2，则 OSPF 的网络类型为 Broadcast。

> **【思考】**
>
> 10.1.1.1成了DR，10.1.1.2成了BDR，为什么？怎样操作才能让10.1.1.4成为DR、10.1.1.3成为BDR？
>
> 方法1：所有设备重启OSPF进程，reset ospf 1 process。
>
> 方法2：把R1和R2接口的优先级设置为0。

实验 1-5　配置 NBMA 和 P2MP 网络类型

1. 实验目的
（1）控制 OSPF DR 的选举。
（2）修改 OSPF 的网络类型。

2. 实验拓扑
配置 NBMA 和 P2MP 网络类型的实验拓扑如图 1-13 所示。

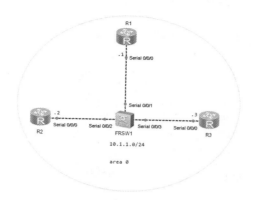

图 1-13　配置 NBMA 和 P2MP 网络类型

3. 实验步骤

（1）帧中继的配置如图 1-14 和图 1-15 所示。

图 1-14　帧中继的配置（1）

图 1-15　帧中继的配置（2）

注意：帧中继需要在拓扑搭建前配置好，设备启动后无须进行任何配置。

（2）配置 IP 地址。

R1 的配置：

```
<Huawei>system-view
[Huawei]undo info-center enable
[Huawei]sysname R1
[R1]interface s0/0/0
[R1-Serial0/0/0]link-protocol fr                  // 二层的封装协议为 FR
Warning: The encapsulation protocol of the link will be changed.
Continue? [Y/N]: y                                 // 选择 Y
[R1-Serial0/0/0]fr map ip 10.1.1.2 102 broadcast  // 去 10.1.1.2 打上 102 的标记然后广播
[R1-Serial0/0/0]fr map ip 10.1.1.3 103 broadcast  // 去 10.1.1.3 打上 103 的标记然后广播
[R1-Serial0/0/0]ip address 10.1.1.1 24             // 配置接口 IP 地址
[R1-Serial0/0/0]quit
[R1]interface LoopBack 0
```

```
[R1-LoopBack0]ip address 1.1.1.1 24
[R1-LoopBack0]quit
```

R2 的配置：

```
<Huawei>system-view
[Huawei]undo info-center enable
Info: Information center is disabled.
[Huawei]sysname R2
[R2]interface s0/0/0
[R2-Serial0/0/0]link-protocol fr
Warning: The encapsulation protocol of the link will be changed.
Continue? [Y/N]: y
[R2-Serial0/0/0]fr map ip 10.1.1.1 201 broadcast
[R2-Serial0/0/0]ip address 10.1.1.2 24
[R2-Serial0/0/0]quit
[R2]interface LoopBack 0
[R2-LoopBack0]ip address 2.2.2.2 24
[R2-LoopBack0]quit
```

R3 的配置：

```
<Huawei>system-view
[Huawei]undo info-center enable
[Huawei]sysname R3
[R3]interface s0/0/0
[R3-Serial0/0/0]link-protocol fr
Warning: The encapsulation protocol of the link will be changed.
Continue? [Y/N]:y
[R3-Serial0/0/0]fr map ip 10.1.1.1 301 broadcast
[R3-Serial0/0/0]ip address 10.1.1.3 24
[R3-Serial0/0/0]quit
[R3]interface LoopBack 0
[R3-LoopBack0]ip address 3.3.3.3 24
[R3-LoopBack0]quit
```

（3）运行 OSPF。

R1 的配置：

```
[R1]ospf router-id 1.1.1.1
[R1-ospf-1]area 0
[R1-ospf-1-area-0.0.0.0]network 10.1.1.0 0.0.0.255
[R1-ospf-1-area-0.0.0.0]network 1.1.1.0 0.0.0.255
[R1-ospf-1-area-0.0.0.0]quit
```

R2 的配置：

```
[R2]ospf router-id 2.2.2.2
[R2-ospf-1]area 0
[R2-ospf-1-area-0.0.0.0]network 10.1.1.0 0.0.0.255
```

```
[R2-ospf-1-area-0.0.0.0]network 2.2.2.0 0.0.0.255
[R2-ospf-1-area-0.0.0.0]quit
```

R3 的配置：

```
[R3]ospf router-id 3.3.3.3
[R3-ospf-1]area 0
[R3-ospf-1-area-0.0.0.0]network 10.1.1.0 0.0.0.255
[R3-ospf-1-area-0.0.0.0]network 3.3.3.0 0.0.0.255
[R3-ospf-1-area-0.0.0.0]quit
```

4. 实验调试

（1）在 R1 上查看 OSPF 的邻接关系。

```
[R1]display ospf peer brief
    OSPF Process 1 with Router ID 1.1.1.1
        Peer Statistic Information
----------------------------------------------------------------
Area Id          Interface                    Neighbor id     State
----------------------------------------------------------------
```

通过以上输出可以看到，OSPF 没有任何邻接关系。

（2）在 R1 上查看 OSPF 的网络类型。

```
[R1]display ospf interface s0/0/0
    OSPF Process 1 with Router ID 1.1.1.1
        Interfaces
 Interface: 10.1.1.1 (Serial0/0/0)
 Cost: 1562     State: DR        Type: NBMA      MTU: 1500
 Priority: 1
 Designated Router: 10.1.1.1
 Backup Designated Router: 0.0.0.0
 Timers: Hello 30, Dead 120, Poll 120, Retransmit 5, Transmit Delay 1
```

通过以上输出可以看到，OSPF 的网络类型为 NBMA。

【技术要点】

二层封装的为帧中继，在这样的网络上运行 OSPF 协议时，默认的网络类型为 NBMA，所以在帧中继的网络环境中布置 OSPF 时要注意以下两点。

（1）NB 代表不支持广播，OSPF 的 Hello 包默认使用组播发送，但是 NBMA 不支持广播和组播，**所以要单播建立邻居。**

（2）MA 代表多路由访问，会选择 DR 和 BDR。要让中心站点 R1 成为 DR，没有必要选择 BDR，因为如果中心站点出了问题，分支站点间就不能进行通信。

（3）配置单播建立邻居。

R1 的配置：

```
[R1]ospf
[R1-ospf-1]peer 10.1.1.2                    //和10.1.1.2单播建立邻居
```

```
[R1-ospf-1]peer 10.1.1.3                          // 和 10.1.1.3 单播建立邻居
```

R2 的配置：

```
[R2]ospf
[R2-ospf-1]peer 10.1.1.1                          // 和 10.1.1.1 单播建立邻居
[R2-ospf-1]quit
```

R3 的配置：

```
[R3]ospf
[R3-ospf-1]peer 10.1.1.1                          // 和 10.1.1.1 单播建立邻居
[R3-ospf-1]quit
```

（4）配置 R1 为 DR，不选择 BDR。
R2 的配置：

```
[R2]interface s0/0/0
[R2-Serial0/0/0]ospf dr-priority 0                // 优先级设置为 0
[R2-Serial0/0/0]quit
```

R3 的配置：

```
[R3]interface s0/0/0
[R3-Serial0/0/0]ospf dr-priority 0                // 优先级设置为 0
[R3-Serial0/0/0]quit
```

（5）在 R1 上查看 OSPF 的邻接关系。

```
[R1]display ospf peer brief
    OSPF Process 1 with Router ID 1.1.1.1
        Peer Statistic Information
------------------------------------------------------------------------------
Area Id           Interface               Neighbor id        State
0.0.0.0           Serial0/0/0             2.2.2.2            Full
0.0.0.0           Serial0/0/0             3.3.3.3            Full
------------------------------------------------------------------------------
```

通过以上输出可以看到，R1 与 R2、R1 与 R3 的邻接关系为 Full。
（6）删除步骤（3）和（4）的配置。
R1 的配置：

```
[R1]ospf
[R1-ospf-1]undo peer 10.1.1.2
[R1-ospf-1]undo peer 10.1.1.3
[R1-ospf-1]quit
```

R2 的配置：

1

```
[R2]ospf
[R2-ospf-1]undo peer 10.1.1.1
[R2-ospf-1]quit
```

R3 的配置：

```
[R3]ospf
[R3-ospf-1]undo peer 10.1.1.1
[R3-ospf-1]quit
```

查看 OSPF 的邻接关系：

```
[R1]display ospf peer brief
    OSPF Process 1 with Router ID 1.1.1.1
        Peer Statistic Information
-------------------------------------------------------------------------
Area Id          Interface                   Neighbor id     State
-------------------------------------------------------------------------
```

通过以上输出可以看到，OSPF 的邻接关系为无。
（7）把网络类型改成 P2MP。
R1 的配置：

```
[R1]interface s0/0/0
[R1-Serial0/0/0]ospf network-type p2mp        // 设置 OSPF 的网络类型为 P2MP
[R1-Serial0/0/0]quit
```

R2 的配置：

```
[R2]interface s0/0/0
[R2-Serial0/0/0]ospf network-type p2mp        // 设置 OSPF 的网络类型为 P2MP
[R2-Serial0/0/0]quit
```

R3 的配置：

```
[R3]interface s0/0/0
[R3-Serial0/0/0]ospf network-type p2mp        // 设置 OSPF 的网络类型为 P2MP
[R3-Serial0/0/0]quit
```

查看 OSPF 的邻接关系：

```
[R1]display ospf peer brief
    OSPF Process 1 with Router ID 1.1.1.1
        Peer Statistic Information
-------------------------------------------------------------------------
Area Id          Interface                   Neighbor id     State
0.0.0.0          Serial0/0/0                 2.2.2.2         Full
0.0.0.0          Serial0/0/0                 3.3.3.3         Full
-------------------------------------------------------------------------
```

通过以上输出可以看到，OSPF 的邻接关系为 Full。

> **【技术要点】**
>
> 　　没有一种链路层协议会被默认为Point-to-Multipoint类型。点到多点必须是由其他的网络类型强制更改的。常用做法是将非全连通的NBMA改为点到多点的网络。
> 　　在该类型的网络中：
> 　　（1）以组播形式（224.0.0.5）发送Hello报文。
> 　　（2）以单播形式发送其他协议报文（如DD报文、LSR报文、LSU报文、LSAck报文等）。

1.4　OSPF 高级配置实验

扫一扫，看视频

实验1-6　配置多区域 OSPF

1. 实验目的
（1）实现 OSPF 多区域配置。
（2）阐明 OSPF 的 LSA 类型。
（3）阐明 OSPF 引入外部路由的配置方法。
（4）阐明向 OSPF 引入默认路由的方法。

2. 实验拓扑
配置多区域 OSPF 的实验拓扑如图 1-16 所示。

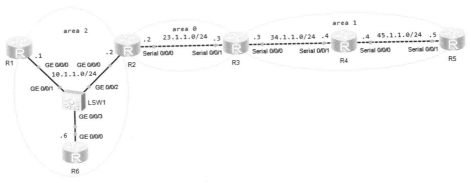

图 1-16　配置多区域 OSPF

3. 实验步骤
（1）配置 IP 地址。
R1 的配置：

```
<Huawei>system-view
[Huawei]sysname R1
[R1]interface g0/0/0
[R1-GigabitEthernet0/0/0]ip address 10.1.1.1 24
```

```
[R1-GigabitEthernet0/0/0]quit
[R1]interface LoopBack 0
[R1-LoopBack0]ip address 1.1.1.1 32
[R1-LoopBack0]quit
```

R2 的配置：

```
<Huawei>system-view
[Huawei]undo info-center enable
[Huawei]sysname R2
[R2]interface g0/0/0
[R2-GigabitEthernet0/0/0]ip address 10.1.1.2 24
[R2-GigabitEthernet0/0/0]quit
[R2]interface s0/0/0
[R2-Serial0/0/0]ip address 23.1.1.2 24
[R2-Serial0/0/0]quit
[R2]interface LoopBack 0
[R2-LoopBack0]ip address 2.2.2.2 32
[R2-LoopBack0]quit
```

R3 的配置：

```
<Huawei>system-view
[Huawei]undo info-center enable
[Huawei]sysname R3
[R3]interface s0/0/1
[R3-Serial0/0/1]ip address 23.1.1.3 24
[R3-Serial0/0/1]quit
[R3]interface s0/0/0
[R3-Serial0/0/0]ip address 34.1.1.3 24
[R3-Serial0/0/0]undo shutdown
[R3-Serial0/0/0]quit
[R3]interface LoopBack 0
[R3-LoopBack0]ip address 3.3.3.3 32
[R3-LoopBack0]quit
```

R4 的配置：

```
<Huawei>system-view
[Huawei]undo info-center enable
[Huawei]sysname R4
[R4]interface s0/0/1
[R4-Serial0/0/1]ip address 34.1.1.4 24
[R4-Serial0/0/1]quit
[R4]interface s0/0/0
[R4-Serial0/0/0]ip address 45.1.1.4 24
[R4-Serial0/0/0]quit
[R4]interface LoopBack 0
[R4-LoopBack0]ip address 4.4.4.4 32
```

```
[R4-LoopBack0]quit
```

R5 的配置：

```
<Huawei>system-view
[Huawei]undo info-center enable
[Huawei]sysname R5
[R5]interface s0/0/1
[R5-Serial0/0/1]ip address 45.1.1.5 24
[R5-Serial0/0/1]quit
[R5]interface LoopBack 0
[R5-LoopBack0]ip address 5.5.5.5 32
[R5-LoopBack0]quit
```

R6 的配置：

```
<Huawei>system-view
[Huawei]undo info-center enable
[Huawei]sysname R6
[R6]interface g0/0/0
[R6-GigabitEthernet0/0/0]ip address 10.1.1.6 24
[R6-GigabitEthernet0/0/0]quit
[R6]interface LoopBack 0
[R6-LoopBack0]ip address 6.6.6.6 32
[R6-LoopBack0]quit
```

（2）运行 OSPF。

R1 的配置：

```
[R1]ospf router-id 1.1.1.1
[R1-ospf-1]area 2
[R1-ospf-1-area-0.0.0.2]network 10.1.1.0 0.0.0.255
[R1-ospf-1-area-0.0.0.2]network 1.1.1.1 0.0.0.0
[R1-ospf-1-area-0.0.0.2]quit
[R1-ospf-1]quit
```

R2 的配置：

```
[R2]ospf router-id 2.2.2.2
[R2-ospf-1]area 2
[R2-ospf-1-area-0.0.0.2]network 10.1.1.0 0.0.0.255
[R2-ospf-1-area-0.0.0.2]network 2.2.2.2 0.0.0.0
[R2-ospf-1-area-0.0.0.2]quit
[R2-ospf-1]area 0
[R2-ospf-1-area-0.0.0.0]network 23.1.1.0 0.0.0.255
[R2-ospf-1-area-0.0.0.0]quit
```

R3 的配置:

```
[R3]ospf router-id 3.3.3.3
[R3-ospf-1]area 0
[R3-ospf-1-area-0.0.0.0]network 23.1.1.0 0.0.0.255
[R3-ospf-1-area-0.0.0.0]quit
[R3-ospf-1]area 1
[R3-ospf-1-area-0.0.0.1]network 34.1.1.0 0.0.0.255
[R3-ospf-1-area-0.0.0.1]network 3.3.3.3 0.0.0.0
[R3-ospf-1-area-0.0.0.1]quit
[R3-ospf-1]quit
```

R4 的配置:

```
[R4]ospf router-id 4.4.4.4
[R4-ospf-1]area 1
[R4-ospf-1-area-0.0.0.1]network 34.1.1.0 0.0.0.255
[R4-ospf-1-area-0.0.0.1]network 45.1.1.0 0.0.0.255
[R4-ospf-1-area-0.0.0.1]network 4.4.4.4 0.0.0.0
[R4-ospf-1-area-0.0.0.1]quit
```

R5 的配置:

```
[R5]ospf router-id 5.5.5.5
[R5-ospf-1]area 1
[R5-ospf-1-area-0.0.0.1]network 45.1.1.0 0.0.0.255
[R5-ospf-1-area-0.0.0.1]network 5.5.5.5 0.0.0.0
[R5-ospf-1-area-0.0.0.1]quit
```

R6 的配置:

```
[R6]ospf router-id 6.6.6.6
[R6-ospf-1]area 2
[R6-ospf-1-area-0.0.0.2]network 10.1.1.0 0.0.0.255
[R6-ospf-1-area-0.0.0.2]network 6.6.6.6 0.0.0.0
[R6-ospf-1-area-0.0.0.2]quit
```

4. 实验调试

（1）在路由器上查看 1 类 LSA（LSA1）。

```
[R1]display ospf lsdb router 1.1.1.1          // 查看 1.1.1.1 产生的 1 类 LSA
        OSPF Process 1 with Router ID 1.1.1.1
                    Area: 0.0.0.2             // 所属区域
              Link State Database
  Type: Router                                // LSA 的类型为 Router
  Ls id: 1.1.1.1                              // 链路状态 ID 为路由器的 Router ID
  Adv rtr: 1.1.1.1                            // 生成 LSA 的路由器的 Router ID
  Ls age: 327                                 // LSA 已经生存的时间，单位为 s
  Len: 48                                     // 长度
```

```
Options: E                              // 选项，E 表示支持外部路由
seq#: 8000000f                          // 序列号
chksum: 0x1ef0                          // 校验和
Link count: 2
  * Link ID: 10.1.1.6                   // DR 的接口 IP 地址
    Data: 10.1.1.1                      // 自己的接口 IP 地址
    Link Type: TransNet                 // MA 类型链路
    Metric: 1                           // 开销
  * Link ID: 1.1.1.1                    // 网络号
    Data: 255.255.255.255               // 网络掩码
    Link Type: StubNet                  // 末节类型链路
    Metric: 0                           // 开销
    Priority: Medium
```

【技术要点】

1. 老化时间

LSA的最大年龄是3600s，LSA在路由器间泛洪时每经过一跳，年龄增加1，在LSDB中存放时年龄也增加1。当LSA的年龄达到3600s（即MaxAge）时，路由器会从LSDB中清除该LSA。在拓扑稳定的场合下，每份存放在LSDB中的ISA间隔1800s都会被周期产生的新LSA刷新。

2. 序列号

（1）序列号取值范围为0X80000001～0X7FFFFFFE。

（2）路由器每发送同一条LSA信息，则将携带一个序列号，并且序列号依次加1。

（3）当一条LSA信息的序列号达到0X7FFFFFFE时，发出的路由器会将其老化时间更改为3600s；其他设备收到该LSA信息后，会根据序号判断这是一条最新的LSA信息，并将该信息刷新到本地LSDB中。之后，由于该LSA信息老化时间达到3600s，因此将这条LSA信息删除。始发的路由器会再发送一条相同的LSA信息，其序列号使用0X80000001，其他设备收到后会把最新的LSA信息刷新到LSDB中，即刷新了序列号空间。

3. 校验和

（1）确保数据的完整性。

（2）校验和也会参与LSA的新旧比较。

4. 判断LSA 新旧的规则

（1）序列号越大，代表LSA越新。

（2）若序列号相同，则校验和越大代表LSA越新。

（3）上述一致的情况下，继续比较Age。

● 若LSA的Age为MaxAge，即3600s，则该LSA被认定为更"新"。

● 若LSA间Age的差额超过15min，则Age小的LSA被认定为更"新"。

● 若LSA间Age的差额在15min以内，则二者被视为相同"新"，只保留先收到的LSA。

5. Link类型

Router-LSA定义了四种link类型，见表1-6。

表 1-6　Router-LSA link 类型

Type	描　述	Link ID	Link Data
Point-to-point	点到点链路类型	邻居路由器的 RID	自己的接口 IP 地址
Transnetwork	MA 类型链路	DR 的接口 IP 地址	自己的接口 IP 地址
Stubnetwork	末节类型链路环回口	网络号	网络掩码
Virtual Link	虚拟点到点链路	Vlink 对端 ABR 的 RID	本地 Vlink 的 IP 地址

（2）在路由器上查看 2 类 LSA（LSA2）。

```
<R1>display ospf lsdb network
        OSPF Process 1 with Router ID 1.1.1.1
                        Area: 0.0.0.2
                Link State Database
  Type: Network                        // LSA 的类型为 2 类
  Ls id: 10.1.1.6                       // 链路状态 ID 为 DR 的接口 IP 地址
  Adv rtr: 6.6.6.6                      // 产生 LSA2 的通告路由器
  Ls age: 1015
  Len: 36
  Options:E
  seq#: 80000007
  chksum: 0x768b
  Net mask: 255.255.255.0              // 子网掩码
  Priority: Low
      Attached Router    6.6.6.6       // 连接到本网络的所有邻居路由器的 Router ID
      Attached Router    1.1.1.1
      Attached Router    2.2.2.2
```

【技术要点】

LSA2的特性如下。

（1）由DR产生，描述本网段的链路状态。

（2）在所属的区域内传播。

（3）在路由器上查看 3 类 LSA（LSA3）。

```
<R1>display ospf lsdb summary              // 查看 3 类 LSA
        OSPF Process 1 with Router ID 10.1.1.1
                        Area: 0.0.0.2
                Link State Database
  Type: Sum-Net                        // LSA 的类型为 3 类
  Ls id: 23.1.1.0                       // 网络号
  Adv rtr: 2.2.2.2                      // 产生 LSA3 的路由器
  Ls age: 158
  Len: 28
  Options: E
  seq#: 80000001
```

```
chksum: 0x27f4
Net mask: 255.255.255.0          // 子网掩码
Tos 0 metric: 1562               // 开销值（为 ABR 到目标网络的最小开销值）
Priority: Low
Type: Sum-Net
Ls id: 3.3.3.3
Adv rtr: 2.2.2.2
Ls age: 153
Len: 28
Options: E
seq#: 80000001
chksum: 0xdf49
Net mask: 255.255.255.255
Tos 0  metric: 1562
Priority: Medium
Type: Sum-Net
Ls id: 2.2.2.2
Adv rtr: 2.2.2.2
Ls age: 158
Len: 28
Options: E
seq#: 80000001
chksum: 0xd27a
Net mask: 255.255.255.255
Tos 0  metric: 0
Priority: Medium
```

● 【技术要点】

　　LSA3的特性如下。

　　（1）边界路由器ABR为区域内的每条OSPF路由各产生一份LSA3并向其他区域通告。

　　（2）边界若有多个ABR，则每个ABR都产生LSA3来通告区域间路由，通过Advertising Router字域来区分。

　　（3）区域间传递的是路由，LSA3 是由每个区域的ABR产生的、仅在该区域内泛洪的一类LSA。路由进入其他区域后，再由该区域的ABR产生LSA3 继续泛洪。

　　（4）OSPF在区域边界上具备矢量特性，只有出现在 ABR 路由表里的路由才会被通告给邻居区域。

　　（5）计算路由时，路由器计算自己区域内到ABR的成本加上LSA3 传递的区域间成本，得到的是当前路由器到目标网络端到端的成本。

　　（6）如果ABR路由器上路由表中的某条OSPF路由不再可达，则ABR会立即产生一份 Age 为3600s的LSA3向区域内泛洪，用于在区域内撤销该网络。

　　（4）在 R5 上创建环回口。

　　在 R5 上创建一个环回口 loopback 100，将其地址设置为 100.100.100.100/32，并把它引入 OSPF。

```
[R5]interface LoopBack 100
[R5-LoopBack100]ip address 100.100.100.100 32
[R5-LoopBack100]quit
[R5]ospf
[R5-ospf-1]import-route direct                    // 引入直连路由
[R5-ospf-1]quit
```

在 R5 上查看 5 类 LSA（LSA5）：

```
<R5> display ospf lsdb ase 100.100.100.100   // 查看 5 类 LSA
          OSPF Process 1 with Router ID 5.5.5.5
                    Link State Database
  Type: External                          // LSA 的类型为 5 类
  Ls id: 100.100.100.100                  // 引入外部路由的网络号
  Adv rtr: 5.5.5.5                        // ASBR 的 Router ID
  Ls age: 140
  Len: 36
  Options: E
  seq#: 80000001
  chksum: 0x5ecc
  Net mask: 255.255.255.255               // 外部路由的子网掩码
  Tos 0  metric: 1                        // ASBR 到外部网络的成本
  E type: 2                               // 开销类型，默认为 2
  Forwarding Address: 0.0.0.0             // 如果是 0，则将访问外部网络的报文转发给 ASBR
                                          // 如果非 0，则将报文转发给非 0 的地址

  Tag: 1
  Priority: Low
```

【技术要点】

区分OSPF外部路由的两种度量值类型，见表1-7。

表 1-7　OSPF 外部路由的两种度量值类型

Type	描　　述	开销计算
Type 1	可信任程度高	AS 内部开销 +AS 外部开销
Type 2	可信任程度低，AS 外部开销远大于 AS 内部开销	AS 外部开销

关于Forwarding Address（FA），若LSA5同时满足以下3个条件：

（1）引入的这条外部路由，其对应的出接口启用了OSPF。

（2）引入的这条外部路由，其对应的出接口未设置为passive-interface。

（3）引入的这条外部路由，其对应的出接口的OSPF网络类型为Broadcast。

则其FA等于该引入的外部路由的下一条地址，反之为0.0.0.0（ASBR）。

（5）在 R3 上查看 4 类 LSA（LSA4）。

```
<R3>display ospf lsdb asbr                // 查看 LSA4
          OSPF Process 1 with Router ID 3.3.3.3
                    Area: 0.0.0.0
```

```
                    Link State Database
        Type: Sum-Asbr              // LSA 的类型为 4 类
        Ls id: 5.5.5.5              // ASBR 的 Router ID
        Adv rtr: 3.3.3.3           // 产生 LSA4 的路由器的 Router ID
        Ls age: 1689
        Len: 28
        Options: E
        seq#: 80000001
        chksum: 0x9269
        Tos 0  metric: 3124        // ABR 到 ASBR 的开销
        Area: 0.0.0.1
        Link State Database
```

【技术要点】

　　LSA4的特性：由ABR产生，描述本区域到其他区域中的ASBR的路由，通告给除ASBR所在区域的其他区域（除了Stub区域、Totally Stub、NSSA区域和Totally NSSA区域）。

实验 1-7　配置 OSPF 手动汇总

1. 实验目的
（1）实现 OSPF 路由汇总的配置。
（2）阐明 OSPF 引入外部路由时进行路由汇总的方法。

2. 实验拓扑
配置 OSPF 手动汇总的实验拓扑如图 1-17 所示。

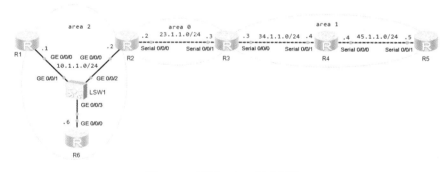

图 1-17　配置 OSPF 手动汇总

3. 实验步骤
（1）配置 IP 地址和运行 OSPF（与实验 1-6 一致，此处略）。
（2）在 R1 上创建 4 个环回口：8.8.0.1/24、8.8.1.1/24、8.8.2.1/24 和 8.8.3.1/24，宣告进入 OSPF 区域 2。

R1 的配置：

```
[R1]interface LoopBack 1
```

```
[R1-LoopBack1]ip address 8.8.0.1 24              // 配置主地址
[R1-LoopBack1]ip address 8.8.1.1 24 sub          // 配置子地址
[R1-LoopBack1]ip address 8.8.2.1 24 sub          // 配置子地址
[R1-LoopBack1]ip address 8.8.3.1 24 sub          // 配置子地址
[R1-LoopBack1]ospf network-type broadcast        // OSPF 的网络类型为广播
[R1-LoopBack1]ospf enable 1 area 2               // 接口启用 OSPF, 它们属于区域 2
[R1-LoopBack1]quit
```

（3）在 R5 上查看 OSPF 的路由表。

```
<R5>display ospf routing
        OSPF Process 1 with Router ID 5.5.5.5
                Routing Tables
Routing for Network
Destination        Cost   Type        NextHop       AdvRouter      Area
5.5.5.5/32         0      Stub        5.5.5.5       5.5.5.5        0.0.0.1
45.1.1.0/24        1562   Stub        45.1.1.5      5.5.5.5        0.0.0.1
1.1.1.1/32         4687   Inter-area  45.1.1.4      3.3.3.3        0.0.0.1
2.2.2.2/32         4686   Inter-area  45.1.1.4      3.3.3.3        0.0.0.1
3.3.3.3/32         3124   Stub        45.1.1.4      3.3.3.3        0.0.0.1
4.4.4.4/32         1562   Stub        45.1.1.4      4.4.4.4        0.0.0.1
6.6.6.6/32         4687   Inter-area  45.1.1.4      3.3.3.3        0.0.0.1
8.8.0.0/24         4687   Inter-area  45.1.1.4      3.3.3.3        0.0.0.1
8.8.1.0/24         4687   Inter-area  45.1.1.4      3.3.3.3        0.0.0.1
8.8.2.0/24         4687   Inter-area  45.1.1.4      3.3.3.3        0.0.0.1
8.8.3.0/24         4687   Inter-area  45.1.1.4      3.3.3.3        0.0.0.1
10.1.1.0/24        4687   Inter-area  45.1.1.4      3.3.3.3        0.0.0.1
23.1.1.0/24        4686   Inter-area  45.1.1.4      3.3.3.3        0.0.0.1
34.1.1.0/24        3124   Stub        45.1.1.4      4.4.4.4        0.0.0.1
Total Nets: 14
Intra Area: 5  Inter Area: 9  ASE: 0  NSSA: 0
```

通过以上输出可以看到有 4 条明细路由。

（4）在 R2 上进行汇总。

```
[R2]ospf
[R2-ospf-1]area 2
[R2-ospf-1-area-0.0.0.2]abr-summary 8.8.0.0 255.255.252.0 //ABR 汇总
[R2-ospf-1-area-0.0.0.2]quit
```

（5）再次在 R5 上查看 OSPF 的路由表。

```
<R5>display ospf routing
        OSPF Process 1 with Router ID 5.5.5.5
                Routing Tables
Routing for Network
Destination        Cost   Type    NextHop       AdvRouter      Area
5.5.5.5/32         0      Stub    5.5.5.5       5.5.5.5        0.0.0.1
45.1.1.0/24        1562   Stub    45.1.1.5      5.5.5.5        0.0.0.1
```

1.1.1.1/32	4687	Inter-area	45.1.1.4	3.3.3.3	0.0.0.1
2.2.2.2/32	4686	Inter-area	45.1.1.4	3.3.3.3	0.0.0.1
3.3.3.3/32	3124	Stub	45.1.1.4	3.3.3.3	0.0.0.1
4.4.4.4/32	1562	Stub	45.1.1.4	4.4.4.4	0.0.0.1
6.6.6.6/32	4687	Inter-area	45.1.1.4	3.3.3.3	0.0.0.1
8.8.0.0/22	**4687**	**Inter-area**	**45.1.1.4**	**3.3.3.3**	**0.0.0.1**
10.1.1.0/24	4687	Inter-area	45.1.1.4	3.3.3.3	0.0.0.1
23.1.1.0/24	4686	Inter-area	45.1.1.4	3.3.3.3	0.0.0.1
34.1.1.0/24	3124	Stub	45.1.1.4	4.4.4.4	0.0.0.1

Total Nets: 11
Intra Area: 5 Inter Area: 6 ASE: 0 NSSA: 0

通过以上输出可以看到，只有 1 条 8.8.0.0/22 的汇总路由。

（6）在 R5 上创建 4 个环回口：9.9.0.1/24、9.9.1.1/24、9.9.2.1/24 和 9.9.3.1/24，将其引入 OSPF。

```
[R5]interface LoopBack 1
[R5-LoopBack1]ip address 9.9.0.1 24
[R5-LoopBack1]ip address 9.9.1.1 24 sub
[R5-LoopBack1]ip address 9.9.2.1 24 sub
[R5-LoopBack1]ip address 9.9.3.1 24 sub
[R5-LoopBack1]quit
[R5]ospf
[R5-ospf-1]import-route direct              // 引入直连路由
[R5-ospf-1]quit
```

（7）在 R1 上查看 OSPF 的路由表。

```
<R1>display ospf routing
        OSPF Process 1 with Router ID 1.1.1.1
                Routing Tables
 Routing for Network
 Destination    Cost  Type      NextHop     AdvRouter   Area
 1.1.1.1/32     0     Stub      1.1.1.1     1.1.1.1     0.0.0.2
 8.8.0.0/24     0     Stub      8.8.0.1     1.1.1.1     0.0.0.2
 8.8.1.0/24     0     Stub      8.8.1.1     1.1.1.1     0.0.0.2
 8.8.2.0/24     0     Stub      8.8.2.1     1.1.1.1     0.0.0.2
 8.8.3.0/24     0     Stub      8.8.3.1     1.1.1.1     0.0.0.2
 10.1.1.0/24    1     Transit   10.1.1.1    1.1.1.1     0.0.0.2
 2.2.2.2/32     1     Inter-area 10.1.1.2   2.2.2.2     0.0.0.2
 3.3.3.3/32     1563  Inter-area 10.1.1.2   2.2.2.2     0.0.0.2
 4.4.4.4/32     3125  Inter-area 10.1.1.2   2.2.2.2     0.0.0.2
 5.5.5.5/32     4687  Inter-area 10.1.1.2   2.2.2.2     0.0.0.2
 6.6.6.6/32     1     Stub      10.1.1.6    6.6.6.6     0.0.0.2
 23.1.1.0/24    1563  Inter-area 10.1.1.2   2.2.2.2     0.0.0.2
 34.1.1.0/24    3125  Inter-area 10.1.1.2   2.2.2.2     0.0.0.2
 45.1.1.0/24    4687  Inter-area 10.1.1.2   2.2.2.2     0.0.0.2
 Routing for ASEs
 Destination    Cost  Type      Tag   NextHop     AdvRouter
 9.9.0.0/24     1     Type2     1     10.1.1.2    5.5.5.5
```

9.9.1.0/24	1	**Type2**	1	10.1.1.2	5.5.5.5
9.9.2.0/24	1	**Type2**	1	10.1.1.2	5.5.5.5
9.9.3.0/24	1	**Type2**	1	10.1.1.2	5.5.5.5
45.1.1.4/32	1	Type2	1	10.1.1.2	5.5.5.5

```
Total Nets: 19
 Intra Area: 7  Inter Area: 7  ASE: 5  NSSA: 0
```

通过以上输出可以看到有 4 条明细路由。

（8）在 ASBR 上进行汇总。

```
[R5]ospf
[R5-ospf-1]asbr-summary 9.9.0.0 255.255.252.0  //ASBR 汇总
[R5-ospf-1]quit
```

（9）再次在 R1 上查看 OSPF 的路由表。

```
<R1>display ospf routing
        OSPF Process 1 with Router ID 1.1.1.1
             Routing Tables
Routing for Network
Destination      Cost  Type     NextHop      AdvRouter     Area
1.1.1.1/32       0     Stub     1.1.1.1      1.1.1.1       0.0.0.2
8.8.0.0/24       0     Stub     8.8.0.1      1.1.1.1       0.0.0.2
8.8.1.0/24       0     Stub     8.8.1.1      1.1.1.1       0.0.0.2
8.8.2.0/24       0     Stub     8.8.2.1      1.1.1.1       0.0.0.2
8.8.3.0/24       0     Stub     8.8.3.1      1.1.1.1       0.0.0.2
10.1.1.0/24      1     Transit  10.1.1.1     1.1.1.1       0.0.0.2
2.2.2.2/32       1     Inter-area 10.1.1.2   2.2.2.2       0.0.0.2
3.3.3.3/32       1563  Inter-area 10.1.1.2   2.2.2.2       0.0.0.2
4.4.4.4/32       3125  Inter-area 10.1.1.2   2.2.2.2       0.0.0.2
5.5.5.5/32       4687  Inter-area 10.1.1.2   2.2.2.2       0.0.0.2
6.6.6.6/32       1     Stub     10.1.1.6     6.6.6.6       0.0.0.2
23.1.1.0/24      1563  Inter-area 10.1.1.2   2.2.2.2       0.0.0.2
34.1.1.0/24      3125  Inter-area 10.1.1.2   2.2.2.2       0.0.0.2
45.1.1.0/24      4687  Inter-area 10.1.1.2   2.2.2.2       0.0.0.2
Routing for ASEs
Destination      Cost  Type     Tag     NextHop      AdvRouter
9.9.0.0/22       2     Type2    1       10.1.1.2     5.5.5.5
45.1.1.4/32      1     Type2    1       10.1.1.2     5.5.5.5
Total Nets: 16
 Intra Area: 7  Inter Area: 7  ASE: 2  NSSA: 0
```

通过以上输出可以看到，只有 1 条 9.9.0.0/22 的汇总路由。

【技术要点】

OSPF路由汇总的类型如下。

（1）ABR执行路由汇总：对区域间的路由执行路由汇总。

（2）ASBR执行路由汇总：对引入的外部路由执行路由汇总。

实验 1-8 配置 OSPF 特殊区域

1. 实验目的
（1）实现 OSPF Stub 区域的配置。
（2）实现 OSPF NSSA 区域的配置。
（3）描述 Type7 LSA 的内容。
（4）描述 Type7 LSA 与 Type5 LSA 之间的转换过程。

2. 实验拓扑
配置 OSPF 特殊区域的实验拓扑如图 1–18 所示。

图 1–18　配置 OSPF 特殊区域

3. 实验步骤
（1）配置 IP 地址、配置 OSPF 协议（步骤省略）。
（2）在 R5 上创建一个环回口 100.100.100.100，将其引入 OSPF。

```
[R5]interface LoopBack 100
[R5-LoopBack100]ip address 100.100.100.100 32
[R5-LoopBack100]quit
[R5]ospf
[R5-ospf-1]import-route direct
[R5-ospf-1]quit
```

（3）在 R1 上查看 OSPF 的路由表。

```
<R1>display ospf routing
        OSPF Process 1 with Router ID 1.1.1.1
                Routing Tables
 Routing for Network
 Destination      Cost    Type       NextHop        AdvRouter      Area
 1.1.1.1/32       0       Stub       1.1.1.1        1.1.1.1        0.0.0.2
 10.1.1.0/24      1       Transit    10.1.1.1       1.1.1.1        0.0.0.2
 2.2.2.2/32       1       Inter-area 10.1.1.2       2.2.2.2        0.0.0.2
 3.3.3.3/32       1563    Inter-area 10.1.1.2       2.2.2.2        0.0.0.2
```

4.4.4.4/32	3125	Inter-area	10.1.1.2	2.2.2.2	0.0.0.2
5.5.5.5/32	4687	Inter-area	10.1.1.2	2.2.2.2	0.0.0.2
6.6.6.6/32	1	Stub	10.1.1.6	6.6.6.6	0.0.0.2
23.1.1.0/24	1563	Inter-area	10.1.1.2	2.2.2.2	0.0.0.2
34.1.1.0/24	3125	Inter-area	10.1.1.2	2.2.2.2	0.0.0.2
45.1.1.0/24	4687	Inter-area	10.1.1.2	2.2.2.2	0.0.0.2

```
Routing for ASEs
Destination          Cost      Type       Tag        NextHop        AdvRouter
45.1.1.4/32          1         Type2      1          10.1.1.2       5.5.5.5
100.100.100.100/32   1         Type2      1          10.1.1.2       5.5.5.5
Total Nets: 12
Intra Area: 3  Inter Area: 7  ASE: 2  NSSA: 0
```

通过以上输出可以看到，区域 2 有域内路由、域间路由和外部路由。

（4）把区域 2 设置成 Stub 区域。

R1 的配置：

```
[R1]ospf
[R1-ospf-1]area 2
[R1-ospf-1-area-0.0.0.2]stub              //进入区域 2
[R1-ospf-1-area-0.0.0.2]quit              //设置成 Stub 区域
```

R2 的配置：

```
[R2]ospf
[R2-ospf-1]area 2
[R2-ospf-1-area-0.0.0.2]stub
[R2-ospf-1-area-0.0.0.2]quit
```

R6 的配置：

```
[R6]ospf
[R6-ospf-1]area 2
[R6-ospf-1-area-0.0.0.2]stub
[R6-ospf-1-area-0.0.0.2]quit
```

（5）在 R1 上查看 OSPF 的路由表。

```
[R1]display ospf routing
        OSPF Process 1 with Router ID 1.1.1.1
                Routing Tables
Routing for Network
Destination       Cost     Type       NextHop        AdvRouter      Area
1.1.1.1/32        0        Stub       1.1.1.1        1.1.1.1        0.0.0.2
10.1.1.0/24       1        Transit    10.1.1.1       1.1.1.1        0.0.0.2
0.0.0.0/0         2        Inter-area 10.1.1.2       2.2.2.2        0.0.0.2
2.2.2.2/32        1        Inter-area 10.1.1.2       2.2.2.2        0.0.0.2
3.3.3.3/32        1563     Inter-area 10.1.1.2       2.2.2.2        0.0.0.2
```

4.4.4.4/32	3125	Inter-area	10.1.1.2	2.2.2.2	0.0.0.2
5.5.5.5/32	4687	Inter-area	10.1.1.2	2.2.2.2	0.0.0.2
23.1.1.0/24	1563	Inter-area	10.1.1.2	2.2.2.2	0.0.0.2
34.1.1.0/24	3125	Inter-area	10.1.1.2	2.2.2.2	0.0.0.2
45.1.1.0/24	4687	Inter-area	10.1.1.2	2.2.2.2	0.0.0.2

```
Total Nets: 10
Intra Area: 2  Inter Area: 8  ASE: 0  NSSA: 0
```

通过以上输出可以看到，区域 2 的外部路由消失了，但是 R2（ABR）产生了一条 3 类的默认路由。

> ● 【技术要点】
>
> Stub区域对LSA的支持见表1-8。
>
> 表 1-8　Stub 区域对 LSA 的支持
>
> | 区域类型 | 1 | 2 | 3 | 4 | 5 | 7 | 备　注 |
> |---|---|---|---|---|---|---|---|
> | Stub | 是 | 是 | 是 | 否 | 否 | 否 | ABR 自动下发一条 3 类的默认路由 |
>
> 注：1、2、3、4、5、7分别代表LSA的类型。
>
> 配置Stub区域时需要注意以下几点。
> （1）骨干区域不能被配置为Stub区域。
> （2）Stub区域中的所有路由器都必须将该区域配置为Stub。
> （3）Stub区域内不能引入也不能接收AS外部路由。
> （4）虚连接不能穿越Stub区域。

（6）把区域 2 设置成 Totally Stub。

```
[R2]ospf
[R2-ospf-1]area 2
[R2-ospf-1-area-0.0.0.2]stub no-summary
[R2-ospf-1-area-0.0.0.2]quit
```

（7）在 R1 上查看 OSPF 的路由表。

```
<R1>display ospf routing
        OSPF Process 1 with Router ID 1.1.1.1
                Routing Tables
Routing for Network
Destination       Cost   Type      NextHop        AdvRouter      Area
1.1.1.1/32        0      Stub      1.1.1.1        1.1.1.1        0.0.0.2
10.1.1.0/24       1      Transit   10.1.1.1       1.1.1.1        0.0.0.2
0.0.0.0/0         2      Inter-area 10.1.1.2      2.2.2.2        0.0.0.2
Total Nets: 3
Intra Area: 2  Inter Area: 1  ASE: 0  NSSA: 0
```

通过以上输出可以看到，区域 2 只有域内路由，R2（ABR）下发了一条 3 类 LSA。

【技术要点】

Totally Stub区域对LSA的支持见表1-9。

表1-9　Totally Stub 区域对 LSA 的支持

区域类型	1	2	3	4	5	7	备　注
Totally Stub	是	是	否	否	否	否	ABR 自动下发一条 3 类的默认路由

注：1、2、3、4、5、7分别代表LSA的类型。

Stub区域、Totally Stub区域解决了末端区域维护过大LSDB带来的问题，但对于某些特定场景，它们并不是最佳解决方案，因为它们都不能引入外部路由。

4. 实验调试

（1）把区域 2 设置成 NSSA 区域。

R1 的配置：

```
[R1]ospf
[R1-ospf-1]area 2
[R1-ospf-1-area-0.0.0.2]undo stub          // 撤销 Stub 区域
[R1-ospf-1-area-0.0.0.2]nssa               // 设置为 NSSA 区域
```

R2 的配置：

```
[R2]ospf
[R2-ospf-1]area 2
[R2-ospf-1-area-0.0.0.2]undo stub
[R2-ospf-1-area-0.0.0.2]nssa
[R2-ospf-1-area-0.0.0.2]quit
```

R6 的配置：

```
[R6]ospf
[R6-ospf-1]area 2
[R6-ospf-1-area-0.0.0.2]undo stub
[R6-ospf-1-area-0.0.0.2]nssa
[R6-ospf-1-area-0.0.0.2]quit
```

（2）在 R1 上查看 OSPF 的路由表。

```
[R1]display ospf routing
        OSPF Process 1 with Router ID 1.1.1.1
                Routing Tables
Routing for Network
Destination       Cost   Type      NextHop       AdvRouter      Area
1.1.1.1/32        0      Stub      1.1.1.1       1.1.1.1        0.0.0.2
10.1.1.0/24       1      Transit   10.1.1.1      1.1.1.1        0.0.0.2
2.2.2.2/32        1      Inter-area 10.1.1.2     2.2.2.2        0.0.0.2
3.3.3.3/32        1563   Inter-area 10.1.1.2     2.2.2.2        0.0.0.2
4.4.4.4/32        3125   Inter-area 10.1.1.2     2.2.2.2        0.0.0.2
```

5.5.5.5/32	4687	Inter-area	10.1.1.2	2.2.2.2	0.0.0.2
6.6.6.6/32	1	Stub	10.1.1.6	6.6.6.6	0.0.0.2
23.1.1.0/24	1563	Inter-area	10.1.1.2	2.2.2.2	0.0.0.2
34.1.1.0/24	3125	Inter-area	10.1.1.2	2.2.2.2	0.0.0.2
45.1.1.0/24	4687	Inter-area	10.1.1.2	2.2.2.2	0.0.0.2

```
Routing for NSSAs
Destination      Cost      Type      Tag      NextHop      AdvRouter
0.0.0.0/0        1         Type2     1        10.1.1.2     2.2.2.2
Total Nets: 11
Intra Area: 3  Inter Area: 7  ASE: 0  NSSA: 1
```

通过以上输出可以看到，区域 2 没有外部路由，但是 R2 下发了一条 7 类的默认路由。

【技术要点】

NSSA区域对LSA的支持见表1-10。

表 1-10　NSSA 区域对 LSA 的支持

区域类型	1	2	3	4	5	7	备　注
NSSA	是	是	是	否	否	是	ABR 自动下发一条 7 类的默认路由

注：1、2、3、4、5、7代表LSA的类型。

（3）在 R1 上引入外部路由 200.200.200.200。

```
[R1]interface LoopBack 200
[R1-LoopBack200]ip address 200.200.200.200 32
[R1-LoopBack200]quit
[R1]ospf
[R1-ospf-1]import-route direct
[R1-ospf-1]quit
```

（4）在 R2 上查看 OSPF 的路由表。

```
[R2]display ospf routing
        OSPF Process 1 with Router ID 2.2.2.2
              Routing Tables
Routing for Network
Destination      Cost    Type       NextHop      AdvRouter      Area
2.2.2.2/32       0       Stub       2.2.2.2      2.2.2.2        0.0.0.0
10.1.1.0/24      1       Transit    10.1.1.2     2.2.2.2        0.0.0.2
23.1.1.0/24      1562    Stub       23.1.1.2     2.2.2.2        0.0.0.0
1.1.1.1/32       1       Stub       10.1.1.1     1.1.1.1        0.0.0.2
3.3.3.3/32       1562    Inter-area 23.1.1.3     3.3.3.3        0.0.0.0
4.4.4.4/32       3124    Inter-area 23.1.1.3     3.3.3.3        0.0.0.0
5.5.5.5/32       4686    Inter-area 23.1.1.3     3.3.3.3        0.0.0.0
6.6.6.6/32       1       Stub       10.1.1.6     6.6.6.6        0.0.0.2
34.1.1.0/24      3124    Inter-area 23.1.1.3     3.3.3.3        0.0.0.0
45.1.1.0/24      4686    Inter-area 23.1.1.3     3.3.3.3        0.0.0.0
Routing for ASEs
```

```
Destination       Cost      Type      Tag       NextHop       AdvRouter
45.1.1.4/32       1         Type2     1         23.1.1.3      5.5.5.5
100.100.100.100/32 1        Type2     1         23.1.1.3      5.5.5.5
Routing for NSSAs
Destination       Cost      Type      Tag       NextHop       AdvRouter
200.200.200.200/32 1        Type2     1         10.1.1.1      1.1.1.1
Total Nets: 13
Intra Area: 5  Inter Area: 5  ASE: 2  NSSA: 1
```

通过以上输出可以看到，NSSA 区域可以引入外部路由。

（5）在 R2 上查看关于 200.200.200.200 的 7 类 LSA（LSA7）。

```
[R2]display ospf lsdb nssa 200.200.200.200

          OSPF Process 1 with Router ID 2.2.2.2
                    Area: 0.0.0.0
              Link State Database
                    Area: 0.0.0.1
              Link State Database
                    Area: 0.0.0.2
              Link State Database

Type: NSSA                          // LSA 类型为 7 类
Ls id: 200.200.200.200              // 外部路由网络号
Adv rtr: 1.1.1.1                    // ASBR 的 Router ID
Ls age: 154
Len: 36
Options: NP
seq#: 80000001
chksum: 0x8815
Net mask: 255.255.255.255
Tos 0 metric: 1
E type: 2
Forwarding Address: 1.1.1.1         // 转发地址为 1.1.1.1
Tag: 1
Priority: Medium
```

【技术要点】

　　LSA7的作用如下。

　　（1）LSA7是为了支持NSSA区域而新增的一种LSA 类型，用于通告引入的外部路由信息。

　　（2）LSA7由NSSA区域的自治域边界路由器（ASBR）产生，其扩散范围仅限于ASBR 所在的NSSA区域。

　　（3）NSSA区域的区域边界路由器（ABR）收到LSA7时，会有选择地将其转化为LSA5，以便将外部路由信息通告到OSPF网络的其他区域。

　　（4）LSA5 /LSA4不会流入NSSA区域，所以ABR会注入LSA7的默认路由，这样区域内路由器便可以通过默认路由访问外部网络，ABR同时也是ASBR。

　　（5）LSA7的FA一定要为非0，用于在区域间选路。

（6）在 R2 上查看关于 200.200.200.200 的 LSA5。

```
[R2]display ospf lsdb ase 200.200.200.200
        OSPF Process 1 with Router ID 2.2.2.2
                Link State Database
  Type : External
  Ls id : 200.200.200.200
  Adv rtr : 2.2.2.2
  Ls age : 275
  Len : 36
  Options : E
  seq# : 80000001
  chksum : 0xe0c0
  Net mask : 255.255.255.255
  Tos 0 metric: 1
  E type : 2
  Forwarding Address : 1.1.1.1
  Tag : 1
  Priority : Low
```

通过以上输出可以看到，LSA7 只能在区域 2 内传递，必须在 R2 上执行 LSA7 转 LSA5 的操作，才能传递到区域 0 和区域 1 中去。

（7）把区域 1 设置为 Totally NSSA 区域。

```
[R2]ospf
[R2-ospf-1]area 2
[R2-ospf-1-area-0.0.0.2]nssa no-summary
[R2-ospf-1-area-0.0.0.2]quit
```

（8）在 R1 上查看 OSPF 的路由表。

```
<R1>display ospf routing
        OSPF Process 1 with Router ID 1.1.1.1
                Routing Tables
Routing for Network
Destination       Cost  Type       NextHop      AdvRouter      Area
1.1.1.1/32        0     Stub       1.1.1.1      1.1.1.1        0.0.0.2
10.1.1.0/24       1     Transit    10.1.1.1     1.1.1.1        0.0.0.2
0.0.0.0/0         2     Inter-area 10.1.1.2     2.2.2.2        0.0.0.2
6.6.6.6/32        1     Stub       10.1.1.6     6.6.6.6        0.0.0.2
Total Nets: 4
Intra Area: 3  Inter Area: 1  ASE: 0  NSSA: 0
```

（9）在 R1 上查看 7 类的默认路由。

```
<R1>display ospf lsdb nssa 0.0.0.0
        OSPF Process 1 with Router ID 1.1.1.1
                Area: 0.0.0.1
                Link State Database
```

```
                        Area: 0.0.0.2
                    Link State Database
  Type : NSSA
  Ls id : 0.0.0.0
  Adv rtr : 2.2.2.2
  Ls age : 129
  Len : 36
  Options : None
  seq# : 80000003
  chksum : 0xc006
  Net mask : 0.0.0.0
  Tos 0 metric: 1
  E type : 2
  Forwarding Address : 0.0.0.0
  Tag : 1
  Priority : Low
```

（10）在 R1 上查看 3 类的默认路由。

```
<R1>display ospf lsdb summary 0.0.0.0
        OSPF Process 1 with Router ID 1.1.1.1
                    Area: 0.0.0.1
                Link State Database
                    Area: 0.0.0.2
                Link State Database
  Type: Sum-Net
  Ls id: 0.0.0.0
  Adv rtr: 2.2.2.2
  Ls age: 171
  Len: 28
  Options: None
  seq#: 80000001
  chksum: 0x57fe
  Net mask: 0.0.0.0
  Tos 0 metric: 1
  Priority: Low
```

【技术要点】

在Totally Stub区域，ABR可以下发7类的默认路由，也可以下发3类的默认路由。

实验1-9　配置虚链路

1. 实验目的
（1）实现 OSPF 虚链路的配置。
（2）描述虚链路的作用。

2. 实验拓扑

配置虚链路的实验拓扑如图 1-19 所示。

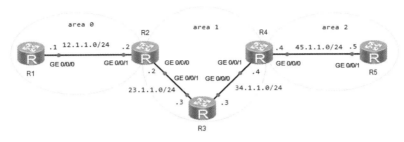

图 1-19　配置虚链路

3. 实验步骤

（1）配置 IP 地址。

R1 的配置：

```
<Huawei>system-view
Enter system view, return user view with Ctrl+Z.
[Huawei]undo info-center enable
Info: Information center is disabled.
[Huawei]sysname R1
[R1]interface g0/0/0
[R1-GigabitEthernet0/0/0]ip address 12.1.1.1 24
[R1-GigabitEthernet0/0/0]quit
[R1]interface LoopBack 0
[R1-LoopBack0]ip address 1.1.1.1 32
[R1-LoopBack0]quit
```

R2 的配置：

```
<Huawei>system-view
Enter system view, return user view with Ctrl+Z.
[Huawei]undo info-center enable
Info: Information center is disabled.
[Huawei]sysname R2
[R2]interface g0/0/1
[R2-GigabitEthernet0/0/1]ip address 12.1.1.2 24
[R2-GigabitEthernet0/0/1]quit
[R2]interface g0/0/0
[R2-GigabitEthernet0/0/0]ip address 23.1.1.2 24
[R2-GigabitEthernet0/0/0]quit
[R2]interface LoopBack 0
[R2-LoopBack0]ip address 2.2.2.2 32
[R2-LoopBack0]quit
```

R3 的配置:

```
<Huawei>system-view
Enter system view, return user view with Ctrl+Z.
[Huawei]undo info-center enable
Info: Information center is disabled.
[Huawei]sysname R3
[R3]interface g0/0/1
[R3-GigabitEthernet0/0/1]ip address 23.1.1.3 24
[R3-GigabitEthernet0/0/1]quit
[R3]interface g0/0/0
[R3-GigabitEthernet0/0/0]ip address 34.1.1.3 24
[R3-GigabitEthernet0/0/0]quit
[R3]interface LoopBack 0
[R3-LoopBack0]ip address 3.3.3.3 32
[R3-LoopBack0]quit
```

R4 的配置:

```
<Huawei>system-view
Enter system view, return user view with Ctrl+Z.
[Huawei]undo info-center enable
Info: Information center is disabled.
[Huawei]sysname R4
[R4]interface g0/0/1
[R4-GigabitEthernet0/0/1]ip address 34.1.1.4 24
[R4-GigabitEthernet0/0/1]quit
[R4]interface g0/0/0
[R4-GigabitEthernet0/0/0]ip address 45.1.1.4 24
[R4-GigabitEthernet0/0/0]quit
[R4]interface LoopBack 0
[R4-LoopBack0]ip address 4.4.4.4 32
[R4-LoopBack0]quit
```

R5 的配置:

```
<Huawei>system-view
Enter system view, return user view with Ctrl+Z.
[Huawei]undo info-center enable
Info: Information center is disabled.
[Huawei]sysname R5
[R5]interface g0/0/1
[R5-GigabitEthernet0/0/1]ip address 45.1.1.5 24
[R5-GigabitEthernet0/0/1]quit
[R5]interface LoopBack 0
[R5-LoopBack0]ip address 5.5.5.5 32
[R5-LoopBack0]quit
```

（2）配置 OSPF 协议。

R1 的配置:

```
[R1]ospf router-id 1.1.1.1
[R1-ospf-1]area 0
[R1-ospf-1-area-0.0.0.0]network 12.1.1.0 0.0.0.255
[R1-ospf-1-area-0.0.0.0]network 1.1.1.1 0.0.0.0
[R1-ospf-1-area-0.0.0.0]quit
```

R2 的配置:

```
[R2]ospf router-id 2.2.2.2
[R2-ospf-1]area 0
[R2-ospf-1-area-0.0.0.0]network 12.1.1.0 0.0.0.255
[R2-ospf-1-area-0.0.0.0]quit
[R2-ospf-1]area 1
[R2-ospf-1-area-0.0.0.1]network 23.1.1.0 0.0.0.255
[R2-ospf-1-area-0.0.0.1]network 2.2.2.2 0.0.0.0
[R2-ospf-1-area-0.0.0.1]quit
```

R3 的配置:

```
[R3]ospf router-id 3.3.3.3
[R3-ospf-1]area 1
[R3-ospf-1-area-0.0.0.1]network 23.1.1.0 0.0.0.255
[R3-ospf-1-area-0.0.0.1]network 34.1.1.0 0.0.0.255
[R3-ospf-1-area-0.0.0.1]network 3.3.3.3 0.0.0.0
[R3-ospf-1-area-0.0.0.1]quit
```

R4 的配置:

```
[R4]ospf router-id 4.4.4.4
[R4-ospf-1]area 1
[R4-ospf-1-area-0.0.0.1]network 34.1.1.0 0.0.0.255
[R4-ospf-1-area-0.0.0.1]network 4.4.4.4 0.0.0.0
[R4-ospf-1-area-0.0.0.1]quit
[R4-ospf-1]area 2
[R4-ospf-1-area-0.0.0.2]network 45.1.1.0 0.0.0.255
[R4-ospf-1-area-0.0.0.2]quit
```

R5 的配置:

```
[R5]ospf router-id 5.5.5.5
[R5-ospf-1]area 2
[R5-ospf-1-area-0.0.0.2]network 45.1.1.0 0.0.0.255
[R5-ospf-1-area-0.0.0.2]network 5.5.5.5 0.0.0.0
[R5-ospf-1-area-0.0.0.2]quit
```

4. 实验调试

（1）在 R1 上查看 OSPF 的路由表。

```
<R1>display ospf routing
        OSPF Process 1 with Router ID 1.1.1.1
                Routing Tables
 Routing for Network
 Destination        Cost   Type       NextHop       AdvRouter      Area
 1.1.1.1/32         0      Stub       1.1.1.1       1.1.1.1        0.0.0.0
 12.1.1.0/24        1      Transit    12.1.1.1      1.1.1.1        0.0.0.0
 2.2.2.2/32         1      Inter-area 12.1.1.2      2.2.2.2        0.0.0.0
 3.3.3.3/32         2      Inter-area 12.1.1.2      2.2.2.2        0.0.0.0
 4.4.4.4/32         3      Inter-area 12.1.1.2      2.2.2.2        0.0.0.0
 23.1.1.0/24        2      Inter-area 12.1.1.2      2.2.2.2        0.0.0.0
 34.1.1.0/24        3      Inter-area 12.1.1.2      2.2.2.2        0.0.0.0
 Total Nets: 7
 Intra Area: 2  Inter Area: 5  ASE: 0  NSSA: 0
```

通过以上输出可以看到，R1 学习不到 R5 的路由。
（2）在 R5 上查看 OSPF 的路由表。

```
<R5>display ospf routing
        OSPF Process 1 with Router ID 5.5.5.5
                Routing Tables
 Routing for Network
 Destination        Cost   Type       NextHop       AdvRouter      Area
 5.5.5.5/32         0      Stub       5.5.5.5       5.5.5.5        0.0.0.2
 45.1.1.0/24        1      Transit    45.1.1.5      5.5.5.5        0.0.0.2
 Total Nets: 2
 Intra Area: 2  Inter Area: 0  ASE: 0  NSSA: 0
```

通过以上输出可以看到，R5 学习不到域间的路由。

（3）配置虚链路。
R2 的配置：

```
[R2]ospf
[R2-ospf-1]area 1
[R2-ospf-1-area-0.0.0.1]vlink-peer 4.4.4.4
```

R4 的配置：

```
[R4]ospf
[R4-ospf-1]area 1
[R4-ospf-1-area-0.0.0.1]vlink-peer 2.2.2.2
[R4-ospf-1-area-0.0.0.1]quit
```

在 R5 上查看 OSPF 的路由表：

```
<R5>display ospf routing
        OSPF Process 1 with Router ID 5.5.5.5
                Routing Tables
 Routing for Network
```

Destination	Cost	Type	NextHop	AdvRouter	Area
5.5.5.5/32	0	Stub	5.5.5.5	5.5.5.5	0.0.0.2
45.1.1.0/24	1	Transit	45.1.1.5	5.5.5.5	0.0.0.2
1.1.1.1/32	4	Inter-area	45.1.1.4	4.4.4.4	0.0.0.2
2.2.2.2/32	3	Inter-area	45.1.1.4	4.4.4.4	0.0.0.2
3.3.3.3/32	2	Inter-area	45.1.1.4	4.4.4.4	0.0.0.2
4.4.4.4/32	1	Inter-area	45.1.1.4	4.4.4.4	0.0.0.2
12.1.1.0/24	4	Inter-area	45.1.1.4	4.4.4.4	0.0.0.2
23.1.1.0/24	3	Inter-area	45.1.1.4	4.4.4.4	0.0.0.2
34.1.1.0/24	2	Inter-area	45.1.1.4	4.4.4.4	0.0.0.2

Total Nets: 9
Intra Area: 2　Inter Area: 7　ASE: 0　NSSA: 0

通过以上输出可以看到，R5 学习到了路由。

第 2 章　IS-IS 中间系统到中间系统协议

本章阐述了集成IS-IS协议的网络结构、IS-IS报文的具体内容及作用，通过实验使读者掌握集成的IS-IS在各种场景中的配置。

本章包含以下内容：
- IS-IS 概述
- 集成IS-IS配置实验

2.1　IS-IS 概述

IS-IS 是国际标准化组织（International Organization for Standardization，ISO）为其无连接网络协议（Connection-Less Network Protocol，CLNP）设计的一种动态路由协议。随着 TCP/IP 协议的流行，为了提供对 IP 路由的支持，IETF 在 RFC 1195 中对 IS-IS 进行了扩充和修改，使其能够同时应用在 TCP/IP 和 OSI（Open System Interconnection，开放式系统互联通信）环境中，称为集成 IS-IS（Integrated IS-IS 或 Dual IS-IS）。

2.1.1　IS-IS 特征

中间系统到中间系统（Intermediate System to Intermediate System，IS-IS）属于内部网关协议（Interior Gateway Protocol，IGP），用于自治系统内部。IS-IS 也是一种链路状态协议，使用最短路径优先（Shortest Path First，SPF）算法进行路由计算。主要特点如下。

（1）维护一个链路状态数据库，并使用 SPF 算法计算最佳路径。

（2）使用 Hello 数据包建立和维护邻居关系。

（3）使用区域来构造两级层次化的拓扑结构。

（4）在区域之间可以使用路由汇总来减少路由器的负担。

（5）支持 VLSM（Variable Length Subnet Mask，可变长子网掩码）和 CIDR（Classless Inter-Domain Routing，无类别域间路由），支持明文和 MD5 验证。

（6）在广播多路访问网络中，通过选举指定 IS（DIS，伪节点）来管理和控制网络上的泛洪扩散。

（7）IS-IS 管理距离为 15，采用 Cost（开销）作为度量值。

（8）快速收敛，适合大型网络。

2.1.2　IS-IS 术语

（1）CLNS（Connection-Less Network Service，无连接网络服务）：提供数据的无连接传输，在数据传输之前无须建立连接，它描述提供给传输层的服务。

（2）CLNP：类似于 TCP/IP 中的 IP 协议。

（3）IS：类似于 IP 网络环境中的路由器。

（4）ES（End System，终端系统）：类似于 IP 网络环境中的主机。

2.1.3　NSAP 地址结构

NSAP 地址结构如图 2-1 所示。

NSAP 地址结构中的主要字段解释如下。

（1）NSAP（Network Service Access Point，网络服务接入点）：相当于 TCP/IP 协议中的 IP 地址。

（2）IDP（Initial Domain Part，初始域部分）：相当于 IP 地址中的主网络号。

（3）DSP（Domain Specific Part，特定域部分）相当于 IP 地址中的子网号和主机地址。

（4）AFI（机构格式标识符）：表示地址分配机构和地址格式。

（5）IDI：用于标识域。

（6）High Order DSP：用于分割区域，相当于子网号。

（7）System ID：在区域中唯一地区分主机。

（8）SEL：代表每个主机上的特定服务。

NET（Network Entity Titles，网络实体标题）是一类特殊的 NSAP（SEL=00），在路由器上配置 IS-IS 时，考虑 NET 即可，其地址结构如图 2-2 所示。

图 2-1　NSAP 地址结构

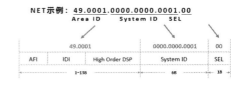

图 2-2　NET 地址结构

2.1.4　IS-IS 路由器类型

IS-IS 路由器类型如图 2-3 所示。

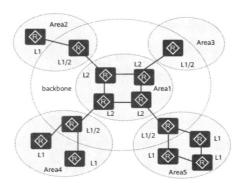

图 2-3　IS-IS 路由器类型

1. Level-1 路由器（只能创建 Level-1 的 LSDB）

（1）Level-1 路由器负责区域内的路由，它只与属于同一区域的 Level-1 和 Level-1-2 路由器形成邻居关系，属于不同区域的 Level-1 路由器不能形成邻居关系。

（2）Level-1 路由器只负责维护 Level-1 的链路状态数据库（LSDB），该 LSDB 包含本区域的路由信息，到本区域外的报文转发给最近的 Level-1-2 路由器。

2. Level-2 路由器（只能创建 Level-2 的 LSDB）

（1）Level-2 路由器负责区域间的路由，它可以与同一或者不同区域的 Level-2 路由器或者其他区域的 Level-1-2 路由器形成邻居关系。Level-2 路由器维护一个 Level-2 的 LSDB，该 LSDB 包含区域间的路由信息。

（2）所有 Level-2 级别（即形成 Level-2 邻居关系）的路由器组成路由域的骨干网，负责在不同区域间通信。路由域中 Level-2 级别的路由器必须是物理连续的，以保证骨干网的连续性。只有 Level-2 级别的路由器才能直接与区域外的路由器交换数据报文或路由信息。

3. Level-1-2 路由器（路由器默认的类型，能同时创建 Level-1 和 Level-2 的 LSDB）

（1）同时属于 Level-1 和 Level-2 的路由器称为 Level-1-2 路由器，它可以与同一区域的 Level-1 和 Level-1-2 路由器形成 Level-1 邻居关系，也可以与其他区域的 Level-2 和 Level-1-2 路由器形成 Level-2 的邻居关系。

（2）Level-1 路由器必须通过 Level-1-2 路由器才能连接至其他区域。

（3）Level-1-2 路由器维护两个 LSDB，Level-1 的 LSDB 用于区域内路由，Level-2 的 LSDB 用于区域间路由。

2.1.5　IS-IS 度量值

IS-IS 使用 Cost 作为路由度量值，Cost 值越小，则路径越优。IS-IS 链路的 Cost 与设备的接口有关，与 OSPF 类似，每个激活了 IS-IS 的接口都会维护接口 Cost。然而与 OSPF 不同的是，IS-IS 接口的 Cost 在默认情况下并不与接口带宽相关（在实际部署时，IS-IS 也支持根据带宽调整 Cost 值），无论接口带宽多大，默认时 Cost 为 10。IS-IS 的开销类型分为两类：Narrow（范围为 0~63）和 Wide（范围为 0~16777215）。

2.1.6　IS-IS 网络类型

1. 网络类型

IS-IS 只支持两种类型的网络，见表 2-1。

表 2-1　IS-IS 网络类型

网络类型	链路层协议	选择 DIS
P2P	PPP、HDLC	否
广播	Ethernet	是

2. DIS 和伪节点

在广播网络中，IS-IS 需要在所有的路由器中选举一个路由器作为 DIS（Designated Intermediate

System，指定中间系统）。DIS 用于创建和更新伪节点（Pseudo Nodes），并负责生成伪节点的链路状态协议数据单元（Link State Protocol Data Unit, LSP），用于描述这个网络上有哪些网络设备。

伪节点是用于模拟广播网络的一个虚拟节点，并非真实的路由器。在 IS-IS 中，伪节点用 DIS 的 System ID 和 1 字节的 Circuit ID（非 0 值）标识。伪节点示意图如图 2-4 所示。

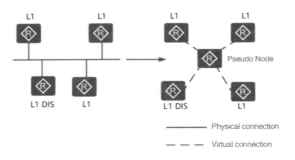

图 2-4　伪节点示意图

使用伪节点可以简化网络拓扑，使路由器产生的 LSP 长度较小。另外，当网络发生变化时，需要产生的 LSP 数量也比较少，减少了 SPF 的资源消耗。Level-1 和 Level-2 的 DIS 是分别选举的，用户可以为不同级别的 DIS 选举设置不同的优先级。不同级别的 DIS 可以是同一台路由器，也可以是不同的路由器。

3. DIS 的选举规则

（1）DIS 优先级数值最大的被选为 DIS，取值范围为 0~127，默认为 64，0 也可以参加选举。

（2）如果优先级数值最大的路由器有多台，则其中 MAC 地址最大的路由器会成为 DIS。

4. DIS 与 DR 的区别

IS-IS 协议中 DIS 与 OSPF 协议中 DR 的区别如下。

（1）在 IS-IS 广播网络中，优先级为 0 的路由器也参与 DIS 的选举，而在 OSPF 中优先级为 0 的路由器则不参与 DR 的选举。

（2）在 IS-IS 广播网络中，当有新的路由器加入，并符合成为 DIS 的条件时，这个路由器会被选中成为新的 DIS，原有的伪节点被删除。此更改会引起一组新的 LSP 泛洪。而在 OSPF 中，当一台新的路由器加入后，即使它的 DR 优先级数值最大，也不会立即成为该网段中的 DR。

（3）在 IS-IS 广播网络中，同一网段上同一级别的路由器之间都会形成邻接关系，包括所有的非 DIS 路由器之间也会形成邻接关系。而在 OSPF 中，路由器只与 DR 和 BDR 建立邻接关系。

2.1.7　IS-IS 数据包类型

IS-IS 报文有以下几种类型：Hello PDU（Protocol Data Unit，协议数据单元）、LSP 和 SNP。

1. Hello PDU

（1）Hello 报文用于建立和维持邻居关系，也称为 IIH（IS-to-IS Hello PDUs）。

（2）广播网络中的 Level-1 IS-IS 使用 Level-1 LAN IIH，Level-2 IS-IS 使用 Level-2 LAN IIH；非广播网络中则使用 P2P IIH。它们的报文格式有所不同，P2P IIH 相对于 LAN IIH 来说，多了一个表示本地链路 ID 的 Local Circuit ID 字段，缺少了表示广播网络中 DIS 的优先级的 Priority 字段及表示 DIS 和伪节点 System ID 的 LAN ID 字段。

2. LSP

LSP（Link State PDUs，链路状态报文）用于交换链路状态信息。LSP 分为两种：Level–1 LSP 和 Level–2 LSP。

（1）Level–1 LSP 由 Level–1 IS–IS 传送。

（2）Level–2 LSP 由 Level–2 IS–IS 传送。

（3）Level–1–2 IS–IS 则可传送以上两种 LSP。

3. SNP

SNP（Sequence Number PDUs，序列号报文）通过描述全部或部分数据库中的 LSP 来同步各 LSDB，从而维护 LSDB 的完整与同步。

SNP 包括 CSNP（Complete SNP，全序列号报文）和 PSNP（Partial SNP，部分序列号报文），进一步又可分为 Level–1 CSNP、Level–2 CSNP、Level–1 PSNP 和 Level–2 PSNP。

（1）CSNP 包括 LSDB 中所有 LSP 的摘要信息，从而可以在相邻路由器间保持 LSDB 的同步。在广播网络上，CSNP 由 DIS 定期发送（默认发送周期为 10s）；在点到点链路上，CSNP 只在第一次建立邻接关系时发送。

（2）PSNP 只列举最近收到的一个或多个 LSP 的序号，它能够一次对多个 LSP 进行确认，当发现 LSDB 不同步时，也用 PSNP 来请求邻居发送新的 LSP。

2.2 集成 IS-IS 配置实验

实验 2-1 配置单区域集成 IS-IS

扫一扫，看视频

1. 实验目的

实现 IS–IS 协议的基本配置。

2. 实验拓扑

配置单区域集成 IS–IS 的实验拓扑如图 2–5 所示。

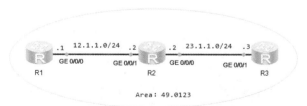

图 2–5 配置单区域集成 IS–IS

3. 实验步骤

（1）配置 IP 地址。

R1 的配置：

```
<Huawei>system-view
[Huawei]undo info-center enable
```

```
[Huawei]sysname R1
[R1]interface g0/0/0
[R1-GigabitEthernet0/0/0]ip address 12.1.1.1 24
[R1-GigabitEthernet0/0/0]quit
[R1]interface LoopBack 0
[R1-LoopBack0]ip address 1.1.1.1 32
[R1-LoopBack0]quit
```

R2 的配置：

```
<Huawei>system-view
[Huawei]undo info-center enable
[Huawei]sysname R2
[R2]interface g0/0/1
[R2-GigabitEthernet0/0/1]ip address 12.1.1.2 24
[R2-GigabitEthernet0/0/1]quit
[R2]interface g0/0/0
[R2-GigabitEthernet0/0/0]ip address 23.1.1.2 24
[R2-GigabitEthernet0/0/0]quit
[R2]interface LoopBack 0
[R2-LoopBack0]ip address 2.2.2.2 32
[R2-LoopBack0]quit
```

R3 的配置：

```
<Huawei>system-view
[Huawei]undo info-center enable
[Huawei]sysname R3
[R3]interface g0/0/1
[R3-GigabitEthernet0/0/1]ip address 23.1.1.3 24
[R3-GigabitEthernet0/0/1]quit
[R3]interface LoopBack 0
[R3-LoopBack0]ip address 3.3.3.3 32
[R3-LoopBack0]quit
```

（2）配置 IS-IS。

R1 的配置：

```
[R1]isis                                              // 启用 IS-IS 进程，进程默认为 1
[R1-isis-1]network-entity 49.0123.0000.0000.0001.00    // 配置 NET 地址
[R1-isis-1]quit
[R1]interface g0/0/0
[R1-GigabitEthernet0/0/0]isis enable                   // 接口下启用 IS-IS
[R1-GigabitEthernet0/0/0]quit
[R1]interface LoopBack 0
[R1-LoopBack0]isis enable
[R1-LoopBack0]quit
```

R2 的配置：

```
[R2]isis
[R2-isis-1]network-entity 49.0123.0000.0000.0002.00
[R2-isis-1]quit
[R2]interface g0/0/1
[R2-GigabitEthernet0/0/1]isis enable
[R2-GigabitEthernet0/0/1]quit
[R2]interface g0/0/0
[R2-GigabitEthernet0/0/0]isis enable
[R2-GigabitEthernet0/0/0]quit
[R2]interface LoopBack 0
[R2-LoopBack0]isis enable
[R2-LoopBack0]quit
```

R3 的配置：

```
[R3]isis
[R3-isis-1]network-entity 49.0123.0000.0000.0003.00
[R3-isis-1]quit
[R3]interface g0/0/1
[R3-GigabitEthernet0/0/1]isis enable
[R3-GigabitEthernet0/0/1]quit
[R3]interface LoopBack 0
[R3-LoopBack0]isis enable
[R3-LoopBack0]quit
```

4. 实验调试

（1）查看 R1 的邻接表。

```
<R1>display isis peer                           // 查看 IS-IS 邻接表
                    Peer information for ISIS(1)
System Id       Interface   Circuit Id        State    HoldTime    Type      PRI
--------------------------------------------------------------------------------
0000.0000.0002  GE0/0/0     0000.0000.0001.01  Up       23s         L1(L1L2)  64
0000.0000.0002  GE0/0/0     0000.0000.0001.01  Up       28s         L2(L1L2)  64
Total Peer(s): 2
```

通过以上输出可以看到，路由器维护两个邻接关系，分别为 L1 和 L2，其中参数含义如下。

- System Id：描述邻居的系统 ID。
- Interface：描述通过该路由器的哪个端口与邻居建立邻接关系。
- Circuit Id：电路 ID。
- State：状态为 Up。
- HoldTime：保持时间为 30s，Hello 包的间隔时间为 10s。
- Type：邻居类型。
- PRI：邻居选举 DIS 时的优先级，默认为 64。

（2）查看 R1 的链路状态数据库。

```
<R1>display isis lsdb      // 查看 IS-IS 的链路状态数据库
                       Database information for ISIS(1)
                       -------------------------------

                       Level-1 Link State Database
LSPID                   Seq Num      Checksum   Holdtime   Length   ATT/P/OL
----------------------------------------------------------------------------
0000.0000.0001.00-00*   0x00000007   0x74c8     667        86       0/0/0
0000.0000.0001.01-00*   0x00000003   0xb3d5     667        55       0/0/0
0000.0000.0002.00-00    0x0000000a   0x4481     583        113      0/0/0
0000.0000.0002.02-00    0x00000002   0xd3b2     583        55       0/0/0
0000.0000.0003.00-00    0x00000007   0x7997     665        86       0/0/0
Total LSP(s): 5
    *(In TLV)-Leaking Route, *(By LSPID)-Self LSP, +-Self LSP(Extended),
        ATT-Attached, P-Partition, OL-Overload
                       Level-2 Link State Database
LSPID                   Seq Num      Checksum   Holdtime   Length   ATT/P/OL
----------------------------------------------------------------------------
0000.0000.0001.00-00*   0x0000000a   0x72b      667        122      0/0/0
0000.0000.0001.01-00*   0x00000003   0xb3d5     667        55       0/0/0
0000.0000.0002.00-00    0x0000000d   0xf989     583        137      0/0/0
0000.0000.0002.02-00    0x00000002   0xd3b2     583        55       0/0/0
0000.0000.0003.00-00    0x0000000a   0xe236     665        122      0/0/0
Total LSP(s): 5
    *(In TLV)-Leaking Route, *(By LSPID)-Self LSP, +-Self LSP(Extended),
        ATT-Attached, P-Partition, OL-Overload
```

通过以上输出可以看到，路由器 R1 维护两个链路状态数据库，分别为 L1 和 L2，其中参数含义如下。

- LSPID：链路状态报文 ID，由系统 ID、伪节点 ID、分片号三部分组成。
- Seq Num：LSP 序列号。
- Checksum：LSP 校验和。
- Holdtime：LSP 保持时间。
- Length：LSP 长度。
- ATT/P/OL：连接位、分区位、过载位。

（3）查看 IS-IS 的路由表。

```
<R1>display isis route
                       Route information for ISIS(1)
                       ----------------------------

                       ISIS(1) Level-1 Forwarding Table
                       --------------------------------

IPv4 Destination    IntCost    ExtCost    ExitInterface    NextHop    Flags
----------------------------------------------------------------------------
```

3.3.3.3/32	20	NULL	GE0/0/0	12.1.1.2	A/-/L/-
2.2.2.2/32	10	NULL	GE0/0/0	12.1.1.2	A/-/L/-
1.1.1.1/32	0	NULL	Loop0	Direct	D/-/L/-
12.1.1.0/24	10	NULL	GE0/0/0	Direct	D/-/L/-
23.1.1.0/24	20	NULL	GE0/0/0	12.1.1.2	A/-/L/-

```
         Flags: D-Direct, A-Added to URT, L-Advertised in LSPs, S-IGP Shortcut,
                              U-Up/Down Bit Set
                    ISIS(1) Level-2 Forwarding Table
                    -------------------------------
```

IPv4 Destination	IntCost	ExtCost	ExitInterface	NextHop	Flags
3.3.3.3/32	20	NULL			
2.2.2.2/32	10	NULL			
1.1.1.1/32	0	NULL	Loop0	Direct	D/-/L/-
12.1.1.0/24	10	NULL	GE0/0/0	Direct	D/-/L/-
23.1.1.0/24	20	NULL			

```
         Flags: D-Direct, A-Added to URT, L-Advertised in LSPs, S-IGP Shortcut,
                              U-Up/Down Bit Set
```

通过以上输出可以看到，IS-IS 有两张路由表，一张是 L1 的，另一张是 L2 的。

【技术要点】

Flags路由信息标记如下。
（1）D-Direct：表示直连路由。
（2）A-Added to URT：表示此路由被加入单播路由表。
（3）L-Advertised in LSPs：表示此路由通过LSP发布。
（4）S-IGP Shortcut：表示到达该前缀的路径上存在IGP-Shortcut。
（5）U-Up/Down Bit Set：表示Up/Down比特位。

实验 2-2　配置多区域集成 IS-IS

扫一扫，看视频

1. 实验目的
（1）实现 IS-IS 协议的 DIS 优先级修改。
（2）实现 IS-IS 协议的网络类型修改。
（3）实现 IS-IS 协议的外部路由引入。
（4）实现 IS-IS 接口的 Cost 修改。
（5）实现 IS-IS 路由的渗透配置。

2. 实验拓扑
配置多区域集成 IS-IS 的实验拓扑如图 2-6 所示。

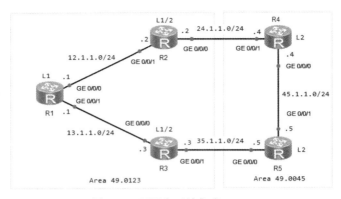

图 2-6　配置多区域集成 IS-IS

3. 实验步骤

（1）配置 IP 地址。

R1 的配置：

```
<Huawei>system-view
[Huawei]undo info-center enable
[Huawei]sysname R1
[R1]interface g0/0/0
[R1-GigabitEthernet0/0/0]ip address 12.1.1.1 24
[R1-GigabitEthernet0/0/0]quit
[R1]interface g0/0/1
[R1-GigabitEthernet0/0/1]ip address 13.1.1.1 24
[R1-GigabitEthernet0/0/1]quit
[R1]interface LoopBack 0
[R1-LoopBack0]ip address 1.1.1.1 32
[R1-LoopBack0]quit
```

R2 的配置：

```
<Huawei>system-view
[Huawei]undo info-center enable
Info: Information center is disabled.
[Huawei]sysname R2
[R2]interface g0/0/1
[R2-GigabitEthernet0/0/1]ip address 12.1.1.2 24
[R2-GigabitEthernet0/0/1]quit
[R2]interface g0/0/0
[R2-GigabitEthernet0/0/0]ip address 24.1.1.2 24
[R2-GigabitEthernet0/0/0]quit
[R2]interface LoopBack 0
[R2-LoopBack0]ip address 2.2.2.2 32
[R2-LoopBack0]quit
```

R3 的配置:

```
<Huawei>system-view
[Huawei]undo info-center enable
[Huawei]sysname R3
[R3]interface g0/0/0
[R3-GigabitEthernet0/0/0]ip address 13.1.1.3 24
[R3-GigabitEthernet0/0/0]quit
[R3]interface g0/0/1
[R3-GigabitEthernet0/0/1]ip address 35.1.1.3 24
[R3-GigabitEthernet0/0/1]quit
[R3]interface LoopBack 0
[R3-LoopBack0]ip address 3.3.3.3 32
[R3-LoopBack0]quit
```

R4 的配置:

```
<Huawei>system-view
[Huawei]undo info-center enable
[Huawei]sysname R4
[R4]interface g0/0/1
[R4-GigabitEthernet0/0/1]IP address 24.1.1.4 24
[R4-GigabitEthernet0/0/1]quit
[R4]interface g0/0/0
[R4-GigabitEthernet0/0/0]ip address 45.1.1.4 24
[R4-GigabitEthernet0/0/0]quit
[R4]interface LoopBack 0
[R4-LoopBack0]ip address 4.4.4.4 32
[R4-LoopBack0]quit
```

R5 的配置:

```
<Huawei>system-view
[Huawei]undo info-center enable
[Huawei]sysname R5
[R5]interface g0/0/0
[R5-GigabitEthernet0/0/0]ip address 35.1.1.5 24
[R5-GigabitEthernet0/0/0]quit
[R5]interface g0/0/1
[R5-GigabitEthernet0/0/1]ip address 45.1.1.5 24
[R5-GigabitEthernet0/0/1]quit
[R5]interface LoopBack 0
[R5-LoopBack0]ip address 5.5.5.5 32
[R5-LoopBack0]quit
```

（2）配置 IS-IS。

R1 的配置:

```
[R1]isis
```

```
[R1-isis-1]network-entity 49.0123.0000.0000.0001.00        // 配置 NET 地址
[R1-isis-1]is-level level-1                                // 路由器的类型为 Level-1
[R1-isis-1]cost-style wide                                 // 设置宽度量值
[R1-isis-1]quit
[R1]interface g0/0/0
[R1-GigabitEthernet0/0/0]isis enable
[R1-GigabitEthernet0/0/0]quit
[R1]interface g0/0/1
[R1-GigabitEthernet0/0/1]isis enable
[R1-GigabitEthernet0/0/1]quit
[R1]interface LoopBack 0
[R1-LoopBack0]isis enable
[R1-LoopBack0]quit
```

R2 的配置:

```
[R2]isis
[R2-isis-1]net
[R2-isis-1]network-entity 49.0123.0000.0000.0002.00
[R2-isis-1]cost-style wide
[R2-isis-1]quit
[R2]interface g0/0/1
[R2-GigabitEthernet0/0/1]isis enable
[R2-GigabitEthernet0/0/1]quit
[R2]interface g0/0/0
[R2-GigabitEthernet0/0/0]isis enable
[R2-GigabitEthernet0/0/0]quit
[R2]interface LoopBack 0
[R2-LoopBack0]isis enable
[R2-LoopBack0]quit
```

R3 的配置:

```
[R3]isis
[R3-isis-1]network-entity 49.0123.0000.0000.0003.00
[R3-isis-1]cost-style wide
[R3-isis-1]quit
[R3]interface g0/0/0
[R3-GigabitEthernet0/0/0]isis enable
[R3-GigabitEthernet0/0/0]quit
[R3]interface g0/0/1
[R3-GigabitEthernet0/0/1]isis enable
[R3-GigabitEthernet0/0/1]quit
[R3]interface LoopBack 0
[R3-LoopBack0]isis enable
[R3-LoopBack0]quit
```

R4 的配置:

```
[R4]isis
```

```
[R4-isis-1]network-entity 49.0045.0000.0000.0004.00
[R4-isis-1]is-level level-2
[R4-isis-1]cost-style wide
[R4-isis-1]quit
[R4]interface g0/0/1
[R4-GigabitEthernet0/0/1]isis enable
[R4-GigabitEthernet0/0/1]quit
[R4]interface g0/0/0
[R4-GigabitEthernet0/0/0]isis enable
[R4-GigabitEthernet0/0/0]quit
[R4]interface LoopBack 0
[R4-LoopBack0]isis enable
[R4-LoopBack0]quit
```

R5 的配置:

```
[R5]isis
[R5-isis-1]network-entity 49.0045.0000.0000.0005.00
[R5-isis-1]cost-style wide
[R5-isis-1]is-level level-2
[R5-isis-1]quit
[R5]interface g0/0/1
[R5-GigabitEthernet0/0/1]isis enable
[R5-GigabitEthernet0/0/1]quit
[R5]interface g0/0/0
[R5-GigabitEthernet0/0/0]isis enable
[R5-GigabitEthernet0/0/0]quit
[R5]interface LoopBack 0
[R5-LoopBack0]isis enable
[R5-LoopBack0]quit
```

4. 实验调试

（1）查看 R1 上的 IS-IS 邻接关系。

```
<R1>display isis peer
                    Peer information for ISIS(1)
  System Id      Interface    Circuit Id        State   HoldTime  Type   PRI
------------------------------------------------------------------------------
0000.0000.0002 GE0/0/0     0000.0000.0002.01    Up      7s        L1     64

0000.0000.0003 GE0/0/1     0000.0000.0003.01    Up      8s        L1     64
Total Peer(s): 2
```

通过以上输出可以看到，路由器 R1 与 R2、R3 是 Level-1 的邻居关系。

（2）在 R1 上查看路由表。

```
<R1>display ip routing-table
Route Flags: R - relay, D - download to fib
------------------------------------------------------------------------------
```

```
Routing Tables: Public
        Destinations: 12        Routes: 13
Destination/Mask    Proto   Pre   Cost   Flags   NextHop     Interface
0.0.0.0/0           ISIS-L1  15    10     D       12.1.1.2    GigabitEthernet0/0/0
                    ISIS-L1  15    10     D       13.1.1.3    GigabitEthernet0/0/1
1.1.1.1/32          Direct   0     0      D       127.0.0.1   LoopBack0
2.2.2.2/32          ISIS-L1  15    10     D       12.1.1.2    GigabitEthernet0/0/0
3.3.3.3/32          ISIS-L1  15    10     D       13.1.1.3    GigabitEthernet0/0/1
12.1.1.0/24         Direct   0     0      D       12.1.1.1    GigabitEthernet0/0/0
12.1.1.1/32         Direct   0     0      D       127.0.0.1   GigabitEthernet0/0/0
13.1.1.0/24         Direct   0     0      D       13.1.1.1    GigabitEthernet0/0/1
13.1.1.1/32         Direct   0     0      D       127.0.0.1   GigabitEthernet0/0/1
24.1.1.0/24         ISIS-L1  15    20     D       12.1.1.2    GigabitEthernet0/0/0
35.1.1.0/24         ISIS-L1  15    20     D       13.1.1.3    GigabitEthernet0/0/1
127.0.0.0/8         Direct   0     0      D       127.0.0.1   InLoopBack0
127.0.0.1/32        Direct   0     0      D       127.0.0.1   InLoopBack0
```

由以上输出可以看到，默认情况下，Level-1 区域的路由会传给 Level-2 区域，但是 Level-2 区域的路由却不会传给 Level-1 区域，Level-1-2 的路由器会自动下发默认路由给 Level-1 区域的路由器。

> **● 【技术要点】**
>
> 通常情况下，Level-1区域内的路由通过Level-1路由器进行管理。所有的Level-2和Level-1-2路由器构成一个连续的骨干区域。Level-1区域必须且只能与骨干区域相连，不同的Level-1区域之间并不相连。
>
> Level-1-2路由器将学习到的Level-1路由信息装进Level-2 LSP，再泛洪LSP给其他Level-2和Level-1-2路由器。因此，Level-1-2和Level-2路由器知道整个IS-IS路由域的路由信息。但是，为了有效减小路由表的规模，在默认情况下，Level-1-2路由器并不将自己知道的其他Level-1区域及骨干区域的路由信息通报给它所在的Level-1区域。

（3）分别在 R4 和 R5 上引入一条外部路由。
R4 的配置：

```
[R4]interface LoopBack 100
[R4-LoopBack100]ip address 100.1.1.1 32
[R4-LoopBack100]quit
[R4]isis
[R4-isis-1]import-route direct          // 引入直连路由
[R4-isis-1]quit
```

R5 的配置：

```
[R5]interface LoopBack 200
[R5-LoopBack200]ip address 200.1.1.1 32
[R5-LoopBack200]quit
[R5]isis
[R5-isis-1]import-route direct
[R5-isis-1]quit
```

（4）再次在 R1 上查看路由表。

```
<R1>display ip routing-table
Route Flags: R - relay, D - download to fib
--------------------------------------------------------------------------------
Routing Tables: Public
Destinations: 12              Routes: 13
Destination/Mask    Proto     Pre    Cost    Flags    NextHop        Interface
   0.0.0.0/0        ISIS-L1    15     10       D       12.1.1.2       GigabitEthernet0/0/0
                    ISIS-L1    15     10       D       13.1.1.3       GigabitEthernet0/0/1
   1.1.1.1/32       Direct     0      0        D       127.0.0.1      LoopBack0
   2.2.2.2/32       ISIS-L1    15     10       D       12.1.1.2       GigabitEthernet0/0/0
   3.3.3.3/32       ISIS-L1    15     10       D       13.1.1.3       GigabitEthernet0/0/1
  12.1.1.0/24       Direct     0      0        D       12.1.1.1       GigabitEthernet0/0/0
  12.1.1.1/32       Direct     0      0        D       127.0.0.1      GigabitEthernet0/0/0
  13.1.1.0/24       Direct     0      0        D       13.1.1.1       GigabitEthernet0/0/1
  13.1.1.1/32       Direct     0      0        D       127.0.0.1      GigabitEthernet0/0/1
  24.1.1.0/24       ISIS-L1    15     20       D       12.1.1.2       GigabitEthernet0/0/0
  35.1.1.0/24       ISIS-L1    15     20       D       13.1.1.3       GigabitEthernet0/0/1
 127.0.0.0/8        Direct     0      0        D       127.0.0.1      InLoopBack0
 127.0.0.1/32       Direct     0      0        D       127.0.0.1      InLoopBack0
```

通过以上输出可以看到，R1 没有收到外部路由。

（5）分别在 R2 和 R3 上把路由泄露给 R1。

R2 的配置：

```
[R2]isis
[R2-isis-1]import-route isis level-2 into level-1     // 把 Level-2 的路由泄露给 Level-1
```

R3 的配置：

```
[R3]isis
[R3-isis-1]import-route isis level-2 into level-1
```

（6）继续在 R1 上查看路由表。

```
<R1>display ip routing-table
Route Flags: R - relay, D - download to fib
--------------------------------------------------------------------------------
Routing Tables: Public
Destinations: 17        Routes: 19
Destination/Mask    Proto     Pre    Cost    Flags    NextHop        Interface
   0.0.0.0/0        ISIS-L1    15     10       D       12.1.1.2       GigabitEthernet0/0/0
                    ISIS-L1    15     10       D       13.1.1.3       GigabitEthernet0/0/1
   1.1.1.1/32       Direct     0      0        D       127.0.0.1      LoopBack0
   2.2.2.2/32       ISIS-L1    15     10       D       12.1.1.2       GigabitEthernet0/0/0
   3.3.3.3/32       ISIS-L1    15     10       D       13.1.1.3       GigabitEthernet0/0/1
   4.4.4.4/32       ISIS-L1    15     20       D       12.1.1.2       GigabitEthernet0/0/0
   5.5.5.5/32       ISIS-L1    15     20       D       13.1.1.3       GigabitEthernet0/0/1
```

12.1.1.0/24	Direct	0	0	D	12.1.1.1	GigabitEthernet0/0/0
12.1.1.1/32	Direct	0	0	D	127.0.0.1	GigabitEthernet0/0/0
13.1.1.0/24	Direct	0	0	D	13.1.1.1	GigabitEthernet0/0/1
13.1.1.1/32	Direct	0	0	D	127.0.0.1	GigabitEthernet0/0/1
24.1.1.0/24	ISIS-L1	15	20	D	12.1.1.2	GigabitEthernet0/0/0
35.1.1.0/24	ISIS-L1	15	20	D	13.1.1.3	GigabitEthernet0/0/1
45.1.1.0/24	ISIS-L1	15	30	D	12.1.1.2	GigabitEthernet0/0/0
	ISIS-L1	15	30	D	13.1.1.3	GigabitEthernet0/0/1
100.1.1.1/32	**ISIS-L1**	**15**	**20**	**D**	**12.1.1.2**	**GigabitEthernet0/0/0**
127.0.0.0/8	Direct	0	0	D	127.0.0.1	InLoopBack0
127.0.0.1/32	Direct	0	0	D	127.0.0.1	InLoopBack0
200.1.1.1/32	**ISIS-L1**	**15**	**20**	**D**	**13.1.1.3**	**GigabitEthernet**

通过以上输出可以看到，Level-2 区域的路由都传递给了 Level-1 区域。

实验 2-3　IS-IS 认证

1. 实验目的
（1）实现 IS-IS 接口认证。
（2）实现 IS-IS 区域认证。
（3）实现 IS-IS 路由域认证。

2. 实验拓扑
IS-IS 认证的实验拓扑如图 2-6 所示。

3. 实验步骤
（1）配置 IP 地址和 IS-IS，此步骤省略。
（2）R1 和 R2 之间的接口用简单的明文认证，R4 和 R5 之间的接口用 MDS 认证。
① R1 和 R2 之间的接口用简单的明文认证。
R1 的配置：

```
[R1]interface g0/0/0
[R1-GigabitEthernet0/0/0]isis authentication-mode simple joilabs level-1
```

R2 的配置：

```
[R2]interface g0/0/1
[R2-GigabitEthernet0/0/1]isis authentication-mode simple joinlabs level-1
```

② R4 和 R5 之间的接口用 MD5 认证。
R4 的配置：

```
[R4]interface g0/0/0
[R4-GigabitEthernet0/0/0]isis authentication-mode md5 joinlabs level-2
```

R5 的配置：

```
[R5]interface g0/0/1
```

```
[R5-GigabitEthernet0/0/1]isis authentication-mode md5 joinlabs level-2
```

●【技术要点】

　　接口认证注意事项：

　　（1）相互连接的路由器接口必须配置相同的口令，同时必须为 Level-1 和Level-2 类型的邻居关系配置各自的认证，Level-1 邻居认证的密码和Level-2邻居认证的密码可以相同，也可以不同。

　　（2）接口认证只对Level-1和 Level-2的Hello 报文进行认证。

（3）49.0123 配置区域认证。

R1 的配置：

```
[R1]isis
[R1-isis-1]area-authentication-mode md5 joinlabs
```

R2 的配置：

```
[R2]isis
[R2-isis-1]area-authentication-mode md5 joinlabs
```

R3 的配置：

```
[R3]isis
[R3-isis-1]area-authentication-mode md5 joinlabs
```

●【技术要点】

　　区域认证注意事项：

　　（1）区域内的每台路由器必须进行认证，并且必须使用相同的口令。

　　（2）区域认证只对 Level-1 的SNP 和LSP 报文进行认证。

（4）配置路由域认证。

R2 的配置：

```
[R2]isis
[R2-isis-1]domain-authentication-mode md5 1234
[R2-isis-1]quit
```

R3 的配置：

```
[R3]isis
[R3-isis-1]domain-authentication-mode md5 1234
[R3-isis-1]quit
```

R4 的配置：

```
[R4]isis
[R4-isis-1]domain-authentication-mode md5 1234
[R4-isis-1]quit
```

R5 的配置：

```
[R5]isis
[R5-isis-1]domain-authentication-mode md5 1234
[R5-isis-1]quit
```

【技术要点】

　　路由域认证注意事项：

　　（1）域内的每一个Level-2 和Level-1-2类型的路由器必须进行认证，并且必须使用相同的口令。

　　（2）路由域认证对Level-2的SNP 和LSP报文进行认证。

第 3 章　路 由 引 入

本章阐述了路由引入的作用和方向，以及路由协议的优先级，通过实验使读者能够掌握OSPF在各种场景中的配置。

本章包含以下内容：
- 路由引入概述
- 路由引入配置实验

3.1　路由引入概述

在大型企业中，网络规模特别庞大，选用单一的路由协议无法满足网络的需求，因此多种路由协议共存的情况十分常见。或者出于业务逻辑或行政管理的考虑，会在不同的网络结构中设计和部署不同的路由协议，使路由的层次结构更加清晰可控。为实现全网路由互通，需要进行路由引入。

1. 路由引入的作用

通过路由引入，可以实现路由信息在不同路由协议间的传递。进行路由引入时，还可以部署路由控制，从而实现对业务流量的灵活把控。

2. 路由引入的方向

路由引入是具有方向性的，将路由信息从路由协议 A 引入路由协议 B（A–to–B），则路由协议 B 可获取路由协议 A 中的路由信息，但是，此时路由协议 A 还并不知晓路由协议 B 中的路由信息，除非配置 B–to–A 的路由引入。

3. 路由协议的外部优先级

各种路由协议的外部优先级见表 3–1。

表 3–1　各种路由协议的外部优先级

类　　型	外部优先级
Direct	0
OSPF	10
IS-IS	15
Static	60
RIP	100
OSPF ASE	150
OSPF NSSA	150
IBGP	255
EBGP	255

3.2 路由引入配置实验

实验 3-1 OSPF 路由引入

扫一扫，看视频

1. 实验目的

（1）掌握 OSPF 静态路由引入的办法。

（2）掌握 OSPF 直连路由引入的办法。

2. 实验拓扑

OSPF 路由引入的实验拓扑如图 3-1 所示。

```
     .1  12.1.1.0/24  .2        .2  23.1.1.0/24  .3        .3  34.1.1.0/24  .4
  R ───────────────────── R ───────────────────── R ───────────────────── R  R4
 R1  GE 0/0/0      GE 0/0/1  R2  GE 0/0/0   GE 0/0/1  R3  GE 0/0/0   GE 0/0/1
          Area 0                                    Area 1
```

图 3-1　OSPF 路由引入

3. 实验步骤

（1）配置 IP 地址。

R1 的配置：

```
<Huawei>system-view
[Huawei]undo info-center enable
[Huawei]sysname R1
[R1]interface g0/0/0
[R1-GigabitEthernet0/0/0]ip address 12.1.1.1 24
[R1-GigabitEthernet0/0/0]quit
[R1]interface LoopBack 0
[R1-LoopBack0]ip address 1.1.1.1 32
[R1-LoopBack0]quit
```

R2 的配置：

```
<Huawei>system-view
[Huawei]undo info-center enable
[Huawei]sysname R2
[R2]interface g0/0/1
[R2-GigabitEthernet0/0/1]ip address 12.1.1.2 24
[R2-GigabitEthernet0/0/1]quit
[R2]interface g0/0/0
[R2-GigabitEthernet0/0/0]ip address 23.1.1.2 24
```

```
[R2-GigabitEthernet0/0/0]quit
[R2]interface LoopBack 0
[R2-LoopBack0]ip address 2.2.2.2 32
[R2-LoopBack0]quit
```

R3 的配置：

```
<Huawei>system-view
[Huawei]undo info-center enable
[Huawei]sysname R3
[R3]interface g0/0/1
[R3-GigabitEthernet0/0/1]ip address 23.1.1.3 24
[R3-GigabitEthernet0/0/1]quit
[R3]interface g0/0/0
[R3-GigabitEthernet0/0/0]ip address 34.1.1.3 24
[R3-GigabitEthernet0/0/0]quit
[R3]interface LoopBack 0
[R3-LoopBack0]ip address 3.3.3.3 32
[R3-LoopBack0]quit
```

R4 的配置：

```
<Huawei>system-view
[Huawei]undo info-center enable
[Huawei]sysname R4
[R4]interface g0/0/1
[R4-GigabitEthernet0/0/1]ip address 34.1.1.4 24
[R4-GigabitEthernet0/0/1]quit
[R4]interface LoopBack 0
[R4-LoopBack0]ip address 4.4.4.4 32
[R4-LoopBack0]quit
```

（2）配置 OSPF。
R1 的配置：

```
[R1]ospf router-id 1.1.1.1
[R1-ospf-1]area 0
[R1-ospf-1-area-0.0.0.0]network 12.1.1.0 0.0.0.255
[R1-ospf-1-area-0.0.0.0]network 1.1.1.1  0.0.0.0
[R1-ospf-1-area-0.0.0.0]quit
```

R2 的配置：

```
[R2]ospf router-id 2.2.2.2
[R2-ospf-1]area 0
[R2-ospf-1-area-0.0.0.0]network 12.1.1.0 0.0.0.255
[R2-ospf-1-area-0.0.0.0]network 2.2.2.2 0.0.0.0
[R2-ospf-1-area-0.0.0.0]quit
[R2-ospf-1]area 1
```

```
[R2-ospf-1-area-0.0.0.1]network 23.1.1.0 0.0.0.255
[R2-ospf-1-area-0.0.0.1]quit
```

R3 的配置：

```
[R3]ospf router-id 3.3.3.3
[R3-ospf-1]area 1
[R3-ospf-1-area-0.0.0.1]network 23.1.1.0 0.0.0.255
[R3-ospf-1-area-0.0.0.1]network 34.1.1.0 0.0.0.255
[R3-ospf-1-area-0.0.0.1]network 3.3.3.3 0.0.0.0
[R3-ospf-1-area-0.0.0.1]quit
```

R4 的配置：

```
[R4]ospf router-id 4.4.4.4
[R4-ospf-1]area 1
[R4-ospf-1-area-0.0.0.1]network 34.1.1.0 0.0.0.255
[R4-ospf-1-area-0.0.0.1]network 4.4.4.4 0.0.0.0
[R4-ospf-1-area-0.0.0.1]quit
```

4. 实验调试

（1）引入直连路由，在 R1 上创建 100.100.100.100，并引入 OSPF。

```
[R1]interface LoopBack 100
[R1-LoopBack100]ip address 100.100.100.100 32
[R1-LoopBack100]quit
[R1]ospf
[R1-ospf-1]import-route direct
[R1-ospf-1]quit
```

（2）在 R4 上查看路由表。

```
[R4]display ip routing-table
Route Flags: R - relay, D - download to fib
------------------------------------------------------------------------------
Routing Tables: Public
Destinations: 11              Routes: 11
Destination/Mask     Proto     Pre   Cost  Flags   NextHop        Interface
   1.1.1.1/32        O_ASE     150   1     D       34.1.1.3       GigabitEthernet0/0/1
   2.2.2.2/32        OSPF      10    2     D       34.1.1.3       GigabitEthernet0/0/1
   3.3.3.3/32        OSPF      10    1     D       34.1.1.3       GigabitEthernet0/0/1
   4.4.4.4/32        Direct    0     0     D       127.0.0.1      LoopBack0
   12.1.1.0/24       OSPF      10    3     D       34.1.1.3       GigabitEthernet0/0/1
   23.1.1.0/24       OSPF      10    2     D       34.1.1.3       GigabitEthernet0/0/1
   34.1.1.0/24       Direct    0     0     D       34.1.1.4       GigabitEthernet0/0/1
   34.1.1.4/32       Direct    0     0     D       127.0.0.1      GigabitEthernet0/0/1
   100.100.100.100/32 O_ASE    150   1     D       34.1.1.3       GigabitEthernet0/0/1
   127.0.0.0/8       Direct    0     0     D       127.0.0.1      InLoopBack0
   127.0.0.1/32      Direct    0     0     D       127.0.0.1      InLoopBack0
```

通过以上输出可以看到,已经把直连路由引入 OSPF,默认外部开销为 1,默认开销类型为 Type2。

> 【技术要点】
>
> 把直连路由引入OSPF需要具备以下几个条件。
> (1)外部开销为1。
> (2)开销类型为Type2。
> (3)协议优先级为150。
> (4)默认为O_ASE。

3

(3)在 R1 上修改引入直连路由的开销和开销类型。

```
[R1]ospf
[R1-ospf-1]import-route direct cost 100 type 1 tag 8888
// 修改外部开销为100,开销类型为1,标记为8888
[R1-ospf-1]quit
```

(4)在 R4 上查看 OSPF 路由表。

```
<R4>display ospf routing
        OSPF Process 1 with Router ID 4.4.4.4
                Routing Tables
Routing for Network
Destination       Cost    Type      NextHop       AdvRouter     Area
4.4.4.4/32        0       Stub      4.4.4.4       4.4.4.4       0.0.0.1
34.1.1.0/24       1       Transit   34.1.1.4      4.4.4.4       0.0.0.1
2.2.2.2/32        2       Inter-area 34.1.1.3     2.2.2.2       0.0.0.1
3.3.3.3/32        1       Stub      34.1.1.3      23.1.1.3      0.0.0.1
12.1.1.0/24       3       Inter-area 34.1.1.3     2.2.2.2       0.0.0.1
23.1.1.0/24       2       Transit   34.1.1.3      2.2.2.2       0.0.0.1
Routing for ASEs
Destination       Cost    Type      Tag           NextHop       AdvRouter
1.1.1.1/32        103     Type1     8888          34.1.1.3      1.1.1.1
100.100.100.100/32 103   Type1     8888          34.1.1.3      1.1.1.1
Total Nets: 8
Intra Area: 4  Inter Area: 2  ASE: 2  NSSA: 0
```

通过以上输出可以看到,100.100.100.100/32 的开销为 103,因为外部开销为 100,所以内部开销为 3;开销类型为 Type1,标记为 8888。

(5)在 R1 上设置一条静态路由。

```
[R1]ip route-static 200.200.200.0 24 NULL 0      // 设置静态路由 200.200.200.0 指向 NULL 0
[R1]ospf
[R1-ospf-1]import-route static                   // 引入静态路由
[R1-ospf-1]quit
```

（6）在 R4 上查看路由表。

```
<R4>display ip routing-table
Route Flags: R - relay, D - download to fib
--------------------------------------------------------------------------------
Routing Tables: Public
Destinations: 12                     Routes: 12
Destination/Mask    Proto    Pre   Cost   Flags   NextHop      Interface
1.1.1.1/32          O_ASE    150   103    D       34.1.1.3     GigabitEthernet0/0/1
2.2.2.2/32          OSPF     10    2      D       34.1.1.3     GigabitEthernet0/0/1
3.3.3.3/32          OSPF     10    1      D       34.1.1.3     GigabitEthernet0/0/1
4.4.4.4/32          Direct   0     0      D       127.0.0.1    LoopBack0
12.1.1.0/24         OSPF     10    3      D       34.1.1.3     GigabitEthernet0/0/1
23.1.1.0/24         OSPF     10    2      D       34.1.1.3     GigabitEthernet0/0/1
34.1.1.0/24         Direct   0     0      D       34.1.1.4     GigabitEthernet0/0/1
34.1.1.4/32         Direct   0     0      D       127.0.0.1    GigabitEthernet0/0/1
100.100.100.100/32  O_ASE    150   103    D       34.1.1.3     GigabitEthernet0/0/1
127.0.0.0/8         Direct   0     0              127.0.0.1    InLoopBack0
127.0.0.1/32        Direct   0     0      D       127.0.0.1    InLoopBack0
200.200.200.0/24    O_ASE    150   1      D       34.1.1.3     GigabitEthernet0/0/1
```

通过以上输出可以看到，静态路由也引入 OSPF，默认外部开销为 1。

实验 3-2　IS-IS 路由引入

1. 实验目的
（1）掌握 IS-IS 直连路由引入的方法。
（2）掌握 IS-IS 静态路由引入的方法。

2. 实验拓扑
IS-IS 路由引入的实验拓扑如图 3-2 所示。

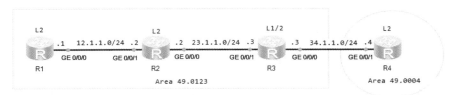

图 3-2　IS-IS 路由引入

3. 实验步骤
（1）配置 IP 地址。
R1 的配置：

```
<Huawei>system-view
[Huawei]undo info-center enable
[Huawei]sysname R1
```

```
[R1]interface g0/0/0
[R1-GigabitEthernet0/0/0]ip address 12.1.1.1 24
[R1-GigabitEthernet0/0/0]quit
[R1]interface LoopBack 0
[R1-LoopBack0]ip address 1.1.1.1 32
[R1-LoopBack0]quit
```

R2 的配置:

```
<Huawei>system-view
[Huawei]undo info-center enable
[Huawei]sysname R2
[R2]interface g0/0/1
[R2-GigabitEthernet0/0/1]ip address 12.1.1.2 24
[R2-GigabitEthernet0/0/1]quit
[R2]interface g0/0/0
[R2-GigabitEthernet0/0/0]ip address 23.1.1.2 24
[R2-GigabitEthernet0/0/0]quit
[R2]interface LoopBack 0
[R2-LoopBack0]ip address 2.2.2.2 32
[R2-LoopBack0]quit
```

R3 的配置:

```
<Huawei>system-view
[Huawei]undo info-center enable
[Huawei]sysname R3
[R3]interface g0/0/1
[R3-GigabitEthernet0/0/1]ip address 23.1.1.3 24
[R3-GigabitEthernet0/0/1]quit
[R3]interface g0/0/0
[R3-GigabitEthernet0/0/0]ip address 34.1.1.3 24
[R3-GigabitEthernet0/0/0]quit
[R3]interface LoopBack 0
[R3-LoopBack0]ip address 3.3.3.3 32
[R3-LoopBack0]quit
```

R4 的配置:

```
<Huawei>system-view
[Huawei]undo info-center enable
[Huawei]sysname R4
[R4]interface g0/0/1
[R4-GigabitEthernet0/0/1]ip address 34.1.1.4 24
[R4-GigabitEthernet0/0/1]quit
[R4]interface LoopBack 0
[R4-LoopBack0]ip address 4.4.4.4 24
[R4-LoopBack0]quit
```

（2）配置 IS–IS。

R1 的配置：

```
[R1]isis
[R1-isis-1]network-entity 49.0123.0000.0000.0001.00
[R1-isis-1]is-level level-2
[R1-isis-1]cost-style wide
[R1-isis-1]quit
[R1]interface g0/0/0
[R1-GigabitEthernet0/0/0]isis enable
[R1-GigabitEthernet0/0/0]quit
[R1]interface LoopBack 0
[R1-LoopBack0]isis enable
[R1-LoopBack0]quit
```

R2 的配置：

```
[R2]isis
[R2-isis-1]network-entity 49.0123.0000.0000.0002.00
[R2-isis-1]is-level level-2
[R2-isis-1]cost-style wide
[R2-isis-1]quit
[R2]interface g0/0/0
[R2-GigabitEthernet0/0/0]isis enable
[R2-GigabitEthernet0/0/0]quit
[R2]interface g0/0/1
[R2-GigabitEthernet0/0/1]isis enable
[R2-GigabitEthernet0/0/1]quit
[R2]interface LoopBack 0
[R2-LoopBack0]isis enable
[R2-LoopBack0]quit
```

R3 的配置：

```
[R3]isis
[R3-isis-1]network-entity 49.0123.0000.0000.0003.00
[R3-isis-1]is-level level-2
[R3-isis-1]cost-style wide
[R3-isis-1]quit
[R3]interface g0/0/1
[R3-GigabitEthernet0/0/1]isis enable
[R3-GigabitEthernet0/0/1]quit
[R3]interface g0/0/0
[R3-GigabitEthernet0/0/0]isis enable
[R3-GigabitEthernet0/0/0]quit
[R3]interface LoopBack 0
[R3-LoopBack0]isis enable
[R3-LoopBack0]quit
```

R4 的配置:

```
[R4]isis
[R4-isis-1]network-entity 49.0004.0000.0000.0004.00
[R4-isis-1]is-level level-2
[R4-isis-1]cost-style wide
[R4-isis-1]quit
[R4]interface g0/0/1
[R4-GigabitEthernet0/0/1]isis enable
[R4-GigabitEthernet0/0/1]quit
[R4]interface LoopBack 0
[R4-LoopBack0]isis enable
[R4-LoopBack0]quit
```

4. 实验调试

（1）在 R1 上创建环回口 100.100.100.100/32，引入 IS–IS。

R1 的配置:

```
[R1]interface LoopBack 100
[R1-LoopBack100]ip address 100.100.100.100 32
[R1-LoopBack100]quit
[R1]isis
[R1-isis-1]import-route direct
[R1-isis-1]quit
```

（2）在 R3 上查看路由表。

```
[R3]display ip routing-table
Route Flags: R - relay, D - download to fib
----------------------------------------------------------------------------
Routing Tables: Public
Destinations: 11              Routes: 11
Destination/Mask    Proto    Pre   Cost   Flags   NextHop      Interface
1.1.1.1/32          ISIS-L2  15    20     D       23.1.1.2     GigabitEthernet0/0/1
2.2.2.2/32          ISIS-L2  15    10     D       23.1.1.2     GigabitEthernet0/0/1
3.3.3.3/32          Direct   0     0      D       127.0.0.1    LoopBack0
12.1.1.0/24         ISIS-L2  15    20     D       23.1.1.2     GigabitEthernet0/0/1
23.1.1.0/24         Direct   0     0      D       23.1.1.3     GigabitEthernet0/0/1
23.1.1.3/32         Direct   0     0      D       127.0.0.1    GigabitEthernet0/0/1
34.1.1.0/24         Direct   0     0      D       34.1.1.3     GigabitEthernet0/0/0
34.1.1.3/32         Direct   0     0      D       127.0.0.1    GigabitEthernet0/0/0
100.100.100.100/32  ISIS-L2  15    20     D       23.1.1.2     GigabitEthernet0/0/1
127.0.0.0/8         Direct   0     0      D       127.0.0.1    InLoopBack0
127.0.0.1/32        Direct   0     0      D       127.0.0.1    InLoopBack0
```

通过以上输出可以看到，已经把直连路由引入 IS–IS，默认外部开销为 0，内部开销累加。

【技术要点】

把直连路由引入IS-IS需要具备以下两个条件。

（1）外部开销为0。

（2）内部开销累加。

（3）在 R1 上设置一条静态路由，将其引入 IS-IS。

```
[R1]ip route-static 8.8.8.0 24 NULL 0
[R1]isis
[R1-isis-1]import-route static cost 30 tag 888
[R1-isis-1]quit
```

（4）在 R3 上查看 IS-IS 路由表。

```
[R3]display isis route 8.8.8.0 verbose
                      Route information for ISIS(1)
                   ------------------------------
                   ISIS(1) Level-2 Forwarding Table
                   ------------------------------
IPV4 Dest: 8.8.8.0/24        Int.Cost: 50            Ext.Cost: NULL
Admin Tag: 888               Src Count: 1            Flags: A/-/-/-
Priority: Low
NextHop: 23.1.1.2            Interface: GE0/0/1      ExitIndex: 0x00000003
     Flags: D-Direct, A-Added to URT, L-Advertised in LSPs, S-IGP Shortcut,
                         U-Up/Down Bit Set
```

通过以上输出可以看到，8.8.8.0/24 这条路由的开销为 50，标记为 888。

【技术要点】

把静态路由引入IS-IS需要具备以下两个条件。

（1）外部开销为30。

（2）内部开销累加。

（5）在 R4 上查看 IS-IS 路由表。

```
<R4>display ip routing-table
Route Flags: R - relay, D - download to fib
------------------------------------------------------------------------------
Routing Tables: Public
Destinations: 13            Routes: 13
Destination/Mask    Proto     Pre    Cost    Flags    NextHop        Interface
1.1.1.1/32          ISIS-L2   15     30      D        34.1.1.3       GigabitEthernet0/0/1
2.2.2.2/32          ISIS-L2   15     20      D        34.1.1.3       GigabitEthernet0/0/1
3.3.3.3/32          ISIS-L2   15     10      D        34.1.1.3       GigabitEthernet0/0/1
4.4.4.0/24          Direct    0      0       D        4.4.4.4        LoopBack0
4.4.4.4/32          Direct    0      0       D        127.0.0.1      LoopBack0
8.8.8.0/24          ISIS-L2   15     60      D        34.1.1.3       GigabitEthernet0/0/1
```

12.1.1.0/24	ISIS-L2	15	30	D	34.1.1.3	GigabitEthernet0/0/1
23.1.1.0/24	ISIS-L2	15	20	D	34.1.1.3	GigabitEthernet0/0/1
34.1.1.0/24	Direct	0	0	D	34.1.1.4	GigabitEthernet0/0/1
34.1.1.4/32	Direct	0	0	D	127.0.0.1	GigabitEthernet0/0/1
100.100.100.100/32	ISIS-L2	15	30	D	34.1.1.3	GigabitEthernet0/0/1
127.0.0.0/8	Direct	0	0	D	127.0.0.1	InLoopBack0
127.0.0.1/32	Direct	0	0	D	127.0.0.1	InLoopBack0

通过以上输出可以看到，路由传递给下一跳路由时，开销是累加的。

实验 3-3　IS-IS 和 OSPF 之间路由引入

1. 实验目的
（1）掌握在 IS-IS 中进行 OSPF 路由引入的方法。
（2）掌握在 OSPF 中进行 IS-IS 路由引入的方法。

2. 实验拓扑
在 IS-IS 和 OSPF 之间进行路由引入的实验拓扑如图 3-3 所示。

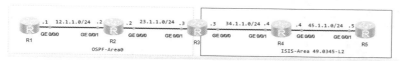

图 3-3　在 IS-IS 和 OSPF 之间进行路由引入

3. 实验步骤
（1）配置 IP 地址。
R1 的配置：

```
<Huawei>system-view
[Huawei]undo info-center enable
[Huawei]sysname R1
[R1]interface g0/0/0
[R1-GigabitEthernet0/0/0]ip address 12.1.1.1 24
[R1-GigabitEthernet0/0/0]quit
[R1]interface LoopBack 0
[R1-LoopBack0]ip address 1.1.1.1 32
[R1-LoopBack0]quit
```

R2 的配置：

```
<Huawei>system-view
[Huawei]undo info-center enable
Info: Information center is disabled.
[Huawei]sysname R2
[R2]interface g0/0/1
[R2-GigabitEthernet0/0/1]ip address 12.1.1.2 24
[R2-GigabitEthernet0/0/1]quit
```

```
[R2]interface g0/0/0
[R2-GigabitEthernet0/0/0]ip address 23.1.1.2 24
[R2-GigabitEthernet0/0/0]quit
[R2]interface LoopBack 0
[R2-LoopBack0]ip address 2.2.2.2 32
[R2-LoopBack0]quit
```

R3 的配置：

```
<Huawei>system-view
[Huawei]undo info-center enable
Info: Information center is disabled.
[Huawei]sysname R3
[R3]interface g0/0/1
[R3-GigabitEthernet0/0/1]ip address 23.1.1.3 24
[R3-GigabitEthernet0/0/1]quit
[R3]interface g0/0/0
[R3-GigabitEthernet0/0/0]ip address 34.1.1.3 24
[R3-GigabitEthernet0/0/0]quit
[R3]interface LoopBack 0
[R3-LoopBack0]ip address 3.3.3.3 32
[R3-LoopBack0]quit
```

R4 的配置：

```
<Huawei>system-view
[Huawei]undo info-center enable
[Huawei]sysname R4
[R4]interface g0/0/1
[R4-GigabitEthernet0/0/1]ip address 34.1.1.4 24
[R4-GigabitEthernet0/0/1]quit
[R4]interface g0/0/0
[R4-GigabitEthernet0/0/0]ip address 45.1.1.4 24
[R4-GigabitEthernet0/0/0]quit
[R4]interface LoopBack 0
[R4-LoopBack0]ip address 4.4.4.4 32
[R4-LoopBack0]quit
```

R5 的配置：

```
<Huawei>system-view
[Huawei]undo info-center enable
Info: Information center is disabled.
[Huawei]sysname R5
[R5]interface g0/0/1
[R5-GigabitEthernet0/0/1]ip address 45.1.1.5 24
[R5-GigabitEthernet0/0/1]quit
[R5]interface LoopBack 0
[R5-LoopBack0]ip address 5.5.5.5 32
[R5-LoopBack0]quit
```

（2）配置 OSPF。

R1 的配置：

```
[R1]ospf router-id 1.1.1.1
[R1-ospf-1]area 0
[R1-ospf-1-area-0.0.0.0]network 12.1.1.0 0.0.0.255
[R1-ospf-1-area-0.0.0.0]network 1.1.1.1 0.0.0.0
[R1-ospf-1-area-0.0.0.0]quit
```

R2 的配置：

```
[R2]ospf router-id 2.2.2.2
[R2-ospf-1]area 0
[R2-ospf-1-area-0.0.0.0]network 12.1.1.0 0.0.0.255
[R2-ospf-1-area-0.0.0.0]network 23.1.1.0 0.0.0.255
[R2-ospf-1-area-0.0.0.0]network 2.2.2.2 0.0.0.0
[R2-ospf-1-area-0.0.0.0]quit
```

R3 的配置：

```
[R3]ospf router-id 3.3.3.3
[R3-ospf-1]area 0
[R3-ospf-1-area-0.0.0.0]network 23.1.1.0 0.0.0.255
[R3-ospf-1-area-0.0.0.0]network 3.3.3.3 0.0.0.0
[R3-ospf-1-area-0.0.0.0]quit
```

（3）配置 IS–IS。

R3 的配置：

```
[R3]isis
[R3-isis-1]network-entity 49.0345.0000.0000.0003.00
[R3-isis-1]is-level level-2
[R3-isis-1]quit
[R3]interface g0/0/0
[R3-GigabitEthernet0/0/0]isis enable
[R3-GigabitEthernet0/0/0]quit
```

R4 的配置：

```
[R4]isis
[R4-isis-1]network-entity 49.0345.0000.0000.0004.00
[R4-isis-1]is-level level-2
[R4-isis-1]quit
[R4]interface g0/0/1
[R4-GigabitEthernet0/0/1]isis enable
[R4-GigabitEthernet0/0/1]quit
[R4]interface g0/0/0
[R4-GigabitEthernet0/0/0]isis enable
[R4-GigabitEthernet0/0/0]quit
```

```
[R4]interface LoopBack 0
[R4-LoopBack0]isis enable
[R4-LoopBack0]quit
```

R5 的配置：

```
[R5]isis
[R5-isis-1]network-entity 49.0345.0000.0000.0005.00
[R5-isis-1]is-level level-2
[R5-isis-1]quit
[R5]interface g0/0/1
[R5-GigabitEthernet0/0/1]isis enable
[R5-GigabitEthernet0/0/1]quit
[R5]interface LoopBack 0
[R5-LoopBack0]isis enable
[R5-LoopBack0]quit
```

4. 实验调试

（1）在 R1 上查看路由表。

```
[R1]display ip routing-table
Route Flags: R - relay, D - download to fib
----------------------------------------------------------------------------
Routing Tables: Public
Destinations: 8                Routes: 8
Destination/Mask   Proto    Pre   Cost    Flags   NextHop        Interface
1.1.1.1/32         Direct   0     0       D       127.0.0.1      LoopBack0
2.2.2.2/32         OSPF     10    1       D       12.1.1.2       GigabitEthernet0/0/0
3.3.3.3/32         OSPF     10    2       D       12.1.1.2       GigabitEthernet0/0/0
12.1.1.0/24        Direct   0     0       D       12.1.1.1       GigabitEthernet0/0/0
12.1.1.1/32        Direct   0     0       D       127.0.0.1      GigabitEthernet0/0/0
23.1.1.0/24        OSPF     10    2       D       12.1.1.2       GigabitEthernet0/0/0
127.0.0.0/8        Direct   0     0       D       127.0.0.1      InLoopBack0
127.0.0.1/32       Direct   0     0       D       127.0.0.1      InLoopBack0
```

通过以上输出可以看到，IS–IS 的路由没有引入 OSPF。
（2）在 R5 上查看路由表。

```
[R5]display ip routing-table
Route Flags: R - relay, D - download to fib
----------------------------------------------------------------------------
Routing Tables: Public
Destinations: 7                Routes: 7
Destination/Mask   Proto     Pre   Cost    Flags   NextHop        Interface
4.4.4.4/32         ISIS-L2   15    10      D       45.1.1.4       GigabitEthernet0/0/1
5.5.5.5/32         Direct    0     0       D       127.0.0.1      LoopBack0
34.1.1.0/24        ISIS-L2   15    20      D       45.1.1.4       GigabitEthernet0/0/1
45.1.1.0/24        Direct    0     0       D       45.1.1.5       GigabitEthernet0/0/1
45.1.1.5/32        Direct    0     0       D       127.0.0.1      GigabitEthernet0/0/1
```

127.0.0.0/8	Direct	0	0	D	127.0.0.1	InLoopBack0
127.0.0.1/32	Direct	0	0	D	127.0.0.1	InLoopBack0

通过以上输出可以看到，OSPF 的路由没有传递给 IS-IS。

（3）在 R3 上把 IS-IS 的路由引入 OSPF。

```
[R3]ospf
[R3-ospf-1]import-route isis
[R3-ospf-1]quit
```

（4）再次在 R1 上查看路由表。

```
[R1]display ip routing-table
Route Flags: R - relay, D - download to fib
--------------------------------------------------------------------------------
Routing Tables: Public
Destinations: 12              Routes: 12
```

Destination/Mask	Proto	Pre	Cost	Flags	NextHop	Interface
1.1.1.1/32	Direct	0	0	D	127.0.0.1	LoopBack0
2.2.2.2/32	OSPF	10	1	D	12.1.1.2	GigabitEthernet0/0/0
3.3.3.3/32	OSPF	10	2	D	12.1.1.2	GigabitEthernet0/0/0
4.4.4.4/32	**O_ASE**	**150**	**1**	**D**	**12.1.1.2**	**GigabitEthernet0/0/0**
5.5.5.5/32	**O_ASE**	**150**	**1**	**D**	**12.1.1.2**	**GigabitEthernet0/0/0**
12.1.1.0/24	Direct	0	0	D	12.1.1.1	GigabitEthernet0/0/0
12.1.1.1/32	Direct	0	0	D	127.0.0.1	GigabitEthernet0/0/0
23.1.1.0/24	OSPF	10	2	D	12.1.1.2	GigabitEthernet0/0/0
34.1.1.0/24	**O_ASE**	**150**	**1**	**D**	**12.1.1.2**	**GigabitEthernet0/0/0**
45.1.1.0/24	**O_ASE**	**150**	**1**	**D**	**12.1.1.2**	**GigabitEthernet0/0/0**
127.0.0.0/8	Direct	0	0	D	127.0.0.1	InLoopBack0
127.0.0.1/32	Direct	0	0	D	127.0.0.1	InLoopBack0

通过以上输出可以看到，IS-IS 的路由已经引入 OSPF。

【技术要点】

默认情况下：
（1）OSPF引入外部路由的默认度量值为1。
（2）一次可引入外部路由数量的上限为2147483647。
（3）引入的外部路由类型为Type2。
（4）引入外部路由设置默认标记值为1。

（5）在 R3 上把 OSPF 的路由引入 IS-IS。

```
[R3]isis
[R3-isis-1]import-route ospf
```

（6）在 R5 上查看路由表。

```
[R5]display ip routing-table
Route Flags: R - relay, D - download to fib
```

```
-----------------------------------------------------------------------------
Routing Tables: Public
Destinations: 12              Routes: 12
Destination/Mask    Proto     Pre   Cost    Flags   NextHop      Interface
1.1.1.1/32          ISIS-L2   15    84      D       45.1.1.4     GigabitEthernet0/0/1
2.2.2.2/32          ISIS-L2   15    84      D       45.1.1.4     GigabitEthernet0/0/1
3.3.3.3/32          ISIS-L2   15    84      D       45.1.1.4     GigabitEthernet0/0/1
4.4.4.4/32          ISIS-L2   15    10      D       45.1.1.4     GigabitEthernet0/0/1
5.5.5.5/32          Direct    0     0       D       127.0.0.1    LoopBack0
12.1.1.0/24         ISIS-L2   15    84      D       45.1.1.4     GigabitEthernet0/0/1
23.1.1.0/24         ISIS-L2   15    84      D       45.1.1.4     GigabitEthernet0/0/1
34.1.1.0/24         ISIS-L2   15    20      D       45.1.1.4     GigabitEthernet0/0/1
45.1.1.0/24         Direct    0     0       D       45.1.1.5     GigabitEthernet0/0/1
45.1.1.5/32         Direct    0     0       D       127.0.0.1    GigabitEthernet0/0/1
127.0.0.0/8         Direct    0     0       D       127.0.0.1    InLoopBack0
127.0.0.1/32        Direct    0     0       D       127.0.0.1    InLoopBack0
```

通过以上输出可以看到，OSPF 的路由已经引入 IS-IS。

【技术要点】

默认情况下：

（1）开销类型为 external（Cost=源Cost+64）。

（2）默认引入L2。

第 4 章　路 由 控 制

本章介绍了ACL、ip-prefix、filter-policy和route-policy等工具的使用，并通过实验阐述如何使用工具实现路由的过滤、引入及优化等。

本章包含以下内容：
- 路由控制的目的
- 路由匹配工具
- 路由策略工具
- 策略路由
- MQC
- 路由策略配置实验
- 策略路由配置实验

4.1　路由控制概述

在复杂的数据通信网络中，根据实际组网需求，往往需要实施一些路由策略对路由信息进行过滤、属性设置等操作，通过对路由的控制，可以影响数据流量的转发。路由策略并非单一的技术或者协议，而是一个技术专题或方法论，里面包含了多种工具及方法。本节主要介绍网络中常用的路由选择工具以及路由策略的原理与配置。

4.1.1　路由控制的目的

路由控制的目的有以下几点。

（1）控制路由的发布：通过路由策略对发布的路由进行过滤，只发布满足条件的路由。

（2）控制路由的接收：通过路由策略对接收的路由进行过滤，只接收满足条件的路由。

（3）控制路由的引入：通过路由策略控制从其他路由协议引入的路由条目，只引入满足条件的路由。

4.1.2　路由匹配工具

路由匹配工具有 ACL 和 ip-prefix 两种。

1. ACL 的分类

ACL 的分类见表 4-1。

表 4-1　ACL 的分类

分　类	编号范围	规则定义描述
基本 ACL	2000~2999	仅使用报文的源 IP 地址、分片信息和生效时间段信息来定义规则
高级 ACL	3000~3999	可使用 IPv4 报文的源 IP 地址、目的 IP 地址、IP 协议类型、ICMP 类型、TCP 源 / 目的端口、UDP 源 / 目的端口号、生效时间段等来定义规则
二层 ACL	4000~4999	使用报文的以太网帧头信息来定义规则，如根据源 MAC 地址、目的 MAC 地址、二层协议类型等
用户自定义 ACL	5000~5999	使用报头、偏移位置、字符串掩码和用户自定义字符串来定义规则
用户 ACL	6000~6999	既可使用 IPv4 报文的源 IP 地址或源 UCL（User Control List）组，也可使用目的 IP 地址或目的 UCL 组、IP 协议类型、ICMP 类型、TCP 源 / 目的端口号、UDP 源 / 目的端口号等来定义规则

2. IP 前缀列表命令解析

IP 前缀列表命令解析如图 4-1 所示。

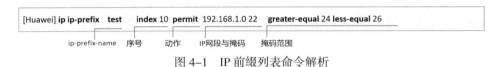

图 4-1　IP 前缀列表命令解析

（1）ip-prefix-name：地址前缀列表名称。

（2）序号：本匹配项在地址前缀列表中的序号，匹配时根据序号从小到大进行顺序匹配。

（3）动作：permit/deny，地址前缀列表的匹配模式为允许 / 拒绝，表示匹配 / 不匹配。

（4）IP 网段与掩码：匹配路由的网络地址，以及限定网络地址的前多少位需严格匹配。

（5）掩码范围：匹配路由前缀长度，掩码长度的匹配范围为 mask-length ≤ greater-equal-value ≤ less-equal-value ≤ 32。

4.1.3　路由策略工具

路由策略工具有以下两种。

1. filter-policy（过滤策略）

（1）filter-policy 在距离矢量路由协议中的应用。

● filter-policy import：不发布路由。

● filter-policy export：不接收路由。

（2）filter-policy 在链路状态路由协议中的应用。

● filter-policy import：不把路由加入路由表。

● filter-policy export：过滤路由信息、过滤从其他协议引入的路由。

2. route-policy 的组成

一个 route-policy 由一个或多个节点构成，每个节点包括多个 if-match 和 apply 子句，如图 4-2 所示。

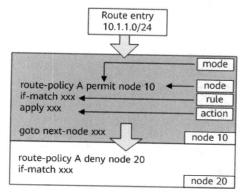

图 4-2 route-policy 的组成

（1）节点号：一个 route-policy 可以由多个节点（node）构成，路由匹配 route-policy 时遵循以下两个规则。

- 顺序匹配：在匹配过程中，系统按节点号从小到大的顺序依次检查各个表项，因此在指定节点号时，要注意符合期望的匹配顺序。
- 唯一匹配：route-policy 各节点号之间是"或"的关系，只要通过一个节点的匹配，就认为通过该过滤器，不再进行其他节点的匹配。

（2）匹配模式：节点的匹配模式有 permit 和 deny 两种。

- permit 指定节点的匹配模式为允许。当路由项通过该节点的过滤，将执行该节点的 apply 子句，而不进入下一个节点；如果路由项没有通过该节点的过滤，将进入下一个节点继续匹配。
- deny 指定节点的匹配模式为拒绝，此时 apply 子句不会被执行。当路由项满足该节点的所有 if-match 子句时，将被拒绝通过该节点，不能进入下一个节点；如果路由项不满足该节点的 if-match 子句，将进入下一个节点继续匹配。

（3）if-match 子句：该子句定义一些匹配条件。

route-policy 的每一个节点可以含有多个 if-match 子句，也可以不含 if-match 子句。以 permit 匹配模式举例，如果某个 permit 节点没有配置任何 if-match 子句，则该节点会成功匹配所有的 IPv4 和 IPv6 路由；如果某个 permit 节点只配置了匹配 IPv4 路由的 if-match 子句，则该节点会成功匹配满足 if-match 子句条件的 IPv4 路由，同时也会成功匹配所有的 IPv6 路由；如果某个 permit 节点只配置了匹配 IPv6 路由的 if-match 子句，则该节点会成功匹配满足 if-match 子句条件的 IPv6 路由，同时也会成功匹配所有的 IPv4 路由。deny 匹配模式同理。

（4）apply 子句：apply 子句用于指定动作。路由通过 route-policy 过滤时，系统将按照 apply 子句指定的动作对路由信息的一些属性进行设置。route-policy 的每一个节点可以含有多个 apply 子句，也可以不含 apply 子句。如果只需要过滤路由，而无须设置路由的属性时，则不使用 apply 子句。

（5）goto next-node 子句：goto next-node 子句用于设置路由通过当前节点匹配后，跳转到指定的节点继续匹配。

4.1.4 策略路由

1. PBR 的作用

PBR（Policy-Based Routing，策略路由）使网络设备不仅能够基于报文的目的 IP 地址进行数据转发，更能基于其他元素进行数据转发，如源 IP 地址、源 MAC 地址、目的 MAC 地址、源端口号、目的端口号、VLAN-ID 等。

PBR 与路由策略的区别见表 4-2。

表 4-2　PBR 与路由策略的区别

名　称	操作对象	描　　述
PBR	数据报文	PBR 直接对数据报文进行操作，通过多种手段匹配感兴趣的报文，然后执行丢弃或强制转发路径等操作
路由策略（Route-Policy）	路由信息	路由策略是一套用于对路由信息进行过滤、属性设置等操作的方法，通过对路由的操作或控制来影响数据报文的转发路径

2. PBR 的分类

（1）接口 PBR。

- 接口 PBR 只对转发的报文起作用，对本地始发的报文则无效。
- 接口 PBR 调用在接口下，对接口入方向的报文生效。默认情况下，设备按照路由表的下一跳进行报文转发，如果配置了接口 PBR，则设备将按照接口 PBR 指定的下一跳进行报文转发。

（2）本地 PBR。

- 本地 PBR 对本地始发的流量生效，如本地始发的 ICMP 报文。
- 本地 PBR 在系统视图中调用。

4.1.5　MQC

1. MQC 的概念

MQC（Modular QoS Command-Line Interface，模块化 QoS 命令行）是指通过将具有某类共同特征的数据流划分为一类，并为同一类数据流提供相同的服务，还可以对不同类的数据流提供不同的服务。

2. MQC 的三要素

（1）流分类（Traffic Classifier）。

- 配置流分类，用于匹配感兴趣的数据流。
- 可基于 VLAN Tag、DSCP、ACL 规则。

（2）流行为（Traffic Behavior）。

- 将感兴趣的报文进行重定向。
- 可以设置重定向的下一跳 IP 地址或出接口。

（3）流策略（Traffic Policy）。

- 在接口的入方向上应用流策略。
- 对属于该 VLAN 并匹配流分类中规则的入方向报文实施策略控制。
- 在全局或板卡上应用流策略。

4.2　路由策略配置实验

实验 4-1　配置 filter-policy

扫一扫，看视频

1. 实验目的

（1）熟悉 filter-policy 的应用场景。

（2）掌握 filter-policy 的配置方法。

2. 实验拓扑

配置 filter-policy 的实验拓扑如图 4-3 所示。

图 4-3　配置 filter-policy

3. 实验步骤

（1）配置网络连通性。

R1 的配置：

```
<Huawei>system-view
Enter system view, return user view with Ctrl+Z.
[Huawei]sysname R1
[R1]undo info-center enable
Info: Information center is disabled.
[R1]interface g0/0/0
[R1-GigabitEthernet0/0/0]ip address 12.1.1.1 24
[R1-GigabitEthernet0/0/0]quit
```

R2 的配置：

```
<Huawei>system-view
Enter system view, return user view with Ctrl+Z.
[Huawei]undo info-center enable
Info: Information center is disabled.
[Huawei]sysname R2
[R2]interface g0/0/1
[R2-GigabitEthernet0/0/1]ip address 12.1.1.2 24
[R2-GigabitEthernet0/0/1]quit
[R2]interface g0/0/0
```

```
[R2-GigabitEthernet0/0/0]ip address 23.1.1.2 24
[R2-GigabitEthernet0/0/0]quit
[R2]interface LoopBack 0
[R2-LoopBack0]ip address 2.2.2.2 32
[R2-LoopBack0]quit
```

R3 的配置：

```
<Huawei>system-view
Enter system view, return user view with Ctrl+Z.
[Huawei]undo info-center enable
Info: Information center is disabled.
[Huawei]sysname R3
[R3]interface g0/0/1
[R3-GigabitEthernet0/0/1]ip address 23.1.1.3 24
[R3-GigabitEthernet0/0/1]quit
[R3]interface LoopBack 0
[R3-LoopBack0]ip address 3.3.3.3 32
[R3-LoopBack0]quit
```

（2）配置 OSPF。

R1 的配置：

```
[R1]ospf router-id 1.1.1.1
[R1-ospf-1]area 0
[R1-ospf-1-area-0.0.0.0]network 12.1.1.0 0.0.0.255
[R1-ospf-1-area-0.0.0.0]quit
```

R2 的配置：

```
[R2]ospf router-id 2.2.2.2
[R2-ospf-1]area 0
[R2-ospf-1-area-0.0.0.0]network 2.2.2.2 0.0.0.0
[R2-ospf-1-area-0.0.0.0]network 12.1.1.0 0.0.0.255
[R2-ospf-1-area-0.0.0.0]network 23.1.1.0 0.0.0.255
[R2-ospf-1-area-0.0.0.0]quit
```

R3 的配置：

```
[R3]ospf router-id 3.3.3.3
[R3-ospf-1]area 0
[R3-ospf-1-area-0.0.0.0]network 23.1.1.0 0.0.0.255
[R3-ospf-1-area-0.0.0.0]network 3.3.3.3 0.0.0.0
[R3-ospf-1-area-0.0.0.0]quit
```

4. 实验调试

（1）在 R1 上创建 4 个环回口，IP 地址分别为 192.168.1.1/24、192.168.2.1/24、192.168.3.1/24、192.168.4.1/24，并且全部宣告进 OSPF。

```
[R1]interface LoopBack 0
[R1-LoopBack0]ip address 192.168.1.1 24
[R1-LoopBack0]ip address 192.168.2.1 24 sub
[R1-LoopBack0]ip address 192.168.3.1 24 sub
[R1-LoopBack0]ip address 192.168.4.1 24 sub
[R1-LoopBack0]ospf enable area 0              // 接口的地址都宣告在区域 0
[R1-LoopBack0]ospf network-type broadcast     // 网络类型为广播
```

（2）在 R2 和 R3 上分别查看 OSPF 路由表。

在 R2 上查看 OSPF 路由表：

```
[R2]display ospf routing
        OSPF Process 1 with Router ID 2.2.2.2
                Routing Tables
Routing for Network
Destination      Cost  Type     NextHop      AdvRouter    Area
2.2.2.2/32       0     Stub     2.2.2.2      2.2.2.2      0.0.0.0
12.1.1.0/24      1     Transit  12.1.1.2     2.2.2.2      0.0.0.0
23.1.1.0/24      1     Transit  23.1.1.2     2.2.2.2      0.0.0.0
3.3.3.3/32       1     Stub     23.1.1.3     3.3.3.3      0.0.0.0
192.168.1.0/24   1     Stub     12.1.1.1     1.1.1.1      0.0.0.0
192.168.2.0/24   1     Stub     12.1.1.1     1.1.1.1      0.0.0.0
192.168.3.0/24   1     Stub     12.1.1.1     1.1.1.1      0.0.0.0
192.168.4.0/24   1     Stub     12.1.1.1     1.1.1.1      0.0.0.0
Total Nets: 8
Intra Area: 8  Inter Area: 0  ASE: 0  NSSA: 0
```

在 R3 上查看 OSPF 路由表：

```
[R3]display ospf routing
        OSPF Process 1 with Router ID 3.3.3.3
                Routing Tables
Routing for Network
Destination      Cost  Type     NextHop      AdvRouter    Area
3.3.3.3/32       0     Stub     3.3.3.3      3.3.3.3      0.0.0.0
23.1.1.0/24      1     Transit  23.1.1.3     3.3.3.3      0.0.0.0
2.2.2.2/32       1     Stub     23.1.1.2     2.2.2.2      0.0.0.0
12.1.1.0/24      2     Transit  23.1.1.2     1.1.1.1      0.0.0.0
192.168.1.0/24   2     Stub     23.1.1.2     1.1.1.1      0.0.0.0
192.168.2.0/24   2     Stub     23.1.1.2     1.1.1.1      0.0.0.0
192.168.3.0/24   2     Stub     23.1.1.2     1.1.1.1      0.0.0.0
192.168.4.0/24   2     Stub     23.1.1.2     1.1.1.1      0.0.0.0
Total Nets: 8
Intra Area: 8  Inter Area: 0  ASE: 0  NSSA: 0
```

通过以上输出可以看到，路由器 R2 和 R3 都学习到了这 4 条路由。

（3）通过 filter-policy 实现在 R2 上看不到 192.168.1.0 这条路由，但在 R3 上可以看到。

第 1 步，抓取路由。

```
[R2]ip ip-prefix ly index 10 permit 192.168.2.0 24    // 创建前缀列表 ly 允许 192.168.2.0
[R2]ip ip-prefix ly index 20 permit 192.168.3.0 24    // 创建前缀列表 ly 允许 192.168.3.0
[R2]ip ip-prefix ly index 30 permit 192.168.4.0 24    // 创建前缀列表 ly 允许 192.168.4.0
```

第 2 步，通过 filter-policy 调用。

```
[R2]ospf
[R2-ospf-1]filter-policy ip-prefix ly import
```

● 【技术要点】

　　filter-policy import 命令对接收的路由设置过滤策略，只有通过过滤策略的路由才会被添加进路由表，没有通过过滤策略的路由将不会被添加进路由表，但不影响对外发布。

（4）分别查看 R3 和 R2 上的路由表。

第 1 步，在 R3 上查看 OSPF 路由表。

```
[R3]display ospf routing
        OSPF Process 1 with Router ID 3.3.3.3
                Routing Tables
 Routing for Network
 Destination        Cost    Type       NextHop      AdvRouter      Area
 3.3.3.3/32         0       Stub       3.3.3.3      3.3.3.3        0.0.0.0
 23.1.1.0/24        1       Transit    23.1.1.3     3.3.3.3        0.0.0.0
 2.2.2.2/32         1       Stub       23.1.1.2     2.2.2.2        0.0.0.0
 12.1.1.0/24        2       Transit    23.1.1.2     1.1.1.1        0.0.0.0
 192.168.1.0/24     2       Stub       23.1.1.2     1.1.1.1        0.0.0.0
 192.168.2.0/24     2       Stub       23.1.1.2     1.1.1.1        0.0.0.0
 192.168.3.0/24     2       Stub       23.1.1.2     1.1.1.1        0.0.0.0
 192.168.4.0/24     2       Stub       23.1.1.2     1.1.1.1        0.0.0.0
 Total Nets: 8
 Intra Area: 8  Inter Area: 0   ASE: 0   NSSA: 0
```

通过以上输出可以看到，R3 上的 4 条路由都在路由表中。

第 2 步，在 R2 上查看 OSPF 路由表。

```
[R2]display ospf routing
        OSPF Process 1 with Router ID 2.2.2.2
                Routing Tables
 Routing for Network
 Destination        Cost    Type       NextHop      AdvRouter      Area
 2.2.2.2/32         0       Stub       2.2.2.2      2.2.2.2        0.0.0.0
 12.1.1.0/24        1       Transit    12.1.1.2     2.2.2.2        0.0.0.0
 23.1.1.0/24        1       Transit    23.1.1.2     2.2.2.2        0.0.0.0
 3.3.3.3/32         1       Stub       23.1.1.3     3.3.3.3        0.0.0.0
 192.168.1.0/24     1       Stub       12.1.1.1     1.1.1.1        0.0.0.0
 192.168.2.0/24     1       Stub       12.1.1.1     1.1.1.1        0.0.0.0
```

```
192.168.3.0/24        1      Stub        12.1.1.1      1.1.1.1      0.0.0.0
192.168.4.0/24        1      Stub        12.1.1.1      1.1.1.1      0.0.0.0
Total Nets: 8
Intra Area: 8   Inter Area: 0   ASE: 0   NSSA: 0
```

通过以上输出可以看到，这4条路由也在 OSPF 路由表中。

第3步，查看全局路由表。

```
[R2]display ip routing-table
Route Flags: R - relay, D - download to fib
------------------------------------------------------------------------------
Routing Tables: Public
Destinations: 10                    Routes: 10
Destination/Mask    Proto    Pre    Cost    Flags    NextHop         Interface
2.2.2.2/32          Direct   0      0       D        127.0.0.1       LoopBack0
12.1.1.0/24         Direct   0      0       D        12.1.1.2        GigabitEthernet0/0/1
12.1.1.2/32         Direct   0      0       D        127.0.0.1       GigabitEthernet0/0/1
23.1.1.0/24         Direct   0      0       D        23.1.1.2        GigabitEthernet0/0/0
23.1.1.2/32         Direct   0      0       D        127.0.0.1       GigabitEthernet0/0/0
127.0.0.0/8         Direct   0      0       D        127.0.0.1       InLoopBack0
127.0.0.1/32        Direct   0      0       D        127.0.0.1       InLoopBack0
192.168.2.0/24      OSPF     10     1       D        12.1.1.1        GigabitEthernet0/0/1
192.168.3.0/24      OSPF     10     1       D        12.1.1.1        GigabitEthernet0/0/1
192.168.4.0/24      OSPF     10     1       D        12.1.1.1        GigabitEthernet0/0/1
```

通过以上输出可以看到，全局路由表中没有 192.168.1.0 这条路由。

【技术要点】

在链路状态路由协议中，各路由设备之间传递的是LSA信息，设备根据LSA汇总成的LSDB信息计算出路由表。但是filter-policy只能过滤路由信息，无法过滤LSA。

（5）在 R1 上撤销对 192.168.1.0/24、192.168.2.0/24、192.168.3.0/24 和 192.168.4.0/24 这4条路由的宣告，改为引入直连，但要保证在 R2 和 R3 上只能收到 192.168.1.0 这条路由。

第1步，撤销路由宣告和 filter-policy。

```
[R1]interface LoopBack 0
[R1-LoopBack0]undo ospf enable 1 area 0

[R2]undo ip ip-prefix ly
[R2]ospf
[R2-ospf-1]undo filter-policy ip-prefix ly import
```

第2步，引入直连路由。

```
[R1]ospf
[R1-ospf-1]import-route direct
[R1-ospf-1]quit
```

第 3 步，查看 R2 的路由表。

```
[R2]display ip routing-table
Route Flags: R - relay, D - download to fib
-----------------------------------------------------------------------------
Routing Tables: Public
        Destinations: 12              Routes: 12
Destination/Mask    Proto   Pre  Cost  Flags   NextHop     Interface
2.2.2.2/32          Direct  0    0     D       127.0.0.1   LoopBack0
3.3.3.3/32          OSPF    10   1     D       23.1.1.3    GigabitEthernet0/0/0
12.1.1.0/24         Direct  0    0     D       12.1.1.2    GigabitEthernet0/0/1
12.1.1.2/32         Direct  0    0     D       127.0.0.1   GigabitEthernet0/0/1
23.1.1.0/24         Direct  0    0     D       23.1.1.2    GigabitEthernet0/0/0
23.1.1.2/32         Direct  0    0     D       127.0.0.1   GigabitEthernet0/0/0
127.0.0.0/8         Direct  0    0     D       127.0.0.1   InLoopBack0
127.0.0.1/32        Direct  0    0     D       127.0.0.1   InLoopBack0
192.168.1.0/24      O_ASE   150  1     D       12.1.1.1    GigabitEthernet0/0/1
192.168.2.0/24      O_ASE   150  1     D       12.1.1.1    GigabitEthernet0/0/1
192.168.3.0/24      O_ASE   150  1     D       12.1.1.1    GigabitEthernet0/0/1
192.168.4.0/24      O_ASE   150  1     D       12.1.1.1    GigabitEthernet0/0/1
```

通过以上输出可以看到，引入了 4 条外部路由。

第 4 步，查看 R3 的路由表。

```
[R3]display ip routing-table
Route Flags: R - relay, D - download to fib
-----------------------------------------------------------------------------
Routing Tables: Public
        Destinations: 11              Routes: 11
Destination/Mask    Proto   Pre  Cost  Flags   NextHop     Interface
2.2.2.2/32          OSPF    10   1     D       23.1.1.2    GigabitEthernet0/0/1
3.3.3.3/32          Direct  0    0     D       127.0.0.1   LoopBack0
12.1.1.0/24         OSPF    10   2     D       23.1.1.2    GigabitEthernet0/0/1
23.1.1.0/24         Direct  0    0     D       23.1.1.3    GigabitEthernet0/0/1
23.1.1.3/32         Direct  0    0     D       127.0.0.1   GigabitEthernet0/0/1
127.0.0.0/8         Direct  0    0     D       127.0.0.1   InLoopBack0
127.0.0.1/32        Direct  0    0     D       127.0.0.1   InLoopBack0
192.168.1.0/24      O_ASE   150  1     D       23.1.1.2    GigabitEthernet0/0/1
192.168.2.0/24      O_ASE   150  1     D       23.1.1.2    GigabitEthernet0/0/1
192.168.3.0/24      O_ASE   150  1     D       23.1.1.2    GigabitEthernet0/0/1
192.168.4.0/24      O_ASE   150  1     D       23.1.1.2    GigabitEthernet0/0/1
```

通过以上输出可以看到，也引入了 4 条外部路由。

第 5 步，通过 filter-policy 让 R2 和 R3 只能接收到 192.168.1.0 这条路由。

```
[R1]ip ip-prefix ly permit 192.168.1.0 24
[R1]ospf
[R1-ospf-1]filter-policy ip-prefix ly export
```

【技术要点】

　　OSPF通过import-route命令引入外部路由后，为了避免产生路由环路，在发布时通过filter-policy export命令对引入的路由进行过滤，只将满足条件的外部路由转换为Type5 LSA（AS-external-LSA）再发布出去。

　　当网络中同时部署了IS-IS和其他路由协议时，如果已经在边界设备上引入了其他路由协议的路由，默认情况下，该设备将把引入的全部外部路由发布给IS-IS邻居。如果只希望将引入的部分外部路由发布给邻居，可以使用filter-policy export命令实现。

第6步，查看 R2 的路由表。

```
[R2]display ip routing-table
Route Flags: R - relay, D - download to fib
------------------------------------------------------------------------
Routing Tables: Public
Destinations: 9              Routes: 9
Destination/Mask    Proto    Pre    Cost    Flags    NextHop      Interface
2.2.2.2/32          Direct   0      0       D        127.0.0.1    LoopBack0
3.3.3.3/32          OSPF     10     1       D        23.1.1.3     GigabitEthernet0/0/0
12.1.1.0/24         Direct   0      0       D        12.1.1.2     GigabitEthernet0/0/1
12.1.1.2/32         Direct   0      0       D        127.0.0.1    GigabitEthernet0/0/1
23.1.1.0/24         Direct   0      0       D        23.1.1.2     GigabitEthernet0/0/0
23.1.1.2/32         Direct   0      0       D        127.0.0.1    GigabitEthernet0/0/0
127.0.0.0/8         Direct   0      0       D        127.0.0.1    InLoopBack0
127.0.0.1/32        Direct   0      0       D        127.0.0.1    InLoopBack0
192.168.1.0/24      O_ASE    150    1       D        12.1.1.1     GigabitEthernet0/0/1
```

通过以上输出可以看到，R2 的路由表中只有一条 192.168.1.0 的外部路由。

第7步，查看 R3 的路由表。

```
[R3]display ip routing-table
Route Flags: R - relay, D - download to fib
------------------------------------------------------------------------
Routing Tables: Public
Destinations: 8              Routes: 8
Destination/Mask    Proto    Pre    Cost    Flags    NextHop      Interface
2.2.2.2/32          OSPF     10     1       D        23.1.1.2     GigabitEthernet0/0/1
3.3.3.3/32          Direct   0      0       D        127.0.0.1    LoopBack0
12.1.1.0/24         OSPF     10     2       D        23.1.1.2     GigabitEthernet0/0/1
23.1.1.0/24         Direct   0      0       D        23.1.1.3     GigabitEthernet0/0/1
23.1.1.3/32         Direct   0      0       D        127.0.0.1    GigabitEthernet0/0/1
127.0.0.0/8         Direct   0      0       D        127.0.0.1    InLoopBack0
127.0.0.1/32        Direct   0      0       D        127.0.0.1    InLoopBack0
192.168.1.0/24      O_ASE    150    1       D        23.1.1.2     GigabitEthernet0/0/1
```

实验 4-2　配置双点双向路由重发布

1. 实验目的
（1）熟悉双点双向路由重发布的应用场景。
（2）掌握双点双向路由重发布的配置方法。

2. 实验拓扑
配置双点双向路由重发布的实验拓扑如图 4-4 所示。

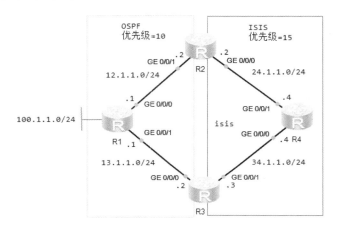

图 4-4　配置双点双向路由重发布

3. 实验步骤
（1）配置 IP 地址。

R1 的配置：

```
<Huawei>system-view
[Huawei]undo info-center enable
[Huawei]sysname R1
[R1]interface g0/0/0
[R1-GigabitEthernet0/0/0]ip address 12.1.1.1 24
[R1-GigabitEthernet0/0/0]quit
[R1]interface g0/0/1
[R1-GigabitEthernet0/0/1]ip address 13.1.1.1 24
[R1-GigabitEthernet0/0/1]quit
[R1]interface LoopBack 0
[R1-LoopBack0]ip address 1.1.1.1 32
[R1-LoopBack0]quit
```

R2 的配置：

```
<Huawei>system-view
Enter system view, return user view with Ctrl+Z.
[Huawei]undo info-center enable
```

```
Info: Information center is disabled.
[Huawei]sysname R2
[R2]interface g0/0/1
[R2-GigabitEthernet0/0/1]ip address 12.1.1.2 24
[R2-GigabitEthernet0/0/1]quit
[R2]interface g0/0/0
[R2-GigabitEthernet0/0/0]ip address 24.1.1.2 24
[R2-GigabitEthernet0/0/0]quit
[R2]interface LoopBack 0
[R2-LoopBack0]ip address 2.2.2.2 32
[R2-LoopBack0]quit
```

R3 的配置：

```
<Huawei>system-view
[Huawei]undo info-center enable
[Huawei]sysname R3
[R3]interface g0/0/0
[R3-GigabitEthernet0/0/0]ip address 13.1.1.3 24
[R3-GigabitEthernet0/0/0]quit
[R3]interface g0/0/1
[R3-GigabitEthernet0/0/1]ip address 34.1.1.3 24
[R3-GigabitEthernet0/0/1]quit
[R3]interface LoopBack 0
[R3-LoopBack0]ip address 3.3.3.3 32
[R3-LoopBack0]quit
```

R4 的配置：

```
<Huawei>system-view
Enter system view, return user view with Ctrl+Z.
[Huawei]undo info-center enable
Info: Information center is disabled.
[Huawei]sysname R4
[R4]interface g0/0/0
[R4-GigabitEthernet0/0/0]ip address 34.1.1.4 24
[R4-GigabitEthernet0/0/0]quit
[R4]interface g0/0/1
[R4-GigabitEthernet0/0/1]ip address 24.1.1.4 24
[R4-GigabitEthernet0/0/1]quit
[R4]interface LoopBack 0
[R4-LoopBack0]ip address 4.4.4.4 32
[R4-LoopBack0]quit
```

（2）配置 OSPF。
R1 的配置：

```
[R1]ospf router-id 1.1.1.1
[R1-ospf-1]area 0
```

```
[R1-ospf-1-area-0.0.0.0]network 1.1.1.1 0.0.0.0
[R1-ospf-1-area-0.0.0.0]network 12.1.1.0 0.0.0.255
[R1-ospf-1-area-0.0.0.0]network 13.1.1.0 0.0.0.255
[R1-ospf-1-area-0.0.0.0]quit
```

R2 的配置：

```
[R2]ospf router-id 2.2.2.2
[R2-ospf-1]area 0
[R2-ospf-1-area-0.0.0.0]network 12.1.1.0 0.0.0.255
[R2-ospf-1-area-0.0.0.0]network 2.2.2.2 0.0.0.0
[R2-ospf-1-area-0.0.0.0]quit
```

R3 的配置：

```
[R3]ospf router-id 3.3.3.3
[R3-ospf-1]area 0
[R3-ospf-1-area-0.0.0.0]network 13.1.1.0 0.0.0.255
[R3-ospf-1-area-0.0.0.0]network 3.3.3.3 0.0.0.0
[R3-ospf-1-area-0.0.0.0]quit
```

（3）配置 IS-IS。

R2 的配置：

```
[R2]isis
[R2-isis-1]network-entity 49.0234.0000.0000.0002.00
[R2-isis-1]cost-style wide
[R2]interface g0/0/0
[R2-GigabitEthernet0/0/0]isis enable
[R2-GigabitEthernet0/0/0]quit
```

R3 的配置：

```
[R3]isis
[R3-isis-1]network-entity 49.0234.0000.0000.0003.00
[R3-isis-1]cost-style wide
[R3-isis-1]quit
[R3]interface g0/0/1
[R3-GigabitEthernet0/0/1]isis enable
[R3-GigabitEthernet0/0/1]quit
```

R4 的配置：

```
[R4]isis
[R4-isis-1]network-entity 49.0234.0000.0000.0004.00
[R4-isis-1]cost-style wide
[R4-isis-1]quit
[R4]interface g0/0/0
[R4-GigabitEthernet0/0/0]isis enable
```

```
[R4-GigabitEthernet0/0/0]quit
[R4]interface g0/0/1
[R4-GigabitEthernet0/0/1]isis enable
[R4-GigabitEthernet0/0/1]quit
[R4]interface LoopBack 0
[R4-LoopBack0]isis enable
[R4-LoopBack0]quit
```

4. 实验调试

（1）在 R1 上创建一个环回口，IP 地址为 100.1.1.0/24，导入 OSPF。

```
[R1]interface LoopBack 100
[R1-LoopBack100]ip address 100.1.1.1 24
[R1-LoopBack100]quit
[R1]ip ip-prefix 100.0 permit 100.1.1.0 24        // 抓取路由 100.1.1.0
[R1]route-policy ly permit node 10                // 设置策略 ly
[R1-route-policy]if-match ip-prefix 100.0
[R1-route-policy]quit
[R1]ospf
[R1-ospf-1]import-route direct route-policy ly    // 导入直连路由时调用路由策略
[R1-ospf-1]qui
```

（2）在 R2 上查看路由表。

```
[R2]display ip routing-table
Route Flags: R - relay, D - download to fib
------------------------------------------------------------------------
Routing Tables: Public
Destinations: 13              Routes: 13
Destination/Mask    Proto    Pre   Cost   Flags   NextHop      Interface
   1.1.1.1/32       OSPF     10    1      D       12.1.1.1     GigabitEthernet0/0/1
   2.2.2.2/32       Direct   0     0      D       127.0.0.1    LoopBack0
   3.3.3.3/32       OSPF     10    2      D       12.1.1.1     GigabitEthernet0/0/1
   4.4.4.4/32       ISIS-L1  15    10     D       24.1.1.4     GigabitEthernet0/0/0
  12.1.1.0/24       Direct   0     0      D       12.1.1.2     GigabitEthernet0/0/1
  12.1.1.2/32       Direct   0     0      D       127.0.0.1    GigabitEthernet0/0/1
  13.1.1.0/24       OSPF     10    2      D       12.1.1.1     GigabitEthernet0/0/1
  24.1.1.0/24       Direct   0     0      D       24.1.1.2     GigabitEthernet0/0/0
  24.1.1.2/32       Direct   0     0      D       127.0.0.1    GigabitEthernet0/0/0
  34.1.1.0/24       ISIS-L1  15    20     D       24.1.1.4     GigabitEthernet0/0/0
 100.1.1.0/24       O_ASE    150   1      D       12.1.1.1     GigabitEthernet0/0/1
 127.0.0.0/8        Direct   0     0      D       127.0.0.1    InLoopBack0
 127.0.0.1/32       Direct   0     0      D       127.0.0.1    InLoopBack0
```

（3）在 R2 上把 OSPF 的路由引入 IS-IS。

```
[R2]isis
[R2-isis-1]import-route ospf
[R2-isis-1]quit
```

（4）在 R3 上查看路由表。

```
[R3]display ip routing-table
Route Flags: R - relay, D - download to fib
------------------------------------------------------------------------
Routing Tables: Public
Destinations: 13                    Routes: 13
Destination/Mask    Proto    Pre   Cost    Flags   NextHop      Interface
1.1.1.1/32          OSPF     10    1       D       13.1.1.1     GigabitEthernet0/0/0
2.2.2.2/32          OSPF     10    2       D       13.1.1.1     GigabitEthernet0/0/0
3.3.3.3/32          Direct   0     0       D       127.0.0.1    LoopBack0
4.4.4.4/32          ISIS-L1  15    10      D       34.1.1.4     GigabitEthernet0/0/1
12.1.1.0/24         OSPF     10    2       D       13.1.1.1     GigabitEthernet0/0/0
13.1.1.0/24         Direct   0     0       D       13.1.1.3     GigabitEthernet0/0/0
13.1.1.3/32         Direct   0     0       D       127.0.0.1    GigabitEthernet0/0/0
24.1.1.0/24         ISIS-L1  15    20      D       34.1.1.4     GigabitEthernet0/0/1
34.1.1.0/24         Direct   0     0       D       34.1.1.3     GigabitEthernet0/0/1
34.1.1.3/32         Direct   0     0       D       127.0.0.1    GigabitEthernet0/0/1
100.1.1.0/24        ISIS-L2  15    84      D       34.1.1.4     GigabitEthernet0/0/1
127.0.0.0/8         Direct   0     0       D       127.0.0.1    InLoopBack0
127.0.0.1/32        Direct   0     0       D       127.0.0.1    InLoopBack
```

通过以上输出可以看到，R3 访问 100.1.1.0 的下一跳为 34.1.1.4，而不是 13.1.1.1，产生了次优路径。

【技术要点】

产生次优路径的原因如下。

（1）R1将直连路由100.1.1.0/24引入OSPF。

（2）R2先将100.1.1.0/24重发布到IS-IS中，R3将会学习到来自R4的IS-IS路由。

（3）对R3而言，IS-IS路由（优先级15）优于OSPF外部路由（优先级150），因此优选来自R4的IS-IS路由。后续R3访问100.1.1.0/24网段的路径为R3—R4—R2—R1，这是次优路径。

（5）在 R3 上使用 filter-policy，将从 R4 传递过来的路由过滤掉，解决次优路径。

```
[R3]acl 2000   // 创建基本的 ACL，编号为 2000
[R3-acl-basic-2000]rule 5 deny source 100.1.1.0 0 // 规则 5 拒绝 100.1.1.0
[R3-acl-basic-2000]rule 10 permit                  // 规则 10 允许所有
[R3-acl-basic-2000]quit
[R3]isis
[R3-isis-1]filter-policy 2000 import          // filter-policy 调用 ACL2000，方向为 import
[R3-isis-1]quit
```

【技术要点】

次优路径解决办法一：在R3的IS-IS进程内，通过filter-policy禁止来自R4的100.1.1.0/24路由加入本地路由表。

（6）在 R3 上再次查看路由表。

```
[R3]display ip routing-table
Route Flags: R - relay, D - download to fib
------------------------------------------------------------------------
Routing Tables: Public
Destinations: 13                    Routes: 13
Destination/Mask    Proto    Pre    Cost    Flags    NextHop      Interface
1.1.1.1/32          OSPF     10     1       D        13.1.1.1     GigabitEthernet0/0/0
2.2.2.2/32          OSPF     10     2       D        13.1.1.1     GigabitEthernet0/0/0
3.3.3.3/32          Direct   0      0       D        127.0.0.1    LoopBack0
4.4.4.4/32          ISIS-L1  15     10      D        34.1.1.4     GigabitEthernet0/0/1
12.1.1.0/24         OSPF     10     2       D        13.1.1.1     GigabitEthernet0/0/0
13.1.1.0/24         Direct   0      0       D        13.1.1.3     GigabitEthernet0/0/0
13.1.1.3/32         Direct   0      0       D        127.0.0.1    GigabitEthernet0/0/0
24.1.1.0/24         ISIS-L1  15     20      D        34.1.1.4     GigabitEthernet0/0/1
34.1.1.0/24         Direct   0      0       D        34.1.1.3     GigabitEthernet0/0/1
34.1.1.3/32         Direct   0      0       D        127.0.0.1    GigabitEthernet0/0/1
100.1.1.0/24        O_ASE    150    1       D        13.1.1.1     GigabitEthernet0/0/0
127.0.0.0/8         Direct   0      0       D        127.0.0.1    InLoopBack0
127.0.0.1/32        Direct   0      0       D        127.0.0.1    InLoopBack0
```

通过以上输出可以看到，R3 访问 100.1.1.0/24 的下一跳为 13.1.1.1，次优路径解决了；同理，在 R3 上把 OSPF 引入 IS-IS，在 R2 上也会产生次优路径，这个问题也要解决。

（7）在 R3 上把 OSPF 引入 IS-IS。

```
[R3]isis
[R3-isis-1]import-route ospf
[R3-isis-1]quit
```

（8）在 R2 上查看路由表。

```
[R2]display ip routing-table
Route Flags: R - relay, D - download to fib
------------------------------------------------------------------------
Routing Tables: Public
Destinations: 13                    Routes: 13
Destination/Mask    Proto    Pre    Cost    Flags    NextHop      Interface
1.1.1.1/32          OSPF     10     1       D        12.1.1.1     GigabitEthernet0/0/1
2.2.2.2/32          Direct   0      0       D        127.0.0.1    LoopBack0
3.3.3.3/32          OSPF     10     2       D        12.1.1.1     GigabitEthernet0/0/1
4.4.4.4/32          ISIS-L1  15     10      D        24.1.1.4     GigabitEthernet0/0/0
12.1.1.0/24         Direct   0      0       D        12.1.1.2     GigabitEthernet0/0/1
12.1.1.2/32         Direct   0      0       D        127.0.0.1    GigabitEthernet0/0/1
13.1.1.0/24         OSPF     10     2       D        12.1.1.1     GigabitEthernet0/0/1
24.1.1.0/24         Direct   0      0       D        24.1.1.2     GigabitEthernet0/0/0
24.1.1.2/32         Direct   0      0       D        127.0.0.1    GigabitEthernet0/0/0
34.1.1.0/24         ISIS-L1  15     20      D        24.1.1.4     GigabitEthernet0/0/0
100.1.1.0/24        ISIS-L2  15     84      D        24.1.1.4     GigabitEthernet0/0/0
```

```
127.0.0.0/8       Direct   0   0   D       127.0.0.1   InLoopBack0
127.0.0.1/32      Direct   0   0   D       127.0.0.1   InLoopBack0
```

通过以上输出可以看到，R2 访问 100.1.1.0/24 的下一跳为 24.1.1.4，也产生了次优路径。

（9）在 R2 上，把 OSPF 关于 100.1.1.0 的这条路由的优先级改为 14。

```
[R2]acl 2000        // 创建基本的 ACL2000
[R2-acl-basic-2000]rule permit source 100.1.1.0 0 // 允许 100.1.1.0
[R2-acl-basic-2000]quit
[R2]route-policy ly permit node 10
[R2-route-policy]if-match acl 2000              // 匹配 ACL2000
[R2-route-policy]apply preference 14            // 把优先级改为 14
[R2-route-policy]quit
[R2]ospf
[R2-ospf-1]preference ase route-policy ly       // 优先级调用 route-policy ly
[R2-ospf-1]quit
```

（10）在 R2 上再次查看路由表。

```
[R2]display ip routing-table
Route Flags: R - relay, D - download to fib
------------------------------------------------------------------------
Routing Tables: Public
Destinations: 13               Routes: 13
Destination/Mask   Proto     Pre   Cost  Flags  NextHop     Interface
1.1.1.1/32         OSPF      10    1     D      12.1.1.1    GigabitEthernet0/0/1
2.2.2.2/32         Direct    0     0     D      127.0.0.1   LoopBack0
3.3.3.3/32         OSPF      10    2     D      12.1.1.1    GigabitEthernet0/0/1
4.4.4.4/32         ISIS-L1   15    10    D      24.1.1.4    GigabitEthernet0/0/0
12.1.1.0/24        Direct    0     0     D      12.1.1.2    GigabitEthernet0/0/1
12.1.1.2/32        Direct    0     0     D      127.0.0.1   GigabitEthernet0/0/1
13.1.1.0/24        OSPF      10    2     D      12.1.1.1    GigabitEthernet0/0/1
24.1.1.0/24        Direct    0     0     D      24.1.1.2    GigabitEthernet0/0/0
24.1.1.2/32        Direct    0     0     D      127.0.0.1   GigabitEthernet0/0/0
34.1.1.0/24        ISIS-L1   15    20    D      24.1.1.4    GigabitEthernet0/0/0
100.1.1.0/24       O_ASE     14    1     D      12.1.1.1    GigabitEthernet0/0/1
127.0.0.0/8        Direct    0     0     D      127.0.0.1   InLoopBack0
127.0.0.1/32       Direct    0     0     D      127.0.0.1   InLoopBack0
```

可以看到，R2 访问 100.1.1.0 的下一跳为 12.1.1.1，次优路径解决了。

【技术要点】

次优路径解决办法二：R3通过ACL匹配100.1.1.0/24路由，在route-policy中调用该条ACL，将匹配该条ACL路由的优先级设置为14（优于IS-IS）。在OSPF视图下使用preference ase命令调用route-policy修改外部路由的优先级。

（11）分别在 R2 和 R3 上把 IS-IS 的路由引入 OSPF。

```
[R2]ospf
[R2-ospf-1]import-route isis
[R2-ospf-1]quit

[R3]ospf
[R3-ospf-1]import-route isis
[R3-ospf-1]quit
```

双点双向重发布后会引起环路，如图 4-5 所示。

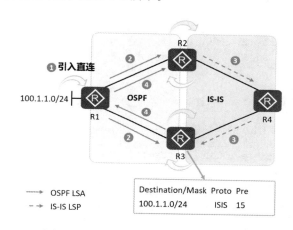

图 4-5　双点双向路由重发布后的路由环路

形成环路的原因如下。

- R1 将直连路由 100.1.1.0/24 引入 OSPF。
- R1、R2 和 R3 运行 OSPF 协议，100.1.1.0/24 网段路由在全 OSPF 域内通告。
- R2 执行了双向路由重发布。
- R2、R3 和 R4 运行 IS-IS 协议，10.1.1.0/24 网段路由在全 IS-IS 域内通告。
- R3 执行了双向路由重发布。
- 10.1.1.0/24 网段路由再次被通告进 OSPF 域内，形成路由环路。

（12）解决第一个环路：100.1.1.0—R1—R2—R4—R3—R1。

```
[R3]acl 2001
[R3-acl-basic-2001]rule 5 deny source 100.1.1.0 0
[R3-acl-basic-2001]rule 10 permit
[R3-acl-basic-2001]quit
[R3]route-policy hcip permit node 10
[R3-route-policy]if-match acl 2001
[R3-route-policy]quit
[R3]ospf
[R3-ospf-1]import-route isis route-policy hcip
[R3-ospf-1]
```

> 🔵【技术要点】
>
> 环路解决办法一：在R3的OSPF中引入IS-IS路由时，通过route-policy过滤掉100.1.1.0/24路由。

（13）解决第二个环路：100.1.1.0—R1—R3—R4—R2—R1。

第1步，在R3上将路由100.1.1.0/24从OSPF引入IS-IS时添加标记（Tag）888。

```
[R3]acl 2500
[R3-acl-basic-2500]rule permit source 100.1.1.0 0
[R3-acl-basic-2500]quit
[R3]route-policy tag permit node 10
[R3-route-policy]if-match acl 2500
[R3-route-policy]apply tag 888
[R3-route-policy]quit
[R3]isis
[R3-isis-1]import-route ospf route-policy tag
```

第2步，在R2上查看100.1.1.0的详细信息。

```
[R2]display ip routing-table 100.1.1.0 verbose
Route Flags: R - relay, D - download to fib
------------------------------------------------------------------------------
Routing Table: Public
Summary Count: 2
Destination: 100.1.1.0/24
    Protocol: O_ASE          Process ID: 1
    Preference: 14           Cost: 1
    NextHop: 12.1.1.1        Neighbour: 0.0.0.0
    State: Active Adv        Age: 00h53m39s
    Tag: 1                   Priority: low
    Label: NULL              QoSInfo: 0x0
    IndirectID: 0x0
    RelayNextHop: 0.0.0.0    Interface: GigabitEthernet0/0/1
    TunnelID: 0x0            Flags: D
    Destination: 100.1.1.0/24
    Protocol: ISIS-L2        Process ID: 1
    Preference: 15           Cost: 20
    NextHop: 24.1.1.4        Neighbour: 0.0.0.0
    State: Inactive Adv      Age: 00h01m43s
    Tag: 888                 Priority: low
    Label: NULL              QoSInfo: 0x0
    IndirectID: 0x0
    RelayNextHop: 0.0.0.0    Interface: GigabitEthernet0/0/0
    TunnelID: 0x0            Flags:
```

通过以上输出可以看到，R4传递给R2的路由的Tag为888。

> 🔵【技术要点】
>
> 只有把IS-IS的Cost-type改为wide，Tag才能生效。

第 3 步，在 R2 上找到 Tag 888 的路由，将其过滤掉。

```
[R2]route-policy hl deny node 10
[R2-route-policy]if-match tag 888
[R2-route-policy]quit
[R2]route-policy hl permit node 20
[R2-route-policy]quit
[R2]ospf
[R2-ospf-1]import-route isis route-policy hl
[R2-ospf-1]quit
```

 【技术要点】

　　环路解决办法二：使用Tag实现有选择性的路由引入，在R3上将路由100.1.1.0/24从OSPF引入IS-IS时添加Tag 200；在R2上将IS-IS引入OSPF时，过滤掉携带Tag 888的路由。

4.3　策略路由配置实验

实验 4-3　配置基于策略的路由

扫一扫，看视频

1. 实验目的

（1）熟悉 PBR 的应用场景。

（2）掌握 PBR 的配置方法。

2. 实验拓扑

配置 PBR 的实验拓扑如图 4-6 所示。

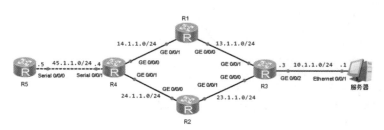

图 4-6　配置 PBR

3. 实验步骤

（1）配置 IP 地址。

R1 的配置：

```
<Huawei>system-view
Enter system view, return user view with Ctrl+Z.
[Huawei]undo info-center enable
[Huawei]sysname R1
```

```
[R1]interface g0/0/0
[R1-GigabitEthernet0/0/0]ip address 13.1.1.1 24
[R1-GigabitEthernet0/0/0]quit
[R1]interface g0/0/1
[R1-GigabitEthernet0/0/1]ip address 14.1.1.1 24
[R1-GigabitEthernet0/0/1]quit
```

R2 的配置：

```
<Huawei>system-view
Enter system view, return user view with Ctrl+Z.
[Huawei]sysname R2
[R2]undo info-center enable
Info: Information center is disabled.
[R2]interface g0/0/0
[R2-GigabitEthernet0/0/0]ip address 24.1.1.2 24
[R2-GigabitEthernet0/0/0]quit
[R2]int
[R2]interface g0/0/1
[R2-GigabitEthernet0/0/1]ip address 23.1.1.2 24
[R2-GigabitEthernet0/0/1]quit
```

R3 的配置：

```
<Huawei>system-view
Enter system view, return user view with Ctrl+Z.
[Huawei]undo info-center enable
Info: Information center is disabled.
[Huawei]sysname R3
[R3]interface g0/0/0
[R3-GigabitEthernet0/0/0]ip address 23.1.1.3 24
[R3-GigabitEthernet0/0/0]quit
[R3]interface g0/0/1
[R3-GigabitEthernet0/0/1]ip address 13.1.1.3 24
[R3-GigabitEthernet0/0/1]quit
[R3]interface g0/0/2
[R3-GigabitEthernet0/0/2]ip address 10.1.1.3 24
[R3-GigabitEthernet0/0/2]quit
```

R4 的配置：

```
<Huawei>system-view
Enter system view, return user view with Ctrl+Z.
[Huawei]undo info-center enable
[Huawei]sysname R4
[R4]interface g0/0/0
[R4-GigabitEthernet0/0/0]ip address 14.1.1.4 24
[R4-GigabitEthernet0/0/0]quit
[R4]interface g0/0/1
```

```
[R4-GigabitEthernet0/0/1]ip address 24.1.1.4 24
[R4-GigabitEthernet0/0/1]quit
[R4]interface s0/0/1
[R4-Serial0/0/1]ip address 45.1.1.4 24
[R4-Serial0/0/1]quit
[R4]interface LoopBack 0
[R4-LoopBack0]ip address 4.4.4.4 24
[R4-LoopBack0]quit
```

R5 的配置：

```
[R5]interface s0/0/0
[R5-Serial0/0/0]ip adderss 45.1.1.5 24
[R5-Serial0/0/0]quit
```

服务器的配置如图 4-7 所示。

图 4-7　服务器的配置

（2）配置 OSPF。
R1 的配置：

```
[R1]ospf router-id 1.1.1.1
[R1-ospf-1]area 0
[R1-ospf-1-area-0.0.0.0]network 13.1.1.0 0.0.0.255
[R1-ospf-1-area-0.0.0.0]network 14.1.1.0 0.0.0.255
[R1-ospf-1-area-0.0.0.0]quit
```

R2 的配置：

```
[R2]ospf router-id 2.2.2.2
[R2-ospf-1]area 0
[R2-ospf-1-area-0.0.0.0]network 24.1.1.0 0.0.0.255
[R2-ospf-1-area-0.0.0.0]network 23.1.1.0 0.0.0.255
[R2-ospf-1-area-0.0.0.0]quit
```

R3 的配置：

```
[R3]ospf router-id 3.3.3.3
[R3-ospf-1]area 0
[R3-ospf-1-area-0.0.0.0]network 13.1.1.0 0.0.0.255
[R3-ospf-1-area-0.0.0.0]network 23.1.1.0 0.0.0.255
[R3-ospf-1-area-0.0.0.0]network 10.1.1.0 0.0.0.255
[R3-ospf-1-area-0.0.0.0]quit
```

R4 的配置：

```
[R4]ospf router-id 4.4.4.4
[R4-ospf-1]area 0
[R4-ospf-1-area-0.0.0.0]network 14.1.1.0 0.0.0.255
[R4-ospf-1-area-0.0.0.0]network 24.1.1.0 0.0.0.255
[R4-ospf-1-area-0.0.0.0]network 45.1.1.0 0.0.0.255
[R4-ospf-1-area-0.0.0.0]network 4.4.4.0 0.0.0.255
[R4-ospf-1-area-0.0.0.0]quit
```

R5 的配置：

```
[R5]ip route-static 0.0.0.0 0.0.0.0 45.1.1.4
```

（3）修改 R4 的 G0/0/0 的 Cost。

```
[R4]interface g0/0/0
[R4-GigabitEthernet0/0/0]ospf cost 40
[R4-GigabitEthernet0/0/0]quit
```

（4）在 R5 上跟踪 10.1.1.1。

```
[R5]tracert 10.1.1.1
traceroute to  10.1.1.1(10.1.1.1), max hops: 30,packet length: 40,press CTRL_C to break
 1  45.1.1.4    40 ms    70 ms    30 ms
 2  24.1.1.2    120 ms   110 ms   100 ms
 3  23.1.1.3    150 ms   140 ms   130 ms
 4  10.1.1.1    150 ms   180 ms   150 ms
```

通过以上输出可以看到，R5 跟踪服务器的路径为 R5—R4—R2—R3—服务器。
（5）设置 PBR 使 R5 访问服务器的路径为 R5—R4—R1—R3—服务器。
第 1 步，匹配流量。

```
[R4]acl 3000
[R4-acl-adv-3000]rule 10 permit ip source 45.1.1.0 0.0.0.255 destination 10.1.1.1 0
[R4-acl-adv-3000]quit
```

第 2 步，创建 PBR。

```
[R4]policy-based-route hcip permit node 10
[R4-policy-based-route-hcip-10]if-match acl 3000
[R4-policy-based-route-hcip-10]apply ip-address next-hop 14.1.1.1
[R4-policy-based-route-hcip-10]quit
```

第3步，在接口下调用 PBR。

```
[R4]interface s0/0/1
[R4-Serial0/0/1]ip policy-based-route hcip
[R4-Serial0/0/1]quit
```

4. 实验调试

（1）在 R5 上跟踪 10.1.1.1。

```
[R5]tracert 10.1.1.1
 traceroute to 10.1.1.1(10.1.1.1), max hops:30,packet length:40,press CTRL_C to break
 1   45.1.1.4   60 ms    60 ms    60 ms
 2   14.1.1.1   130 ms   80 ms    90 ms
 3   13.1.1.3   130 ms   100 ms   160 ms
 4   10.1.1.1   160 ms   180 ms   160 ms
```

通过以上输出可以看到，R5 跟踪服务器的路径变成了 R5—R4—R1—R3—服务器。

（2）查看 R4 的环回口 4.4.4.4 跟踪服务器的路径。

```
[R4]tracert 10.1.1.1
traceroute to  10.1.1.1(10.1.1.1), max hops: 30,packet length: 40,press CTRL_C to break
 1   24.1.1.2   60 ms    60 ms    60 ms
 2   23.1.1.3   80 ms    100 ms   90 ms
 3   10.1.1.1   110 ms   90 ms    80 ms
```

通过以上输出可以看到，R4 的本地流量路径还是 R4—R2—服务器。

【技术要点】

> PBR在接口下应用，只对通过的流量起作用，对本地产生的流量不起作用。

（3）使 R4 产生的流量也遵循 PBR 的路径。
第1步，抓取流量。

```
[R4]acl 3000
[R4-acl-adv-3000]rule 20 permit ip source 4.4.4.0 0.0.0.255 destination 10.1.1.1 0
```

第2步，全局调用。

```
[R4]ip local policy-based-route hcip
```

（4）在 R4 上使用环回口跟踪 10.1.1.1。

```
[R4]tracert -a 4.4.4.4 10.1.1.1
traceroute to  10.1.1.1(10.1.1.1), max hops: 30,packet length: 40,press CTRL_C to break
 1  14.1.1.1   70 ms    30 ms    30 ms
 2  13.1.1.3   120 ms   110 ms   130 ms
 3  10.1.1.1   120 ms   140 ms   160 ms
```

通过以上输出可以看到，R4 的本地流量路径是 R4—R3—服务器。

实验 4-4　配置 MQC

1. 实验目的
（1）熟悉 MQC 的应用场景。
（2）掌握 MQC 的配置方法。

2. 实验拓扑
配置 MQC 的实验拓扑如图 4-8 所示。

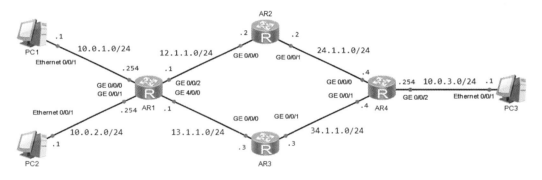

图 4-8　配置 MQC

3. 实验步骤
（1）配置 IP 地址。
AR1 的配置：

```
<Huawei>system-view
[Huawei]undo info-center enable
[Huawei]sysname AR1
[AR1]int g0/0/0
[AR1-GigabitEthernet0/0/0]ip address 10.0.1.254 24
[AR1-GigabitEthernet0/0/0]quit
[AR1]int g0/0/1
[AR1-GigabitEthernet0/0/1]ip address 10.0.2.254 24
[AR1-GigabitEthernet0/0/1]quit
[AR1]int g0/0/2
[AR1-GigabitEthernet0/0/2]ip address 12.1.1.1 24
[AR1-GigabitEthernet0/0/2]quit
```

```
[AR1]int g4/0/0
[AR1-GigabitEthernet4/0/0]ip address 13.1.1.1 24
[AR1-GigabitEthernet4/0/0]quit
```

AR2 的配置:

```
<Huawei>system-view
[Huawei]undo info-center enable
[Huawei]sysname AR2
[AR2]int g0/0/0
[AR2-GigabitEthernet0/0/0]ip address 12.1.1.2 24
[AR2-GigabitEthernet0/0/0]quit
[AR2]int g0/0/1
[AR2-GigabitEthernet0/0/1]ip address 24.1.1.2 24
[AR2-GigabitEthernet0/0/1]quit
```

AR3 的配置:

```
<Huawei>system-view
[Huawei]undo info-center enable
[Huawei]sysname AR3
[AR3]int g0/0/0
[AR3-GigabitEthernet0/0/0]ip address 13.1.1.3 24
[AR3-GigabitEthernet0/0/0]quit
[AR3]int g0/0/1
[AR3-GigabitEthernet0/0/1]ip address 34.1.1.3 24
[AR3-GigabitEthernet0/0/1]quit
```

AR4 的配置:

```
<Huawei>system-view
[Huawei]undo info-center enable
[Huawei]sysname AR4
[AR4]int g0/0/0
[AR4-GigabitEthernet0/0/0]ip address 24.1.1.4 24
[AR4-GigabitEthernet0/0/0]quit
[AR4]int g0/0/1
[AR4-GigabitEthernet0/0/1]ip address 34.1.1.4 24
[AR4-GigabitEthernet0/0/1]quit
[AR4]int g0/0/2
[AR4-GigabitEthernet0/0/2]ip address 10.0.3.254 24
[AR4-GigabitEthernet0/0/2]quit
```

PC1 的配置如图 4-9 所示,PC2 的配置如图 4-10 所示,PC3 的配置如图 4-11 所示。

图 4-9　PC1 的配置 　　　　　　　　　图 4-10　PC2 的配置

图 4-11　PC3 的配置

（2）配置 OSPF。

AR1 的配置：

```
[AR1]ospf router-id 1.1.1.1
[AR1-ospf-1]area 0
[AR1-ospf-1-area-0.0.0.0]network 10.0.1.0 0.0.0.255
[AR1-ospf-1-area-0.0.0.0]network 10.0.2.0 0.0.0.255
[AR1-ospf-1-area-0.0.0.0]network 12.1.1.0 0.0.0.255
[AR1-ospf-1-area-0.0.0.0]network 13.1.1.0 0.0.0.255
[AR1-ospf-1-area-0.0.0.0]quit
```

AR2 的配置：

```
[AR2]ospf router-id 2.2.2.2
[AR2-ospf-1]area 0
[AR2-ospf-1-area-0.0.0.0]network 12.1.1.0 0.0.0.255
[AR2-ospf-1-area-0.0.0.0]network 24.1.1.0 0.0.0.255
[AR2-ospf-1-area-0.0.0.0]quit
```

AR3 的配置：

```
[AR3]ospf router-id 3.3.3.3
[AR3-ospf-1]area 0
[AR3-ospf-1-area-0.0.0.0]network 13.1.1.0 0.0.0.255
[AR3-ospf-1-area-0.0.0.0]network 34.1.1.0 0.0.0.255
[AR3-ospf-1-area-0.0.0.0]quit
```

AR4 的配置：

```
[AR4]ospf router-id 4.4.4.4
[AR4-ospf-1]area 0
[AR4-ospf-1-area-0.0.0.0]network 24.1.1.0 0.0.0.255
[AR4-ospf-1-area-0.0.0.0]network 34.1.1.0 0.0.0.255
[AR4-ospf-1-area-0.0.0.0]network 10.0.3.0 0.0.0.255
[AR4-ospf-1-area-0.0.0.0]quit
```

（3）查看 AR1 上的 OSPF 路由表。

```
[AR1]display ip routing-table protocol ospf
Route Flags: R - relay, D - download to fib
----------------------------------------------------------------------------
Public routing table: OSPF
Destinations: 3                Routes: 4
OSPF routing table status : <Active>
Destinations: 3                Routes: 4
Destination/Mask    Proto   Pre   Cost   Flags   NextHop     Interface
10.0.3.0/24         OSPF    10    3      D       12.1.1.2    GigabitEthernet0/0/2
                    OSPF    10    3      D       13.1.1.3    GigabitEthernet4/0/0
24.1.1.0/24         OSPF    10    2      D       12.1.1.2    GigabitEthernet0/0/2
34.1.1.0/24         OSPF    10    2      D       13.1.1.3    GigabitEthernet4/0/0
OSPF routing table status: <Inactive>
Destinations: 0                Routes: 0
```

通过以上输出可以发现，从 AR1 去往 PC3 的路径上存在等价路由，也就是说，PC1 访问 PC3 的流量路径可能是 PC1—AR1—AR2—AR4—PC3，也可能是 PC1—AR1—AR3—AR4—PC3。

（4）配置 MQC 使 PC1 访问 PC3 的流量路径为 PC1—AR1—AR2—AR4—PC3，PC2 访问 PC3 的流量路径为 PC2—AR1—AR3—AR4—PC3。

PC1 访问 PC3 的配置：

```
[AR1]acl 3000
[AR1-acl-adv-3000]rule 5 permit ip source  10.0.1.1 0 destination 10.0.3.1 0
[AR1-acl-adv-3000]quit
[AR1]traffic classifier pc1-pc3 operator or   // 定义流分类
[AR1-classifier-pc1-pc3]if-match acl 3000
[AR1-classifier-pc1-pc3]quit
[AR1]traffic behavior pc1-pc3                 // 定义流行为
[AR1-behavior-pc1-pc3]redirect ip-nexthop 12.1.1.2
```

```
[AR1-behavior-pc1-pc3]quit
[AR1]traffic policy pc1-pc3                          // 绑定流行为和流分类
[AR1-trafficpolicy-pc1-pc3]classifier pc1-pc3 behavior pc1-pc3
[AR1-trafficpolicy-pc1-pc3]quit
[AR1]interface g0/0/0                                // 接口调用流策略
[AR1-GigabitEthernet0/0/0]traffic-policy pc1-pc3 inbound
[AR1-GigabitEthernet0/0/0]quit
```

PC2 访问 PC3 的配置：

```
[AR1]acl 3001
[AR1-acl-adv-3001]rule 5 permit ip source 10.0.2.1 0 destination 10.0.3.1 0
[AR1-acl-adv-3001]quit
[AR1]traffic classifier pc2-pc3 operator or
[AR1-classifier-pc2-pc3]if-match acl 3000
[AR1-classifier-pc2-pc3]quit
[AR1]traffic behavior pc2-pc3
[AR1-behavior-pc2-pc3]redirect ip-nexthop 13.1.1.3
[AR1-behavior-pc2-pc3]quit
[AR1]traffic policy pc2-pc3
[AR1-trafficpolicy-pc2-pc3]classifier pc2-pc3 behavior pc2-pc3
[AR1-trafficpolicy-pc2-pc3]quit
[AR1]int g0/0/1
[AR1-GigabitEthernet0/0/1]traffic-policy pc2-pc3 inbound
[AR1-GigabitEthernet0/0/1]quit
```

4. 实验调试

（1）在 PC1 上跟踪 10.0.3.1。PC1 的配置如图 4–12 所示。

图 4–12　在 PC1 上跟踪 10.0.3.1

通过以上输出可以看到，PC1 跟踪 PC3 的路径为 PC1—AR1—AR2—AR4—PC3。

（2）在 PC2 上跟踪 10.0.3.1。PC2 的配置如图 4–13 所示。

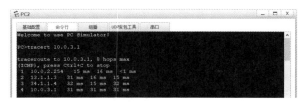

图 4–13　在 PC2 上跟踪 10.0.3.1

通过以上输出可以看到，PC2 跟踪 PC3 的路径为 PC2—AR1—AR3—AR4—PC3。

第 5 章　BGP 边界网关协议

本章阐述了BGP协议的特征、术语，BGP的报文类型、邻居状态、路径属性和BGP的选路原则，通过实验使读者能够掌握BGP在各种场景中的配置。

本章包含以下内容：
- BGP的基本原理
- BGP的基本配置
- BGP的高级配置
- BGP的选路原则

5.1　BGP 概述

　　BGP（Border Gateway Protocol，边界网关协议）是一种实现自治系统（AS）之间的路由可达，并选择最佳路由的距离矢量路由协议。早期发布的三个版本分别是 BGP-1（RFC 1105）、BGP-2（RFC 1163）和 BGP-3（RFC 1267），1994 年开始使用 BGP-4（RFC 1771），2006 年之后单播 IPv4 网络使用的版本是 BGP-4（RFC 4271），其他网络（如 IPv6 等）使用的版本是 MP-BGP（RFC 4760）。本章只讨论 BGP-4。

5.1.1　BGP 特点

　　（1）BGP 使用 TCP 作为其传输层协议（端口号为 179），使用触发式路由更新，而非周期性路由更新。

　　（2）BGP 能够承载大批量的路由信息，可以支撑大规模网络。

　　（3）BGP 提供了丰富的路由策略，能够灵活地进行路由选路，并能指导对等体按策略发布路由。

　　（4）BGP 能够支撑 MPLS/VPN 的应用，传递给客户 VPN 路由。

　　（5）BGP 提供了路由聚合和路由衰减功能，用于防止路由振荡，有效地提高了网络的稳定性。

5.1.2　BGP 术语

　　（1）自治系统（AS）：在一个实体管辖下拥有相同选路策略的 IP 网络。BGP 网络中的每个 AS 都被分配一个唯一的 AS 号，用于区分不同的 AS。AS 号分为 2 字节 AS 号和 4 字节 AS 号。2 字节 AS 号的范围为 1~65535，其中 64512~65534 为私有 AS 号；4 字节 AS 号的范围为 1~4294967295，其中 4200000000~4294967294 为私有 AS 号。

　　（2）对等体（Peer）：两个建立 BGP 会话的路由器的关系。

　　（3）IBGP（Internal BGP）：位于相同自治系统的 BGP 路由器之间的 BGP 邻接关系。

（4）EBGP（External BGP）：位于不同自治系统的 BGP 路由器之间的 BGP 对等体关系。

5.1.3　BGP 报文类型

BGP 存在 5 种类型的报文，不同类型的报文拥有相同的头部（header），BGP 的报头格式见清单 5-1。

清单 5-1　BGP 的报头格式

Marker（16B）	
Length （2B）	Type（1B）

（1）Marker（标记）：用于检查 BGP 对等体的同步信息是否完整，也可用于 BGP 验证的计算。不使用验证时所有比特均为 1（十六进制则为全"FF"）。

（2）Length（长度）：BGP 消息的总长度（包括报头在内），以字节为单位。长度范围为 19 ～ 4096。

（3）Type（类型）：BGP 消息的类型。Type 有 5 个可选值，分别为 Open 报文、Update 报文、Keepalive 报文、Notification 报文、Route-refresh 报文。

1. Open 报文

Open 报文用于建立 BGP 对等体连接，其报文格式见清单 5-2。

清单 5-2　Open 报文格式

Version（8 比特）	
My AS（16 比特）	
Hold time（16 比特）	
BGP identifier（32 比特）	
opt parm len（8 比特）	
Optional parameters（可变长）	

（1）Version（版本）：表示协议的版本号，现在 BGP 的版本号为 4。

（2）My AS（我的自治系统号）：发送者自己的 AS 号。

（3）Hold time（保持时间）：发送者自己设定的 Hold time 值（单位为 s），用于协商 BGP 对等体间保持建立连接关系，发送 Keepalive 或 Update 等报文的时间间隔。BGP 的状态机必须在收到对等体的 Open 报文后，对发出的 Open 报文和收到的 Open 报文的 Hold time 时间进行比较，选择较短的时间作为协商结果。Hold time 的值可为 0（不发 Keepalive 报文）或大于等于 3，系统默认为 180。

（4）BGP identifier（BGP 标识符）：发送者的 Router ID。

（5）opt parm len（可选参数长度）：如果此值为 0，表示没有可选参数。

（6）Optional parameters（可选参数）：每个可选参数是一个 TLV 格式的单元。

2. Update 报文

Update 报文用于在对等体之间交换路由信息，其报文格式见清单 5-3。

清单 5-3　Update 报文格式

Unfeasible routes length（2 字节）
Withdrawn routes（N 字节）
Total path attribute length（2 字节）
Path attributes（N 字节）
NLRI（N 字节）

（1）Unfeasible routes length：不可达路由字段的长度，以字节为单位。如果值为 0，则说明没有 Withdrawn routes 字段。

（2）Withdrawn routes：包含不可达路由的列表。

（3）Total path attribute length：路径属性字段的长度，以字节为单位。如果值为 0，则说明没有 Path attributes 字段。

（4）Path attributes：路径属性。

（5）NLRI：网络层可达信息。

3. Keepalive 报文

Keepalive 报文用于保持 BGP 的连接。

（1）只有报头，没有其他内容。

（2）每 60s 发一次。

4. Notification 报文

当 BGP 检测到错误状态时，就向对等体发出 Notification 消息，之后 BGP 连接会立即中断。Notification 报文格式见清单 5-4。

清单 5-4　Notification 报文格式

错误编码	错误子码	
数　据		

（1）错误编码：1 字节，错误类型。

（2）错误子码：1 字节，错误类型更详细的信息。

（3）数据：可变长度，用于诊断错误的原因，其内容依赖于具体的错误编码和错误子码。

5. Route-refresh 报文

Route-refresh 报文用于在改变路由策略后请求对等体重新发送路由信息。只有支持路由刷新（Route-refresh）能力的 BGP 设备才会发送和响应此报文。其报文格式见清单 5-5。

清单 5-5　Route-refresh 报文格式

AFI（16 比特）	Res（8 比特）	SAFI（8 比特）

（1）AFI（地址族标识）：可以是 IPv4 或者 IPv6 等。

（2）Res（保留）：全部为 0。

（3）SAFI（子地址族标识）：可以是单播或者组播路由等。

5.1.4 BGP 邻居状态

BGP 的邻居状态有以下 6 种。

1. Idle（空闲）状态

Idle 是初始状态，BGP 进程检查是否有前往指定邻居的路由。如果没有路由，则保持空闲状态；如果有路由，则进入连接状态。

2. Connect（连接）状态

Connect 状态下，BGP 等待完成 TCP 连接，如果连接成功，则向对等体发送 Open 消息，然后进入 OpenSent 状态；如果连接失败，则继续侦听是否有对等体启动连接并进入 Active 状态。

3. Active（激活）状态

Active 状态下，BGP 试图建立 TCP 连接，如果连接成功，则向对等体发送 Open 消息，并进入 OpenSent 状态。

4. OpenSent（打开发送）状态

OpenSent 状态下，BGP 等待对等体的 Open 消息。收到 Open 消息后对其进行检查，如果发现错误，本地发送 Notification 消息给对等体并进入空闲状态；如果没有发现错误，BGP 发送 Keepalive 消息并进入 OpenConfirm 状态。

5. OpenConfirm（打开确认）状态

OpenConfirm 该状态下，BGP 等待 Keepalive 消息或 Notification 消息。如果收到 Keepalive 消息，则进入 Established 状态；如果收到 Notification 消息，则进入空闲状态。

6. Established（已建立）状态

Established 状态下，BGP 可以和其他对等体交换 Update、Notification 和 Keepalive 消息，开始路由选择。如果收到了正确的 Update 和 Keepalive 消息，就认为对端处于正常运行状态，本地重置保持时间计时器；如果收到 Notification 消息，则进入空闲状态；如果 TCP 连接中断，则关闭 BGP 连接并回到空闲状态。

5.1.5 BGP 路径属性

1. 路径属性的分类

（1）公认属性：所有 BGP 路由器都必须能够识别的属性。

- 公认必遵（Well-known Mandatory）：必须包括在每个 Update 消息里。
- 公认任意（Well-known Discretionary）：可能包括在某些 Update 消息里。

（2）可选属性：不需要都被 BGP 路由器所识别。

- 可选过渡（Optional Transitive）：BGP 设备不识别此类属性依然会接收该类属性并通告给其他对等体。
- 可选非过渡（Optional Non-transitive）：BGP 设备不识别此类属性会忽略该属性，且不会通告给其他对等体。

常用的 BGP 属性分类见表 5-1。

表 5-1　常用的 BGP 属性分类

分　类	属　　　　性
公认必遵	Origin、AS_PATH、NextHop
公认任意	Local_Preference、Atomic_Aggregate
可选过渡	Aggregator、Community
可选非过渡	MED、Cluster List、Originator-ID

2. AS_PATH

用于记录路由所经过的路径上的 AS。

3. Origin

BGP 将按 Origin 的如下顺序优选路由：IGP > EGP > Incomplete，Origin 属性类型见表 5-2。

表 5-2　Origin 属性类型

起源名称	标　记	描　　　述
IGP	I	如果路由是由始发的 BGP 路由器使用 network 命令注入 BGP 的，那么该 BGP 路由的 Origin 属性为 IGP
EGP	E	如果路由是通过 EGP 学习到的，那么该 BGP 路由的 Origin 属性为 EGP
Incomplete	?	如果路由是通过其他方式学习到的，则 Origin 属性为 Incomplete（不完整的）。例如，通过 import-route 命令引入 BGP 的路由

4. NextHop

（1）BGP 路由器在向 EBGP 对等体发布某条路由时，会把该路由信息的下一跳属性设置为本地与对端建立 BGP 邻居关系的接口地址。

（2）BGP 路由器将本地始发路由发布给 IBGP 对等体时，会把该路由信息的下一跳属性设置为本地与对端建立 BGP 邻居关系的接口地址。

（3）路由器在收到 EBGP 对等体所通告的 BGP 路由后，在将路由传递给自己的 IBGP 对等体时，会保持路由的 NextHop 属性值不变。

（4）如果路由器收到某条 BGP 路由，该路由的 NextHop 属性值与 EBGP 对等体（更新对象）同属一个网段，那么该条路由的 NextHop 地址将保持不变并传递给它的 BGP 对等体。

5. Local_Preference

（1）Local_Preference 即本地优先级属性，是公认任意属性，可以用于告诉 AS 中的路由器，哪条路径是离开本 AS 的首选路径。

（2）Local_Preference 属性值越大，则 BGP 路由越优。默认的 Local_Preference 值为 100。

（3）该属性只能被传递给 IBGP 对等体，而不能传递给 EBGP 对等体。

6. Community

Community 属性为公认团体属性。公认团体属性见表 5-3。

表 5-3　公认团体属性

名　称	属性号	说　　明
Internet	0	设备收到具有此属性的路由后，可以向任何 BGP 对等体发送该路由

续表

名　称	属性号	说　明
No_Advertise	4294967042	设备收到具有此属性的路由后，将不会向任何 BGP 对等体发送该路由
No_Export	4294967041	设备收到具有此属性的路由后，将不会向 AS 外发送该路由
No_Export_Subconfed	4294967043	设备收到具有此属性的路由后，将不会向 AS 外发送该路由，也不向 AS 内其他子 AS 发布此路由

7. MED

（1）MED（Multi-Exit Discriminator，多出口鉴别器）是可选非过渡属性，是一种度量值，用于向外部对等体指出进入本 AS 的首选路径，即当进入本 AS 的入口有多个时，AS 可以使用 MED 动态地影响其他 AS 选择进入的路径。

（2）MED 属性值越小，则 BGP 路由越优。

（3）MED 主要用于在 AS 之间影响 BGP 的选路。MED 被传递给 EBGP 对等体后，对等体在其 AS 内传递路由时，会携带该 MED 值，但将路由再次传递给其 EBGP 对等体时，默认不会携带 MED 属性。

8. Preferred-Value

（1）Preferred-Value（协议首选值）是华为设备的特有属性，该属性仅在本地有效。当 BGP 路由表中存在到相同目的地的路由时，将优先选择 Preferred-Value 值高的路由。

（2）取值范围为 0~65535；该值越大，则路由越优先。

（3）Preferred-Value 只能在路由器本地配置，而且只影响本设备的路由优选。该属性不会传递给任何 BGP 对等体。

5.1.6　BGP 选路原则

当到达同一个目的网段存在多条路由时，BGP 将通过以下次序进行路由优选。

（1）丢弃下一跳不可达的路由。

（2）优选 Preferred-Value 属性值最大的路由。

（3）优选 Local_Preference 属性值最大的路由。

（4）本地始发的 BGP 路由优于从其他对等体学习到的路由，本地始发的路由优先级为手动聚合 > 自动聚合 >network>import> 从对等体学习到的。

（5）优选 AS_Path 属性值最短的路由。

（6）优选 Origin 属性最优的路由。Origin 属性值按优先级从高到低的排列依次是 IGP、EGP 及 Incomplete。

（7）优选 MED 属性值最小的路由。

（8）优选从 EBGP 对等体学习到的路由（EBGP 路由优先级高于 IBGP 路由）。

（9）优选到 NextHop 的 IGP 度量值最小的路由。

（10）优选 Cluster List 最短的路由。

（11）优选 Router ID（Orginator_ID）最小的设备通告的路由。

（12）优选具有最小 IP 地址的对等体通告的路由。

5.2　基本 BGP 配置实验

实验 5-1　配置 IBGP 和 EBGP

1. 实验目的

（1）熟悉 IBGP 和 EBGP 的应用场景。

（2）掌握 IBGP 和 EBGP 的配置方法。

2. 实验拓扑

配置 IBGP 和 EBGP 的实验拓扑如图 5-1 所示。

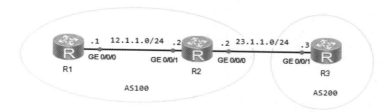

图 5-1　配置 IBGP 和 EBGP

3. 实验步骤

（1）配置 IP 地址。

R1 的配置：

```
<Huawei>system-view
Enter system view, return user view with Ctrl+Z.
[Huawei]undo info-center enable
[Huawei]sysname R1
[R1]interface g0/0/0
[R1-GigabitEthernet0/0/0]ip address 12.1.1.1 24
[R1-GigabitEthernet0/0/0]quit
[R1]interface LoopBack 0
[R1-LoopBack0]ip address 1.1.1.1 32
[R1-LoopBack0]quit
```

R2 的配置：

```
<Huawei>system-view
Enter system view, return user view with Ctrl+Z.
[Huawei]undo info-center enable
[Huawei]sysname R2
[R2]interface g0/0/1
```

```
[R2-GigabitEthernet0/0/1]ip address 12.1.1.2 24
[R2-GigabitEthernet0/0/1]quit
[R2]interface g0/0/0
[R2-GigabitEthernet0/0/0]ip address 23.1.1.2 24
[R2-GigabitEthernet0/0/0]quit
[R2]interface LoopBack 0
[R2-LoopBack0]ip address 2.2.2.2 32
[R2-LoopBack0]quit
```

R3 的配置：

```
<Huawei>system-view
Enter system view, return user view with Ctrl+Z.
[Huawei]undo info-center enable
[Huawei]sysname R3
[R3]interface g0/0/1
[R3-GigabitEthernet0/0/1]ip address 23.1.1.3 24
[R3-GigabitEthernet0/0/1]quit
[R3]interface LoopBack0
[R3-LoopBack0]ip address 3.3.3.3 32
[R3-LoopBack0]quit
```

（2）配置 IGP（R1 与 R2 运行 OSPF 协议）。
R1 的配置：

```
[R1]ospf router-id 1.1.1.1
[R1-ospf-1]area 0
[R1-ospf-1-area-0.0.0.0]network 12.1.1.0 0.0.0.255
[R1-ospf-1-area-0.0.0.0]network 1.1.1.1 0.0.0.0
[R1-ospf-1-area-0.0.0.0]quit
[R1-ospf-1]quit
```

R2 的配置：

```
[R2]ospf router-id 2.2.2.2
[R2-ospf-1]area 0
[R2-ospf-1-area-0.0.0.0]network 12.1.1.0 0.0.0.255
[R2-ospf-1-area-0.0.0.0]network 2.2.2.2 0.0.0.0
[R2-ospf-1-area-0.0.0.0]quit
```

（3）配置 IBGP。
R1 的配置：

```
[R1]bgp 100                              // 启动 BGP 进程，进程号为 100
[R1-bgp]undo synchronization             // 关闭同步，默认配置
[R1-bgp]undo summary automatic           // 关闭自动汇总，默认配置
[R1-bgp]router-id 1.1.1.1                // 设置 BGP 的 Router ID
[R1-bgp]peer 2.2.2.2 as-number 100       // 指定邻居和邻居的 AS 号
```

```
[R1-bgp]peer 2.2.2.2 connect-interface LoopBack 0          // 用环回口创建邻居
[R1-bgp]quit
```

R2 的配置：

```
[R2]bgp 100
[R2-bgp]undo synchronization
[R2-bgp]undo summary automatic
[R2-bgp]router-id 2.2.2.2
[R2-bgp]peer 1.1.1.1 as-number 100
[R2-bgp]peer 1.1.1.1 connect-interface LoopBack 0
[R2-bgp]quit
```

（4）配置 EBGP。
R2 的配置：

```
[R2]bgp 100
[R2-bgp]peer 23.1.1.3 as-number 200          //EBGP 用直连接口创建邻居
```

R3 的配置：

```
[R3]bgp 200
[R3-bgp]undo synchronization
[R3-bgp]undo summary automatic
[R3-bgp]peer 23.1.1.2 as-number 100
[R3-bgp]quit
```

【技术要点】

配置BGP对等体关系的建议如下。
（1）IBGP用环回口创建邻居。
（2）EBGP用直连接口创建邻居。
（3）如果EBGP用环回口创建邻居，则必须配置peer ebgp-max-hop命令。

4. 实验调试
（1）查看 TCP 连接。

```
[R1]display tcp status
TCPCB      Tid/Soid   Local Add:port      Foreign Add:port     VPNID    State
1d322414 59 /1        0.0.0.0:23          0.0.0.0:0            -1       Listening
172ede3c 107/2        0.0.0.0:179         2.2.2.2:0            0        Listening
172ed4fc 107/36       1.1.1.1:179         2.2.2.2:65309       0        Established
```

通过以上输出可以看到，TCP 连接是成功的。
（2）查看对等体的状态。

```
[R1]display bgp peer
```

```
BGP local Router ID: 1.1.1.1          // BGP 本地 Router ID
Local AS number: 100                  // 本地 AS 编号
Total number of peers: 1              // 对等体总个数
Peers in established state: 1         // 处于建立状态的对等体个数
   Peer      V    AS    MsgRcvd    MsgSent   OutQ  Up/Down     State       PrefRcv
   2.2.2.2   4    100   146        147       0     02:24:44    Established  0
```

以上输出邻居表的各个字段的含义如下。

- Peer：对等体的 IP 地址。
- V：对等体使用的 BGP 版本。
- AS：自治系统号。
- MsgRcvd：接收的信息统计数。
- MsgSent：发送的信息统计数。
- OutQ：等待发往指定对等体的消息。
- Up/Down：邻居关系建立的时间。
- State：邻居的状态。
- PrefRcv：本端从对等体上接收到的路由前缀的数目。

（3）产生 BGP 路由。

在 R3 上以 network 宣告的方式产生一条 BGP 路由，在 R1 上以引入的方式产生一条 BGP 路由。

R3 的配置：

```
[R3]bgp 200
[R3-bgp]network 3.3.3.3 32
[R3-bgp]quit
```

R1 的配置：

```
[R1]bgp 100
[R1-bgp]import-route ospf 1
```

> 【技术要点】
>
> BGP路由的生成有以下三种方式。
> （1）network。
> （2）import-route。
> （3）与IGP协议相同，BGP支持根据已有的路由条目进行聚合，生成聚合路由。

（4）在 R1 上查看路由表。

```
[R1]display bgp routing-table
 BGP Local Router ID is 1.1.1.1
 Status codes: * - valid, > - best, d - damped,
               h - history,  i - internal, s - suppressed, S - Stale
               Origin: i - IGP, e - EGP, ? - incomplete
 Total Number of Routes: 4
 Network            NextHop         MED        LocPrf        PrefVal     Path/Ogn
 *>   1.1.1.1/32    0.0.0.0         0                        0           ?
```

```
 *>    2.2.2.2/32          0.0.0.0             1                      0           ?
  i    3.3.3.3/32          23.1.1.3            0          100         0           200i
 *>    12.1.1.0/24         0.0.0.0             0                      0           ?
```

以上输出中，路由条目表项的状态码解析如下。

- *：路由条目有效。
- >：路由条目最优，可以被传递。只有下一跳可达路由才会最优。
- i：路由是从 IBGP 学习到的。
- Network：显示 BGP 路由表中的网络地址。
- NextHop：报文发送的下一跳地址。
- MED：路由度量值。
- LocPrf：本地优先级。
- PrefVal：协议首选值。
- Path/Ogn：显示 AS 路径号及 Origin 属性。

通过以上输出可以发现，3.3.3.3 不是最优的，如果不优就不会再加载进全局路由表，也不会传递给其他路由器，本例不优的原因为下一跳不可达，解决办法如下。

R2 的配置：

```
[R2]bgp 100
[R2-bgp]peer 1.1.1.1 next-hop-local    // 配置下一跳为本地
[R2-bgp]quit
```

（5）再次查看 R1 上的路由表。

```
[R1]display bgp routing-table
 BGP Local Router ID is 1.1.1.1
 Status codes: * - valid, > - best, d - damped,
               h - history,  i - internal, s - suppressed, S - Stale
               Origin: i - IGP, e - EGP, ? - incomplete
 Total Number of Routes: 4
 Network            NextHop          MED        LocPrf      PrefVal     Path/Ogn
 *>    1.1.1.1/32          0.0.0.0             0                      0           ?
 *>    2.2.2.2/32          0.0.0.0             1                      0           ?
 *>i   3.3.3.3/32          2.2.2.2             0          100         0           200i
 *>    12.1.1.0/24         0.0.0.0             0                      0           ?
```

【技术要点】

什么情况下使用 next-hop-local 命令？

对从 EBGP 邻居收到的路由，在传递给 IBGP 邻居时，修改下一跳地址为本地的 connect-interface。

（6）查看 R2 上的 BGP 路由表。

```
[R2]display bgp routing-table
 BGP Local Router ID is 2.2.2.2
 Status codes: * - valid, > - best, d - damped,
               h - history,  i - internal, s - suppressed, S - Stale
```

```
                    Origin: i - IGP, e - EGP, ? - incomplete
Total Number of Routes: 4
  Network              NextHop          MED       LocPrf     PrefVal    Path/Ogn
   i  1.1.1.1/32        1.1.1.1          0         100        0          ?
 *>i  2.2.2.2/32        1.1.1.1          1         100        0          ?
 *>   3.3.3.3/32        23.1.1.3         0                    0          200i
 *>i  12.1.1.0/24       1.1.1.1          0         100        0          ?
```

通过以上输出可以发现，1.1.1.1 这条路由虽然下一跳可达，但仍然不是有效和最优的，其原因是如果 IGP 路由表里宣告了这条路由，然后在 IBGP 里面宣告，路由只能本地有效，而不会传给邻居。

实验 5-2　配置 BGP 水平分割

扫一扫，看视频

1. 实验目的
（1）熟悉 BGP 水平分割的应用场景。
（2）掌握 BGP 水平分割的配置方法。

2. 实验拓扑
配置 BGP 水平分割的实验拓扑如图 5-2 所示。

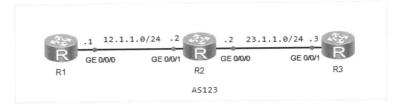

图 5-2　配置 BGP 水平分割

3. 实验步骤
（1）配置 IP 地址。

R1 的配置：

```
<Huawei>system-view
Enter system view, return user view with Ctrl+Z.
[Huawei]undo info-center enable
Info: Information center is disabled.
[Huawei]sysname R1
[R1]interface g0/0/0
[R1-GigabitEthernet0/0/0]ip address 12.1.1.1 24
[R1-GigabitEthernet0/0/0]quit
[R1]interface LoopBack 0
[R1-LoopBack0]ip address 1.1.1.1 32
[R1-LoopBack0]quit
```

R2 的配置：

```
<Huawei>system-view
Enter system view, return user view with Ctrl+Z.
[Huawei]undo info-center enable
Info: Information center is disabled.
[Huawei]sysname R2
[R2]interface g0/0/1
[R2-GigabitEthernet0/0/1]ip address 12.1.1.2 24
[R2-GigabitEthernet0/0/1]quit
[R2]interface g0/0/0
[R2-GigabitEthernet0/0/0]ip address 23.1.1.2 24
[R2-GigabitEthernet0/0/0]quit
[R2]interface LoopBack 0
[R2-LoopBack0]ip address 2.2.2.2 32
[R2-LoopBack0]quit
```

R3 的配置:

```
<Huawei>system-view
Enter system view, return user view with Ctrl+Z.
[Huawei]undo info-center enable
Info: Information center is disabled.
[Huawei]sysname R3
[R3]interface g0/0/1
[R3-GigabitEthernet0/0/1]ip address 23.1.1.3 24
[R3-GigabitEthernet0/0/1]quit
[R3]interface LoopBack 0
[R3-LoopBack0]ip address 3.3.3.3 32
[R3-LoopBack0]quit
```

（2）配置 IGP（R1、R2 和 R3 运行 OSPF 协议，且都属于区域 0）。
R1 的配置:

```
[R1]ospf router-id 1.1.1.1
[R1-ospf-1]area 0
[R1-ospf-1-area-0.0.0.0]network 12.1.1.0 0.0.0.255
[R1-ospf-1-area-0.0.0.0]network 1.1.1.1 0.0.0.0
[R1-ospf-1-area-0.0.0.0]quit
```

R2 的配置:

```
[R2]ospf router-id 2.2.2.2
[R2-ospf-1]area 0
[R2-ospf-1-area-0.0.0.0]network 12.1.1.0 0.0.0.255
[R2-ospf-1-area-0.0.0.0]network 23.1.1.0 0.0.0.255
[R2-ospf-1-area-0.0.0.0]network 2.2.2.2 0.0.0.0
[R2-ospf-1-area-0.0.0.0]quit
```

R3 的配置:

```
[R3]ospf router-id 3.3.3.3
```

```
[R3-ospf-1]area 0
[R3-ospf-1-area-0.0.0.0]network 23.1.1.0 0.0.0.255
[R3-ospf-1-area-0.0.0.0]network 3.3.3.3 0.0.0.0
[R3-ospf-1-area-0.0.0.0]quit
```

（3）配置 IBGP（R2 分别与 R1 和 R3 建立 IBGP 的对等体关系）。

R1 的配置：

```
[R1]bgp 123
[R1-bgp]undo summary automatic
[R1-bgp]undo synchronization
[R1-bgp]router-id 1.1.1.1
[R1-bgp]peer 2.2.2.2 as-number 123
[R1-bgp]peer 2.2.2.2 connect-interface LoopBack 0
[R1-bgp]quit
```

R2 的配置：

```
[R2]bgp 123
[R2-bgp]undo synchronization
[R2-bgp]undo summary automatic
[R2-bgp]peer 1.1.1.1 as-number 123
[R2-bgp]peer 1.1.1.1 connect-interface LoopBack 0
[R2-bgp]peer 3.3.3.3 as-number 123
[R2-bgp]peer 3.3.3.3 connect-interface LoopBack 0
[R2-bgp]quit
```

R3 的配置：

```
[R3]bgp 123
[R3-bgp]undo synchronization
[R3-bgp]undo summary automatic
[R3-bgp]router-id 3.3.3.3
[R3-bgp]peer 2.2.2.2 as-number 123
[R3-bgp]peer 2.2.2.2 connect-interface LoopBack 0
[R3-bgp]quit
```

（4）在 R2 上查看 IBGP 的对等体关系。

```
[R2]display bgp peer
 BGP local Router ID: 12.1.1.2
 Local AS number: 123
 Total number of peers: 2          Peers in established state: 0
  Peer      V   AS    MsgRcvd   MsgSent   OutQ   Up/Down    State      PrefRcv
  1.1.1.1   4   123   0         0         0      00:02:46   Connect    0
  3.3.3.3   4   123   0         0         0      00:02:35   Connect
```

通过以上输出可以看到，R2 分别与 R1 和 R3 建立了 IBGP 的对等体关系。

4. 实验调试

（1）在 R1 上创建一个环回口，IP 地址为 100.100.100.100，并在 BGP 中宣告。

```
[R1]interface LoopBack 100
[R1-LoopBack100]ip address 100.100.100.100 32
[R1-LoopBack100]quit
[R1]bgp 123
[R1-bgp]network 100.100.100.100 32
[R1-bgp]quit
```

（2）在 R1 上查看 BGP 路由表。

```
[R1]display bgp routing-table
 BGP Local Router ID is 1.1.1.1
 Status codes: * - valid, > - best, d - damped,
               h - history,  i - internal, s - suppressed, S - Stale
               Origin: i - IGP, e - EGP, ? - incomplete
Total Number of Routes: 1
 Network                 NextHop         MED        LocPrf      PrefVal     Path/Ogn
 *>    100.100.100.100/32 0.0.0.0         0                      0           i
```

通过以上输出可以看到，100.100.100.100 这条路由在 R1 中是最优的，会传递给 R2。

（3）在 R2 上查看 BGP 路由表。

```
[R2]display bgp routing-table
 BGP Local Router ID is 12.1.1.2
 Status codes: * - valid, > - best, d - damped,
               h - history,  i - internal, s - suppressed, S - Stale
               Origin: i - IGP, e - EGP, ? - incomplete
Total Number of Routes: 1
 Network                 NextHop         MED        LocPrf      PrefVal     Path/Ogn
 *>i   100.100.100.100/32 1.1.1.1         0          100         0           i
```

通过以上输出可以看到，100.100.100.100 这条路由在 R2 中也是最优的，它会不会传递给 R3 呢？

（4）在 R3 上查看 BGP 路由表。

```
[R3]display bgp routing-table
```

通过以上输出可以看到，R3 的路由表为空，这是水平分割的原因：从 IBGP 对等体获取的路由，不会发送给 IBGP 对等体，其目的是防止出现 IBGP 的环路问题。

【技术要点】

水平分割解决办法：全互联、路由反射器、联邦。

接下来用路由反射器来解决水平分割的问题，其他办法请读者自行配置。

（5）用路由反射器的办法解决水平分割的问题。

```
[R2]bgp 123
[R2-bgp]peer 1.1.1.1 reflect-client
[R2-bgp]quit
```

【技术要点】

1. 路由反射器的角色

（1）路由反射器（Route Reflector, RR）：允许把从IBGP对等体学习到的路由反射到其他IBGP对等体的BGP设备，类似OSPF网络中的DR。

（2）客户机（Client）：与RR形成反射邻居关系的IBGP设备。在AS内部，客户机只需要与RR直连。

（3）非客户机（Non-Client）：既不是RR也不是客户机的IBGP设备。在AS内部，非客户机与RR之间，以及所有的非客户机之间仍然必须建立全连接关系。

（4）始发者（Originator）：在AS内部始发路由的设备。Originator_ID属性用于防止集群内产生路由环路。

（5）集群（Cluster）：路由反射器及其客户机的集合。Cluster List属性用于防止集群间产生路由环路。

2.路由反射器的原理

（1）从非客户机学习到的路由，发布给所有客户机。

（2）从客户机学习到的路由，发布给所有非客户机和客户机（发起此路由的客户机除外）。

（3）从EBGP对等体学习到的路由，发布给所有非客户机和客户机。

注意： 总结为四个字"非非不传"。

（6）在R3上查看BGP的路由表。

```
[R3]display bgp routing-table
 BGP Local Router ID is 3.3.3.3
 Status codes: * - valid, > - best, d - damped,
               h - history,  i - internal, s - suppressed, S - Stale
               Origin: i - IGP, e - EGP, ? - incomplete
 Total Number of Routes: 1
  Network            NextHop        MED        LocPrf     PrefVal    Path/Ogn
 *>i  100.100.100.100/32  1.1.1.1        0          100        0          i
```

通过以上输出可以看到，R3收到了100.100.100.100这条路由。因为R2为路由反射器，R1为路由反射器的客户机，R3为路由反射器的非客户机，只有"非非不传"，所以对于R2来说，它从客户机收到一条路由后会传递给其非客户机。

实验5-3 配置BGP路由黑洞

1.实验目的

（1）熟悉BGP路由黑洞的应用场景。

（2）掌握BGP路由黑洞的配置方法。

2. 实验拓扑

配置 BGP 路由黑洞的实验拓扑如图 5-3 所示。

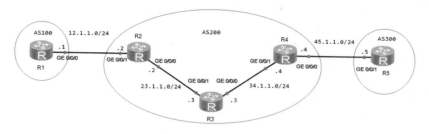

图 5-3 配置 BGP 路由黑洞

3. 实验步骤

（1）配置 IP 地址。

R1 的配置：

```
<Huawei>system-view
Enter system view, return user view with Ctrl+Z.
[Huawei]undo info-center enable
[Huawei]sysname R1
[R1]interface g0/0/0
[R1-GigabitEthernet0/0/0]IP address 12.1.1.1 24
[R1-GigabitEthernet0/0/0]quit
[R1]interface LoopBack 0
[R1-LoopBack0]ip address 1.1.1.1 32
[R1-LoopBack0]quit
```

R2 的配置：

```
<Huawei>system-view
Enter system view, return user view with Ctrl+Z.
[Huawei]undo info-center enable
[Huawei]sysname R2
[R2]interface g0/0/1
[R2-GigabitEthernet0/0/1]ip address 12.1.1.2 24
[R2-GigabitEthernet0/0/1]quit
[R2]interface g0/0/0
[R2-GigabitEthernet0/0/0]ip address 23.1.1.2 24
[R2-GigabitEthernet0/0/0]quit
[R2]interface LoopBack 0
[R2-LoopBack0]ip address 2.2.2.2 32
[R2-LoopBack0]quit
```

R3 的配置：

```
<Huawei>system-view
Enter system view, return user view with Ctrl+Z.
[Huawei]undo info-center enable
```

```
[Huawei]sysname R3
[R3]interface g0/0/1
[R3-GigabitEthernet0/0/1]ip address 23.1.1.3 24
[R3-GigabitEthernet0/0/1]quit
[R3]interface g0/0/0
[R3-GigabitEthernet0/0/0]ip address 34.1.1.3 24
[R3-GigabitEthernet0/0/0]quit
[R3]interface LoopBack 0
[R3-LoopBack0]ip address 3.3.3.3 32
[R3-LoopBack0]quit
```

R4 的配置：

```
<Huawei>system-view
Enter system view, return user view with Ctrl+Z.
[Huawei]undo info-center enable
[Huawei]sysname R4
[R4]interface g0/0/1
[R4-GigabitEthernet0/0/1]ip address 34.1.1.4 24
[R4-GigabitEthernet0/0/1]quit
[R4]interface g0/0/0
[R4-GigabitEthernet0/0/0]ip address 45.1.1.4 24
[R4-GigabitEthernet0/0/0]quit
[R4]interface LoopBack 0
[R4-LoopBack0]ip address 4.4.4.4 32
[R4-LoopBack0]quit
```

R5 的配置：

```
<Huawei>system-view
Enter system view, return user view with Ctrl+Z.
[Huawei]undo info-center enable
[Huawei]sysname R5
[R5]interface g0/0/1
[R5-GigabitEthernet0/0/1]ip address 45.1.1.5 24
[R5-GigabitEthernet0/0/1]quit
[R5]interface LoopBack 0
[R5-LoopBack0]ip address 5.5.5.5 32
[R5-LoopBack0]quit
```

（2）配置 IGP（在 R2、R3 和 R4 上运行 OSPF）。
R2 的配置：

```
[R2]ospf router-id 2.2.2.2
[R2-ospf-1]area 0
[R2-ospf-1-area-0.0.0.0]network 23.1.1.0 0.0.0.255
[R2-ospf-1-area-0.0.0.0]network 2.2.2.2 0.0.0.0
[R2-ospf-1-area-0.0.0.0]quit
```

R3 的配置：

```
[R3]ospf router-id 3.3.3.3
[R3-ospf-1]area 0
[R3-ospf-1-area-0.0.0.0]network 23.1.1.0 0.0.0.255
[R3-ospf-1-area-0.0.0.0]network 34.1.1.0 0.0.0.255
[R3-ospf-1-area-0.0.0.0]network 3.3.3.3 0.0.0.0
[R3-ospf-1-area-0.0.0.0]quit
```

R4 的配置：

```
[R4]ospf router-id 4.4.4.4
[R4-ospf-1]area 0
[R4-ospf-1-area-0.0.0.0]network 34.1.1.0 0.0.0.255
[R4-ospf-1-area-0.0.0.0]network 4.4.4.4 0.0.0.0
[R4-ospf-1-area-0.0.0.0]quit
```

（3）配置 IBGP（R2 与 R4 用环回口建立 IBGP 的邻居关系）。
R2 的配置：

```
[R2]bgp 200
[R2-bgp]undo synchronization
[R2-bgp]undo summary automatic
[R2-bgp]router-id 2.2.2.2
[R2-bgp]peer 4.4.4.4 as-number 200
[R2-bgp]peer 4.4.4.4 connect-interface LoopBack 0
```

R4 的配置：

```
[R4]bgp 200
[R4-bgp]undo synchronization
[R4-bgp]undo summary automatic
[R4-bgp]router-id 4.4.4.4
[R4-bgp]peer 2.2.2.2 as-number 200
[R4-bgp]peer 2.2.2.2 connect-interface LoopBack 0
[R4-bgp]quit
```

（4）配置 EBGP（R1 与 R2、R4 与 R5 分别用直连接口建立 EBGP 的邻居关系）。
R1 的配置：

```
[R1]bgp 100
[R1-bgp]undo synchronization
[R1-bgp]undo summary automatic
[R1-bgp]router-id 1.1.1.1
[R1-bgp]peer 12.1.1.2 as-number 200
```

R2 的配置：

```
[R2]bgp 200
[R2-bgp]peer 12.1.1.1 as-number 100
```

```
[R2-bgp]quit
```

R4 的配置：

```
[R4]bgp 200
[R4-bgp]peer 45.1.1.5 as-number 300
[R4-bgp]quit
```

R5 的配置：

```
[R5]bgp 300
[R5-bgp]undo synchronization
[R5-bgp]undo summary automatic
[R5-bgp]router-id 5.5.5.5
[R5-bgp]peer 45.1.1.4 as-number 200
[R5-bgp]quit
```

（5）宣告路由（在 R1 上宣告 1.1.1.1，在 R5 上宣告 5.5.5.5）。
R1 的配置：

```
[R1]bgp 100
[R1-bgp]network 1.1.1.1 32
[R1-bgp]quit
```

R5 的配置：

```
[R5]bgp 300
[R5-bgp]network 5.5.5.5 32
[R5-bgp]quit
```

（6）在 R2 和 R4 上把下一跳改成本地。
R2 的配置：

```
[R2]bgp 200
[R2-bgp]peer 4.4.4.4 next-hop-local
[R2-bgp]quit
```

R4 的配置：

```
[R4]bgp 200
[R4-bgp]peer 2.2.2.2 next-hop-local
[R4-bgp]quit
```

🔔【思考】

　　在R2上为什么要设置peer 4.4.4.4 next-hop-local命令？
　　因为1.1.1.1这条BGP的路由传递给R2时，下一跳为12.1.1.1，R2传递给R4时，下一跳也为12.1.1.1，在R4上会造成下一跳不可达。这样R4就不会传递给R5，所以要修改下一跳。

4. 实验调试

（1）在 R1 上查看 BGP 路由表。

```
[R1]display bgp routing-table
 BGP Local Router ID is 1.1.1.1
 Status codes: * - valid, > - best, d - damped,
               h - history,  i - internal, s - suppressed, S - Stale
               Origin: i - IGP, e - EGP, ? - incomplete
 Total Number of Routes: 2
 Network              NextHop         MED       LocPrf      PrefVal    Path/Ogn
 *>    1.1.1.1/32     0.0.0.0         0                     0          i
 *>    5.5.5.5/32     12.1.1.2                              0          200 300i
```

通过以上输出可以看到，R1 上有 5.5.5.5 的路由。

（2）在 R5 上查看 BGP 的路由表。

```
[R5]display bgp routing-table
 BGP Local Router ID is 5.5.5.5
 Status codes: * - valid, > - best, d - damped,
               h - history,  i - internal, s - suppressed, S - Stale
               Origin: i - IGP, e - EGP, ? - incomplete
 Total Number of Routes: 2
 Network              NextHop         MED       LocPrf      PrefVal    Path/Ogn
 *>    1.1.1.1/32     45.1.1.4                              0          200 100i
 *>    5.5.5.5/32     0.0.0.0         0                     0          i
```

通过以上输出可以看到，R5 上有 1.1.1.1 的路由。

（3）在 R1 上测试 1.1.1.1 是否可以访问 5.5.5.5。

```
[R1]ping -a 1.1.1.1  5.5.5.5
  PING 5.5.5.5: 56  data bytes, press CTRL_C to break
    Request time out
    Request time out
    Request time out
    Request time out
    Request time out
  --- 5.5.5.5 ping statistics ---
    5 packet(s) transmitted
    0 packet(s) received
    100.00% packet loss
```

通过以上输出可以看到，1.1.1.1 不能访问 5.5.5.5。原因在于数据到达 R3 以后，R3 没有通往 5.5.5.5 的路由。R1 和 R5 之间有路由但是不能访问，这种现象叫作路由黑洞。

【技术要点】

路由黑洞的解决办法：把BGP的路由引入OSPF、全互联及MPLS。

以上三种办法，最优的解决方案为MPLS，具体内容参考第21章和第22章。

下面用全互联的办法来解决路由黑洞。

（4）配置全互联：R2、R3 和 R4 两两之间建立 IBGP 的邻居关系（R2 与 R4 之间已建立）。

R2 的配置：

```
[R2]bgp 200
[R2-bgp]peer 3.3.3.3 as-number 200
[R2-bgp]peer 3.3.3.3 connect-interface LoopBack 0
[R2-bgp]peer 3.3.3.3 next-hop-local
[R2-bgp]quit
```

R3 的配置：

```
[R3]bgp 200
[R3-bgp]undo synchronization
[R3-bgp]undo summary automatic
[R3-bgp]peer 2.2.2.2 as-number 200
[R3-bgp]peer 2.2.2.2 connect-interface LoopBack 0
[R3-bgp]peer 4.4.4.4 as-number 200
[R3-bgp]peer 4.4.4.4 connect-interface LoopBack 0
```

R4 的配置：

```
[R4]bgp 200
[R4-bgp]peer 3.3.3.3 as-number 200
[R4-bgp]peer 3.3.3.3 connect-interface LoopBack 0
[R4-bgp]peer 3.3.3.3 next-hop-local
[R4-bgp]quit
```

（5）在 R1 上再次测试 1.1.1.1 访问 5.5.5.5。

```
[R1]ping -a 1.1.1.1 5.5.5.5
  PING 5.5.5.5: 56  data bytes, press CTRL_C to break
    Reply from 5.5.5.5: bytes=56 Sequence=1 ttl=252 time=240 ms
    Reply from 5.5.5.5: bytes=56 Sequence=2 ttl=252 time=180 ms
    Reply from 5.5.5.5: bytes=56 Sequence=3 ttl=252 time=140 ms
    Reply from 5.5.5.5: bytes=56 Sequence=4 ttl=252 time=140 ms
    Reply from 5.5.5.5: bytes=56 Sequence=5 ttl=252 time=240 ms
  --- 5.5.5.5 ping statistics ---
    5 packet(s) transmitted
    5 packet(s) received
    0.00% packet loss
    round-trip min/avg/max = 140/188/240 ms
```

通过以上输出可以看到，1.1.1.1 可以访问 5.5.5.5，路由黑洞的问题已经解决了。

5.3 高级 BGP 配置实验

实验 5-4 配置 BGP 地址聚合

1. 实验目的

（1）熟悉 BGP 地址聚合的应用场景。

（2）掌握 BGP 地址聚合的配置方法。

2. 实验拓扑

配置 BGP 地址聚合的实验拓扑如图 5-4 所示。

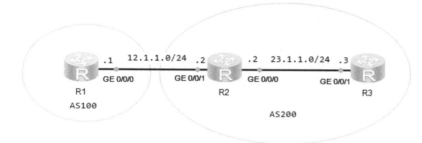

图 5-4 配置 BGP 地址聚合

3. 实验步骤

（1）配置 IP 地址。

R1 的配置：

```
<Huawei>system-view
Enter system view, return user view with Ctrl+Z.
[Huawei]undo info-center enable
Info: Information center is disabled.
[Huawei]sysname R1
[R1]interface g0/0/0
[R1-GigabitEthernet0/0/0]ip address 12.1.1.1 24
[R1-GigabitEthernet0/0/0]quit
[R1]interface LoopBack 0
[R1-LoopBack0]ip address 1.1.1.1 32
[R1-LoopBack0]quit
```

R2 的配置：

```
<Huawei>system-view
Enter system view, return user view with Ctrl+Z.
[Huawei]undo info-center enable
Info: Information center is disabled.
[Huawei]sysname R2
```

```
[R2]interface g0/0/1
[R2-GigabitEthernet0/0/1]ip address 12.1.1.2 24
[R2-GigabitEthernet0/0/1]quit
[R2]interface g0/0/0
[R2-GigabitEthernet0/0/0]ip address 23.1.1.2 24
[R2-GigabitEthernet0/0/0]quit
[R2]interface LoopBack 0
[R2-LoopBack0]ip address 2.2.2.2 32
[R2-LoopBack0]quit
```

R3 的配置：

```
<Huawei>system-view
Enter system view, return user view with Ctrl+Z.
[Huawei]undo info-center enable
Info: Information center is disabled.
[Huawei]sysname R3
[R3]interface g0/0/1
[R3-GigabitEthernet0/0/1]ip address 23.1.1.3 24
[R3-GigabitEthernet0/0/1]quit
[R3]interface LoopBack 0
[R3-LoopBack0]ip address 3.3.3.3 32
[R3-LoopBack0]quit
```

（2）配置 IGP（在 R2 和 R3 之间运行 OSPF，它们都属于区域 0）。
R2 的配置：

```
[R2]ospf router-id 2.2.2.2
[R2-ospf-1]area 0
[R2-ospf-1-area-0.0.0.0]network 23.1.1.0 0.0.0.255
[R2-ospf-1-area-0.0.0.0]network 2.2.2.2 0.0.0.0
[R2-ospf-1-area-0.0.0.0]quit
```

R3 的配置：

```
[R3]ospf router-id 3.3.3.3
[R3-ospf-1]area 0
[R3-ospf-1-area-0.0.0.0]network 23.1.1.0 0.0.0.255
[R3-ospf-1-area-0.0.0.0]network 3.3.3.3 0.0.0.0
[R3-ospf-1-area-0.0.0.0]quit
```

（3）配置 IBGP（R2 与 R3 以环回口建立 IBGP 的对等体关系）。
R2 的配置：

```
[R2]bgp 200
[R2-bgp]undo synchronization
[R2-bgp]undo summary automatic
[R2-bgp]router-id 2.2.2.2
[R2-bgp]peer 3.3.3.3 as-number 200
```

```
[R2-bgp]peer 3.3.3.3 connect-interface LoopBack 0
[R2-bgp]peer 3.3.3.3 next-hop-local
[R2-bgp]quit
```

R3 的配置：

```
[R3]bgp 200
[R3-bgp]undo synchronization
[R3-bgp]undo summary automatic
[R3-bgp]router-id 3.3.3.3
[R3-bgp]peer 2.2.2.2 as-number 200
[R3-bgp]peer 2.2.2.2 connect-interface LoopBack 0
[R3-bgp]quit
```

（4）配置 EBGP。
R1 的配置：

```
[R1]bgp 100
[R1-bgp]undo synchronization
[R1-bgp]undo summary automatic
[R1-bgp]router-id 1.1.1.1
[R1-bgp]peer 12.1.1.2 as-number 200
[R1-bgp]quit
```

R2 的配置：

```
[R2]bgp 200
[R2-bgp]peer 12.1.1.1 as-number 100
```

4. 实验调试

（1）在 R1 上创建 4 条路由，分别为 10.1.0.1/24、10.1.1.1/24、10.1.2.1/24 和 10.1.3.1/24，并在 BGP 中宣告。

```
[R1]interface LoopBack 10
[R1-LoopBack10]ip address 10.1.0.1 24
[R1-LoopBack10]ip address 10.1.1.1 24 sub
[R1-LoopBack10]ip address 10.1.2.1 24 sub
[R1-LoopBack10]ip address 10.1.3.1 24 sub
[R1-LoopBack10]quit
[R1]bgp 100
[R1-bgp]network 10.1.0.0 24
[R1-bgp]network 10.1.1.0 24
[R1-bgp]network 10.1.2.0 24
[R1-bgp]network 10.1.3.0 24
[R1-bgp]quit
```

（2）在 R3 上查看 BGP 路由表。

```
[R3]display bgp routing-table
```

```
BGP Local Router ID is 3.3.3.3
Status codes: * - valid, > - best, d - damped,
              h - history,  i - internal, s - suppressed, S - Stale
              Origin: i - IGP, e - EGP, ? - incomplete
Total Number of Routes: 4
 Network             NextHop          MED        LocPrf       PrefVal     Path/Ogn
 *>i  10.1.0.0/24     2.2.2.2          0          100          0           100i
 *>i  10.1.1.0/24     2.2.2.2          0          100          0           100i
 *>i  10.1.2.0/24     2.2.2.2          0          100          0           100i
 *>i  10.1.3.0/24     2.2.2.2          0          100          0           100i
```

通过以上输出可以看到，R3 上有 4 条明细路由。

（3）在 R2 上通过 aggregate 10.1.0.0 22 命令进行手动汇总，并在 R3 上查看 BGP 路由表。手动汇总如下：

```
[R2]bgp 200
[R2-bgp]aggregate 10.1.0.0 22
[R2-bgp]quit
```

在 R3 上查看 BGP 路由表：

```
[R3]display bgp routing-table
 BGP Local Router ID is 3.3.3.3
 Status codes: * - valid, > - best, d - damped,
               h - history,  i - internal, s - suppressed, S - Stale
               Origin: i - IGP, e - EGP, ? - incomplete
 Total Number of Routes: 5
  Network             NextHop          MED        LocPrf       PrefVal     Path/Ogn
  *>i  10.1.0.0/22     2.2.2.2                     100          0           i
  *>i  10.1.0.0/24     2.2.2.2          0          100          0           100i
  *>i  10.1.1.0/24     2.2.2.2          0          100          0           100i
  *>i  10.1.2.0/24     2.2.2.2          0          100          0           100i
  *>i  10.1.3.0/24     2.2.2.2          0          100          0           100i
```

通过以上输出可以看到，R3 上不仅有汇总路由，还有明细路由。

【技术要点】

aggregate 10.1.0.0 22 命令的意义：发送汇总路由和明细路由。

（4）在 R2 上通过 aggregate 10.1.0.0 22 detail-suppressed 命令进行手动汇总，并在 R3 上查看 BGP 路由表。手动汇总如下：

```
[R2]bgp 200
[R2-bgp]aggregate 10.1.0.0 22 detail-suppressed
```

在 R3 上查看 BGP 路由表：

```
[R3]display bgp routing-table
```

```
BGP Local Router ID is 3.3.3.3
Status codes: * - valid, > - best, d - damped,
              h - history,  i - internal, s - suppressed, S - Stale
              Origin: i - IGP, e - EGP, ? - incomplete
Total Number of Routes: 1
Network              NextHop        MED      LocPrf    PrefVal    Path/Ogn
*>i   10.1.0.0/22    2.2.2.2                 100       0          i
```

通过以上输出可以看到，R3 上只有一条明细路由。

【技术要点】

aggregate 10.1.0.0 22 detail-suppressed 命令的意义：只发送汇总路由，不发送明细路由。

（5）在 R2 上通过 aggregate 10.1.0.0 22 suppress-policy joinlabs 进行手动汇总，并在 R3 上查看 BGP 路由表。

手动汇总如下：

```
[R2]ip ip-prefix ly index 10 permit 10.1.0.0 24    // 前缀列表编号为10，匹配10.1.0.0/24
[R2]ip ip-prefix ly index 20 permit 10.1.1.0 24    // 前缀列表编号为20，匹配10.1.1.0/24
[R2]route-policy joinlabs permit node 10            // 创建路由策略，名字为joinlabs
[R2-route-policy]if-match ip-prefix ly              // 匹配到前缀列表 ly 的路由
[R2-route-policy]quit
[R2]bgp 200
[R2-bgp]aggregate 10.1.0.0 22 suppress-policy joinlabs
```

在 R3 上查看 BGP 路由表：

```
[R3]display bgp routing-table
BGP Local Router ID is 3.3.3.3
Status codes: * - valid, > - best, d - damped,
              h - history,  i - internal, s - suppressed, S - Stale
              Origin: i - IGP, e - EGP, ? - incomplete
Total Number of Routes: 3
Network              NextHop        MED      LocPrf    PrefVal    Path/Ogn
*>i   10.1.0.0/22    2.2.2.2                 100       0          i
*>i   10.1.2.0/24    2.2.2.2        0        100       0          100i
*>i   10.1.3.0/24    2.2.2.2        0        100       0          100i
```

通过以上输出可以看到，路由表中有汇总路由和没有被 suppress-policy 匹配的路由。

【技术要点】

aggregate 10.1.0.0 22 suppress-policy joinlabs命令的意义：只发送汇总路由和没有被suppress-policy匹配的路由。

（6）在 R1 上查看 BGP 路由表。

```
[R1]display bgp routing-table
BGP Local Router ID is 1.1.1.1
Status codes: * - valid, > - best, d - damped,
```

```
              h - history,  i - internal, s - suppressed, S - Stale
              Origin: i - IGP, e - EGP, ? - incomplete
Total Number of Routes: 5
Network              NextHop          MED       LocPrf    PrefVal   Path/Ogn
*>   10.1.0.0/22     12.1.1.2                             0         200i
*>   10.1.0.0/24     0.0.0.0          0                   0         i
*>   10.1.1.0/24     0.0.0.0          0                   0         i
*>   10.1.2.0/24     0.0.0.0          0                   0         i
*>   10.1.3.0/24     0.0.0.0          0                   0         i
```

通过以上输出可以看到，汇总路由又传递给了 R1，因为汇总后的路由丢失了，可能会出现环路问题。

（7）修改 R2 的汇总命令。

```
[R2]bgp 200
[R2-bgp]aggregate 10.1.0.0 255.255.252.0 suppress-policy joinlabs as-set
```

（8）再次查看 R1 上的路由表。

```
[R1]display bgp routing-table
BGP Local Router ID is 1.1.1.1
Status codes: * - valid, > - best, d - damped,
              h - history,  i - internal, s - suppressed, S - Stale
              Origin : i - IGP, e - EGP, ? - incomplete
Total Number of Routes: 4
 Network              NextHop          MED       LocPrf    PrefVal   Path/Ogn
*>   10.1.0.0/24     0.0.0.0          0                   0         i
*>   10.1.1.0/24     0.0.0.0          0                   0         i
*>   10.1.2.0/24     0.0.0.0          0                   0         i
*>   10.1.3.0/24     0.0.0.0          0                   0         i
```

通过以上输出可以看到，路由表中的汇总路由消失了。

【技术要点】

　　as-set命令的作用：为了避免路由聚合可能引起的路由环路，BGP设计了AS_SET属性。AS_SET属性是一种无序的AS_PATH属性，标明聚合路由所经过的AS号。当聚合路由重新进入AS_SET属性中列出的任何一个AS时，BGP都会检测到自己的AS号在聚合路由的AS_SET属性中，于是便会丢弃该聚合路由，从而避免了路由环路的形成。

实验 5-5　配置路由反射器

1. 实验目的
（1）熟悉路由反射器的应用场景。
（2）掌握路由反射器的配置方法。

2. 实验拓扑
配置路由反射器的实验拓扑如图 5-5 所示。

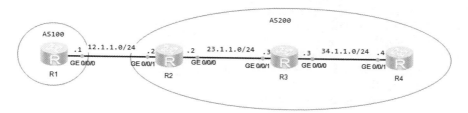

图 5-5 配置路由反射器

3. 实验步骤

（1）配置 IP 地址。

R1 的配置：

```
<Huawei>system-view
Enter system view, return user view with Ctrl+Z.
[Huawei]undo info-center enable
[Huawei]sysname R1
[R1]interface g0/0/0
[R1-GigabitEthernet0/0/0]ip address 12.1.1.1 24
[R1-GigabitEthernet0/0/0]quit
[R1]interface LoopBack 0
[R1-LoopBack0]ip address 1.1.1.1 32
[R1-LoopBack0]quit
```

R2 的配置：

```
<Huawei>system-view
Enter system view, return user view with Ctrl+Z.
[Huawei]undo info-center enable
[Huawei]sysname R2
[R2]interface g0/0/1
[R2-GigabitEthernet0/0/1]ip address 12.1.1.2 24
[R2-GigabitEthernet0/0/1]quit
[R2]interface g0/0/0
[R2-GigabitEthernet0/0/0]ip address 23.1.1.2 24
[R2-GigabitEthernet0/0/0]quit
[R2]interface LoopBack 0
[R2-LoopBack0]ip address 2.2.2.2 32
[R2-LoopBack0]quit
```

R3 的配置：

```
<Huawei>system-view
Enter system view, return user view with Ctrl+Z.
[Huawei]undo info-center enable
Info: Information center is disabled.
[Huawei]sysname R3
[R3]interface g0/0/1
```

```
[R3-GigabitEthernet0/0/1]ip address 23.1.1.3 24
[R3-GigabitEthernet0/0/1]quit
[R3]interface g0/0/0
[R3-GigabitEthernet0/0/0]ip address 34.1.1.3 24
[R3-GigabitEthernet0/0/0]quit
[R3]interface LoopBack 0
[R3-LoopBack0]ip address 3.3.3.3 32
[R3-LoopBack0]quit
```

R4 的配置：

```
<Huawei>system-view
Enter system view, return user view with Ctrl+Z.
[Huawei]undo info-center enable
Info: Information center is disabled.
[Huawei]sysname R4
[R4]interface g0/0/1
[R4-GigabitEthernet0/0/1]ip address 34.1.1.4 24
[R4-GigabitEthernet0/0/1]quit
[R4]interface LoopBack 0
[R4-LoopBack0]ip address 4.4.4.4 32
[R4-LoopBack0]quit
```

（2）配置 IGP。
R2 的配置：

```
[R2]ospf router-id 2.2.2.2
[R2-ospf-1]area 0
[R2-ospf-1-area-0.0.0.0]network 2.2.2.2 0.0.0.0
[R2-ospf-1-area-0.0.0.0]network 23.1.1.1 0.0.0.255
[R2-ospf-1-area-0.0.0.0]quit
```

R3 的配置：

```
[R3]ospf router-id 3.3.3.3
[R3-ospf-1]area 0
[R3-ospf-1-area-0.0.0.0]network 23.1.1.0 0.0.0.255
[R3-ospf-1-area-0.0.0.0]network 34.1.1.0 0.0.0.255
[R3-ospf-1-area-0.0.0.0]network 3.3.3.3 0.0.0.0
[R3-ospf-1-area-0.0.0.0]quit
```

R4 的配置：

```
[R4]ospf router-id 4.4.4.4
[R4-ospf-1]area 0
[R4-ospf-1-area-0.0.0.0]network 4.4.4.4 0.0.0.0
[R4-ospf-1-area-0.0.0.0]network 34.1.1.0 0.0.0.255
[R4-ospf-1-area-0.0.0.0]quit
```

（3）配置 BGP，使 R1 与 R2 建立 EBGP 的邻居关系，R2 与 R3、R3 与 R4 建立 IBGP 的邻居关系。

R1 的配置：

```
[R1]bgp 100
[R1-bgp]router-id 1.1.1.1
[R1-bgp]peer 12.1.1.2 as-number 200
[R1-bgp]quit
```

R2 的配置：

```
[R2]bgp 200
[R2-bgp]router-id 2.2.2.2
[R2-bgp]peer 12.1.1.1 as-number 100
[R2-bgp]peer 3.3.3.3 as-number 200
[R2-bgp]peer 3.3.3.3 connect-interface LoopBack 0
[R2-bgp]peer 3.3.3.3 next-hop-local
[R2-bgp]quit
```

R3 的配置：

```
[R3]bgp 200
[R3-bgp]router-id 3.3.3.3
[R3-bgp]peer 2.2.2.2 as-number 200
[R3-bgp]peer 2.2.2.2 connect-interface LoopBack 0
[R3-bgp]peer 4.4.4.4 as-number 200
[R3-bgp]peer 4.4.4.4 connect-interface LoopBack 0
[R3-bgp]quit
```

R4 的配置：

```
[R4]bgp 200
[R4-bgp]router-id 4.4.4.4
[R4-bgp]peer 3.3.3.3 as-number 200
```

4. 实验调试

（1）在 R1 上宣告 1.1.1.1/32 的路由。

```
[R1]bgp 100
[R1-bgp]network 1.1.1.1 32
[R1-bgp]quit
```

（2）在 R3 上查看路由表。

```
[R3]display bgp routing-table
 BGP Local Router ID is 3.3.3.3
 Status codes: * - valid, > - best, d - damped,
               h - history,  i - internal, s - suppressed, S - Stale
               Origin: i - IGP, e - EGP, ? - incomplete
 Total Number of Routes: 1
```

Network	NextHop	MED	LocPrf	PrefVal	Path/Ogn
*>i 1.1.1.1/32	2.2.2.2	0	100	0	100i

通过以上输出可以看到，1.1.1.1 是最优的路由，但是在 R4 上看不到 1.1.1.1 这条路由。

（3）在 R3 上查看 BGP 详细路由表，看它是否传递给了 R4。

```
[R3]display bgp peer 4.4.4.4 verbose    // 显示 BGP 对等体的详细信息
        BGP Peer is 4.4.4.4,  remote AS 200
        Type: IBGP link
        BGP version 4, Remote Router ID 4.4.4.4
        Update-group ID: 1
        BGP current state: Established, Up for 00h41m07s
        BGP current event: RecvKeepalive
        BGP last state: OpenConfirm
        BGP Peer Up count: 1
        Received total routes: 0
        Received active routes total: 0
        Advertised total routes: 0
        Port:  Local - 65228    Remote - 179
        Configured: Connect-retry Time: 32 sec
        Configured: Active Hold Time: 180 sec   Keepalive Time:60 sec
        Received: Active Hold Time: 180 sec
        Negotiated: Active Hold Time: 180 sec   Keepalive Time: 60 sec
        Peer optional capabilities:
        Peer supports bgp multi-protocol extension
        Peer supports bgp route refresh capability
        Peer supports bgp 4-byte-as capability
        Address family IPv4 Unicast: advertised and received
Received: Total 43 messages
                Update messages                 0
                Open messages                   1
                KeepAlive messages              42
                Notification messages           0
                Refresh messages                0
Sent: Total 44 messages
                Update messages                 0
                Open messages                   2
                KeepAlive messages              42
                Notification messages           0
                Refresh messages                0
Authentication type configured: None
Last keepalive received: 2022-05-31 13:04:21-08:00
Minimum route advertisement interval is 15 seconds
Optional capabilities:
Route refresh capability has been enabled
4-byte-as capability has been enabled
Connect-interface has been configured
Peer Preferred Value: 0
```

```
Routing policy configured:
No routing policy is configured
```

通过以上输出可以看到，R3 没有把路由传递给 R4，这是 BGP 水平分割的问题。

【技术要点】

BGP水平分割：BGP路由器从IBGP邻居收到一条路由，不会传递给其他IBGP邻居。

（4）将 R3 配置为路由反射器，指定 R4 为其客户端。

```
[R3]bgp 200
[R3-bgp]peer 4.4.4.4 reflect-client
[R3-bgp]quit
```

（5）在 R3 上查看 RR。

```
[R3]display bgp peer 4.4.4.4 verbose
        BGP Peer is 4.4.4.4,  remote AS 200
        Type: IBGP link
        BGP version 4, Remote Router ID 4.4.4.4
        Update-group ID: 0
        BGP current state: Established, Up for 00h49m17s
        BGP current event: RecvKeepalive
        BGP last state: OpenConfirm
        BGP Peer Up count: 1
        Received total routes: 0
        Received active routes total: 0
        Advertised total routes: 1
        Port:  Local - 65228    Remote - 179
        Configured: Connect-retry Time: 32 sec
        Configured: Active Hold Time: 180 sec   Keepalive Time: 60 sec
        Received : Active Hold Time: 180 sec
        Negotiated: Active Hold Time: 180 sec   Keepalive Time: 60 sec
        Peer optional capabilities:
        Peer supports bgp multi-protocol extension
        Peer supports bgp route refresh capability
        Peer supports bgp 4-byte-as capability
        Address family IPv4 Unicast: advertised and received
Received: Total 51 messages
                Update messages                 0
                Open messages                   1
                KeepAlive messages              50
                Notification messages           0
                Refresh messages                0
Sent: Total 53 messages
                Update messages                 1
                Open messages                   2
                KeepAlive messages              50
```

```
                    Notification messages        0
                    Refresh messages             0
Authentication type configured: None
Last keepalive received: 2022-05-31 13:12:21-08:00
Minimum route advertisement interval is 15 seconds
Optional capabilities:
Route refresh capability has been enabled
4-byte-as capability has been enabled
It's route-reflector-client
Connect-interface has been configured
Peer Preferred Value: 0
Routing policy configured:
No routing policy is configured
```

通过以上输出可以看到，R4 为 RR 的客户端。

（6）在 R4 上查看路由表。

```
[R4]display bgp routing-table
BGP Local Router ID is 4.4.4.4
Status codes: * - valid, > - best, d - damped,
              h - history,  i - internal, s - suppressed, S - Stale
              Origin : i - IGP, e - EGP, ? - incomplete
Total Number of Routes: 1
Network          NextHop        MED        LocPrf     PrefVal  Path/Ogn
*>i  1.1.1.1/32  2.2.2.2        0          100        0        100i
```

通过以上输出可以看到，R4 的 BGP 路由表中有 1.1.1.1 这条路由。

（7）查看关于 1.1.1.1 这条路由的 BGP 路由表。

```
[R4]display bgp routing-table 1.1.1.1
BGP local Router ID : 4.4.4.4
Local AS number : 200
Paths: 1 available, 1 best, 1 select
BGP routing table entry information of 1.1.1.1/32:
From: 3.3.3.3 (3.3.3.3)
Route Duration: 00h06m33s
Relay IP NextHop: 34.1.1.3
Relay IP Out-Interface: GigabitEthernet0/0/1
Original NextHop: 2.2.2.2
Qos information : 0x0
AS-path 100, origin igp, MED 0, localpref 100, pref-val 0, valid, internal, best,
    select, active, pre 255, IGP cost 2
// 本地 AS 中通告该路由的 BGP 路由器 Router ID，存在多个 RR 也不会改变，防环
Originator:  2.2.2.2
// 当 RR 收到一条携带 Cluster List 属性的 BGP 路由，且该属性值中包含该簇的 Cluster ID
// 时，RR 认为该条路由存在环路，因此将忽略关于该条路由的更新
Cluster List: 3.3.3.3
```

【技术要点】

路由反射器和它的客户机组成一个集群（Cluster），使用AS内唯一的Cluster ID作为标识。为了防止集群间产生路由环路，路由反射器使用Cluster List属性，记录路由经过的所有集群的Cluster ID。

（1）当一条路由第一次被RR反射时，RR会把本地Cluster ID添加到Cluster List的前面。如果没有Cluster List属性，RR就会创建一个。

（2）当RR接收到一条更新路由时，RR会检查Cluster List。如果Cluster List中已经有本地Cluster ID，则丢弃该路由；如果没有本地Cluster ID，则将其加入Cluster List，然后反射该更新路由。

实验 5-6 配置 BGP 联邦和团体属性

1. 实验目的
（1）熟悉 BGP 联邦和团体属性的应用场景。
（2）掌握 BGP 联邦和团体属性的配置方法。

2. 实验拓扑
配置 BGP 联邦和团体属性的实验拓扑如图 5-6 所示。

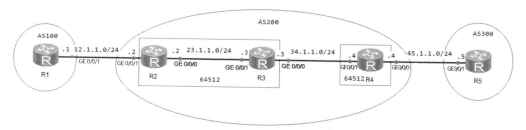

图 5-6　配置 BGP 联邦和团体属性

3. 实验步骤
（1）配置 IP 地址。
R1 的配置：

```
<Huawei>system-view
Enter system view, return user view with Ctrl+Z.
[Huawei]undo info-center enable
[Huawei]sysname R1
[R1]interface g0/0/0
[R1-GigabitEthernet0/0/0]ip address 12.1.1.1 24
[R1-GigabitEthernet0/0/0]quit
```

R2 的配置：

```
<Huawei>system-view
Enter system view, return user view with Ctrl+Z.
[Huawei]undo info-center enable
```

```
[Huawei]sysname R2
[R2]interface g0/0/1
[R2-GigabitEthernet0/0/1]ip address 12.1.1.2 24
[R2-GigabitEthernet0/0/1]quit
[R2]interface g0/0/0
[R2-GigabitEthernet0/0/0]ip address 23.1.1.2 24
[R2-GigabitEthernet0/0/0]quit
[R2]interface LoopBack 0
[R2-LoopBack0]ip address 2.2.2.2 32
[R2-LoopBack0]quit
```

R3 的配置：

```
<Huawei>system-view
Enter system view, return user view with Ctrl+Z.
[Huawei]undo info-center enable
[Huawei]sysname R3
[R3]interface g0/0/1
[R3-GigabitEthernet0/0/1]ip address 23.1.1.3 24
[R3-GigabitEthernet0/0/1]quit
[R3]interface g0/0/0
[R3-GigabitEthernet0/0/0]ip address 34.1.1.3 24
[R3-GigabitEthernet0/0/0]quit
[R3]interface LoopBack 0
[R3-LoopBack0]ip address 3.3.3.3 32
[R3-LoopBack0]quit
```

R4 的配置：

```
<Huawei>system-view
Enter system view, return user view with Ctrl+Z.
[Huawei]undo info-center enable
[Huawei]sysname R4
[R4]interface g0/0/1
[R4-GigabitEthernet0/0/1]ip address 34.1.1.4 24
[R4-GigabitEthernet0/0/1]quit
[R4]interface g0/0/0
[R4-GigabitEthernet0/0/0]ip address 45.1.1.4 24
[R4-GigabitEthernet0/0/0]quit
[R4]interface LoopBack 0
[R4-LoopBack0]ip address 4.4.4.4 32
[R4-LoopBack0]quit
```

R5 的配置：

```
<Huawei>system-view
Enter system view, return user view with Ctrl+Z.
[Huawei]undo info-center enable
[Huawei]sysname R5
[R5]interface g0/0/1
```

```
[R5-GigabitEthernet0/0/1]ip address 45.1.1.5 24
[R5-GigabitEthernet0/0/1]quit
[R5]interface LoopBack 0
[R5-LoopBack0]ip address 5.5.5.5 32
[R5-LoopBack0]quit
```

（2）在 R2、R3 和 R4 上运行 OSPF。
R2 的配置：

```
[R2]ospf router-id 2.2.2.2
[R2-ospf-1]area 0
[R2-ospf-1-area-0.0.0.0]network 23.1.1.0 0.0.0.255
[R2-ospf-1-area-0.0.0.0]network 2.2.2.2 0.0.0.0
[R2-ospf-1-area-0.0.0.0]quit
```

R3 的配置：

```
[R3]ospf router-id 3.3.3.3
[R3-ospf-1]area 0
[R3-ospf-1-area-0.0.0.0]network 23.1.1.0 0.0.0.255
[R3-ospf-1-area-0.0.0.0]network 34.1.1.0 0.0.0.255
[R3-ospf-1-area-0.0.0.0]network 3.3.3.3 0.0.0.0
[R3-ospf-1-area-0.0.0.0]quit
```

R4 的配置：

```
[R4]ospf router-id 4.4.4.4
[R4-ospf-1]area 0
[R4-ospf-1-area-0.0.0.0]network 45.1.1.0 0.0.0.255
[R4-ospf-1-area-0.0.0.0]network 4.4.4.4 0.0.0.0
[R4-ospf-1-area-0.0.0.0]quit
```

（3）配置 BGP。
R1 的配置：

```
[R1]bgp 100
[R1-bgp]router-id 1.1.1.1
[R1-bgp]peer 12.1.1.2 as-number 200
```

R2 的配置：

```
[R2]bgp 64511
[R2-bgp]router-id 2.2.2.2
[R2-bgp]confederation id 200                 // 联邦 ID 为 200
[R2-bgp]confederation peer-as 64512          // 联邦对等体的 AS 号为 64512
[R2-bgp]peer 12.1.1.1 as-number 100
[R2-bgp]peer 3.3.3.3 as-number 64511
[R2-bgp]peer 3.3.3.3 connect-interface LoopBack 0
[R2-bgp]peer 3.3.3.3 next-hop-local
```

R3 的配置：

```
[R3]bgp 64511
[R3-bgp]confederation id 200
[R3-bgp]confederation peer-as 64512
[R3-bgp]peer 2.2.2.2 as-number 64511
[R3-bgp]peer 2.2.2.2 connect-interface LoopBack 0
[R3-bgp]peer 4.4.4.4 as-number 64512
[R3-bgp]peer 4.4.4.4 connect-interface LoopBack 0
[R3-bgp]peer 4.4.4.4 ebgp-max-hop
```

R4 的配置：

```
[R4]bgp 64512
[R4-bgp]router-id 4.4.4.4
[R4-bgp]confederation id 200
[R4-bgp]confederation peer-as 64511
[R4-bgp]peer 3.3.3.3 as-number 64511
[R4-bgp]peer 3.3.3.3 connect-interface LoopBack 0
[R4-bgp]peer 3.3.3.3 ebgp-max-hop
[R4-bgp]peer 45.1.1.5 as-number 300
[R4-bgp]peer 3.3.3.3 next-hop-local
[R4-bgp]quit
```

R5 的配置：

```
[R5]bgp 300
[R5-bgp]router-id 5.5.5.5
[R5-bgp]peer 45.1.1.4 as-number 200
[R5-bgp]quit
```

4. 实验调试

在 R1 上宣告路由 1.1.1.1 携带 Internet 的属性（默认），宣告路由 100.1.1.1 携带 No_Advertise，宣告路由 150.1.1.1 携带 No_Export（大 S），宣告路由 200.1.1.1 携带 No_Export_Subconfed（小 S）。

（1）创建环回口。

```
[R1]interface LoopBack 100
[R1-LoopBack100]ip address 100.1.1.1 32
[R1-LoopBack100]quit
[R1]interface LoopBack 150
[R1-LoopBack150]ip address 150.1.1.1 32
[R1-LoopBack150]quit
[R1]interface LoopBack 200
[R1-LoopBack200]ip address 200.1.1.1 32
[R1-LoopBack200]quit
```

（2）抓取路由。

```
[R1]ip ip-prefix 100.1 permit 100.1.1.1 32
[R1]ip ip-prefix 150.1 permit 150.1.1.1 32
```

```
[R1]ip ip-prefix 200.1 permit 200.1.1.1 32
```

（3）设置路由策略。

```
[R1]route-policy hcip permit node 10
[R1-route-policy]if-match ip-prefix 100.1
[R1-route-policy]apply community no-advertise
[R1-route-policy]quit
[R1]route-policy hcip permit node 20
[R1-route-policy]if-match ip-prefix 150.1
[R1-route-policy]apply community no-export
[R1-route-policy]quit
[R1]route-policy hcip permit node 30
[R1-route-policy]if-match ip-prefix 200.1
[R1-route-policy]apply community no-export-subconfed
[R1]route-policy hcip permit node 40
```

（4）调用策略。

R1 的配置：

```
[R1]bgp 100
[R1-bgp]peer 12.1.1.2 route-policy hcip export
[R1-bgp]peer 12.1.1.2 advertise-community
```

R2 的配置：

```
[R2]bgp 64511
[R2-bgp]peer 3.3.3.3 advertise-community
```

R3 的配置：

```
[R3]bgp 64511
[R3-bgp]peer 4.4.4.4 advertise-community
[R3-bgp]quit
```

R4 的配置：

```
[R4]bgp 64512
[R4-bgp]peer 45.1.1.5 advertise-community
[R4-bgp]quit
```

（5）查看 BGP 路由表。

在 R1 上查看路由表：

```
[R1]display bgp routing-table
 BGP Local Router ID is 1.1.1.1
 Status codes: * - valid, > - best, d - damped,
               h - history,  i - internal, s - suppressed, S - Stale
               Origin: i - IGP, e - EGP, ? - incomplete
 Total Number of Routes: 4
```

Network	NextHop	MED	LocPrf	PrefVal	Path/Ogn
*> 1.1.1.1/32	0.0.0.0	0		0	i
*> 100.1.1.1/32	0.0.0.0	0		0	i
*> 150.1.1.1/32	0.0.0.0	0		0	i
*> 200.1.1.1/32	0.0.0.0	0		0	i

在 R2 上查看路由表：

```
[R2]display bgp routing-table
 BGP Local Router ID is 2.2.2.2
 Status codes: * - valid, > - best, d - damped,
               h - history,  i - internal, s - suppressed, S - Stale
               Origin: i - IGP, e - EGP, ? - incomplete
 Total Number of Routes: 4
```

Network	NextHop	MED	LocPrf	PrefVal	Path/Ogn
*> 1.1.1.1/32	12.1.1.1	0		0	100i
*> 100.1.1.1/32	12.1.1.1	0		0	100i
*> 150.1.1.1/32	12.1.1.1	0		0	100i
*> 200.1.1.1/32	12.1.1.1	0		0	100i

在 R3 上查看路由表：

```
[R3]display bgp routing-table
 BGP Local Router ID is 34.1.1.3
 Status codes: * - valid, > - best, d - damped,
               h - history,  i - internal, s - suppressed, S - Stale
               Origin: i - IGP, e - EGP, ? - incomplete
 Total Number of Routes: 3
```

Network	NextHop	MED	LocPrf	PrefVal	Path/Ogn
*>i 1.1.1.1/32	2.2.2.2	0	100	0	100i
*>i 150.1.1.1/32	2.2.2.2	0	100	0	100i
*>i 200.1.1.1/32	2.2.2.2	0	100	0	100i

在 R4 上查看路由表：

```
[R4]display bgp routing-table
 BGP Local Router ID is 4.4.4.4
 Status codes: * - valid, > - best, d - damped,
               h - history,  i - internal, s - suppressed, S - Stale
               Origin: i - IGP, e - EGP, ? - incomplete
 Total Number of Routes: 2
```

Network	NextHop	MED	LocPrf	PrefVal	Path/Ogn
*>i 1.1.1.1/32	2.2.2.2	0	100	0	(64511) 100i
*>i 150.1.1.1/32	2.2.2.2	0	100	0	(64511) 100i

在 R5 上查看路由表：

```
[R5]display bgp routing-table
 BGP Local Router ID is 5.5.5.5
 Status codes: * - valid, > - best, d - damped,
               h - history,  i - internal, s - suppressed, S - Stale
```

```
                  Origin: i - IGP, e - EGP, ? - incomplete
Total Number of Routes: 1
Network                       NextHop          MED        LocPrf        PrefVal        Path/Ogn
*>    1.1.1.1/32              45.1.1.4                                   0              200 100i
```

通过以上输出，可以总结出路由条目的团体属性与传递范围，见表5-4。

表5-4　路由条目的团体属性与传递范围

路由条目	团体属性	R2	R3	R4	R5
1.1.1.1	Internet	有	有	有	有
100.1.1.1	No_Advertise	有	无	无	无
150.1.1.1	No_Export	有	有	有	无
200.1.1.1	No_Export_Subconfed	有	有	无	无

5.4　BGP 属性控制选路配置实验

实验 5-7　配置 BGP Origin 属性控制选路

1. 实验目的

（1）熟悉 BGP Origin 属性控制选路的应用场景。

（2）掌握 BGP Origin 属性控制选路的配置方法。

2. 实验拓扑

配置 BGP Origin 属性控制选路的实验拓扑如图 5-7 所示。

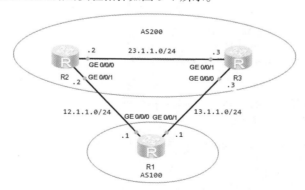

图 5-7　配置 BGP Origin 属性控制选路

3. 实验步骤

（1）配置 IP 地址。

R1 的配置：

```
<Huawei>system-view
```

```
Enter system view, return user view with Ctrl+Z.
[Huawei]undo info-center enable
[Huawei]sysname R1
[R1]interface g0/0/0
[R1-GigabitEthernet0/0/0]ip address 12.1.1.1 24
[R1-GigabitEthernet0/0/0]quit
[R1]interface g0/0/1
[R1-GigabitEthernet0/0/1]ip address 13.1.1.1 24
[R1-GigabitEthernet0/0/1]quit
[R1]interface LoopBack 0
[R1-LoopBack0]ip address 1.1.1.1 32
[R1-LoopBack0]quit
```

R2 的配置：

```
<Huawei>system-view
Enter system view, return user view with Ctrl+Z.
[Huawei]undo info-center enable
[Huawei]sysname R2
[R2]interface g0/0/0
[R2-GigabitEthernet0/0/0]ip address 23.1.1.2 24
[R2-GigabitEthernet0/0/0]quit
[R2]interface g0/0/1
[R2-GigabitEthernet0/0/1]ip address 12.1.1.2 24
[R2-GigabitEthernet0/0/1]quit
[R2]interface LoopBack 0
[R2-LoopBack0]ip address 2.2.2.2 32
[R2-LoopBack0]quit
```

R3 的配置：

```
<Huawei>system-view
Enter system view, return user view with Ctrl+Z.
[Huawei]undo info-center enable
Info: Information center is disabled.
[Huawei]sysname R3
[R3]interface g0/0/0
[R3-GigabitEthernet0/0/0]ip address 13.1.1.3 24
[R3-GigabitEthernet0/0/0]quit
[R3]interface g0/0/1
[R3-GigabitEthernet0/0/1]ip address 23.1.1.3 24
[R3-GigabitEthernet0/0/1]quit
[R3]interface LoopBack 0
[R3-LoopBack0]ip address 3.3.3.3 32
[R3-LoopBack0]quit
```

（2）配置 IGP。
R2 的配置：

```
[R2]ospf router-id 2.2.2.2
```

```
[R2-ospf-1]area 0
[R2-ospf-1-area-0.0.0.0]network 23.1.1.0 0.0.0.255
[R2-ospf-1-area-0.0.0.0]network 2.2.2.2 0.0.0.0
[R2-ospf-1-area-0.0.0.0]quit
```

R3 的配置：

```
[R3]ospf router-id 3.3.3.3
[R3-ospf-1]area 0
[R3-ospf-1-area-0.0.0.0]network 23.1.1.0 0.0.0.255
[R3-ospf-1-area-0.0.0.0]network 3.3.3.3 0.0.0.0
[R3-ospf-1-area-0.0.0.0]quit
```

（3）配置 BGP。

R1 的配置：

```
[R1]bgp 100
[R1-bgp]peer 12.1.1.2 as-number 200
[R1-bgp]peer 13.1.1.3 as-number 200
[R1-bgp]quit
```

R2 的配置：

```
[R2]bgp 200
[R2-bgp]router-id 2.2.2.2
[R2-bgp]peer 12.1.1.1 as-number 100
[R2-bgp]peer 3.3.3.3 as-number 200
[R2-bgp]peer 3.3.3.3 connect-interface LoopBack 0
[R2-bgp]peer 3.3.3.3 next-hop-local
[R2-bgp]quit
```

R3 的配置：

```
[R3]bgp 200
[R3-bgp]router-id 3.3.3.3
[R3-bgp]peer 13.1.1.1 as-number 100
[R3-bgp]peer 2.2.2.2 as-number 200
[R3-bgp]peer 2.2.2.2 connect-interface LoopBack 0
[R3-bgp]peer 2.2.2.2 next-hop-local
[R3-bgp]quit
```

4. 实验调试

（1）在 R1 上通过 BGP 宣告 1.1.1.1。

```
[R1]bgp 100
[R1-bgp]network 1.1.1.1 32
[R1-bgp]quit
```

（2）在 R2 上查看 1.1.1.1 路由的详细信息。

```
[R2]display bgp routing-table 1.1.1.1
 BGP local Router ID : 2.2.2.2
 Local AS number: 200
 Paths: 2 available, 1 best, 1 select
 BGP routing table entry information of 1.1.1.1/32:
 From: 12.1.1.1 (12.1.1.1)
 Route Duration: 00h03m24s
 Direct Out-interface: GigabitEthernet0/0/1
 Original NextHop: 12.1.1.1
 Qos information: 0x0
 AS-path 100, origin igp, MED 0, pref-val 0, valid, external, best, select, active, pre 255
 Advertised to such 1 peers:
    3.3.3.3
 BGP routing table entry information of 1.1.1.1/32:
 From: 3.3.3.3 (3.3.3.3)
 Route Duration: 00h03m24s
 Relay IP NextHop: 23.1.1.3
 Relay IP Out-Interface: GigabitEthernet0/0/0
 Original NextHop: 3.3.3.3
 Qos information: 0x0
 AS-path 100, origin igp, MED 0, localpref 100, pref-val 0, valid, internal, pre 255,
    IGP cost 1, not preferred for peer type
 Not advertised to any peer yet
```

通过以上输出可以看到，针对 1.1.1.1 这条路由有两条起源，从 R1 和 R3 上传递过来的起源都属于 IGP。

（3）在 R2 上查看路由表。

```
[R2]display bgp routing-table
 BGP Local Router ID is 2.2.2.2
 Status codes: * - valid, > - best, d - damped,
               h - history,  i - internal, s - suppressed, S - Stale
               Origin: i - IGP, e - EGP, ? - incomplete
 Total Number of Routes: 2
  Network            NextHop        MED        LocPrf      PrefVal    Path/Ogn
  *>   1.1.1.1/32    12.1.1.1       0                      0          100i
  * i                3.3.3.3        0          100         0          100i
```

通过以上输出可以看到，从 R1 传递过来的路由是最优的。

（4）把从 R1 传递过来的路由起源改为 Incomplete。

```
[R2]ip ip-prefix 1.1 permit 1.1.1.1 32
[R2]route-policy orig permit node 10
[R2-route-policy]if-match ip-prefix 1.1
[R2-route-policy]apply origin incomplete
[R2-route-policy]quit
[R2]bgp 200
[R2-bgp]peer 12.1.1.1 route-policy orig import
[R2-bgp]quit
```

（5）再次查看 R2 上的路由表。

```
[R2]display bgp routing-table
 BGP Local Router ID is 2.2.2.2
 Status codes: * - valid, > - best, d - damped,
               h - history, i - internal, s - suppressed, S - Stale
               Origin: i - IGP, e - EGP, ? - incomplete
 Total Number of Routes: 2
  Network          NextHop        MED        LocPrf    PrefVal    Path/Ogn
 *>i  1.1.1.1/32   3.3.3.3        0          100       0          100i
 *                 12.1.1.1       0                    0          100?
```

通过以上输出可以看到，路由表选择了 R3 发过来的路由，因为 R1 的路由起源为 ?，而 R2 传递过来的路由起源为 i。

【技术要点】

Origin的类型有以下3种。

（1）IGP：路由是由始发的BGP路由器使用network命令注入BGP的。

（2）EGP：路由是通过EGP学习到的。

（3）Incomplete：通过其他方式学习到的。如通过import-route命令引入BGP的路由。

注意：当去往同一个目的地存在多条不同Origin属性的路由时，在其他条件都相同的情况下，BGP将按Origin的如下顺序优选路由：IGP > EGP > Incomplete。

实验 5-8　配置 BGP AS_PATH 属性控制选路

扫一扫，看视频

1. 实验目的

（1）熟悉 BGP AS_PATH 属性控制选路的应用场景。

（2）掌握 BGP AS_PATH 属性控制选路的配置方法。

2. 实验拓扑

配置 BGP AS_PATH 属性控制选路的实验拓扑如图 5-8 所示。

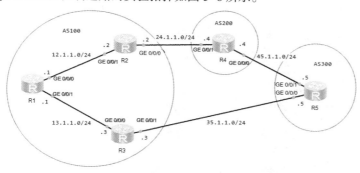

图 5-8　配置 BGP AS_PATH 属性控制选路

3. 实验步骤

（1）配置网络连通性。

R1 的配置：

```
<Huawei>system-view
Enter system view, return user view with Ctrl+Z.
[Huawei]undo info-center enable
[Huawei]sysname R1
[R1]interface g0/0/0
[R1-GigabitEthernet0/0/0]ip address 12.1.1.1 24
[R1-GigabitEthernet0/0/0]quit
[R1]interface g0/0/1
[R1-GigabitEthernet0/0/1]ip address 13.1.1.1 24
[R1-GigabitEthernet0/0/1]quit
[R1]interface LoopBack 0
[R1-LoopBack0]ip address 1.1.1.1 32
[R1-LoopBack0]quit
```

R2 的配置：

```
<Huawei>system-view
Enter system view, return user view with Ctrl+Z.
[Huawei]undo info-center enable
[Huawei]sysname R2
[R2]interface g0/0/1
[R2-GigabitEthernet0/0/1]ip address 12.1.1.2 24
[R2-GigabitEthernet0/0/1]quit
[R2]interface g0/0/0
[R2-GigabitEthernet0/0/0]ip address 24.1.1.2 24
[R2-GigabitEthernet0/0/0]quit
[R2]interface LoopBack 0
[R2-LoopBack0]ip address 2.2.2.2 32
[R2-LoopBack0]quit
```

R3 的配置：

```
<Huawei>system-view
Enter system view, return user view with Ctrl+Z.
[Huawei]undo info-center enable
[Huawei]sysname R3
[R3]interface g0/0/0
[R3-GigabitEthernet0/0/0]ip address 13.1.1.3 24
[R3-GigabitEthernet0/0/0]quit
[R3]interface g0/0/1
[R3-GigabitEthernet0/0/1]ip address 35.1.1.3 24
[R3-GigabitEthernet0/0/1]quit
[R3]interface LoopBack 0
[R3-LoopBack0]ip address 3.3.3.3 32
[R3-LoopBack0]quit
```

R4 的配置：

```
<Huawei>system-view
```

```
Enter system view, return user view with Ctrl+Z.
[Huawei]undo info-center enable
Info: Information center is disabled.
[Huawei]sysname R4
[R4]interface g0/0/1
[R4-GigabitEthernet0/0/1]ip address 24.1.1.4 24
[R4-GigabitEthernet0/0/1]quit
[R4]interface g0/0/0
[R4-GigabitEthernet0/0/0]ip address 45.1.1.4 24
[R4-GigabitEthernet0/0/0]quit
[R4]interface LoopBack 0
[R4-LoopBack0]ip address 4.4.4.4 32
[R4-LoopBack0]quit
```

R5 的配置：

```
<Huawei>system-view
Enter system view, return user view with Ctrl+Z.
[Huawei]undo info-center enable
[Huawei]sysname R5
[R5]interface g0/0/1
[R5-GigabitEthernet0/0/1]ip address 45.1.1.5 24
[R5-GigabitEthernet0/0/1]quit
[R5]interface g0/0/0
[R5-GigabitEthernet0/0/0]ip address 35.1.1.5 24
[R5-GigabitEthernet0/0/0]quit
[R5]interface LoopBack 0
[R5-LoopBack0]ip address 5.5.5.5 32
[R5-LoopBack0]quit
```

（2）配置 IGP。

R1 的配置：

```
[R1]ospf router-id 1.1.1.1
[R1-ospf-1]area 0
[R1-ospf-1-area-0.0.0.0]network 12.1.1.0 0.0.0.255
[R1-ospf-1-area-0.0.0.0]network 13.1.1.0 0.0.0.255
[R1-ospf-1-area-0.0.0.0]network 1.1.1.1 0.0.0.0
[R1-ospf-1-area-0.0.0.0]quit
```

R2 的配置：

```
[R2]ospf router-id 2.2.2.2
[R2-ospf-1]area 0
[R2-ospf-1-area-0.0.0.0]network 2.2.2.2 0.0.0.0
[R2-ospf-1-area-0.0.0.0]network 12.1.1.0 0.0.0.255
[R2-ospf-1-area-0.0.0.0]quit
```

R3 的配置：

```
[R3]ospf router-id 3.3.3.3
[R3-ospf-1]area 0
[R3-ospf-1-area-0.0.0.0]network 13.1.1.0 0.0.0.255
[R3-ospf-1-area-0.0.0.0]network 3.3.3.3 0.0.0.0
[R3-ospf-1-area-0.0.0.0]quit
```

（3）配置 BGP。

R1 的配置：

```
[R1]bgp 100
[R1-bgp]router-id 1.1.1.1
[R1-bgp]peer 2.2.2.2 as-number 100
[R1-bgp]peer 2.2.2.2 connect-interface LoopBack 0
[R1-bgp]peer 3.3.3.3 as-number 100
[R1-bgp]peer 3.3.3.3 connect-interface LoopBack 0
[R1-bgp]quit
```

R2 的配置：

```
[R2]bgp 100
[R2-bgp]router-id 2.2.2.2
[R2-bgp]peer 1.1.1.1 as-number 100
[R2-bgp]peer 1.1.1.1 connect-interface LoopBack 0
[R2-bgp]peer 1.1.1.1 next-hop-local
[R2-bgp]peer 24.1.1.4 as-number 200
[R2-bgp]quit
```

R3 的配置：

```
[R3]bgp 100
[R3-bgp]router-id 3.3.3.3
[R3-bgp]peer 1.1.1.1 as-number 100
[R3-bgp]peer 1.1.1.1 connect-interface LoopBack 0
[R3-bgp]peer 1.1.1.1 next-hop-local
[R3-bgp]peer 35.1.1.5 as-number 300
[R3-bgp]quit
```

R4 的配置：

```
[R4]bgp 200
[R4-bgp]router-id 4.4.4.4
[R4-bgp]peer 24.1.1.2 as-number 100
[R4-bgp]peer 45.1.1.5 as-number 300
[R4-bgp]quit
```

R5 的配置：

```
[R5]bgp 300
[R5-bgp]router-id 5.5.5.5
```

```
[R5-bgp]peer 45.1.1.4 as-number 200
[R5-bgp]peer 35.1.1.3 as-number 100
[R5-bgp]quit
```

（4）在 R1 上创建并宣告 100.1.1.1。

```
[R1]interface LoopBack 100
[R1-LoopBack100]ip address 100.1.1.1 32
[R1-LoopBack100]quit
[R1]bgp 100
[R1-bgp]network 100.1.1.1 32
[R1-bgp]quit
```

4. 实验调试

（1）在 R5 上查看 BGP 路由表。

```
[R5]display bgp routing-table
 BGP Local Router ID is 5.5.5.5
 Status codes: * - valid, > - best, d - damped,
               h - history,  i - internal, s - suppressed, S - Stale
               Origin: i - IGP, e - EGP, ? - incomplete
 Total Number of Routes: 2
 Network            NextHop         MED        LocPrf        PrefVal    Path/Ogn
 *>    100.1.1.1/32  35.1.1.3                                0          100i
 *                   45.1.1.4                                0          200 100i
```

通过以上输出可以看到，从 R3 传递过来的路由 AS_PATH 为 100，从 R4 传递过来的路由 AS_PATH 为 200 100。R5 选择了最短的 AS_PATH。

【技术要点】

AS_PATH的作用：BGP防环、BGP选路。

（2）在 R5 上做策略，将从 R3 经过的路由 AS_PATH 加上 600、700、800。

```
[R5]ip ip-prefix 100 permit 100.1.1.1 32
[R5]route-policy aspath permit node 10
[R5-route-policy]if-match ip-prefix 100
[R5-route-policy]apply as-path 600 700 800 additive
[R5-route-policy]quit
[R5]bgp 300
[R5-bgp]peer 35.1.1.3 route-policy aspath import
[R5-bgp]quit
```

（3）在 R5 上查看 BGP 路由表。

```
[R5]display bgp routing-table
 BGP Local Router ID is 5.5.5.5
 Status codes: * - valid, > - best, d - damped,
               h - history,  i - internal, s - suppressed, S - Stale
```

```
                    Origin: i - IGP, e - EGP, ? - incomplete
Total Number of Routes: 2
Network              NextHop      MED    LocPrf    PrefVal    Path/Ogn
*>    100.1.1.1/32   45.1.1.4                      0          200 100i
*                    35.1.1.3                      0          600 700 800 100i
```

通过以上输出可以看到，从 R3 传递过来的关于 100.1.1.1 这条路由 AS_PATH 在左边加上了 600、700 和 800。

（4）删除 R5 上的策略。

R5 的配置：

```
[R5]undo ip ip-prefix 100
[R5]undo route-policy aspath
[R5]bgp 300
[R5-bgp]undo peer 35.1.1.3 route-policy aspath import
```

R3 的配置：

```
[R3]ip ip-prefix 100 permit 100.1.1.1 32
[R3]route-policy aspath permit node 10
[R3-route-policy]if-match ip-prefix 100
[R3-route-policy]apply as-path 600 700 800 additive
[R3-route-policy]quit
[R3]bgp 100
[R3-bgp]peer 35.1.1.5 route-policy aspath export
[R3-bgp]quit
```

（5）在 R5 上查看 BGP 路由表。

```
[R5]display bgp routing-table
 BGP Local Router ID is 5.5.5.5
 Status codes: * - valid, > - best, d - damped,
               h - history,  i - internal, s - suppressed, S - Stale
                    Origin: i - IGP, e - EGP, ? - incomplete
 Total Number of Routes: 2
  Network              NextHop      MED    LocPrf    PrefVal    Path/Ogn
  *>    100.1.1.1/32   45.1.1.4                      0          200 100i
  *                    35.1.1.3                      0          100 600 700 800i
```

通过以上输出可以看到，600、700、800 也加上去了，但是是加在右边。

● 【技术要点】

AS_PATH 加在左边还是右边？

（1）Import：如先收路由再做策略，则加在左边。

（2）Export：如先做策略再收路由，则加在右边。

实验 5-9 配置 BGP Local_Pref 属性控制选路

1. 实验目的

（1）熟悉 BGP Local_Pref 属性控制选路的应用场景。

（2）掌握 BGP Local_Pref 属性控制选路的配置方法。

2. 实验拓扑

配置 BGP Local_Pref 属性控制选路的实验拓扑如图 5-9 所示。

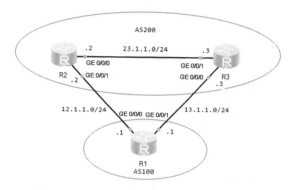

图 5-9 配置 BGP Local_Pref 属性控制选路

3. 实验步骤

（1）配置网络连通性。

R1 的配置：

```
<Huawei>system-view
Enter system view, return user view with Ctrl+Z.
[Huawei]undo info-center enable
[Huawei]sysname R1
[R1]interface g0/0/0
[R1-GigabitEthernet0/0/0]ip address 12.1.1.1 24
[R1-GigabitEthernet0/0/0]quit
[R1]interface g0/0/1
[R1-GigabitEthernet0/0/1]ip address 13.1.1.1 24
[R1-GigabitEthernet0/0/1]quit
[R1]interface LoopBack 0
[R1-LoopBack0]ip address 1.1.1.1 32
[R1-LoopBack0]quit
```

R2 的配置：

```
<Huawei>system-view
Enter system view, return user view with Ctrl+Z.
[Huawei]undo info-center enable
[Huawei]sysname R2
[R2]interface g0/0/0
```

```
[R2-GigabitEthernet0/0/0]ip address 23.1.1.2 24
[R2-GigabitEthernet0/0/0]quit
[R2]interface g0/0/1
[R2-GigabitEthernet0/0/1]ip address 12.1.1.2 24
[R2-GigabitEthernet0/0/1]quit
[R2]interface LoopBack 0
[R2-LoopBack0]ip address 2.2.2.2 32
[R2-LoopBack0]quit
```

R3 的配置：

```
<Huawei>system-view
Enter system view, return user view with Ctrl+Z.
[Huawei]undo info-center enable
Info: Information center is disabled.
[Huawei]sysname R3
[R3]interface g0/0/0
[R3-GigabitEthernet0/0/0]ip address 13.1.1.3 24
[R3-GigabitEthernet0/0/0]quit
[R3]interface g0/0/1
[R3-GigabitEthernet0/0/1]ip address 23.1.1.3 24
[R3-GigabitEthernet0/0/1]quit
[R3]interface LoopBack 0
[R3-LoopBack0]ip address 3.3.3.3 32
[R3-LoopBack0]quit
```

（2）配置 IGP。
R2 的配置：

```
[R2]ospf router-id 2.2.2.2
[R2-ospf-1]area 0
[R2-ospf-1-area-0.0.0.0]network 23.1.1.0 0.0.0.255
[R2-ospf-1-area-0.0.0.0]network 2.2.2.2 0.0.0.0
[R2-ospf-1-area-0.0.0.0]quit
```

R3 的配置：

```
[R3]ospf router-id 3.3.3.3
[R3-ospf-1]area 0
[R3-ospf-1-area-0.0.0.0]network 23.1.1.0 0.0.0.255
[R3-ospf-1-area-0.0.0.0]network 3.3.3.3 0.0.0.0
[R3-ospf-1-area-0.0.0.0]quit
```

（3）配置 BGP。
R1 的配置：

```
[R1]bgp 100
[R1-bgp]peer 12.1.1.2 as-number 200
[R1-bgp]peer 13.1.1.3 as-number 200
[R1-bgp]quit
```

R2 的配置:

```
[R2]bgp 200
[R2-bgp]router-id 2.2.2.2
[R2-bgp]peer 12.1.1.1 as-number 100
[R2-bgp]peer 3.3.3.3 as-number 200
[R2-bgp]peer 3.3.3.3 connect-interface LoopBack 0
[R2-bgp]peer 3.3.3.3 next-hop-local
[R2-bgp]quit
```

R3 的配置:

```
[R3]bgp 200
[R3-bgp]router-id 3.3.3.3
[R3-bgp]peer 13.1.1.1 as-number 100
[R3-bgp]peer 2.2.2.2 as-number 200
[R3-bgp]peer 2.2.2.2 connect-interface LoopBack 0
[R3-bgp]peer 2.2.2.2 next-hop-local
[R3-bgp]quit
```

4. 实验调试

（1）在 R1 上用宣告的方式产生一条路由 1.1.1.1/32。

```
[R1]bgp 100
[R1-bgp]network 1.1.1.1 32
[R1-bgp]quit
```

（2）在 R2 上查看 BGP 路由表。

```
[R2]display bgp routing-table
 BGP Local Router ID is 2.2.2.2
 Status codes: * - valid, > - best, d - damped,
               h - history,  i - internal, s - suppressed, S - Stale
               Origin: i - IGP, e - EGP, ? - incomplete
 Total Number of Routes: 2
 Network            NextHop          MED        LocPrf     PrefVal    Path/Ogn
 *> 1.1.1.1/32      12.1.1.1         0                     0          100i
 * i                3.3.3.3          0          100        0          100i
```

通过以上输出可以看到，IBGP 邻居传递给 R2 的本地优先级为 100，EBGP 邻居传递给 R2 的本地优先级没有显示。

（3）在 R2 上将 R1 传递过来的路由 1.1.1.1 的本地优先级改为 2000。

```
[R2]ip ip-prefix 1.1 permit 1.1.1.1 32
[R2]route-policy local permit node 10
[R2-route-policy]if-match ip-prefix 1.1
[R2-route-policy]apply local-preference 2000
[R2-route-policy]quit
[R2]bgp 200
```

```
[R2-bgp]peer 12.1.1.1 route-policy local import
[R2-bgp]quit
```

（4）再次查看 R2 上的路由表。

```
[R2]display bgp routing-table
 BGP Local Router ID is 2.2.2.2
 Status codes: * - valid, > - best, d - damped,
               h - history,  i - internal, s - suppressed, S - Stale
               Origin: i - IGP, e - EGP, ? - incomplete
 Total Number of Routes: 1
  Network            NextHop         MED        LocPrf     PrefVal    Path/Ogn
 *>    1.1.1.1/32    12.1.1.1        0          2000       0          100i
```

通过以上输出可以看到，R1 传递过来的路由本地优先级变成了 2000，但是为什么 R2 只有一条路由呢？下面我们查看 R3 的路由表以了解原因。

（5）查看 R3 上的路由表。

```
[R3]display bgp routing-table
 BGP Local Router ID is 3.3.3.3
 Status codes: * - valid, > - best, d - damped,
               h - history,  i - internal, s - suppressed, S - Stale
               Origin: i - IGP, e - EGP, ? - incomplete
 Total Number of Routes: 2
  Network            NextHop         MED        LocPrf     PrefVal    Path/Ogn
 *>i  1.1.1.1/32    2.2.2.2         0          2000       0          100i
 *                  13.1.1.1        0                     0          100i
```

通过以上输出可以看到，R2 和 R1 都把 1.1.1.1 传递给了 R3，因为 R2 传递过来的路由本地优先级为 2000，所以选择了 R2，R1 传递过来的路由不是最优的，所以 R2 上只有一条路由，实验结束。

● 【技术要点】

本地优先级的注意事项如下。

（1）Local_Preference属性只能在IBGP对等体间传递（除非做了策略，否则Local_Preference属性在IBGP对等体间的传递过程中不会丢失），而不能在EBGP对等体间传递。如果在EBGP对等体间收到的路由的路径属性中携带了Local_Preference，则会进行错误处理。

（2）可以在AS边界路由器上使用Import方向的策略来修改Local_Preference值。也就是在收到路由之后，在本地为路由赋予Local_Preference属性。

（3）可以使用bgp default local-preference命令修改默认Local_Preference值，该值默认为100。

（4）路由器在向其EBGP对等体发送路由更新时，不能携带Local_Preference属性，但是对方接收路由之后，会在本地为这条路由赋一个默认的Local_Preference值（100），然后将路由传递给自己的IBGP对等体。

（5）在本地使用network命令及import-route命令引入的路由，Local_Preference值默认为100，并在AS内向其他IBGP对等体传递。传递过程中除非受路由策略影响，否则Local_Preference值不变。

实验 5-10 配置 BGP MED 属性控制选路

1. 实验目的

（1）熟悉 BGP MED 属性控制选路的应用场景。

（2）掌握 BGP MED 属性控制选路的配置方法。

2. 实验拓扑

配置 BGP MED 属性控制选路的实验拓扑如图 5-9 所示。

3. 实验步骤

（1）配置网络连通性。

R1 的配置：

```
<Huawei>system-view
Enter system view, return user view with Ctrl+Z.
[Huawei]undo info-center enable
[Huawei]sysname R1
[R1]interface g0/0/0
[R1-GigabitEthernet0/0/0]ip address 12.1.1.1 24
[R1-GigabitEthernet0/0/0]quit
[R1]interface g0/0/1
[R1-GigabitEthernet0/0/1]ip address 13.1.1.1 24
[R1-GigabitEthernet0/0/1]quit
[R1]interface LoopBack 0
[R1-LoopBack0]ip address 1.1.1.1 32
[R1-LoopBack0]quit
```

R2 的配置：

```
<Huawei>system-view
Enter system view, return user view with Ctrl+Z.
[Huawei]undo info-center enable
[Huawei]sysname R2
[R2]interface g0/0/0
[R2-GigabitEthernet0/0/0]ip address 23.1.1.2 24
[R2-GigabitEthernet0/0/0]quit
[R2]interface g0/0/1
[R2-GigabitEthernet0/0/1]ip address 12.1.1.2 24
[R2-GigabitEthernet0/0/1]quit
[R2]interface LoopBack 0
[R2-LoopBack0]ip address 2.2.2.2 32
[R2-LoopBack0]quit
```

R3 的配置：

```
<Huawei>system-view
Enter system view, return user view with Ctrl+Z.
[Huawei]undo info-center enable
Info: Information center is disabled.
```

```
[Huawei]sysname R3
[R3]interface g0/0/0
[R3-GigabitEthernet0/0/0]ip address 13.1.1.3 24
[R3-GigabitEthernet0/0/0]quit
[R3]interface g0/0/1
[R3-GigabitEthernet0/0/1]ip address 23.1.1.3 24
[R3-GigabitEthernet0/0/1]quit
[R3]interface LoopBack 0
[R3-LoopBack0]ip address 3.3.3.3 32
[R3-LoopBack0]quit
```

（2）配置 IGP。

R2 的配置：

```
[R2]ospf router-id 2.2.2.2
[R2-ospf-1]area 0
[R2-ospf-1-area-0.0.0.0]network 23.1.1.0 0.0.0.255
[R2-ospf-1-area-0.0.0.0]network 2.2.2.2 0.0.0.0
[R2-ospf-1-area-0.0.0.0]quit
```

R3 的配置：

```
[R3]ospf router-id 3.3.3.3
[R3-ospf-1]area 0
[R3-ospf-1-area-0.0.0.0]network 23.1.1.0 0.0.0.255
[R3-ospf-1-area-0.0.0.0]network 3.3.3.3 0.0.0.0
[R3-ospf-1-area-0.0.0.0]quit
```

（3）配置 BGP。

R1 的配置：

```
[R1]bgp 100
[R1-bgp]peer 12.1.1.2 as-number 200
[R1-bgp]peer 13.1.1.3 as-number 200
[R1-bgp]quit
```

R2 的配置：

```
[R2]bgp 200
[R2-bgp]router-id 2.2.2.2
[R2-bgp]peer 12.1.1.1 as-number 100
[R2-bgp]peer 3.3.3.3 as-number 200
[R2-bgp]peer 3.3.3.3 connect-interface LoopBack 0
[R2-bgp]peer 3.3.3.3 next-hop-local
[R2-bgp]quit
```

R3 的配置：

```
[R3]bgp 200
[R3-bgp]router-id 3.3.3.3
```

```
[R3-bgp]peer 13.1.1.1 as-number 100
[R3-bgp]peer 2.2.2.2 as-number 200
[R3-bgp]peer 2.2.2.2 connect-interface LoopBack 0
[R3-bgp]peer 2.2.2.2 next-hop-local
[R3-bgp]quit
```

4. 实验调试

（1）在 R1 上宣告 1.1.1.1/32。

```
[R1]bgp 100
[R1-bgp]network 1.1.1.1 32
[R1-bgp]quit
```

（2）在 R2 上查看 BGP 路由表。

```
[R2]display bgp routing-table
 BGP Local Router ID is 2.2.2.2
 Status codes: * - valid, > - best, d - damped,
               h - history,  i - internal, s - suppressed, S - Stale
               Origin: i - IGP, e - EGP, ? - incomplete
 Total Number of Routes: 2
 Network             NextHop        MED        LocPrf       PrefVal      Path/Ogn
 *>    1.1.1.1/32    12.1.1.1       0                       0            100i
 * i                 3.3.3.3        0          100          0            100i
```

通过以上输出可以看到，R2 的路由表里关于 1.1.1.1 这条路由的 MED 都等于 0，路由优先从 R1 传递过来。

（3）在 R2 上通过策略把从 R1 传递过来的路由的 MED 改为 1000。

```
[R2]ip ip-prefix 1.1 permit 1.1.1.1 32
[R2]route-policy med permit node 10
[R2-route-policy]if-match ip-prefix 1.1
[R2-route-policy]apply cost 1000
[R2-route-policy]quit
[R2]bgp 200
[R2-bgp]peer 12.1.1.1 route-policy med import
[R2-bgp]quit
```

（4）查看 R2 上的 BGP 路由表。

```
[R2]display bgp routing-table
 BGP Local Router ID is 2.2.2.2
 Status codes: * - valid, > - best, d - damped,
               h - history,  i - internal, s - suppressed, S - Stale
               Origin: i - IGP, e - EGP, ? - incomplete
 Total Number of Routes: 2
 Network             NextHop        MED        LocPrf       PrefVal      Path/Ogn
 *>i  1.1.1.1/32     3.3.3.3        0          100          0            100i
 *                   12.1.1.1       1000                    0            100i
```

通过以上输出可以看到，从 R1 传递过来的路由的 MED 变成了 1000，因为 MED 越小则越优，所以 R2 选择从 R3 传递过来的路由。

> **【技术要点】**
>
> MED的默认操作如下。
>
> （1）如果路由器通过IGP学习到一条路由，并通过network或import-route命令将路由引入BGP，则产生的BGP路由的MED值会继承路由在IGP中的metric。
>
> （2）如果路由器将本地直连、静态路由通过network或import-route命令引入BGP，则这条BGP路由的MED为0，因为本地直连、静态路由的cost为0。
>
> （3）如果路由器通过BGP学习到其他对等体传递过来的路由，则将路由更新给自己的EBGP对等体时，默认是不携带MED的。这就是所谓的"MED不会跨AS传递"。
>
> （4）可以使用default med命令修改默认的MED值，default med命令只对本设备上使用import-route命令引入的路由和BGP的聚合路由生效。

实验 5-11　配置 Preferred-Value 属性控制选路

1. 实验目的

（1）熟悉 Preferred-Value 属性控制选路的应用场景。

（2）掌握 Preferred-Value 属性控制选路的配置方法。

2. 实验拓扑

配置 Preferred-Value 属性控制选路的实验拓扑如图 5-9 所示。

3. 实验步骤

（1）配置网络连通性。

R1 的配置：

```
<Huawei>system-view
Enter system view, return user view with Ctrl+Z.
[Huawei]undo info-center enable
[Huawei]sysname R1
[R1]interface g0/0/0
[R1-GigabitEthernet0/0/0]ip address 12.1.1.1 24
[R1-GigabitEthernet0/0/0]quit
[R1]interface g0/0/1
[R1-GigabitEthernet0/0/1]ip address 13.1.1.1 24
[R1-GigabitEthernet0/0/1]quit
[R1]interface LoopBack 0
[R1-LoopBack0]ip address 1.1.1.1 32
[R1-LoopBack0]quit
```

R2 的配置：

```
<Huawei>system-view
Enter system view, return user view with Ctrl+Z.
```

```
[Huawei]undo info-center enable
[Huawei]sysname R2
[R2]interface g0/0/0
[R2-GigabitEthernet0/0/0]ip address 23.1.1.2 24
[R2-GigabitEthernet0/0/0]quit
[R2]interface g0/0/1
[R2-GigabitEthernet0/0/1]ip address 12.1.1.2 24
[R2-GigabitEthernet0/0/1]quit
[R2]interface LoopBack 0
[R2-LoopBack0]ip address 2.2.2.2 32
[R2-LoopBack0]quit
```

R3 的配置：

```
<Huawei>system-view
Enter system view, return user view with Ctrl+Z.
[Huawei]undo info-center enable
Info: Information center is disabled.
[Huawei]sysname R3
[R3]interface g0/0/0
[R3-GigabitEthernet0/0/0]ip address 13.1.1.3 24
[R3-GigabitEthernet0/0/0]quit
[R3]interface g0/0/1
[R3-GigabitEthernet0/0/1]ip address 23.1.1.3 24
[R3-GigabitEthernet0/0/1]quit
[R3]interface LoopBack 0
[R3-LoopBack0]ip address 3.3.3.3 32
[R3-LoopBack0]quit
```

（2）配置 IGP。

R2 的配置：

```
[R2]ospf router-id 2.2.2.2
[R2-ospf-1]area 0
[R2-ospf-1-area-0.0.0.0]network 23.1.1.0 0.0.0.255
[R2-ospf-1-area-0.0.0.0]network 2.2.2.2 0.0.0.0
[R2-ospf-1-area-0.0.0.0]quit
```

R3 的配置：

```
[R3]ospf router-id 3.3.3.3
[R3-ospf-1]area 0
[R3-ospf-1-area-0.0.0.0]network 23.1.1.0 0.0.0.255
[R3-ospf-1-area-0.0.0.0]network 3.3.3.3 0.0.0.0
[R3-ospf-1-area-0.0.0.0]quit
```

（3）配置 BGP。

R1 的配置：

```
[R1]bgp 100
[R1-bgp]peer 12.1.1.2 as-number 200
[R1-bgp]peer 13.1.1.3 as-number 200
[R1-bgp]quit
```

R2 的配置：

```
[R2]bgp 200
[R2-bgp]router-id 2.2.2.2
[R2-bgp]peer 12.1.1.1 as-number 100
[R2-bgp]peer 3.3.3.3 as-number 200
[R2-bgp]peer 3.3.3.3 connect-interface LoopBack 0
[R2-bgp]peer 3.3.3.3 next-hop-local
[R2-bgp]quit
```

R3 的配置：

```
[R3]bgp 200
[R3-bgp]router-id 3.3.3.3
[R3-bgp]peer 13.1.1.1 as-number 100
[R3-bgp]peer 2.2.2.2 as-number 200
[R3-bgp]peer 2.2.2.2 connect-interface LoopBack 0
[R3-bgp]peer 2.2.2.2 next-hop-local
[R3-bgp]quit
```

4. 实验调试

（1）在 R1 上宣告 1.1.1.1/32。

```
[R1]bgp 100
[R1-bgp]network 1.1.1.1 32
[R1-bgp]quit
```

（2）在 R2 上查看 BGP 路由表。

```
[R2]display bgp routing-table
 BGP Local Router ID is 2.2.2.2
 Status codes: * - valid, > - best, d - damped,
               h - history,  i - internal, s - suppressed, S - Stale
               Origin: i - IGP, e - EGP, ? - incomplete
 Total Number of Routes: 2
 Network            NextHop        MED        LocPrf      PrefVal    Path/Ogn
 *>   1.1.1.1/32    12.1.1.1       0                      0          100i
 * i                3.3.3.3        0          100         0          100i
```

通过以上输出可以看到，关于 1.1.1.1 这条路由，不管是从 R1 传递过来的路由还是从 R2 传递过来的路由，它的 PrefVal 都为 0，因为华为的设置在默认情况下 PrefVal 为 0。

（3）修改从 R3 传递过来的路由 1.1.1.1 的 PrefVal 值。

```
[R2]bgp 200
[R2-bgp]peer 3.3.3.3 preferred-value 100
[R2-bgp]quit
```

（4）再次查看 R2 上的 BGP 路由表。

```
[R2]display bgp routing-table
 BGP Local Router ID is 2.2.2.2
 Status codes: * - valid, > - best, d - damped,
               h - history,  i - internal, s - suppressed, S - Stale
               Origin: i - IGP, e - EGP, ? - incomplete
 Total Number of Routes: 2
 Network                NextHop         MED        LocPrf      PrefVal     Path/Ogn
 *>i  1.1.1.1/32        3.3.3.3         0          100         100         100i
 *                      12.1.1.1        0                      0           100i
```

通过以上输出可以看到，路由优先从 R3 传递过来，因为它的 PrefVal 为 100。

（5）通过策略修改从 R1 传递过来的路由 1.1.1.1 的 PrefVal 值。

```
[R2]ip ip-prefix 1.1 permit 1.1.1.1 32
[R2]route-policy pre permit node 10
Info: New Sequence of this List.
[R2-route-policy]if-match ip-prefix 1.1
[R2-route-policy]apply preferred-value 1000
[R2-route-policy]quit
[R2]bgp 200
[R2-bgp]peer 12.1.1.1 route-policy pre import
[R2-bgp]quit
```

（6）继续查看 R2 上的 BGP 路由表。

```
[R2]display bgp routing-table
 BGP Local Router ID is 2.2.2.2
 Status codes: * - valid, > - best, d - damped,
               h - history,  i - internal, s - suppressed, S - Stale
               Origin: i - IGP, e - EGP, ? - incomplete
 Total Number of Routes: 2
 Network                NextHop         MED        LocPrf      PrefVal     Path/Ogn
 *>   1.1.1.1/32        12.1.1.1        0                      1000        100i
 * i                    3.3.3.3         0          100         100         100i
```

通过以上输出可以看到，从 R1 传递过来的路由 1.1.1.1 的 PrefVal 变成了 1000，所以选择 R1 的路由，实验结束。

5.5 BGP 选路原则配置实验

实验 5-12 配置 BGP 选路原则

1. 实验目的

（1）熟悉 BGP 选路的应用场景。

（2）掌握 BGP 选路的配置方法。

2. 实验拓扑

配置 BGP 选路原则的实验拓扑如图 5-10 所示。

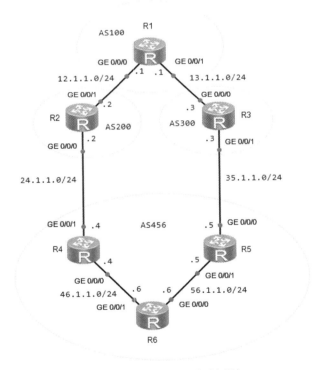

图 5-10 配置 BGP 选路原则

3. 实验步骤

（1）配置 IP 地址。

R1 的配置：

```
<Huawei>system-view
Enter system view, return user view with Ctrl+Z.
[Huawei]undo info-center enable
Info: Information center is disabled.
```

```
[Huawei]sysname R1
[R1]interface LoopBack 0
[R1-LoopBack0]ip address 1.1.1.1 32
[R1-LoopBack0]quit
[R1]interface g0/0/0
[R1-GigabitEthernet0/0/0]ip address 12.1.1.1 24
[R1-GigabitEthernet0/0/0]quit
[R1]interface g0/0/1
[R1-GigabitEthernet0/0/1]ip address 13.1.1.1 24
[R1-GigabitEthernet0/0/1]quit
```

R2 的配置：

```
<Huawei>system-view
Enter system view, return user view with Ctrl+Z.
[Huawei]undo info-center enable
Info: Information center is disabled.
[Huawei]sysname R2
[R2]interface LoopBack 0
[R2-LoopBack0]ip address 2.2.2.2 32
[R2-LoopBack0]quit
[R2]interface g0/0/1
[R2-GigabitEthernet0/0/1]ip address 12.1.1.2 24
[R2-GigabitEthernet0/0/1]quit
[R2]interface g0/0/0
[R2-GigabitEthernet0/0/0]ip address 24.1.1.2 24
[R2-GigabitEthernet0/0/0]quit
```

R3 的配置：

```
<Huawei>system-view
Enter system view, return user view with Ctrl+Z.
[Huawei]undo info-center enable
Info: Information center is disabled.
[Huawei]sysname R3
[R3]interface LoopBack 0
[R3-LoopBack0]ip address 3.3.3.3 32
[R3-LoopBack0]quit
[R3]interface g0/0/0
[R3-GigabitEthernet0/0/0]ip address 13.1.1.3 24
[R3-GigabitEthernet0/0/0]quit
[R3]interface g0/0/1
[R3-GigabitEthernet0/0/1]ip address 35.1.1.3 24
[R3-GigabitEthernet0/0/1]quit
```

R4 的配置：

```
<Huawei>system-view
Enter system view, return user view with Ctrl+Z.
```

```
[Huawei]undo info-center enable
Info: Information center is disabled.
[Huawei]sysname R4
[R4]interface LoopBack 0
[R4-LoopBack0]ip address 4.4.4.4 32
[R4-LoopBack0]quit
[R4]interface g0/0/1
[R4-GigabitEthernet0/0/1]ip address 24.1.1.4 24
[R4-GigabitEthernet0/0/1]quit
[R4]interface g0/0/0
[R4-GigabitEthernet0/0/0]ip address 46.1.1.4 24
[R4-GigabitEthernet0/0/0]quit
```

R5 的配置：

```
<Huawei>system-view
Enter system view, return user view with Ctrl+Z.
[Huawei]undo info-center enable
Info: Information center is disabled.
[Huawei]sysname R5
[R5]interface LoopBack 0
[R5-LoopBack0]ip address 5.5.5.5 32
[R5-LoopBack0]quit
[R5]interface g0/0/0
[R5-GigabitEthernet0/0/0]ip address 35.1.1.5 24
[R5-GigabitEthernet0/0/0]quit
[R5]interface g0/0/1
[R5-GigabitEthernet0/0/1]ip address 56.1.1.5 24
[R5-GigabitEthernet0/0/1]quit
```

R6 的配置：

```
<Huawei>system-view
Enter system view, return user view with Ctrl+Z.
[Huawei]undo info-center enable
Info: Information center is disabled.
[Huawei]sysname R6
[R6]interface g0/0/1
[R6-GigabitEthernet0/0/1]ip address 46.1.1.6 24
[R6-GigabitEthernet0/0/1]quit
[R6]interface g0/0/0
[R6-GigabitEthernet0/0/0]ip address 56.1.1.6 24
[R6-GigabitEthernet0/0/0]quit
[R6]interface LoopBack 0
[R6-LoopBack0]ip address 6.6.6.6 32
[R6-LoopBack0]quit
```

（2）配置 IGP。

R4 的配置：

```
[R4]ospf router-id 4.4.4.4
[R4-ospf-1]area 0
[R4-ospf-1-area-0.0.0.0]network 46.1.1.0 0.0.0.255
[R4-ospf-1-area-0.0.0.0]network 4.4.4.4 0.0.0.0
[R4-ospf-1-area-0.0.0.0]quit
```

R5 的配置：

```
[R5]ospf router-id 5.5.5.5
[R5-ospf-1]area 0
[R5-ospf-1-area-0.0.0.0]network 56.1.1.0 0.0.0.255
[R5-ospf-1-area-0.0.0.0]network 5.5.5.5 0.0.0.0
[R5-ospf-1-area-0.0.0.0]quit
```

R6 的配置：

```
[R6]ospf router-id 6.6.6.6
[R6-ospf-1]area 0
[R6-ospf-1-area-0.0.0.0]network 46.1.1.0 0.0.0.255
[R6-ospf-1-area-0.0.0.0]network 56.1.1.0 0.0.0.255
[R6-ospf-1-area-0.0.0.0]network 6.6.6.6 0.0.0.0
[R6-ospf-1-area-0.0.0.0]quit
```

（3）配置 IBGP。

R4 的配置：

```
[R4]bgp 456
[R4-bgp]undo synchronization
[R4-bgp]undo summary automatic
[R4-bgp]router-id 4.4.4.4
[R4-bgp]peer 6.6.6.6 as-number 456
[R4-bgp]peer 6.6.6.6 connect-interface LoopBack 0
[R5-bgp]peer 6.6.6.6 next-hop-local
```

R5 的配置：

```
[R5]bgp 456
[R5-bgp]undo synchronization
[R5-bgp]undo summary automatic
[R5-bgp]router-id 5.5.5.5
[R5-bgp]peer 6.6.6.6 as-number 456
[R5-bgp]peer 6.6.6.6 connect-interface LoopBack 0
[R4-bgp]peer 6.6.6.6 next-hop-local
```

R6 的配置：

```
[R6]bgp 456
[R6-bgp]undo synchronization
```

```
[R6-bgp]undo summary automatic
[R6-bgp]router-id 6.6.6.6
[R6-bgp]peer 4.4.4.4 as-number 456
[R6-bgp]peer 4.4.4.4 connect-interface LoopBack 0
[R6-bgp]peer 5.5.5.5 as-number 456
[R6-bgp]peer 5.5.5.5 connect-interface LoopBack 0
[R6-bgp]quit
```

（4）配置 EBGP。
R1 的配置：

```
[R1]bgp 100
[R1-bgp]undo summary automatic
[R1-bgp]undo synchronization
[R1-bgp]router-id 1.1.1.1
[R1-bgp]peer 12.1.1.2 as-number 200
[R1-bgp]peer 13.1.1.3 as-number 300
[R1-bgp]quit
```

R2 的配置：

```
[R2]bgp 200
[R2-bgp]undo synchronization
[R2-bgp]undo summary automatic
[R2-bgp]router-id 2.2.2.2
[R2-bgp]peer 12.1.1.1 as-number 100
[R2-bgp]peer 24.1.1.4 as-number 456
[R2-bgp]quit
```

R3 的配置：

```
[R3]bgp 300
[R3-bgp]undo synchronization
[R3-bgp]undo summary automatic
[R3-bgp]router-id 3.3.3.3
[R3-bgp]peer 13.1.1.1 as-number 100
[R3-bgp]peer 35.1.1.5 as-number 456
```

R4 的配置：

```
[R4]bgp 456
[R4-bgp]peer 24.1.1.2 as-number 200
[R4-bgp]quit
```

R5 的配置：

```
[R5]bgp 456
[R5-bgp]peer 35.1.1.3 as-number 300
[R5-bgp]quit
```

（5）宣告路由。

```
[R1]bgp 100
[R1-bgp]network 1.1.1.1 32
[R1-bgp]quit
```

（6）在 R6 上查看 BGP 路由表。

```
[R6]display bgp routing-table
 BGP Local Router ID is 6.6.6.6
 Status codes: * - valid, > - best, d - damped,
               h - history,  i - internal, s - suppressed, S - Stale
               Origin: i - IGP, e - EGP, ? - incomplete
 Total Number of Routes: 2
 Network            NextHop        MED        LocPrf      PrefVal     Path/Ogn
 *>i   1.1.1.1/32   4.4.4.4                   100         0           200 100i
 *  i                5.5.5.5                   100         0           300
```

通过以上输出可以看到，R6 选择来自 R4 的路由。

（7）在 R6 上查看 1.1.1.1 路由的详细信息。

```
[R6]display bgp routing-table 1.1.1.1 32
 BGP local Router ID: 6.6.6.6
 Local AS number: 456
 Paths: 2 available, 1 best, 1 select
 BGP routing table entry information of 1.1.1.1/32:
 From: 4.4.4.4 (4.4.4.4)              // 从 R4 传递的路由
 Route Duration: 00h04m41s
 Relay IP NextHop: 46.1.1.4
 Relay IP Out-Interface: GigabitEthernet0/0/1
 Original NextHop: 4.4.4.4
 Qos information : 0x0
 AS-path 200 100, origin igp, localpref 100, pref-val 0, valid, internal, best, select,
    active, pre 255, IGP cost 1
 Not advertised to any peer yet
 BGP routing table entry information of 1.1.1.1/32:
 From: 5.5.5.5 (5.5.5.5)              // 从 R5 传递的路由
 Route Duration: 00h00m39s
 Relay IP NextHop: 56.1.1.5
 Relay IP Out-Interface: GigabitEthernet0/0/0
 Original NextHop: 5.5.5.5
 Qos information : 0x0
 AS-path 300 100, origin igp, localpref 100, pref-val 0, valid, internal, pre 255, IGP
    cost 1, not preferred for Router ID     // 没有被选中是因为 Router ID
 Not advertised to any peer yet
```

通过以上输出可以看到，R5 传递过来的路由没有被选中的原因是它的 Router ID 比 R4 的 Router ID 大。

4. 实验调试

（1）设置路由优选原则第 11 条：优选具有最小 IP 地址的对等体通告的路由。

第 1 步，把 R5 的 BGP 的 Router ID 改为 4.4.4.4。

```
[R5]bgp 456
[R5-bgp]router-id 4.4.4.4
Warning: Changing the parameter in this command resets the peer session. Continue?[Y/N]:y
[R5-bgp]quit
```

第 2 步，在 R6 上查看 1.1.1.1 路由的详细信息。

```
[R6]display bgp routing-table 1.1.1.1
 BGP local Router ID: 6.6.6.6
 Local AS number: 456
 Paths: 2 available, 1 best, 1 select
 BGP routing table entry information of 1.1.1.1/32:
 From: 4.4.4.4 (4.4.4.4)
 Route Duration: 00h58m32s
 Relay IP NextHop: 46.1.1.4
 Relay IP Out-Interface: GigabitEthernet0/0/1
 Original NextHop: 4.4.4.4
 Qos information: 0x0
 AS-path 200 100, origin igp, localpref 100, pref-val 0, valid, internal, best, select,
    active, pre 255, IGP cost 1
 Not advertised to any peer yet
 BGP routing table entry information of 1.1.1.1/32:
 From: 5.5.5.5 (4.4.4.4)
 Route Duration: 00h01m55s
 Relay IP NextHop: 56.1.1.5
 Relay IP Out-Interface: GigabitEthernet0/0/0
 Original NextHop: 5.5.5.5
 Qos information: 0x0
 AS-path 300 100, origin igp, localpref 100, pref-val 0, valid, internal, pre 255,
    IGP cost 1, not preferred for peer address
 Not advertised to any peer yet
```

通过以上输出可以看到，R6 优选 R4 传递过来的路由，因为 R4 是通过 4.4.4.4 与 R6 建立的邻居关系，R5 是通过 5.5.5.5 与 R6 建立的邻居关系，4.4.4.4<5.5.5.5，所以选择了 R4 传递过来的路由。

（2）设置路由优选原则第 10 条：优选 Router ID（Orginator_ID）最小的设备通告的路由。

第 1 步，把 R5 的 BGP 的 Router ID 改为 5.5.5.5。

```
[R5]bgp 456
[R5-bgp]router-id 5.5.5.5
Warning: Changing the parameter in this command resets the peer session. Continue?[Y/N]:y
[R5-bgp]quit
```

第 2 步，在 R6 上查看 1.1.1.1 路由的详细信息。

```
[R6]display bgp routing-table 1.1.1.1
 BGP local Router ID: 6.6.6.6
 Local AS number: 456
```

```
Paths: 2 available, 1 best, 1 select
BGP routing table entry information of 1.1.1.1/32:
From: 4.4.4.4 (4.4.4.4)
Route Duration: 00h10m59s
Relay IP NextHop: 46.1.1.4
Relay IP Out-Interface: GigabitEthernet0/0/1
Original NextHop: 4.4.4.4
Qos information: 0x0
AS-path 200 100, origin igp, localpref 100, pref-val 0, valid, internal, best, select,
    active, pre 255, IGP cost 1
Not advertised to any peer yet
BGP routing table entry information of 1.1.1.1/32:
From: 5.5.5.5 (5.5.5.5)
Route Duration: 00h00m19s
Relay IP NextHop: 56.1.1.5
Relay IP Out-Interface: GigabitEthernet0/0/0
Original NextHop: 5.5.5.5
Qos information: 0x0
AS-path 300 100, origin igp, localpref 100, pref-val 0, valid, internal, pre 255,
    IGP cost 1, not preferred for Router ID
Not advertised to any peer yet
```

通过以上输出可以看到，路由优选从 R4 传递过来的路由，因为 R4 的 Router ID 为 4.4.4.4，而 R5 的 Router ID 为 5.5.5.5。从 R5 传递过来的路由没有被优选是因为其 Router ID 太大了。

（3）设置路由优选原则第 9 条：优选 Cluster List 最短的路由。

第 1 步，把 R6 设置为路由反射器，让 R4 成为它的客户端。

```
[R6]bgp 456
[R6-bgp]peer 4.4.4.4 reflect-client
[R6-bgp]quit
```

第 2 步，对 R4 和 R5 用环回口建立 IBGP 的邻居关系。

R4 的配置：

```
[R4]bgp 456
[R4-bgp]peer 5.5.5.5 as-number 456
[R4-bgp]peer 5.5.5.5 connect-interface LoopBack 0
[R4-bgp]peer 5.5.5.5 next-hop-local
```

R5 的配置：

```
[R5]bgp 456
[R5-bgp]peer 4.4.4.4 as-number 456
[R5-bgp]peer 4.4.4.4 connect-interface LoopBack 0
```

第 3 步，在 R2 上宣告 2.2.2.2 路由。

```
[R2]bgp 200
```

```
[R2-bgp]network 2.2.2.2 32
[R2-bgp]quit
```

第 4 步，在 R5 上查看 2.2.2.2 的 BGP 明细路由。

```
[R5]display bgp routing-table 2.2.2.2
 BGP local Router ID: 5.5.5.5
 Local AS number: 456
 Paths: 3 available, 1 best, 1 select
 BGP routing table entry information of 2.2.2.2/32:
 From: 4.4.4.4 (4.4.4.4)
 Route Duration: 00h08m01s
 Relay IP NextHop: 56.1.1.6
 Relay IP Out-Interface: GigabitEthernet0/0/1
 Original NextHop: 4.4.4.4
 Qos information: 0x0
 AS-path 200, origin igp, MED 0, localpref 100, pref-val 0, valid, internal, best,
     select, active, pre 255, IGP cost 2
 Advertised to such 1 peers:
    35.1.1.3
 BGP routing table entry information of 2.2.2.2/32:
 From: 6.6.6.6 (6.6.6.6)
 Route Duration: 00h17m32s
 Relay IP NextHop: 56.1.1.6
 Relay IP Out-Interface: GigabitEthernet0/0/1
 Original NextHop: 4.4.4.4
 Qos information: 0x0
 AS-path 200, origin igp, MED 0, localpref 100, pref-val 0, valid, internal, pre 255,
     IGP cost 2, not preferred for Cluster List
 Originator: 4.4.4.4
 Cluster List: 6.6.6.6
 Not advertised to any peer yet
 BGP routing table entry information of 2.2.2.2/32:
 From: 35.1.1.3 (3.3.3.3)
 Route Duration: 00h05m56s
 Direct Out-interface: GigabitEthernet0/0/0
 Original NextHop: 35.1.1.3
 Qos information:0x0
 AS-path 300 100 200, origin igp, pref-val 0, valid, external, pre 255, not preferred
     for AS-Path
 Not advertised to any peer yet
```

通过以上输出可以看到，R5 收到了三条关于 2.2.2.2 的路由，它选择了从 R4 传递过来的路由。从 R6 传递过来的路由没有被优选是因为其 Cluster List 比从 R4 传递过来的路由的 Cluster List 长（从 R4 传递过来的路由的 Cluster List 为 0），R3 的路由不是最优的原因是 AS_PATH（这里我们不作讨论）。

第 5 步，为了不影响下面的实验步骤，删除 R4 和 R5 的对等体关系，在 R2 上取消宣告 2.2.2.2 路由，并取消 RR 的设置。

删除对等体关系：

```
[R4]bgp 456
[R4-bgp]undo peer 5.5.5.5 enable        // 关闭 R4 的邻居关系
[R4-bgp]quit
```

取消宣告路由：

```
[R2]bgp 200
[R2-bgp]undo network 2.2.2.2 32
[R2-bgp]quit
```

取消 RR 的设置：

```
[R6]bgp 456
[R6-bgp]undo peer 4.4.4.4 reflect-client
[R6-bgp]quit
```

（4）设置路由优选原则第 8 条：优选到 NextHop 的 IGP 度量值最小的路由。
第 1 步，在 R6 上查看 OSPF 的路由表。

```
[R6]display ospf routing
        OSPF Process 1 with Router ID 6.6.6.6
                Routing Tables
Routing for Network
Destination       Cost    Type      NextHop         AdvRouter       Area
6.6.6.6/32        0       Stub      6.6.6.6         6.6.6.6         0.0.0.0
46.1.1.0/24       1       Transit   46.1.1.6        6.6.6.6         0.0.0.0
56.1.1.0/24       1       Transit   56.1.1.6        6.6.6.6         0.0.0.0
4.4.4.4/32        1       Stub      46.1.1.4        4.4.4.4         0.0.0.0
5.5.5.5/32        1       Stub      56.1.1.5        5.5.5.5         0.0.0.0
9.9.9.9/32        1       Stub      46.1.1.4        4.4.4.4         0.0.0.0
Total Nets: 6
Intra Area: 6  Inter Area: 0  ASE: 0  NSSA: 0
```

通过以上输出可以看到，R6 上 4.4.4.4 和 5.5.5.5 路由的开销都为 1。
第 2 步，修改 R6 接口的 OSPF 的 Cost 为 100。

```
[R6]interface g0/0/1
[R6-GigabitEthernet0/0/1]ospf cost 100     // 修改 OSPF 的 Cost 为 100
[R6-GigabitEthernet0/0/1]quit
```

第 3 步，在 R6 上再次查看 OSPF 的路由表。

```
[R6]display ospf routing
        OSPF Process 1 with Router ID 6.6.6.6
                Routing Tables
Routing for Network
Destination       Cost    Type      NextHop         AdvRouter       Area
```

6.6.6.6/32	0	Stub	6.6.6.6	6.6.6.6	0.0.0.0
46.1.1.0/24	100	Transit	46.1.1.6	6.6.6.6	0.0.0.0
56.1.1.0/24	1	Transit	56.1.1.6	6.6.6.6	0.0.0.0
4.4.4.4/32	**100**	**Stub**	**46.1.1.4**	**4.4.4.4**	**0.0.0.0**
5.5.5.5/32	1	Stub	56.1.1.5	5.5.5.5	0.0.0.0
9.9.9.9/32	100	Stub	46.1.1.4	4.4.4.4	0.0.0.0

```
Total Nets: 6
Intra Area: 6  Inter Area: 0  ASE: 0  NSSA: 0
```

通过以上输出可以看到，4.4.4.4 的路由开销为 100。

第 4 步，在 R6 上查看 1.1.1.1 的 BGP 路由表的详细信息。

```
[R6]display bgp routing-table 1.1.1.1
 BGP local Router ID: 6.6.6.6
 Local AS number: 456
 Paths: 2 available, 1 best, 1 select
 BGP routing table entry information of 1.1.1.1/32:
 From: 5.5.5.5 (5.5.5.5)
 Route Duration: 00h29m09s
 Relay IP NextHop: 56.1.1.5
 Relay IP Out-Interface: GigabitEthernet0/0/0
 Original NextHop: 5.5.5.5
 Qos information: 0x0
 AS-path 300 100, origin igp, localpref 100, pref-val 0, valid, internal, best, select,
    active, pre 255, IGP cost 1
 Not advertised to any peer yet
 BGP routing table entry information of 1.1.1.1/32:
 From: 4.4.4.4 (4.4.4.4)
 Route Duration: 00h47m12s
 Relay IP NextHop: 46.1.1.4
 Relay IP Out-Interface: GigabitEthernet0/0/1
 Original NextHop: 4.4.4.4
 Qos information: 0x0
 AS-path 200 100, origin igp, localpref 100, pref-val 0, valid, internal, pre 255,
    IGP cost 100, not preferred for IGP cost
 Not advertised to any peer yet
```

通过以上输出可以看到，BGP 路由的下一跳 4.4.4.4 的 Cost 为 100，5.5.5.5 的 Cost 为 1，所以优选 R5 传递过来的路由。

（5）设置路由优选原则第 7 条：优选从 EBGP 对等体学习到的路由（EBGP 路由优先级高于 IBGP 路由）。

第 1 步，查看 R6 的 BGP 路由表。

```
[R6]display bgp routing-table
 BGP Local Router ID is 6.6.6.6
 Status codes: * - valid, > - best, d - damped,
               h - history,  i - internal, s - suppressed, S - Stale
```

```
                    Origin: i - IGP, e - EGP, ? - incomplete
Total Number of Routes: 2
Network                  NextHop         MED       LocPrf    PrefVal   Path/Ogn
*>i   1.1.1.1/32         5.5.5.5                   100       0         300 100i
*  i                     4.4.4.4                   100       0         200 100i
```

通过以上输出可以看到，R6优选了从R5传递过来的路由。

第2步，把R6设置为RR，让R4成为它的客户端。

```
[R6]bgp 456
[R6-bgp]peer 4.4.4.4 reflect-client
[R6-bgp]quit
```

通过以上步骤，R6中的1.1.1.1这条路由就传递给了R4。

第3步，在R4上查看BGP路由表。

```
[R4]display bgp routing-table
 BGP Local Router ID is 4.4.4.4
 Status codes: * - valid, > - best, d - damped,
               h - history, i - internal, s - suppressed, S - Stale
               Origin: i - IGP, e - EGP, ? - incomplete
 Total Number of Routes: 2
Network                  NextHop         MED       LocPrf    PrefVal   Path/Ogn
*>    1.1.1.1/32         24.1.1.2                             0         200 100i
*  i                     5.5.5.5                   100       0         300 100i
```

通过以上输出可以看到，R4收到的关于1.1.1.1的路由有两条，一条是通过R2（为R4的EBGP邻居）传递过来的，另一条是通过R6（为R4的IBGP邻居）传递过来的。

第4步，在R4上查看BGP的1.1.1.1路由的详细信息。

```
[R4]display bgp routing-table 1.1.1.1
 BGP local Router ID: 4.4.4.4
 Local AS number: 456
 Paths: 2 available, 1 best, 1 select
 BGP routing table entry information of 1.1.1.1/32:
 From: 24.1.1.2 (2.2.2.2)
 Route Duration: 02h01m40s
 Direct Out-interface: GigabitEthernet0/0/1
 Original NextHop: 24.1.1.2
 Qos information: 0x0
 AS-path 200 100, origin igp, pref-val 0, valid, external, best, select, active, pre
    255
 Advertised to such 1 peers:
    6.6.6.6
 BGP routing table entry information of 1.1.1.1/32:
 From: 6.6.6.6 (6.6.6.6)
 Route Duration: 00h04m13s
 Relay IP NextHop: 46.1.1.6
```

```
Relay IP Out-Interface: GigabitEthernet0/0/0
Original NextHop: 5.5.5.5
Qos information: 0x0
AS-path 300 100, origin igp, localpref 100, pref-val 0, valid, internal, pre 255,
    IGP cost 2, not preferred for peer type
Originator: 5.5.5.5
Cluster List: 6.6.6.6
Not advertised to any peer yet
```

通过以上输出可以看到，R4 选择了 R2 传递过来的路由，而没有选择 R6 传递过来的路由，这是因为 R4 与 R6 为 IBGP 邻居关系，而 R4 与 R2 为 EBGP 邻居关系。

（6）设置路由优选原则第 6 条：优选 MED 属性值最小的路由。

第 1 步，在 R6 上查看 BGP 路由表。

```
[R6]display bgp routing-table
 BGP Local Router ID is 6.6.6.6
 Status codes: * - valid, > - best, d - damped,
               h - history,  i - internal, s - suppressed, S - Stale
               Origin: i - IGP, e - EGP, ? - incomplete
 Total Number of Routes: 2
   Network          NextHop        MED        LocPrf      PrefVal     Path/Ogn
 *>i  1.1.1.1/32    5.5.5.5                   100         0           300 100i
 *  i               4.4.4.4                   100         0           200 100i
```

第 2 步，把从 R5 传递过来的路由的 MED 值改为 800。

```
[R5]ip ip-prefix 1.1 permit 1.1.1.1 32
[R5]route-policy med permit node 10
[R5-route-policy]if-match ip-prefix 1.1
[R5-route-policy]apply cost 800
[R5-route-policy]quit
[R5]bgp 456
[R5-bgp]peer 35.1.1.3 route-policy med import
[R5-bgp]quit
```

第 3 步，在 R6 上查看 BGP 路由表。

```
[R6]display bgp routing-table
 BGP Local Router ID is 6.6.6.6
 Status codes: * - valid, > - best, d - damped,
               h - history,  i - internal, s - suppressed, S - Stale
               Origin: i - IGP, e - EGP, ? - incomplete
 Total Number of Routes: 2
 Network          NextHop        MED        LocPrf      PrefVal     Path/Ogn
 *>i  1.1.1.1/32   5.5.5.5        800        100         0           300 100i
 *  i              4.4.4.4                   100         0           200 100i
```

通过以上输出可以看到，从 R5 传递过来的路由其 MED 值为 800。

第 4 步，在 R6 上查看 BGP 的 1.1.1.1 路由的详细信息。

```
[R6]display bgp routing-table 1.1.1.1
 BGP local Router ID: 6.6.6.6
 Local AS number: 456
 Paths: 2 available, 1 best, 1 select
 BGP routing table entry information of 1.1.1.1/32:
 From: 5.5.5.5 (5.5.5.5)
 Route Duration: 00h02m46s
 Relay IP NextHop: 56.1.1.5
 Relay IP Out-Interface: GigabitEthernet0/0/0
 Original NextHop: 5.5.5.5
 Qos information: 0x0
 AS-path 300 100, origin igp, MED 800, localpref 100, pref-val 0, valid, internal,
    best, select, active, pre 255, IGP cost 1
 Advertised to such 1 peers:
    4.4.4.4
 BGP routing table entry information of 1.1.1.1/32:
 RR-client route.
 From: 4.4.4.4 (4.4.4.4)
 Route Duration: 01h38m05s
 Relay IP NextHop: 46.1.1.4
 Relay IP Out-Interface: GigabitEthernet0/0/1
 Original NextHop: 4.4.4.4
 Qos information: 0x0
 AS-path 200 100, origin igp, localpref 100, pref-val 0, valid, internal, pre 255,
    IGP cost 100, not preferred for IGP cost
 Not advertised to any peer yet
```

通过以上输出可以看到，虽然从 R5 传递过来的路由的 MED 值为 800，但它还是最优的，这是因为默认情况下 MED 只会在同一个 AS 里面进行比较。

第 5 步，在 R6 上设置 MED。

```
[R6]bgp 456
[R6-bgp]compare-different-as-med          // 来自不同的 AS 也可以比较 MED
```

第 6 步，再次在 R6 上查看 BGP 的 1.1.1.1 路由的详细信息。

```
[R6]display bgp routing-table 1.1.1.1
 BGP local Router ID: 6.6.6.6
 Local AS number: 456
 Paths: 2 available, 1 best, 1 select
 BGP routing table entry information of 1.1.1.1/32:
 RR-client route.
 From: 4.4.4.4 (4.4.4.4)
 Route Duration: 01h42m06s
 Relay IP NextHop: 46.1.1.4
 Relay IP Out-Interface: GigabitEthernet0/0/1
 Original NextHop: 4.4.4.4
 Qos information: 0x0
 AS-path 200 100, origin igp, localpref 100, pref-val 0, valid, internal, best, select,
```

```
    active, pre 255, IGP cost 100
Advertised to such 1 peers:
    5.5.5.5
BGP routing table entry information of 1.1.1.1/32:
From: 5.5.5.5 (5.5.5.5)
Route Duration: 00h06m47s
Relay IP NextHop: 56.1.1.5
Relay IP Out-Interface: GigabitEthernet0/0/0
Original NextHop: 5.5.5.5
Qos information: 0x0
AS-path 300 100, origin igp, MED 800, localpref 100, pref-val 0, valid, internal, pre
    255, IGP cost 1, not preferred for MED
Not advertised to any peer yet
```

通过以上输出可以看到，从 R5 传递过来的路由是因为 MED 而没有被优选。

（7）设置路由优选原则第 5 条：优选 Origin 属性值最优的路由。

第 1 步，查看 R6 的 BGP 路由表。

```
[R6]display bgp routing-table
 BGP Local Router ID is 6.6.6.6
 Status codes: * - valid, > - best, d - damped,
               h - history,  i - internal, s - suppressed, S - Stale
               Origin: i - IGP, e - EGP, ? - incomplete
 Total Number of Routes: 2
  Network          NextHop          MED        LocPrf     PrefVal    Path/Ogn
 *>i  1.1.1.1/32   4.4.4.4                     100        0          200 100i
 *  i               5.5.5.5          800        100        0          300 100i
```

通过以上输出可以看到，R6 优选了从 R4 传递过来的路由。

第 2 步，在 R4 上把路由的 Origin 属性值改为 Incomplete。

```
[R4]ip ip-prefix 1.1 permit 1.1.1.1 32
[R4]route-policy orgin permit node 10
[R4-route-policy]if-match ip-prefix 1.1
[R4-route-policy]apply origin incomplete
[R4-route-policy]quit
[R4]bgp 456
[R4-bgp]peer 6.6.6.6 route-policy orgin export
[R4-bgp]quit
```

第 3 步，再次查看 R6 的 BGP 路由表。

```
[R6]display bgp routing-table
 BGP Local Router ID is 6.6.6.6
 Status codes: * - valid, > - best, d - damped,
               h - history,  i - internal, s - suppressed, S - Stale
               Origin: i - IGP, e - EGP, ? - incomplete
 Total Number of Routes: 2
```

Network	NextHop	MED	LocPrf	PrefVal	Path/Ogn
*>i 1.1.1.1/32	5.5.5.5	800	100	0	300 100i
* i	4.4.4.4		100	0	200 100?

通过以上输出可以看到，从 4.4.4.4 传递过来的路由的 Origin 属性值变成了 "?"。

第 4 步，在 R6 上查看 BGP 的 1.1.1.1 路由的详细信息。

```
[R6]display bgp routing-table 1.1.1.1
 BGP local Router ID: 6.6.6.6
 Local AS number: 456
 Paths: 2 available, 1 best, 1 select
 BGP routing table entry information of 1.1.1.1/32:
 From: 5.5.5.5 (5.5.5.5)
 Route Duration: 00h24m39s
 Relay IP NextHop: 56.1.1.5
 Relay IP Out-Interface: GigabitEthernet0/0/0
 Original NextHop: 5.5.5.5
 Qos information: 0x0
 AS-path 300 100, origin igp, MED 800, localpref 100, pref-val 0, valid, internal,
     best, select, active, pre 255, IGP cost 1
 Advertised to such 1 peers:
    4.4.4.4
 BGP routing table entry information of 1.1.1.1/32:
 RR-client route.
 From: 4.4.4.4 (4.4.4.4)
 Route Duration: 00h07m55s
 Relay IP NextHop: 46.1.1.4
 Relay IP Out-Interface: GigabitEthernet0/0/1
 Original NextHop: 4.4.4.4
 Qos information: 0x0
 AS-path 200 100, origin incomplete, localpref 100, pref-val 0, valid, internal, pre
     255, IGP cost 100, not preferred for Origin
 Not advertised to any peer yet
```

通过以上输出可以看到，从 R4 传递过来的路由没有被优选是因为其 Origin 属性值。

（8）设置路由优选原则第 4 条：优选 AS_PATH 属性值最短的路由。

第 1 步，查看 R6 的 BGP 路由表。

```
[R6]display bgp routing-table
 BGP Local Router ID is 6.6.6.6
 Status codes: * - valid, > - best, d - damped,
               h - history,  i - internal, s - suppressed, S - Stale
               Origin: i - IGP, e - EGP, ? - incomplete
 Total Number of Routes: 2
```

Network	NextHop	MED	LocPrf	PrefVal	Path/Ogn
*>i 1.1.1.1/32	5.5.5.5	800	100	0	300 100i
* i	4.4.4.4		100	0	200 100?

通过以上输出可以看到，R6 优选了从 R5 传递过来的路由。

第 2 步，在 R6 上把 AS_PATH 改成 600、700。

```
[R6]ip ip-prefix 1.1 permit 1.1.1.1 32
[R6]route-policy as-path permit node 10
[R6-route-policy]if-match ip-prefix 1.1
[R6-route-policy]apply as-path 600 700 additive
[R6-route-policy]quit
[R6]bgp 456
[R6-bgp]peer 5.5.5.5 route-policy as-path import
[R6-bgp]quit
```

第 3 步，再次查看 R6 的 BGP 路由表。

```
[R6]display bgp routing-table
 BGP Local Router ID is 6.6.6.6
 Status codes: * - valid, > - best, d - damped,
               h - history,  i - internal, s - suppressed, S - Stale
               Origin: i - IGP, e - EGP, ? - incomplete
 Total Number of Routes: 2
  Network            NextHop         MED     LocPrf    PrefVal    Path/Ogn
 *>i  1.1.1.1/32     4.4.4.4                 100       0          200 100?
 *  i                5.5.5.5         800     100       0          600 700 300 100i
```

通过以上输出可以看到，从 R5 传递过来的路由其 AS_PATH 变成了 600、700、300 和 100。

第 4 步，在 R6 上查看 BGP 的 1.1.1.1 路由的详细信息。

```
[R6]display bgp routing-table 1.1.1.1
 BGP local Router ID: 6.6.6.6
 Local AS number: 456
 Paths: 2 available, 1 best, 1 select
 BGP routing table entry information of 1.1.1.1/32:
 RR-client route.
 From: 4.4.4.4 (4.4.4.4)
 Route Duration: 00h14m40s
 Relay IP NextHop: 46.1.1.4
 Relay IP Out-Interface: GigabitEthernet0/0/1
 Original NextHop: 4.4.4.4
 Qos information: 0x0
 AS-path 200 100, origin incomplete, localpref 100, pref-val 0, valid, internal, best,
    select, active, pre 255, IGP cost 100
 Advertised to such 1 peers:
    5.5.5.5
 BGP routing table entry information of 1.1.1.1/32:
 From: 5.5.5.5 (5.5.5.5)
 Route Duration: 00h02m08s
 Relay IP NextHop: 56.1.1.5
 Relay IP Out-Interface: GigabitEthernet0/0/0
 Original NextHop: 5.5.5.5
```

```
Qos information: 0x0
AS-path 600 700 300 100, origin igp, MED 800, localpref 100, pref-val 0, valid,
    internal, pre 255, IGP cost 1, not preferred for AS-Path
Not advertised to any peer yet
```

通过以上输出可以看到，从 R5 传递过来的路由没有被优选是因为 AS_PATH。

（9）设置路由优选原则第 3 条：本地始发的 BGP 路由优于从其他对等体学习到的路由，本地始发的路由优先级为优选手动聚合 > 自动聚合 >network>import> 从对等体学习到的。

第 1 步，在 R1 上把环回口的路由改为 8.8.8.8/24 并在 BGP 中宣告。

```
[R1]interface LoopBack 0
[R1-LoopBack0]ip address 8.8.8.8 24
[R1-LoopBack0]quit
[R1]bgp 100
[R1-bgp]network 8.8.8.0 255.255.255.0
[R1-bgp]quit
```

第 2 步，在 R3 上查看 BGP 路由表。

```
[R3]display bgp routing-table
 BGP Local Router ID is 3.3.3.3
 Status codes: * - valid, > - best, d - damped,
               h - history,  i - internal, s - suppressed, S - Stale
               Origin: i - IGP, e - EGP, ? - incomplete
 Total Number of Routes: 2
 Network             NextHop         MED         LocPrf      PrefVal    Path/Ogn
 *>   1.1.1.1/32     13.1.1.1        0                       0          100i
 *>   8.8.8.0/24     13.1.1.1        0                       0          100i
```

通过以上输出可以看到，8.8.8.0 的路由在 BGP 路由表中。

第 3 步，在 R3 上设置两条静态路由指向 NULL 0，并导入 BGP 中，然后手动聚合。

```
[R3]ip route-static 8.8.8.0 255.255.255.128 NULL 0
[R3]ip route-static 8.8.8.128 255.255.255.128 NULL 0
[R3]bgp 300
[R3-bgp]aggregate 8.8.8.0 255.255.255.0 detail-suppressed
[R3-bgp]import-route static
```

第 4 步，在 R3 上再次查看 BGP 路由表。

```
[R3]display bgp routing-table
 BGP Local Router ID is 3.3.3.3
 Status codes: * - valid, > - best, d - damped,
               h - history,  i - internal, s - suppressed, S - Stale
               Origin: i - IGP, e - EGP, ? - incomplete
 Total Number of Routes: 5
  Network            NextHop         MED         LocPrf      PrefVal    Path/Ogn
 *>   1.1.1.1/32     13.1.1.1        0                       0          100i
```

*>	8.8.8.0/24	127.0.0.1		0		?
*		13.1.1.1	0		0	100i
s>	8.8.8.0/25	0.0.0.0	0		0	?
s>	8.8.8.128/25	0.0.0.0	0		0	?

通过以上输出可以看到，手动聚合的为最优的，因为本地始发的 BGP 路由优于从其他对等体学习到的路由。本地始发的路由优先级: 手动聚合 > 自动聚合 >network>import> 从对等体学习到的。

第 5 步，在 R3 上查看 8.8.8.0 255.255.255.0 的详细路由。

```
[R3]display bgp routing-table 8.8.8.0 255.255.255.0
 BGP local Router ID: 3.3.3.3
 Local AS number: 300
 Paths: 2 available, 1 best, 1 select
 BGP routing table entry information of 8.8.8.0/24:
 Aggregated route.
 Route Duration: 00h06m08s
 Direct Out-interface: NULL 0
 Original NextHop: 127.0.0.1
 Qos information: 0x0
 AS-path Nil, origin incomplete, pref-val 0, valid, local, best, select, active, pre 255
 Aggregator: AS 300, Aggregator ID 3.3.3.3, Atomic-aggregate
 Advertised to such 2 peers:
    13.1.1.1
    35.1.1.5
 BGP routing table entry information of 8.8.8.0/24:
 From: 13.1.1.1 (1.1.1.1)
 Route Duration: 00h22m22s
 Direct Out-interface: GigabitEthernet0/0/0
 Original NextHop: 13.1.1.1
 Qos information: 0x0
 AS-path 100, origin igp, MED 0, pref-val 0, valid, external, pre 255, not preferred
    for route type
 Not advertised to any peer yet
```

（10）设置路由优选原则第 2 条: 优选 Local_Preference 属性值最大的路由。

第 1 步，查看 R6 上的 BGP 路由表。

```
[R6]display bgp routing-table
 BGP Local Router ID is 6.6.6.6
 Status codes: * - valid, > - best, d - damped,
               h - history,  i - internal, s - suppressed, S - Stale
               Origin: i - IGP, e - EGP, ? - incomplete
 Total Number of Routes: 3
   Network          NextHop        MED        LocPrf      PrefVal     Path/Ogn
 *>i  1.1.1.1/32    4.4.4.4                   100         0           200 100?
 * i                5.5.5.5        800        100         0           600 700 300 100i
 *>i  8.8.8.0/24    5.5.5.5                   100         0           300?
```

通过以上输出可以看到，1.1.1.1 这条路由优选从 R4 传递过来的路由。

第2步，在 R6 上把从 R5 传递过来的路由的本地优先级改为 9999。

```
[R6]route-policy local permit node 10
[R6-route-policy]if-match ip-prefix 1.1
[R6-route-policy]apply local-preference 9999
[R6-route-policy]quit
[R6]bgp 456
[R6-bgp]peer 5.5.5.5 route-policy local import
[R6-bgp]quit
```

第3步，在 R4 上查看 BGP 路由表。

```
[R4]display bgp routing-table 1.1.1.1
 BGP local Router ID: 4.4.4.4
 Local AS number: 456
 Paths: 2 available, 1 best, 1 select
 BGP routing table entry information of 1.1.1.1/32:
 From: 6.6.6.6 (6.6.6.6)
 Route Duration: 00h01m44s
 Relay IP NextHop: 46.1.1.6
 Relay IP Out-Interface: GigabitEthernet0/0/0
 Original NextHop: 5.5.5.5
 Qos information: 0x0
 AS-path 300 100, origin igp, MED 800, localpref 9999, pref-val 0, valid, internal,
    best, select, active, pre 255, IGP cost 2
 Originator: 5.5.5.5
 Cluster List: 6.6.6.6
 Advertised to such 1 peers:
    24.1.1.2
 BGP routing table entry information of 1.1.1.1/32:
 From: 24.1.1.2 (2.2.2.2)
 Route Duration: 00h33m36s
 Direct Out-interface: GigabitEthernet0/0/1
 Original NextHop: 24.1.1.2
 Qos information: 0x0
 AS-path 200 100, origin igp, pref-val 0, valid, external, pre 255, not preferred for
    Local_Pref
 Not advertised to any peer yet
```

通过以上输出可以看到，从 R6 传递过来的路由没有被优选是因为 Local_Pref。

（11）设置路由优选原则第 1 条：优选 Preferred-Value 属性值最大的路由。

第1步，查看 R6 上的 BGP 路由表。

```
[R6]display bgp routing-table
 BGP Local Router ID is 6.6.6.6
 Status codes: * - valid, > - best, d - damped,
               h - history,  i - internal, s - suppressed, S - Stale
               Origin: i - IGP, e - EGP, ? - incomplete
 Total Number of Routes: 2
```

```
 Network              NextHop        MED        LocPrf      PrefVal     Path/Ogn
*>i   1.1.1.1/32      5.5.5.5                   9999        0           300 100i
*  i                  4.4.4.4                   100         0           200 100i
```

通过以上输出可以看到，R6 去往 1.1.1.1 路由的过程选择了 R5，因为从 R5 传递过来的路由的本地优先级为 9999。

第 2 步，在 R6 上进行配置，设置从 R4 传递过来的路由的 Preferred-Value 为 3000。

```
[R6]route-policy pre permit node 10
[R6-route-policy]if-match ip-prefix 1.1
[R6-route-policy]apply preferred-value 3000
[R6-route-policy]quit
[R6]bgp 456
[R6-bgp]peer 4.4.4.4 route-policy pre import
[R6-bgp]quit
```

第 3 步，再次在 R6 上查看 BGP 路由表。

```
[R6]display bgp routing-table
 BGP Local Router ID is 6.6.6.6
 Status codes: * - valid, > - best, d - damped,
               h - history,  i - internal, s - suppressed, S - Stale
               Origin: i - IGP, e - EGP, ? - incomplete
 Total Number of Routes: 2
 Network              NextHop        MED        LocPrf      PrefVal     Path/Ogn
*>i   1.1.1.1/32      4.4.4.4                   100         3000        200 100i
*  i                  5.5.5.5                   9999        0           300 100i
```

通过以上输出可以看到，R6 去往 1.1.1.1 路由的过程选择了 R4，因为 R4 的 Preferred-Value 为 3000。

第 6 章　RSTP 快速生成树协议

本章阐述了STP的缺点，以及RSTP对STP的改进，通过实验使读者能够掌握RSTP在各种场景中的应用。

本章包含以下内容：
- STP的缺点
- RSTP对STP的改进
- RSTP配置实验

6.1　RSTP 概述

以太交换网络中为了进行链路备份，提高网络可靠性，通常会使用冗余链路。但是使用冗余链路会在交换网络上产生环路，引发广播风暴及 MAC 地址表不稳定等故障，从而导致用户通信质量差，甚至通信中断。为解决以太交换网络中的环路问题，提出了生成树协议（Spanning Tree Protocol，STP）。并从最初的 IEEE 802.1D 中定义的 STP 逐步发展到了 IEEE 802.1W 中定义的快速生成树协议（Rapid Spanning Tree Protocol，RSTP）。

6.1.1　STP 的缺点

STP 的缺点如下。

（1）STP 是被动执行的，依赖定时器等待的方式判断拓扑变化，收敛速度较慢。

（2）STP 要求在稳定的拓扑中，根桥主动发出配置 BPDU 报文后，其他设备再进行处理，最终传遍整个 STP 网络。

（3）STP 没有细致区分端口状态和端口角色，不利于初学者学习及部署。

6.1.2　RSTP 对 STP 的改进

RSTP 在 STP 的基础上进行了以下改进。

（1）通过端口角色的增补，简化了生成树协议的理解及部署。

- 替代端口（Alternate）：替代根端口。
- 备份端口（Backup）：备份指定端口。

（2）端口状态的重新划分。

- Discarding 状态：不转发用户流量，也不学习 MAC 地址。
- Learning 状态：不转发用户流量，但学习 MAC 地址。
- Forwarding 状态：既转发用户流量，又学习 MAC 地址。

（3）配置 BPDU 格式的改变，充分利用了 STP 协议报文中的 Flag 字段，明确了端口角色。

● Type 字段：配置 BPDU 类型不再是 0 而是 2，所以运行 STP 的设备收到 RSTP 的配置 BPDU 时会丢弃。

● Flag 字段：使用了原来保留的中间 6 比特，这种改变的配置 BPDU 称为 RST BPDU。

（4）配置 BPDU 的处理发生变化。

● 在拓扑稳定后，无论非根桥设备是否接收到根桥传来的配置 BPDU 报文，非根桥设备仍然按照 Hello Time 规定的时间间隔发送配置 BPDU，该行为完全由每台设备自主进行。

● 如果一个端口在超时时间（即三个周期，超时时间 = Hello Time × 3）内没有收到上游设备发送过来的配置 BPDU，那么该设备认为与此邻居之间的协商失败。

● 当一个端口收到上游的指定桥发来的 RST BPDU 报文时，该端口会将自身缓存的 RST BPDU 与收到的 RST BPDU 进行比较。如果该端口缓存的 RST BPDU 优于收到的 RST BPDU，则该端口会直接丢弃收到的 RST BPDU，立即回应自身缓存的 RST BPDU，从而加快收敛速度。

（5）快速收敛。

● 根端口和指定端口快速切换（因为有替代端口和备份端口）。

● 边缘端口：不参与 RSTP 计算，可以由 Discarding 状态直接进入 Forwarding 状态。

● Proposal/Agreement 机制。

（6）拓扑变更机制。

一旦出现链路故障就启动 TC while timer（4），在此时间内，清空状态发生变化的端口上学习的 MAC 地址，超时后就发送 TC 置位的 RST BPDU。

（7）保护功能。

● BPDU 保护：交换设备上启动了 BPDU 保护功能后，如果边缘端口收到 RST BPDU，则发生错误并关闭，但边缘端口的属性不变，同时通知网管系统。

● 根保护：一旦启用根保护功能的指定端口收到优先级更高的 RST BPDU，端口将进入 Discarding 状态，不再转发报文。经过一段时间（通常为 Forward Delay X2）后，如果端口一直没有再收到优先级较高的 RST BPDU，则端口会自动恢复到正常的 Forwarding 状态。

注意：Root 保护功能只能在指定端口上配置生效。

● 环路保护：在启动了环路保护功能后，如果根端口或 Alternate 端口长时间收不到来自上游设备的 BPDU 报文，则向网管发出通知信息（此时根端口会进入 Discarding 状态，角色切换为指定端口），而 Alternate 端口则会一直保持在 Discarding 状态（角色也会切换为指定端口），不转发报文，从而不会在网络中形成环路。

注意：环路保护功能只能在根端口或 Alternate 端口上配置生效。

● 防 TC-BPDU 攻击：启用防 TC-BPDU 攻击功能后，在单位时间内，交换设备处理 TC BPDU 报文的次数可配置。

6.2 RSTP 配置实验

1. 实验目的

（1）熟悉 RSTP 的应用场景。

（2）掌握 RSTP 的配置方法。

扫一扫，看视频

2. 实验拓扑

配置 RSTP 的实验拓扑如图 6-1 所示。

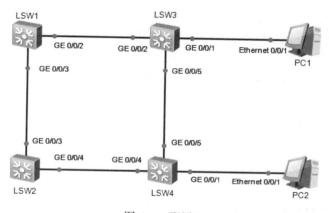

图 6-1 配置 RSTP

3. 实验步骤

（1）开启 RSTP。

LSW1 的配置：

```
<Huawei>system-view
Enter system view, return user view with Ctrl+Z.
[Huawei]undo info-center enable
[Huawei]sysname LSW1
[LSW1]stp mode rstp                //STP 的模型为 RSTP，默认为 MSTP
```

LSW2 的配置：

```
<Huawei>system-view
Enter system view, return user view with Ctrl+Z.
[Huawei]undo info-center enable
[Huawei]sysname LSW2
[LSW2]stp mode rstp
```

LSW3 的配置：

```
<Huawei>system-view
Enter system view, return user view with Ctrl+Z.
[Huawei]undo info-center enable
[Huawei]sysname LSW3
[LSW3]stp mode rstp
```

LSW4 的配置：

```
<Huawei>system-view
Enter system view, return user view with Ctrl+Z.
[Huawei]undo info-center enable
[Huawei]sysname LSW4
[LSW4]stp mode rstp
```

（2）把 LSW1 设置为根网桥，LSW2 设置为备用根网桥。
LSW1 的配置：

```
[LSW1]stp root primary
```

LSW2 的配置：

```
[LSW2]stp root secondary
```

（3）查看每台交换机的 STP 摘要信息。
LSW1 的配置：

```
[LSW1]display stp brief
 MSTID  Port                     Role  STP State   Protection
   0    GigabitEthernet0/0/2     DESI  FORWARDING  NONE
   0    GigabitEthernet0/0/3     DESI  FORWARDING  NONE
```

LSW2 的配置：

```
[LSW2]display stp brief
 MSTID  Port                     Role  STP State   Protection
   0    GigabitEthernet0/0/3     ROOT  FORWARDING  NONE
   0    GigabitEthernet0/0/4     DESI  FORWARDING  NONE
```

LSW3 的配置：

```
[LSW3]display stp brief
 MSTID  Port                     Role  STP State   Protection
   0    GigabitEthernet0/0/1     DESI  FORWARDING  NONE
   0    GigabitEthernet0/0/2     ROOT  FORWARDING  NONE
   0    GigabitEthernet0/0/5     DESI  FORWARDING  NONE
```

LSW4 的配置：

```
[LSW4]display stp brief
 MSTID   Port                          Role   STP State     Protection
    0     GigabitEthernet0/0/1         DESI   FORWARDING    NONE
    0     GigabitEthernet0/0/4         ROOT   FORWARDING    NONE
    0     GigabitEthernet0/0/5         ALTE   DISCARDING    NONE
```

通过以上输出可以看到，端口角色如图 6-2 所示。

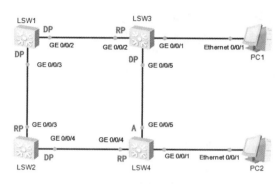

图 6-2　端口角色

（4）设置边缘端口。

LSW3 的配置：

```
[LSW3]interface g0/0/1
[LSW3-GigabitEthernet0/0/1]stp edged-port enable
[LSW3-GigabitEthernet0/0/1]quit
```

LSW4 的配置：

```
[LSW4]interface g0/0/1
[LSW4-GigabitEthernet0/0/1]stp edged-port enable
[LSW4-GigabitEthernet0/0/1]quit
```

【技术要点】

（1）在RSTP里面，如果某个端口位于整个网络的边缘，即不再与其他交换设备连接，而是直接与终端设备直连，这种端口可以设置为边缘端口。

（2）边缘端口不参与RSTP计算，可以由Discarding状态直接进入Forwarding状态。

（3）一旦边缘端口收到配置BPDU，就丧失了边缘端口属性，成为普通STP端口，并重新进行生成树计算，从而引起网络振荡。

（5）设置 BPDU 保护。

LSW3 的配置：

```
[LSW3]stp bpdu-protection
```

LSW4 的配置：

```
[LSW4]stp bpdu-protection
```

【技术要点】

（1）正常情况下，边缘端口不会收到RST BPDU。如果有人伪造RST BPDU恶意攻击交换设备，当边缘端口收到RST BPDU时，交换设备会自动将边缘端口设置为非边缘端口，并重新进行生成树计算，从而引起网络振荡。

（2）交换设备上启动了BPDU保护功能后，如果边缘端口收到RST BPDU，边缘端口将被error-down，但边缘端口的属性不变，同时通知网管系统。

（6）设置根保护。

```
[LSW1]interface g0/0/2
[LSW1-GigabitEthernet0/0/2]stp root-protection
[LSW1-GigabitEthernet0/0/2]quit
[LSW1]interface g0/0/3
[LSW1-GigabitEthernet0/0/3]stp root-protection
[LSW1-GigabitEthernet0/0/3]quit
```

【技术要点】

（1）对于启用根保护功能的指定端口，其端口角色只能保持为指定端口。

（2）一旦启用根保护功能的指定端口收到优先级更高的RST BPDU，端口将进入Discarding状态，不再转发报文。经过一段时间（通常为Forward Delay X2）后，如果端口一直没有再收到优先级较高的RST BPDU，则端口会自动恢复到正常的Forwarding状态。

（3）根保护功能确保了根桥的角色不会因为一些网络问题而改变。

4. 实验调试

抓取 LSW1 的 G0/0/2 接口的数据包进行分析，其报文格式如图 6-3 所示。

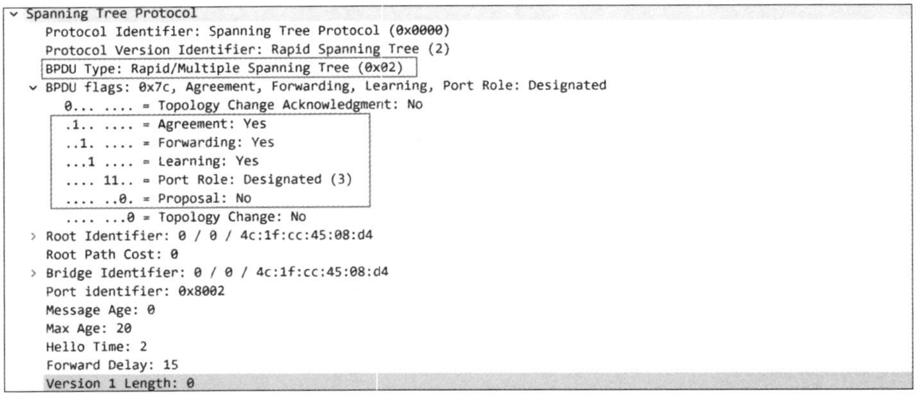

图 6-3　BPDU 报文格式

第 7 章　MSTP 多生成树协议

本章阐述了RSTP/STP的不足，以及MSTP的专业术语、端口角色，通过实验使读者能够掌握MSTP在各种场景中的配置方法。

本章包含以下内容：
- RSTP/STP的不足
- MSTP专业术语
- MSTP的端口角色和状态
- MSTP配置实验

7.1　MSTP 概述

RSTP 在 STP 的基础上进行了改进，实现了网络拓扑的快速收敛。但在划分 VLAN（Virtual Local Area Network，虚拟局域网）的网络中运行 RSTP/STP，由于局域网内所有的 VLAN 共享一棵生成树，被阻塞后的链路将不再承载任何流量，因此无法在 VLAN 间实现数据流量的负载均衡，导致链路带宽利用率、设备资源利用率较低。

为了弥补 RSTP/STP 的不足，IEEE 于 2002 年发布的 802.1S 标准定义了多生成树协议（Multiple Spanning Tree Protocol，MSTP）。MSTP 兼容 STP 和 RSTP，通过建立多棵无环路的树，解决广播风暴的问题并实现冗余备份。

7.1.1　RSTP/STP 的不足

虽然 RSTP 在 STP 的基础上进行了改进，但 RSTP 和 STP 存在着同一个缺陷：由于局域网内所有的 VLAN 共享一棵生成树，因此无法在 VLAN 间实现数据流量的负载均衡，链路被阻塞后将不承载任何流量，造成带宽浪费，还有可能造成部分 VLAN 的报文无法转发。其缺陷示意如图 7-1 所示。

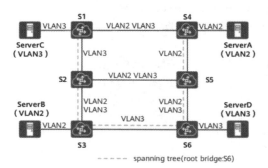

图 7-1　RSTP/STP 的缺陷示意图

图 7-1 所示为在局域网内应用 STP 或 RSTP，生成树结构在图中用虚线表示，S6 为根交换设备。S2 和 S5 之间、S1 和 S4 之间的链路被阻塞，除了图中标注了 VLAN2 或 VLAN3 的链路允许对应的 VLAN 报文通过外，其他链路均不允许 VLAN2 和 VLAN3 的报文通过。

ServerA 和 ServerB 同属于 VLAN2，由于 S2 和 S5 之间的链路被阻塞，S3 和 S6 之间的链路又不允许 VLAN2 的报文通过，因此 ServerA 和 ServerB 之间无法互相通信。

7.1.2　MSTP 专业术语

1. MST 域

MST 域（Multiple Spanning Tree Region，多生成树域）由交换网络中的多台交换设备及它们之间的网段所构成。同一个 MST 域的设备具有以下特点。

（1）都启动了 MSTP。

（2）具有相同的域名。

（3）具有相同的 VLAN 到生成树实例映射配置。

（4）具有相同的 MSTP 修订级别配置。

2. MSTI

MSTI（Multiple Spanning Tree Instance，多生成树实例）具有以下特点。

（1）一个 MST 域内可以生成多棵生成树，每棵生成树都称为一个 MSTI。

（2）MSTI 使用 Instance ID 标识，华为设备取值范围为 0~4094。

（3）Instance0 是默认存在的，而且默认时华为交换机上所有的 VLAN 都映射到了 Instance0。

3. VLAN 映射表

VLAN 映射表是 MST 域的属性，它描述了 VLAN 和 MSTI 之间的映射关系。

4. CST

如果把每个 MST 域看作一个节点，CST（Common Spanning Tree，公共生成树）就是这些节点通过 STP 或 RSTP 协议计算生成的一棵生成树。

5. IST

IST（Internal Spanning Tree，内部生成树）是各 MST 域内的一棵生成树，它是一个特殊的 MSTI，MSTI 的 ID 为 0，通常称为 MSTI0。

6 .CIST

CIST（Common and Internal Spanning Tree，公共和内部生成树）是通过 STP 或 RSTP 协议计算生成的，是连接一个交换网络内所有交换设备的单生成树。

7. SST

SST（Single Spanning Tree，单生成树）有以下两种情况。

（1）运行生成树协议的交换设备只能属于一棵生成树。

（2）MST 域中只有一个交换设备，这个交换设备构成单生成树。

8. 总根

总根（CIST Root）是 CIST 的根桥。

9. 域根

（1）在 MST 域中，IST 生成树中距离总根最近的交换设备是 IST 域根。

（2）一个 MST 域内可以生成多棵生成树，每棵生成树都称为一个 MSTI。MSTI 域根是每个多生成树实例的树根。

10. 主桥

主桥（Master Bridge）也就是 IST Master，它是域内距离总根最近的交换设备。

7.1.3 MSTP 的端口角色和状态

1. 端口角色

MSTP 中定义的所有端口角色包括根端口、指定端口、Alternate 端口、Backup 端口、Master 端口、域边缘端口和边缘端口，具体说明见表 7–1。

表 7–1　MSTP 的端口角色及说明

端口角色	说　　明
根端口	在非根桥上，离根桥最近的端口是本交换设备的根端口，根端口负责向树根方向转发数据
指定端口	对一台交换设备而言，它的指定端口是向下游交换设备转发 BPDU 报文的端口
Alternate 端口	从配置 BPDU 报文的发送角度来看，Alternate 端口就是由于学习到其他网桥发送的配置 BPDU 报文而阻塞的端口； 从用户流量的角度来看，Alternate 端口提供了从指定桥到根的另一条可切换路径，作为根端口的备份端口
Backup 端口	从配置 BPDU 报文的发送角度来看，Backup 端口就是由于学习到自己发送的配置 BPDU 报文而阻塞的端口； 从用户流量的角度来看，Backup 端口作为指定端口的备份，提供了另一条从根节点到叶节点的备份通路
Master 端口	Master 端口是 MST 域和总根相连的所有路径中最短路径上的端口，它是交换设备上连接 MST 域到总根的端口。 ● Master 端口是域中的报文去往总根的必经之路； ● Master 端口是特殊域边缘端口，Master 端口在 CIST 上的角色是 Root Port，在其他各实例上的角色都是 Master 端口
域边缘端口	域边缘端口是指位于 MST 域的边缘并连接其他 MST 域或 SST 的端口
边缘端口	如果指定端口位于整个域的边缘，不再与其他任何交换设备连接，这种端口称为边缘端口。边缘端口一般与用户终端设备直接连接

2. 端口状态

MSTP 定义的端口状态与 RSTP 协议中定义的端口状态相同。

（1）Forwarding 状态：端口既转发用户流量、学习 MAC 地址，又接收 / 发送 BPDU 报文。

（2）Learning 状态：过渡状态，端口接收 / 发送 BPDU 报文，不转发用户流量，但学习 MAC 地址。

（3）Discarding 状态：端口只接收 BPDU 报文，不转发用户流量也不学习 MAC 地址。

3. MSTP 的报文

MSTP 使用多生成树桥协议数据单元（Multiple Spanning Tree Bridge Protocol Data Unit，MST BPDU）作为生成树计算的依据。MST BPDU 报文用于计算生成树的拓扑、维护网络拓扑以及传达拓扑变化记录。

STP 中定义的配置 BPDU、RSTP 中定义的 RST BPDU、MSTP 中定义的 MST BPDU 及 TCN BPDU 信息见表 7-2。

表 7-2　BPDU 的类型

版　本	类　型	名　称
0	0x00	配置 BPDU
0	0x80	TCN BPDU
2	0x02	RST BPDU
3	0x02	MST BPDU

7.2　MSTP 配置实验

扫一扫，看视频

1. 实验目的
（1）熟悉 MSTP 的应用场景。
（2）掌握 MSTP 的配置方法。

2. 实验拓扑
配置 MSTP 的实验拓扑如图 7-2 所示。

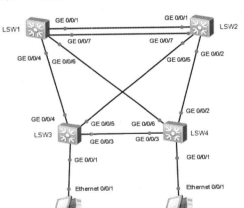

图 7-2　配置 MSTP

3. 实验步骤
（1）创建 VLAN。
LSW1 的配置：

```
<Huawei>system-view
Enter system view, return user view with Ctrl+Z.
[Huawei]undo info-center enable
[Huawei]sysname LSW1
[LSW1]vlan batch 10 20 30 40 50 60 70 80
```

LSW2 的配置:

```
<Huawei>system-view
Enter system view, return user view with Ctrl+Z.
[Huawei]undo info-center enable
Info: Information center is disabled.
[Huawei]sysname LSW2
[LSW2]vlan batch 10 20 30 40 50 60 70 80
```

LSW3 的配置:

```
<Huawei>system-view
Enter system view, return user view with Ctrl+Z.
[Huawei]undo info-center enable
Info: Information center is disabled.
[Huawei]sysname LSW3
[LSW3]vlan batch 10 20 30 40 50 60 70 80
```

LSW4 的配置:

```
<Huawei>system-view
Enter system view, return user view with Ctrl+Z.
[Huawei]undo info-center enable
Info: Information center is disabled.
[Huawei]sysname LSW4
[LSW4]vlan batch 10 20 30 40 50 60 70 80
```

（2）设置 trunk。
LSW1 的配置:

```
[LSW1]port-group 1
[LSW1-port-group-1]group-member GigabitEthernet 0/0/1
[LSW1-port-group-1]group-member GigabitEthernet 0/0/7
[LSW1-port-group-1]group-member g0/0/6
[LSW1-port-group-1]group-member g0/0/4
[LSW1-port-group-1]port link-type trunk
[LSW1-port-group-1]port trunk allow-pass vlan all
[LSW1-port-group-1]quit
```

LSW2 的配置:

```
[LSW2]port-group 1
[LSW2-port-group-1]group-member GigabitEthernet 0/0/1
[LSW2-port-group-1]group-member g0/0/7
[LSW2-port-group-1]group-member g0/0/5
[LSW2-port-group-1]group-member g0/0/2
[LSW2-port-group-1]port link-type trunk
[LSW2-port-group-1]port trunk allow-pass vlan all
[LSW2-port-group-1]quit
```

LSW3 的配置:

```
[LSW3]port-group 1
[LSW3-port-group-1]group-member g0/0/4
[LSW3-port-group-1]group-member g0/0/3
[LSW3-port-group-1]group-member g0/0/5
[LSW3-port-group-1]port link-type trunk
[LSW3-port-group-1]port trunk allow-pass vlan all
[LSW3-port-group-1]quit
```

LSW4 的配置:

```
[LSW4]port-group 1
[LSW4-port-group-1]group-member g0/0/3
[LSW4-port-group-1]group-member g0/0/6
[LSW4-port-group-1]group-member g0/0/2
[LSW4-port-group-1]port link-type trunk
[LSW4-port-group-1]port trunk allow-pass vlan all
[LSW4-port-group-1]quit
```

（3）配置 MSTP。

LSW1 的配置:

```
[LSW1]stp enable                              // 启用 STP，默认配置
[LSW1]stp mode mstp                           // STP 的模式为 MSTP，默认配置
[LSW1]stp region-configuration               // 进入 MST 域视图
[LSW1-mst-region]region-name hcip            // MSTP 的域名为 hcip
[LSW1-mst-region]revision-level 1            // MST 域的修订级别为 1，默认为 0
[LSW1-mst-region]instance 1 vlan 10 30 50 70  // 实例 1 关联 vlan 10 30 50 70
[LSW1-mst-region]instance 2 vlan 20 40 60 80  // 实验 2 关联 vlan 20 40 60 80
[LSW1-mst-region]active region-configuration  // 激活 MST 域的配置
[LSW1-mst-region]quit
```

LSW2 的配置:

```
[LSW2]stp enable
[LSW2]stp mode mstp
[LSW2]stp region-configuration
[LSW2-mst-region]region-name hcip
[LSW2-mst-region]revision-level 1
[LSW2-mst-region]instance 1 vlan 10 30 50 70
[LSW2-mst-region]instance 2 vlan 20 40 60 80
[LSW2-mst-region]active region-configuration
[LSW2-mst-region]quit
```

LSW3 的配置:

```
[LSW3]stp enable
[LSW3]stp mode mstp
[LSW3]stp region-configuration
```

```
[LSW3-mst-region]region-name hcip
[LSW3-mst-region]revision-level 1
[LSW3-mst-region]instance 1 vlan 10 30 50 70
[LSW3-mst-region]instance 2 vlan 20 40 60 80
[LSW3-mst-region]active region-configuration
[LSW3-mst-region]quit
```

LSW4 的配置：

```
[LSW4]stp enable
[LSW4]stp mode mstp
[LSW4]stp region-configuration
[LSW4-mst-region]region-name hcip
[LSW4-mst-region]revision-level 1
[LSW4-mst-region]instance 1 vlan 10 30 50 70
[LSW4-mst-region]instance 2 vlan 20 40 60 80
[LSW4-mst-region]active region-configuration
[LSW4-mst-region]quit
```

（4）配置主根网桥和备用根网桥。

LSW1 的配置：

```
[LSW1]stp instance 1 root primary
[LSW1]stp instance 2 root secondary
```

LSW2 的配置：

```
[LSW2]stp instance  1 root secondary
[LSW2]stp instance 2 root primary
```

（5）设置边缘端口。

LSW3 的配置：

```
[LSW3]interface g0/0/1
[LSW3-GigabitEthernet0/0/1]stp edged-port enable
```

LSW4 的配置：

```
[LSW4]interface g0/0/1
[LSW4-GigabitEthernet0/0/1]stp edged-port enable
[LSW4-GigabitEthernet0/0/1]quit
```

4. 实验调试

（1）查看实例 1 的端口角色。

查看 LSW1 实例 1 的信息：

```
[LSW1]display stp instance 1 brief
 MSTID   Port                        Role    STP State      Protection
   1     GigabitEthernet0/0/1        DESI    FORWARDING     NONE
   1     GigabitEthernet0/0/4        DESI    FORWARDING     NONE
   1     GigabitEthernet0/0/6        DESI    FORWARDING     NONE
   1     GigabitEthernet0/0/7        DESI    FORWARDING     NONE
```

查看 LSW2 实例 1 的信息：

```
[LSW2]display stp instance 1 brief
MSTID   Port                        Role    STP State        Protection
   1    GigabitEthernet0/0/1        ROOT    FORWARDING       NONE
   1    GigabitEthernet0/0/2        DESI    FORWARDING       NONE
   1    GigabitEthernet0/0/5        DESI    FORWARDING       NONE
   1    GigabitEthernet0/0/7        ALTE    DISCARDING       NONE
```

查看 LSW3 实例 1 的信息：

```
[LSW3]display stp instance 1 brief
MSTID   Port                        Role    STP State        Protection
   1    GigabitEthernet0/0/3        DESI    FORWARDING       NONE
   1    GigabitEthernet0/0/4        ROOT    FORWARDING       NONE
   1    GigabitEthernet0/0/5        ALTE    DISCARDING       NONE
```

查看 LSW4 实例 1 的信息：

```
[LSW4]display stp instance 1 brief
MSTID   Port                        Role    STP State        Protection
   1    GigabitEthernet0/0/2        ALTE    DISCARDING       NONE
   1    GigabitEthernet0/0/3        ALTE    DISCARDING       NONE
   1    GigabitEthernet0/0/6        ROOT    FORWARDING       NONE
```

通过以上输出可以看到，在实例 1 中每个端口的角色如图 7-3 所示。

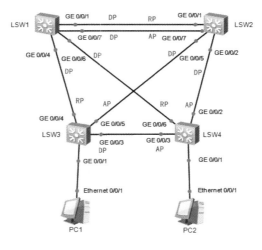

图 7-3　端口角色

（2）查看实例 2 的端口角色。

查看 LSW1 实例 2 的信息：

```
[LSW1]display stp instance 2 brief
MSTID   Port                        Role    STP State        Protection
```

```
   2     GigabitEthernet0/0/1     ROOT    FORWARDING      NONE
   2     GigabitEthernet0/0/4     DESI    FORWARDING      NONE
   2     GigabitEthernet0/0/6     DESI    FORWARDING      NONE
   2     GigabitEthernet0/0/7     ALTE    DISCARDING      NONE
```

查看 LSW2 实例 2 的信息：

```
[LSW2]display stp instance 2 brief
 MSTID   Port                       Role   STP State     Protection
   2     GigabitEthernet0/0/1       DESI   FORWARDING     NONE
   2     GigabitEthernet0/0/2       DESI   FORWARDING     NONE
   2     GigabitEthernet0/0/5       DESI   FORWARDING     NONE
   2     GigabitEthernet0/0/7       DESI   FORWARDING     NONE
```

查看 LSW3 实例 2 的信息：

```
[LSW3]display stp instance 2 brief
 MSTID   Port                       Role   STP State     Protection
   2     GigabitEthernet0/0/3       DESI   FORWARDING     NONE
   2     GigabitEthernet0/0/4       ALTE   DISCARDING     NONE
   2     GigabitEthernet0/0/5       ROOT   FORWARDING     NONE
```

查看 LSW4 实例 2 的信息：

```
[LSW4]display stp instance 2 brief
 MSTID   Port                       Role   STP State     Protection
   2     GigabitEthernet0/0/2       ROOT   FORWARDING     NONE
   2     GigabitEthernet0/0/3       ALTE   DISCARDING     NONE
   2     GigabitEthernet0/0/6       ALTE   DISCARDING     NONE
```

通过以上输出可以看到，每台交换机上端口的角色如图 7-4 所示。

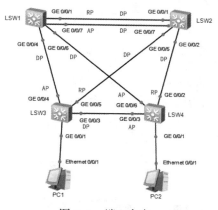

图 7-4 端口角色

7

第 8 章 堆　　叠

本章介绍了堆叠的原理，并阐述了堆叠的优势，通过实验使读者能够掌握堆叠在各种场景中的配置。

本章包含以下内容：

- 堆叠概述
- 堆叠原理
- 堆叠配置实验

8.1　堆叠概述

随着企业的发展，企业网络的规模越来越大，这对企业网络提出了更高的要求：更高的可靠性、更低的故障恢复时间及设备更易于管理等。传统的园区网高可靠性技术出现故障时切换时间很难做到毫秒级别，实现可靠性的方案通常为一主一备，存在着严重的资源浪费现象。同时，随着网络设备越来越多，管理将变得更加复杂。为构建可靠、易管理、资源利用率高、易于扩展的交换网络，引入了交换机堆叠技术。

堆叠技术有以下三个优势。

（1）有效提高资源利用率，获得更高的转发性能、链路带宽。

（2）降低网络规划的复杂度，方便对网络的管理。

（3）大大降低故障导致的业务中断时间。

8.2　堆叠原理

集群交换机系统（Cluster Switch System，CSS）又称堆叠（下文统一使用"堆叠"），是指将两台交换机通过堆叠线缆连接在一起，从逻辑上变成一台交换设备，作为一个整体参与数据的转发，如图 8-1 所示。

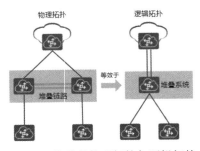

图 8-1　堆叠的物理拓扑与逻辑拓扑

8.2.1 堆叠的基本概念

堆叠系统中所有的单台交换机都称为成员交换机，按照功能的不同，可以分为以下三种角色。

（1）主交换机（Master）：主交换机负责管理整个堆叠，堆叠系统中只有一台主交换机。

（2）备交换机（Standby）：备交换机是主交换机的备份交换机，堆叠系统中只有一台备交换机。当主交换机故障时，备交换机会接替主交换机的所有业务。

（3）从交换机（Slave）：从交换机用于业务转发，堆叠系统中可以有多台从交换机。从交换机数量越多，堆叠系统的转发带宽越大。除主交换机和备交换机外，堆叠中其他所有的成员交换机都是从交换机。当备交换机不可用时，从交换机将承担备交换机的角色。

堆叠优先级是成员交换机的一个属性，主要用于在角色的选举过程中确定成员交换机的角色，优先级值（默认为100，最大为255）越大，表示优先级越高，当选为主交换机的可能性也就越大。

8.2.2 堆叠 ID

堆叠 ID 即成员交换机的槽位号（Slot ID），用于标识和管理成员交换机，堆叠中所有成员交换机的堆叠 ID 都是唯一的。设备堆叠 ID 默认为 0。堆叠时由堆叠主交换机对设备的堆叠 ID 进行管理，当堆叠系统有新成员加入时，如果新成员堆叠 ID 与已有成员堆叠 ID 冲突，则堆叠主交换机从 0 到最大的堆叠 ID 进行遍历，找到第一个空闲的 ID 将其分配给该新成员。

在建立堆叠时，建议提前规划好设备的堆叠 ID，堆叠 ID 的原理图如图 8-2 所示。

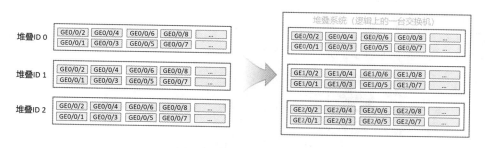

图 8-2 堆叠 ID 的原理图

8.2.3 堆叠系统的组建过程

1. 物理连接

根据管理链路连接方式的不同，堆叠的连接方式可以分为主控板直连方式和业务板直连方式两种。

2. 主交换机选举

建立堆叠时，成员交换机之间相互发送堆叠竞争报文。通过竞争，一台成为主交换机，负责管理整个堆叠系统；另一台则成为备交换机，作为主交换机的备份交换机。

主交换机的选举规则如下（依次从第一条开始判断，直至找到最优的交换机后停止比较）。

（1）比较运行状态：最先完成启动的交换机优先竞争为主交换机。

（2）比较堆叠优先级：堆叠优先级高的交换机优先竞争为主交换机。

（3）比较软件版本：软件版本高的交换机优先竞争为主交换机。

（4）比较主控板数量：有2块主控板的交换机对于只有1块主控板的交换机，优先竞争为主交换机。

（5）比较桥MAC地址：桥MAC地址小的交换机优先竞争为主交换机。

3. 拓扑收集和备交换机选举

主交换机选举完成后，它会收集所有成员交换机的拓扑信息，并向所有成员交换机分配堆叠ID。之后进行备交换机的选举，作为主交换机的备份交换机。

当除主交换机外其他交换机同时完成启动时，备交换机的选举规则如下（依次从第一条开始判断，直至找到最优的交换机后停止比较）。

（1）堆叠优先级最高的交换机成为备交换机。

（2）堆叠优先级相同时，MAC地址最小的交换机成为备交换机。

4. 软件和配置同步

角色选举、拓扑收集完成之后，所有成员交换机会自动同步主交换机的系统软件和配置文件。

8.3　堆叠配置实验

1. 实验目的

（1）熟悉堆叠的应用场景。

（2）掌握堆叠的配置方法。

2. 实验拓扑

堆叠配置的实验拓扑如图8-3所示。

图8-3　堆叠配置

某金融公司需要对交换网络进行扩容，需要将SW1和SW2两台设备使用业务接口进行堆叠（华为ensp模拟器不支持堆叠，此实验使用H3C的模拟器HCL）。

3. 实验步骤

（1）选择需要进行堆叠的业务接口，并且关闭端口。

SW1的配置：

```
<H3C>system-view
System View: return to User View with Ctrl+Z.
[H3C]sysname SW1
[SW1]interface Ten-GigabitEthernet 1/0/50
[SW1-Ten-GigabitEthernet1/0/50]shutdown
[SW1-Ten-GigabitEthernet1/0/50]quit
```

SW2 的配置：

```
<H3C>system-view
System View: return to User View with Ctrl+Z.
[H3C]sysname SW2
[SW2]interface Ten-GigabitEthernet 1/0/50
[SW2-Ten-GigabitEthernet1/0/50]shutdown
[SW2-Ten-GigabitEthernet1/0/50]quit
```

（2）将 SW1 业务线缆加入虚拟的堆叠线缆。将 SW1 配置成堆叠后的主设备，配置对应的优先级，并将业务线缆加入虚拟的堆叠口。

```
[SW1]irf member 1 priority 30                              // 配置设备的堆叠成员 ID 为 1，堆叠优先级为 30
[SW1]irf-port 1/1                                          // 进入虚拟堆叠口
// 将物理接口加入堆叠口
[SW1-irf-port1/1]port group interface Ten-GigabitEthernet 1/0/50
[SW1-irf-port1/1]quit
[SW1]irf-port-configuration active                         // 激活堆叠配置
[SW1]interface Ten-GigabitEthernet 1/0/50
[SW1-Ten-GigabitEthernet1/0/50]undo shutdown               // 开启物理接口
[SW1]save     // 保存配置
```

（3）将 SW2 业务线缆加入虚拟的堆叠线缆。

```
[SW2]irf member 1 renumber 2                               // 配置堆叠成员 ID 为 1（成员 ID 不能冲突）
Renumbering the member ID may result in configuration change or loss.
Continue?[Y/N]:y
[SW2]irf-port 1/2                                          // 进入虚拟堆叠口 1/2
// 将物理接口加入堆叠口
[SW2-irf-port1/2]port group  interface Ten-GigabitEthernet 1/0/50
[SW2-irf-port1/2]quit
[SW2]irf-port-configuration active                         // 激活堆叠配置
[SW2]interface Ten-GigabitEthernet 1/0/50
[SW2-Ten-GigabitEthernet1/0/50]undo shutdown
[SW2-Ten-GigabitEthernet1/0/50]quit
[SW2]save
```

（4）重启设备，自动完成堆叠。
SW1 的配置：

```
[SW1]quit
<SW1>reboot
```

SW2 的配置：

```
[SW2]quit
<SW2>reboot
```

4. 实验调试

查看 SW1 的堆叠配置：

```
<SW1>display irf    // 查看堆叠配置
MemberID    Role       Priority    CPU-Mac          Description
 *+1        Master     30          0caa-192d-0104   ---
   2        Standby    1           0caa-1b49-0204   ---
------------------------------------------------------------
 * indicates the device is the master.
 + indicates the device through which the user logs in.

 The bridge MAC of the IRF is: 0caa-192d-0100
 Auto upgrade : yes
 Mac persistent : 6 min
 Domain ID : 0
```

可以看到堆叠 ID 为 1 的 SW1 为 Master，即主设备，堆叠 ID 为 2 的 SW2 为 Standby，即从设备。最终可以实现将多台物理设备堆叠成一台逻辑设备。

第 9 章　IP 组播

本章介绍了各种组播技术，包括PIM、IGMP、IGMP Snooping，其中PIM组播路由协议分为密集模式和稀疏模式两种。本章通过实验对两种模式的工作机制进行了深入分析。同时，对于主机和路由器之间的IGMP协议及交换机上的IGMP Snooping机制，本章也都结合实验进行了说明。

本章包含以下内容：
- IGMPv1、IGMPv2及IGMPv3版本的工作机制
- IGMP Snooping的工作机制
- PIM–DM模式下组播树建立机制
- PIM–SM模式下组播树建立机制

9.1　IP 组播基础

作为 IP 传输的三种方式之一，IP 组播通信是指 IP 报文从一个源发出，被转发到一组特定的接收者的通信过程。相较于传统的单播和广播，IP 组播可以有效地节约网络带宽、降低网络负载，所以被广泛应用于 IPTV、实时数据传输和多媒体会议等网络业务中。

1. 在点到多点场景中组播的优势

（1）相比单播，由于被传递的信息在距信息源尽可能远的网络节点才开始被复制和分发，所以用户的增加不会导致信息源负载的加重及网络资源消耗的显著增加。

（2）相比广播，由于被传递的信息只会发送给需要该信息的接收者，所以不会造成网络资源的浪费，并能提高信息传输的安全性。

2. 组播的基本概念

组播方式示意图如图 9-1 所示。

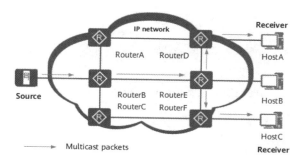

图 9-1　组播方式示意图

（1）组播组：是用 IP 组播地址进行标识的一个集合。任何用户主机（或其他接收设备）加入一个组播组，即成为该组成员，可以识别并接收发往该组播组的组播数据。

（2）组播源：信息的发送者称为"组播源"，一个组播源可以同时向多个组播组发送数据，多个组播源也可以同时向一个组播组发送报文。组播源通常不需要加入组播组。

（3）组播组成员：所有加入某组播组的主机便成为该组播组的成员，组播组中的成员是动态的，主机可以在任何时刻加入或离开组播组。组播组成员可以广泛地分布在网络中的任何地方。

（4）组播路由器：是支持三层组播功能的路由器或交换机，不仅能够提供组播路由功能，还能够在与用户连接的末梢网段上提供组播组成员的管理功能。

3. 组播的服务模型

（1）ASM（任意源组播）：主机加入组播组以后，可以接收到任意源发送到该组的数据。

（2）SSM（指定源组播）：主机加入组播组以后，只会接收到指定源发送到该组的数据。

4. 组播 IP 地址

组播 IP 地址的范围和作用见表 9-1。

表 9-1　组播 IP 地址的范围和作用

范　　围	作　　用
224.0.0.0~224.0.0.255	永久组播地址，如 OSPF 中的 224.0.0.5/6
224.0.1.0~231.255.255.255 233.0.0.0~238.255.255.255	ASM 组播地址，全网范围内有效
232.0.0.0~232.255.255.255	SSM 组播地址，全网范围内有效
239.0.0.0~239.255.255.255	本地管理地址

5. 组播 MAC 地址

IANA（互联网数字分配机构）规定，IPv4 组播 MAC 地址的高 24 位为 0x01005e，第 25 位为 0，第 23 位为 IPv4 组播 MAC 地址的低 23 位，映射关系如图 9-2 所示。例如，组播 IP 地址 224.0.1.1 对应的组播 MAC 地址为 01-00-5e-00-01-01。

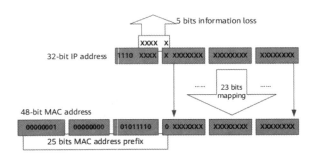

图 9-2　IPv4 组播 IP 地址与 IPv4 组播 MAC 地址的映射关系

9.2　IGMP 的原理

IGMP（Internet Group Management Protocol，互联网组管理协议）是 TCP/IP 协议族中负责 IPv4 组播成员管理的协议。IGMP 用于在接收者主机和与其直接相邻的组播路由器之间建立和维护组播组成员关系。IGMP 通过在接收者主机和组播路由器之间交互 IGMP 报文实现组播组成员的管理功能，IGMP 报文封装在 IP 报文中。

9.2.1　IGMPv1

1. IGMPv1 的报文类型

（1）普通组查询（General Query）报文：查询器向共享网络上所有主机和路由器发送的查询报文，用于了解哪些组播组存在成员。

（2）成员报告（Report）报文：主机向查询器发送的报告报文，用于申请加入某个组播组或者应答查询报文。

2. 工作机制

（1）普通组查询和响应机制，其流程如图 9-3 所示。

① IGMP 查询路由器每隔 60s 发送一次普通组查询报文。

② 组播组成员收到普通组查询报文 后启动 timer-g1 定时器，产生 0~10s 之间的随机值，定时器超时后发送报告报文，它有两个作用：①回应普通组查询报文；②通知其他成员不用再发送了。

③ IGMP 查询器接收到 HostA 的报告报文后，了解到本网段内存在组播组 G1 的成员，则由组播路由协议生成组播转发表项 (*, G1)。

（2）新组成员加入机制，其流程如图 9-4 所示。

① 主机 HostC 不等待普通组查询报文的到来，主动发送针对 G2 的报告报文以声明加入。

② IGMP 查询器接收到 HostC 的报告报文后，了解到本网段内出现了组播组 G2 的成员，则生成组播转发表项 (*, G2)。网络中一旦有 G2 的数据到达路由器，则将向该网段转发。

（3）组成员离开机制，其流程如图 9-5 所示。

① 假设 HostA 想要退出组播组 G1，当 HostA 收到 IGMP 查询器发送的普通组查询报文时，将不再发送针对 G1 的报告报文。由于网段内还存在 G1 组成员 HostB，而 HostB 会向 IGMP 查询器发送针对 G1 的报告报文，因此 IGMP 查询器感知不到 HostA 的离开。

② 假设 HostC 想要退出组播组 G2，当 HostC 收到 IGMP 查询器发送的普通组查询报文时，将不再发送针对 G2 的报告报文。由于网段内不存在 G2 的其他成员，IGMP 查询器不会收到 G2 组成员的报告报文，则在一定时间（默认值为 130s）后，删除 G2 所对应的组播转发表项。

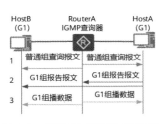

图 9-3　普通组查询和响应机制

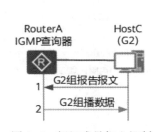

图 9-4　新组成员加入机制

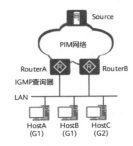

图 9-5　组成员离开机制

9.2.2 IGMPv2

1. 报文类型

（1）普通组查询（General Query）报文：查询器向共享网络上所有主机和路由器发送的查询报文，用于了解哪些组播组存在成员。

（2）成员报告（Report）报文：主机向查询器发送的报告报文，用于申请加入某个组播组或者应答查询报文。

（3）成员离开（Leave）报文：成员离开组播组时主动向查询器发送的报文，用于宣告自己离开了某个组播组。

（4）特定组查询（Group-Specific Query）报文：查询器向共享网段内指定组播组发送的查询报文，用于查询该组播组是否存在成员。

2. 工作机制

（1）查询器选举机制。

① 路由器的分类：查询器、非查询器。

② 选举原则：比较 IP 地址，越小越优。

（2）组成员离开机制，其流程如图 9-6 所示。

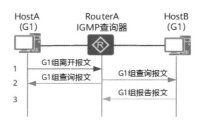

图 9-6　组成员离开机制流程

① HostA 向本地网段内的所有组播路由器（目的地址为 224.0.0.2）发送针对组 G1 的离开报文。

② 查询器收到离开报文，会发送针对组 G1 的特定组查询报文。发送间隔和发送次数可以通过命令进行配置，默认情况下每隔 1s 发送一次，共发送两次。同时查询器启动组成员关系定时器（Timer-Membership= 发送间隔 × 发送次数）。

③ 该网段内还存在组 G1 的其他成员（见图 9-6 中的 HostB），这些成员（HostB）在收到查询器发送的特定组查询报文后，会立即发送针对组 G1 的报告报文。查询器收到针对组 G1 的报告报文后将继续维护该组成员关系。

④ 如果该网段内不存在组 G1 的其他成员，查询器将不会收到针对组 G1 的报告报文。在 Timer-Membership 超时后，查询器将删除对应的 IGMP 组表项 (*, G1)。当有组 G1 的组播数据到达查询器时，查询器将不会向下游转发。

9.2.3 IGMPv3

与 IGMPv2 相比，IGMPv3 报文的变化如下。

（1）IGMPv3 报文包含两大类：查询报文和成员报告报文。IGMPv3 没有定义专门的成员离开报文，成员离开需通过特定类型的报告报文来传达。

（2）查询报文中不仅包含普通组查询报文和特定组查询报文，还新增了特定源组查询（Group-and-Source-Specific Query）报文。该报文由查询器向共享网段内特定组播组成员发送，用于查询该组成员是否愿意接收特定源发送的数据。特定源组查询通过在报文中携带一个或多个组播源地址来达到这一目的。

（3）成员报告报文不仅包含主机想要加入的组播组，而且包含主机想要接收来自哪些组播源的数据。IGMPv3 增加了针对组播源的过滤模式（INCLUDE/EXCLUDE），将组播组与源列表之间的对应关系简单地表示为 (G, INCLUDE, (S1, S2, …))，表示只接收来自指定组播源 S1, S2, …发往组 G 的数据；或表示为 (G, EXCLUDE, (S1, S2, …))，表示接收除组播源 S1, S2, …之外的组播源发送给组 G 的数据。当组播组与组播源列表的对应关系发生变化时，IGMPv3 报告报文会将该变化关系存放在组记录（Group Record）字段中，并发送给 IGMP 查询器。

（4）在 IGMPv3 中，一个成员报告报文可以携带多个组播组信息，而之前的版本，一个成员报告报文只能携带一个组播组信息。这样在 IGMPv3 中的报文数量将大大减少。

9.2.4　IGMP Snooping

IGMP Snooping（Internet Group Management Protocol Snooping，互联网组管理协议窥探）是一种 IPv4 二层组播协议，通过侦听三层组播设备和用户主机之间发送的组播协议报文来维护组播报文的出接口信息，从而管理和控制组播数据报文在数据链路层的转发。

1. IGMP Snooping 的作用

配置 IGMP Snooping 后，二层组播设备可以侦听和分析组播用户与上游路由器之间的 IGMP 报文，根据这些信息建立二层组播转发表项，控制组播数据报文的转发。这样就防止了组播数据在二层网络中的广播。

2. IGMP Snooping 的原理

（1）路由器端口。

- 由协议生成的路由器端口叫作动态路由器端口。接收到源地址不为 0.0.0.0 的 IGMP 普通组查询报文或 PIM Hello 报文（三层组播设备的 PIM 接口向外发送的用于发现并维持邻居关系的报文）的接口都将被视为动态路由器端口。
- 手工配置的路由器端口叫作静态路由器端口。

（2）成员端口。

- 由协议生成的成员端口叫作动态成员端口。接收到 IGMP Report 报文的接口，二层组播设备会将其标识为动态成员端口。
- 手工配置的成员端口叫作静态成员端口。

3. IGMP Snooping SSM Mapping

IGMPv1 和 IGMPv2 不支持 SSM，所以通过在二层设备上静态配置 SSM 地址的映射规则，将 IGMPv1 和 IGMPv2 报告报文中的 (*, G) 信息转化为对应的 (S, G) 信息，以提供 SSM 组播服务。S 表示组播源，G 表示组播组，* 表示任意组播源。默认情况下，SSM 组地址范围为 232.0.0.0 ~ 232.255.255.255。

4. IGMP Snooping 代理

为了减少用户主机所在网段内的 IGMP 协议报文数量，可以在二层设备上部署 IGMP Snooping

9

Proxy 功能，使其能够代理上游三层设备向下游主机发送的 IGMP 查询报文，同时代理下游主机来向上游三层设备发送成员关系报告报文。配置了 IGMP Snooping Proxy 功能的设备称为 IGMP Snooping 代理，在其上游设备看来，它就相当于一台主机；在其下游设备看来，它则相当于一台查询器。

9.3 PIM 原理

9.3.1 PIM-DM 模式

PIM（Protocol Independent Multicast）即协议无关组播。这里的协议无关是指与单播路由协议无关，即 PIM 不需要维护专门的单播路由信息。作为组播路由解决方案，PIM 直接利用单播路由表的路由信息，对组播报文执行 RPF（Reverse Path Forwarding，逆向路径转发）检查，检查通过后创建组播路由表项，从而转发组播报文。

1. 组播分发树 MDT（Multicast Distribution Tree）

（1）SPT（Shortest Path Tree）：也叫源树，以组播源为根、组播组成员为叶子的组播分发树。

（2）RPT（RP Tree）：也叫共享树，以 RP（Rendezvous Point）为根、组播组成员为叶子的组播分发树。

2. PIM 路由器

（1）叶子路由器：与用户主机相连的 PIM 路由器，但连接的用户主机不一定为组播组成员。

（2）第一跳路由器：组播转发路径上，与组播源相连且负责转发该组播源发出的组播数据的 PIM 路由器。

（3）最后一跳路由器：组播转发路径上，与组播组成员相连且负责向该组成员转发组播数据的 PIM 路由器。

（4）中间路由器：组播转发路径上，第一跳路由器与最后一跳路由器之间的 PIM 路由器。

3. PIM 路由表项

（1）(S, G) 路由表项：主要用于在 PIM 网络中建立 SPT，老化时间为 210s，每隔 180s 扩散一次。

（2）(*, G) 路由表项：主要用于在 PIM 网络中建立 RPT。

4. PIM–DM

（1）特点：PIM–DM 主要用于组播组成员较少且相对密集的网络中，通过"扩散—剪枝"的方式形成组播转发树（SPT）。

（2）协议报文：有 5 种，分别是 Hello（每隔 30s 发一次，超时时间为 105s，发往组播 224.0.0.13）、Join/Prune（加入 / 剪枝）、Graft（嫁接）、Graft–ack（嫁接确认）、Assert（断言）。

其中，Assert 协议报文的特点如下。

- 单播路由协议优先级较高者获胜。
- 如果优先级相同，则到组播源的开销较小者获胜。
- 如果以上都相同，则下游接口 IP 地址最大者获胜。

9.3.2 PIM-SM 模式

PIM-SM 模式主要用于组播组成员较多且相对稀疏的组播网络中。该模式建立组播分发树的基本思路是先收集组播组成员信息，然后形成组播分发树。使用 PIM-SM 模式不需要全网泛洪组播，对现网的影响较小，因此现网多使用 PIM-SM 模式。

PIM-SM 报文类型和功能见表 9-2。

表 9-2　PIM-SM 报文类型和功能

报 文 类 型	报 文 功 能
Hello	用于发现 PIM 邻居、协议参数协商、PIM 邻居关系维护等
Register（注册）	用于事先源的注册过程。这是一种单播报文，在源的注册过程中，组播数据被第一跳路由器封装在单播注册报文中发往 RP
Register-Stop（注册停止）	RP 使用该报文通知第一跳路由器停止通过注册报文发送组播流量
Join/Prune（加入 / 剪枝）	加入报文用于加入组播分发树，剪枝报文则用于修剪组播分发树
Assert（断言）	用于断言机制
Bootstrap（自举）	用于 BSR 选举。另外 BSR 也使用该报文向网络中扩散 C-RP（Candidate-RP，候选 RP）的汇总信息
Candidate-RP-Advertisement（候选 RP 通告）	C-RP 使用该报文向 BSR 发送通告，报文中包含该 C-RP 的 IP 地址及优先级等信息

1. 静态 RP
每台路由都要配置。

2. 动态 RP-BSR（自举协议）
（1）C-BSR（Candidate-Bootstrap Router）：候选 BSR。

① 作用：收集 C-RP 的信息并形成 RP-Set 信息，BSR 通过 PIM 报文将 RP-Set 信息扩散给所有的 PIM 路由器。

② BSR 的选举原则：优先级最大的，默认为 0；优先级相同、IP 地址最大的，每隔 60s 发一次。

（2）C-RP（Candidate-RP）：候选 RP。

① 作用：RP 是从 C-RP 中选举出来的。

② RP 的选举原则：优先级越小越好，默认为 0；Hash 值最大；IP 地址最大。

3. PIM- SM 的建树过程
（1）组播接收者所连路由器向 RP 建共享树。

① 叶路由器向上游发送 Join 消息，直到 RP。

② RP 生成 (*, G)，确认上游和下游接口生成 RPT。

注意：每隔 60s 发一次 Join，210s 没有收到就会把下游接口移除。

（2）头一跳路由器向 RP 注册。

① 组播数据通过注册隧道发送给 RP。

② RP 知道组播源后开始向组播源建 SPT。

③ 源的组播数据通过 STP 到达 RP 后，RP 向 DR 发送注册停止报文。

9.4 IGMP 配置实验

实验 9-1 配置 IGMPv1

扫一扫，看视频

1. 实验目的

（1）熟悉 IGMPv1 的应用场景。

（2）掌握 IGMPv1 的配置方法。

2. 实验拓扑

配置 IGMPv1 的实验拓扑如图 9-7 所示。

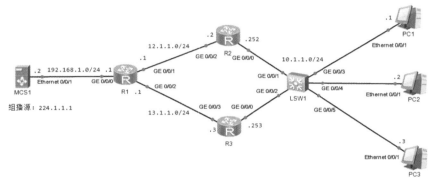

图 9-7 配置 IGMPv1

3. 实验步骤

（1）配置 IP 地址。

MCS1 的 IP 地址配置如图 9-8 所示，MCS1 的组播地址配置如图 9-9 所示。

图 9-8 MCS1 的 IP 地址配置

图 9-9 MCS1 的组播地址配置

R1 的配置：

```
<Huawei>system-view
Enter system view, return user view with Ctrl+Z.
[Huawei]undo info-center enable
Info: Information center is disabled.
[Huawei]sysname R1
[R1]interface g0/0/0
[R1-GigabitEthernet0/0/0]ip address 192.168.1.1 24
[R1-GigabitEthernet0/0/0]quit
[R1]interface g0/0/1
[R1-GigabitEthernet0/0/1]ip address 12.1.1.1 24
[R1-GigabitEthernet0/0/1]quit
[R1]interface g0/0/2
[R1-GigabitEthernet0/0/2]ip address 13.1.1.1 24
[R1-GigabitEthernet0/0/2]quit
```

R2 的配置：

```
<Huawei>system-view
Enter system view, return user view with Ctrl+Z.
[Huawei]undo info-center enable
Info: Information center is disabled.
[Huawei]sysname R2
[R2]interface g0/0/2
[R2-GigabitEthernet0/0/2]ip address 12.1.1.2 24
[R2-GigabitEthernet0/0/2]quit
[R2]interface g0/0/0
[R2-GigabitEthernet0/0/0]ip address 10.1.1.252 24
[R2-GigabitEthernet0/0/0]quit
```

R3 的配置：

```
<Huawei>system-view
Enter system view, return user view with Ctrl+Z.
[Huawei]undo info-center enable
Info: Information center is disabled.
[Huawei]sysname R3
[R3]interface g0/0/3
[R3-GigabitEthernet0/0/3]ip address 13.1.1.3 24
[R3-GigabitEthernet0/0/3]quit
[R3]interface g0/0/0
[R3-GigabitEthernet0/0/0]ip address 10.1.1.253 24
[R3-GigabitEthernet0/0/0]quit
```

9

　　PC1 的 IP 地址配置如图 9-10 所示，PC2 的 IP 地址配置如图 9-11 所示，PC3 的 IP 地址配置如图 9-12 所示。

图 9-10　PC1 的 IP 地址配置

图 9-11　PC2 的 IP 地址配置

图 9-12　PC3 的 IP 地址配置

（2）运行 OPSF。

R1 的配置：

```
[R1]ospf router-id 1.1.1.1
[R1-ospf-1]area 0
[R1-ospf-1-area-0.0.0.0]network 192.168.1.0 0.0.0.255
[R1-ospf-1-area-0.0.0.0]network 12.1.1.0 0.0.0.255
[R1-ospf-1-area-0.0.0.0]network 13.1.1.0 0.0.0.255
[R1-ospf-1-area-0.0.0.0]quit
```

R2 的配置：

```
[R2]ospf router-id 2.2.2.2
[R2-ospf-1]area 0
[R2-ospf-1-area-0.0.0.0]network 12.1.1.0 0.0.0.255
[R2-ospf-1-area-0.0.0.0]network 10.1.1.0 0.0.0.255
[R2-ospf-1-area-0.0.0.0]quit
```

R3 的配置：

```
[R3]ospf router-id 3.3.3.3
[R3-ospf-1]area 0
[R3-ospf-1-area-0.0.0.0]network 13.1.1.0 0.0.0.255
```

```
[R3-ospf-1-area-0.0.0.0]network 10.1.1.0 0.0.0.255
[R3-ospf-1-area-0.0.0.0]quit
```

（3）运行 PIM-DM。
R1 的配置：

```
[R1]multicast routing-enable
[R1]interface g0/0/0
[R1-GigabitEthernet0/0/0]pim dm
[R1-GigabitEthernet0/0/0]quit
[R1]interface g0/0/1
[R1-GigabitEthernet0/0/1]pim dm
[R1-GigabitEthernet0/0/1]quit
[R1]interface g0/0/2
[R1-GigabitEthernet0/0/2]pim dm
[R1-GigabitEthernet0/0/2]quit
```

R2 的配置：

```
[R2]multicast routing-enable
[R2]interface g0/0/2
[R2-GigabitEthernet0/0/2]pim dm
[R2-GigabitEthernet0/0/2]quit
[R2]interface g0/0/0
[R2-GigabitEthernet0/0/0]pim dm
[R2-GigabitEthernet0/0/0]quit
```

R3 的配置：

```
[R3]multicast routing-enable
[R3]interface g0/0/3
[R3-GigabitEthernet0/0/3]pim dm
[R3-GigabitEthernet0/0/3]quit
[R3]interface g0/0/0
[R3-GigabitEthernet0/0/0]pim dm
[R3-GigabitEthernet0/0/0]quit
```

（4）运行 IGMPv1。
R2 的配置：

```
[R2]interface g0/0/0
[R2-GigabitEthernet0/0/0]igmp enable
[R2-GigabitEthernet0/0/0]igmp version 1
[R2-GigabitEthernet0/0/0]quit
```

R3 的配置：

```
[R3]interface g0/0/0
[R3-GigabitEthernet0/0/0]igmp enable
[R3-GigabitEthernet0/0/0]igmp version 1
[R3-GigabitEthernet0/0/0]quit
```

9

4. 实验调试

（1）在 R2 上查看 IGMP 的接口信息。

```
[R2]display igmp interface
Interface information of VPN-Instance: public net
 GigabitEthernet0/0/0(10.1.1.252):
   IGMP is enabled
   Current IGMP version is 1                              // 版本为 1
   IGMP state: up
   IGMP group policy: none
   IGMP limit: -
   Value of query interval for IGMP (negotiated): -
   Value of query interval for IGMP (configured): 60 s    // 查询间隔时间为 60s
   Value of other querier timeout for IGMP: 0 s
   Value of maximum query response time for IGMP:         // 最大响应时间
   Querier for IGMP: 10.1.1.253                           // 查询路由器，优选 IP 地址最大的
   Total 1 IGMP Group reported
```

【技术要点】

查询器的选举原则机制如下。

（1）依赖PIM选举接口IP地址大的路由器。

（2）只有查询器才会发送普通查询报文。

（3）查询器与非查询器均能接收到报告报文，生成IGMP表项。

（2）在 R2 上打开调试信息。

```
<R2>debugging igmp report
<R2>debugging igmp event
<R2>debugging igmp leave
<R2>terminal monitor
<R2>terminal debugging
[R2]info-center enable
```

（3）在 PC1 上单击"加入"按钮，加入组播 224.1.1.1，配置如图 9-13 所示。

图 9-13　配置 PC1 加入组播 224.1.1.1

（4）在 R2 上显示的信息。

```
[R2]
Jun 30 2022 17:04:08.880.1-08:00 R2 IGMP/7/REPORT:(public net): Received v1 report for
    group 224.1.1.1 on interface GigabitEthernet0/0/0(10.1.1.252) (G081904)
```

（5）在 R2 上查看组播组成员信息。

```
[R2]display igmp group
Interface group report information of VPN-Instance: public net
 GigabitEthernet0/0/0(10.1.1.252):
  Total 1 IGMP Group reported
   Group Address    Last Reporter    Uptime      Expires
   224.1.1.1        10.1.1.1         00:27:48    00:02:03
```

（6）在 R2 的 G0/0/0 接口抓包。

第一个包是 Membership Query，其报文结构如图 9-14 所示。

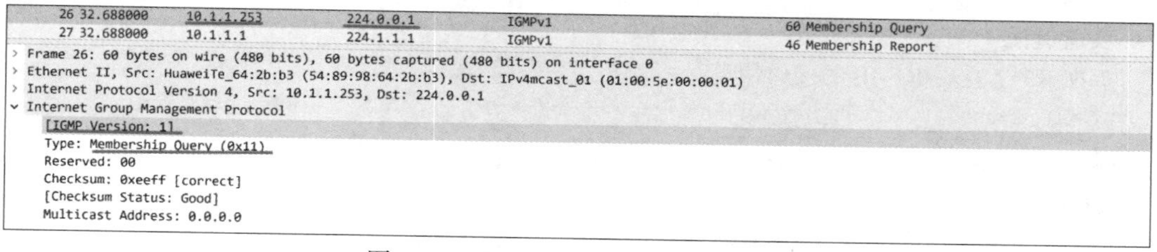

图 9-14　Membership Query 报文结构

第二个包是 Membership Report，其报文结构如图 9-15 所示。

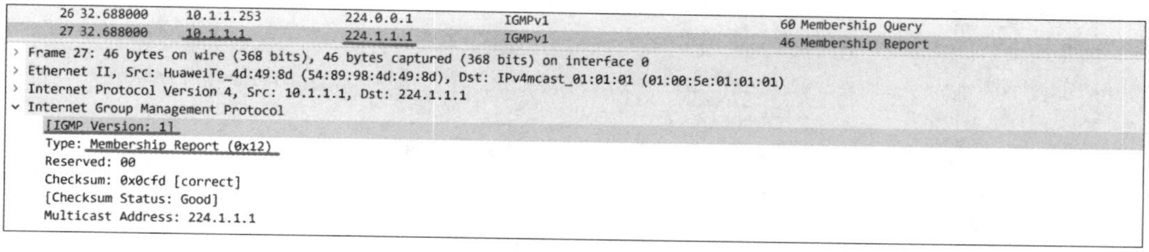

图 9-15　Membership Report 报文结构

实验 9-2　配置 IGMPv2

1. 实验目的

（1）熟悉 IGMPv2 的应用场景。

（2）掌握 IGMPv2 的配置方法。

2. 实验拓扑

配置 IGMPv2 的实验拓扑如图 9-9 所示。

3. 实验步骤

（1）配置 IP 地址、运行 OSPF、运行 PIM（此处略，请参考实验 9-1）。

（2）运行 IGMPv2。

R2 的配置：

```
[R2]interface g0/0/0
[R2-GigabitEthernet0/0/0]igmp enable
[R2-GigabitEthernet0/0/0]igmp version 2
[R2-GigabitEthernet0/0/0]quit
```

R3 的配置：

```
[R3]interface g0/0/0
[R3-GigabitEthernet0/0/0]igmp enable
[R3-GigabitEthernet0/0/0]igmp version 2
[R3-GigabitEthernet0/0/0]quit
```

4. 实验调试

（1）在 R3 上查看 IGMP 的接口信息。

```
[R3]display igmp interface
Interface information of VPN-Instance: public net
 GigabitEthernet0/0/0(10.1.1.253):
   IGMP is enabled
   Current IGMP version is 2                          // 版本 2
   IGMP state: up
   IGMP group policy: none
   IGMP limit: -
   Value of query interval for IGMP (negotiated): -
   Value of query interval for IGMP (configured): 60 s    // 查询间隔时间为 60s
   Value of other querier timeout for IGMP: 97 s
   Value of maximum query response time for IGMP: 10 s    // 最大响应时间为 10s
   Querier for IGMP: 10.1.1.252                        // 查询路由器，优选 IP 地址最小的
  Total 1 IGMP Group reported
```

（2）在 R2 上打开调试信息。

```
[R2]debugging igmp query
[R2]terminal monitor
[R2]terminal debugging
[R2]debugging igmp leave
[R2]info-center enable
```

（3）配置 PC1 加入组 224.1.1.1，其配置如图 9-16 所示。

图 9-16 配置 PC1 加入组 224.1.1.1

（4）在 R2 上查看调试信息。

```
[R2]
Jun 30 2022 17:42:25.660.1-08:00 R2 IGMP/7/QUERY:(public net): Send version 2 general
query on GigabitEthernet0/0/0(10.1.1.252) to destination 224.0.0.1 (G073310)
Jun 30 2022 17:42:36.600.3-08:00 R2 IGMP/7/EVENT:(public net): (S,G) creation event
    received for (192.168.1.2/32, 224.1.1.1/32). (G01985)
Jun 30 2022 17:42:36.600.4-08:00 R2 IGMP/7/EVENT:(public net): No state in global
    MRT. Not merging downstream for (192.168.1.2/32, 224.1.1.1/32) on interface
    GigabitEthernet0/0/2(12.1.1.2). (G011016)
```

（5）配置 PC1 离开组 224.1.1.1，其配置如图 9-17 所示。

图 9-17 配置 PC1 离开组 224.1.1.1

（6）查看抓包情况。

第 1 步，PC1 发送离开组消息。离开组报文的格式如图 9-18 所示。

74 93.656000	10.1.1.1	224.1.1.1	IGMPv2	46 Leave Group 224.1.1.1
75 93.656000	10.1.1.252	224.1.1.1	IGMPv2	60 Membership Query, specific for group 224.1.1...
76 94.672000	10.1.1.252	224.1.1.1	IGMPv2	60 Membership Query, specific for group 224.1.1...

```
> Frame 74: 46 bytes on wire (368 bits), 46 bytes captured (368 bits) on interface 0
> Ethernet II, Src: HuaweiTe_4d:49:8d (54:89:98:4d:49:8d), Dst: IPv4mcast_01:01:01 (01:00:5e:01:01:01)
> Internet Protocol Version 4, Src: 10.1.1.1, Dst: 224.1.1.1
∨ Internet Group Management Protocol
    [IGMP Version: 2]
    Type: Leave Group (0x17)
    Max Resp Time: 0.0 sec (0x00)
    Checksum: 0x07fd [correct]
    [Checksum Status: Good]
    Multicast Address: 224.1.1.1
```

图 9-18   离开组报文的格式

第 2 步，查询器会连发两个特定组查询，时间间隔为 1s，其报文格式如图 9-19 所示。

74 93.656000	10.1.1.1	224.1.1.1	IGMPv2	46 Leave Group 224.1.1.1
75 93.656000	10.1.1.252	224.1.1.1	IGMPv2	60 Membership Query, specific for group 224.1.1.1
76 94.672000	10.1.1.252	224.1.1.1	IGMPv2	60 Membership Query, specific for group 224.1.1.1

```
> Frame 75: 60 bytes on wire (480 bits), 60 bytes captured (480 bits) on interface 0
> Ethernet II, Src: HuaweiTe_b9:50:f1 (54:89:98:b9:50:f1), Dst: IPv4mcast_01:01:01 (01:00:5e:01:01:01)
> Internet Protocol Version 4, Src: 10.1.1.252, Dst: 224.1.1.1
∨ Internet Group Management Protocol
    [IGMP Version: 2]
    Type: Membership Query (0x11)
    Max Resp Time: 1.0 sec (0x0a)
    Checksum: 0x0df3 [correct]
    [Checksum Status: Good]
    Multicast Address: 224.1.1.1
```

图 9-19   查询报文格式

● 【技术要点】

离开组和特定组查询是 IGMPv2 比 IGMPv1 新增加的包。

实验 9-3   配置 IGMPv3

1. 实验目的
（1）熟悉 IGMPv3 的应用场景。
（2）掌握 IGMPv3 的配置方法。

2. 实验拓扑
配置 IGMPv3 的实验拓扑如图 9-20 所示。

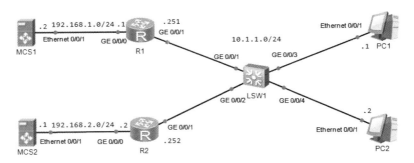

图 9-20   配置 IGMPv3

3. 实验步骤

（1）配置 IP 地址。

MCS1 的 IP 地址配置如图 9-21 所示，MCS2 的 IP 地址配置如图 9-22 所示。

图 9-21 MCS1 的 IP 地址配置　　　　　图 9-22 MCS2 的 IP 地址配置

R1 的配置：

```
<Huawei>system-view
Enter system view, return user view with Ctrl+Z.
[Huawei]undo info-center enable
[Huawei]sysname R1
[R1]interface g0/0/0
[R1-GigabitEthernet0/0/0]ip address 192.168.1.1 24
[R1-GigabitEthernet0/0/0]quit
[R1]interface g0/0/1
[R1-GigabitEthernet0/0/1]ip address 10.1.1.251 24
[R1-GigabitEthernet0/0/1]quit
```

R2 的配置：

```
<Huawei>system-view
Enter system view, return user view with Ctrl+Z.
[Huawei]undo info-center enable
Info: Information center is disabled.
[Huawei]sysname R2
[R2]interface g0/0/0
[R2-GigabitEthernet0/0/0]ip address 192.168.2.2 24
[R2-GigabitEthernet0/0/0]quit
[R2]interface g0/0/1
[R2-GigabitEthernet0/0/1]ip address 10.1.1.252 24
[R2-GigabitEthernet0/0/1]quit
```

PC1 的 IP 地址配置如图 9-23 所示，PC2 的 IP 地址配置如图 9-24 所示。

9

图 9-23　PC1 的 IP 地址配置

图 9-24　PC2 的 IP 地址配置

（2）运行 OSPF。

R1 的配置：

```
[R1]ospf router-id 1.1.1.1
[R1-ospf-1]area 0
[R1-ospf-1-area-0.0.0.0]network 192.168.1.0 0.0.0.255
[R1-ospf-1-area-0.0.0.0]network 10.1.1.0 0.0.0.255
[R1-ospf-1-area-0.0.0.0]quit
```

R2 的配置：

```
[R2]ospf router-id 2.2.2.2
[R2-ospf-1]area 0
[R2-ospf-1-area-0.0.0.0]network 192.168.2.0 0.0.0.255
[R2-ospf-1-area-0.0.0.0]network 10.1.1.0 0.0.0.255
[R2-ospf-1-area-0.0.0.0]quit
```

（3）运行 PIM-DM。

R1 的配置：

```
[R1]multicast routing-enable
[R1]interface g0/0/0
[R1-GigabitEthernet0/0/0]pim dm
[R1-GigabitEthernet0/0/0]quit
[R1]interface g0/0/1
[R1-GigabitEthernet0/0/1]pim dm
[R1-GigabitEthernet0/0/1]quit
```

R2 的配置：

```
[R2]multicast routing-enable
[R2]interface g0/0/0
[R2-GigabitEthernet0/0/0]pim dm
[R2-GigabitEthernet0/0/0]quit
[R2]interface g0/0/1
```

```
[R2-GigabitEthernet0/0/1]pim dm
[R2-GigabitEthernet0/0/1]quit
```

（4）运行 IGMPv3。

R1 的配置：

```
[R1]interface g0/0/1
[R1-GigabitEthernet0/0/1]igmp enable
[R1-GigabitEthernet0/0/1]igmp version 3
```

R2 的配置：

```
[R2]interface g0/0/1
[R2-GigabitEthernet0/0/1]igmp enable
[R2-GigabitEthernet0/0/1]igmp version 3
[R2-GigabitEthernet0/0/1]quit
```

4. 实验调试

（1）在 R2 上查看 IGMP 的接口信息。

```
[R2]display igmp interface
Interface information of VPN-Instance: public net
 GigabitEthernet0/0/1(10.1.1.252):
    IGMP is enabled
    Current IGMP version is 3
    IGMP state: up
    IGMP group policy: none
    IGMP limit: -
    Value of query interval for IGMP (negotiated): 60 s
    Value of query interval for IGMP (configured): 60 s
    Value of other querier timeout for IGMP: 96 s
    Value of maximum query response time for IGMP: 10 s
    Querier for IGMP: 10.1.1.251
```

（2）配置 PC2，让其加入组播 224.1.1.1，如图 9-25 所示。

图 9-25　配置 PC2，让其加入组播 224.1.1.1

9.5 PIM 配置实验

实验 9-4   配置 PIM-DM

扫一扫，看视频

1. 实验目的

（1）熟悉 PIM-DM 的应用场景。

（2）掌握 PIM-DM 的配置方法。

2. 实验拓扑

配置 PIM-DM 的实验拓扑如图 9-26 所示。

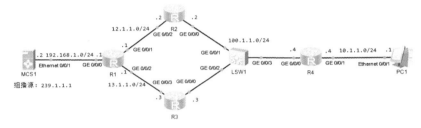

图 9-26   配置 PIM-DM

3. 实验步骤

（1）配置 IP 地址。

MCS1 的 IP 地址配置如图 9-27 所示。

图 9-27   MCS1 的 IP 地址配置

R1 的配置：

```
<Huawei>system-view
Enter system view, return user view with Ctrl+Z.
```

```
[Huawei]undo info-center enable
[Huawei]sysname R1
[R1]interface g0/0/0
[R1-GigabitEthernet0/0/0]ip address 192.168.1.1 24
[R1-GigabitEthernet0/0/0]quit
[R1]interface g0/0/1
[R1-GigabitEthernet0/0/1]ip address 12.1.1.1 24
[R1-GigabitEthernet0/0/1]quit
[R1]interface g0/0/2
[R1-GigabitEthernet0/0/2]ip address 13.1.1.1 24
[R1-GigabitEthernet0/0/2]quit
```

R2 的配置:

```
[Huawei]sysname R2
[R2]interface g0/0/2
[R2-GigabitEthernet0/0/2]ip address 12.1.1.2 24
[R2-GigabitEthernet0/0/2]quit
[R2]interface g0/0/0
[R2-GigabitEthernet0/0/0]ip address 100.1.1.2 24
[R2-GigabitEthernet0/0/0]quit
```

R3 的配置:

```
<Huawei>system-view
Enter system view, return user view with Ctrl+Z.
[Huawei]undo info-center enable
Info: Information center is disabled.
[Huawei]sysname R3
[R3]interface g0/0/3
[R3-GigabitEthernet0/0/3]ip address 13.1.1.3 24
[R3-GigabitEthernet0/0/3]quit
[R3]interface g0/0/0
[R3-GigabitEthernet0/0/0]ip address 100.1.1.3 24
[R3-GigabitEthernet0/0/0]quit
```

R4 的配置:

```
<Huawei>system-view
Enter system view, return user view with Ctrl+Z.
[Huawei]undo info-center enable
Info: Information center is disabled.
[Huawei]sysname R4
[R4]interface g0/0/0
[R4-GigabitEthernet0/0/0]ip address 100.1.1.4 24
[R4-GigabitEthernet0/0/0]quit
[R4]interface g0/0/1
[R4-GigabitEthernet0/0/1]ip address 10.1.1.4 24
[R4-GigabitEthernet0/0/1]quit
```

9

PC1 的 IP 地址配置如图 9-28 所示。

图 9-28　PC1 的 IP 地址配置

（2）配置 OSPF。

R1 的配置：

```
[R1]ospf router-id 1.1.1.1
[R1-ospf-1]area 0
[R1-ospf-1-area-0.0.0.0]network 192.168.1.0 0.0.0.255
[R1-ospf-1-area-0.0.0.0]network 12.1.1.0 0.0.0.255
[R1-ospf-1-area-0.0.0.0]network 13.1.1.0 0.0.0.255
[R1-ospf-1-area-0.0.0.0]quit
```

R2 的配置：

```
[R2]ospf router-id 2.2.2.2
[R2-ospf-1]area 0
[R2-ospf-1-area-0.0.0.0]network 12.1.1.0 0.0.0.255
[R2-ospf-1-area-0.0.0.0]network 100.1.1.0 0.0.0.255
[R2-ospf-1-area-0.0.0.0]quit
```

R3 的配置：

```
[R3]ospf router-id 3.3.3.3
[R3-ospf-1]area 0
[R3-ospf-1-area-0.0.0.0]network 13.1.1.0 0.0.0.255
[R3-ospf-1-area-0.0.0.0]network 100.1.1.0 0.0.0.255
[R3-ospf-1-area-0.0.0.0]quit
```

R4 的配置：

```
[R4]ospf router-id 4.4.4.4
[R4-ospf-1]area 0
[R4-ospf-1-area-0.0.0.0]network 100.1.1.0 0.0.0.255
[R4-ospf-1-area-0.0.0.0]network 10.1.1.0 0.0.0.255
[R4-ospf-1-area-0.0.0.0]quit
```

（3）配置 PIM–DM。

R1 的配置：

```
[R1]multicast routing-enable
[R1]interface g0/0/0
[R1-GigabitEthernet0/0/0]pim dm
[R1-GigabitEthernet0/0/0]quit
[R1]interface g0/0/1
[R1-GigabitEthernet0/0/1]pim dm
[R1-GigabitEthernet0/0/1]quit
[R1]interface g0/0/2
[R1-GigabitEthernet0/0/2]pim dm
[R1-GigabitEthernet0/0/2]quit
```

R2 的配置：

```
[R2]multicast routing-enable
[R2]interface g0/0/2
[R2-GigabitEthernet0/0/2]pim dm
[R2-GigabitEthernet0/0/2]quit
[R2]interface g0/0/0
[R2-GigabitEthernet0/0/0]pim dm
[R2-GigabitEthernet0/0/0]quit
```

R3 的配置：

```
[R3]multicast routing-enable
[R3]interface g0/0/3
[R3-GigabitEthernet0/0/3]pim dm
[R3-GigabitEthernet0/0/3]quit
[R3]interface g0/0/0
[R3-GigabitEthernet0/0/0]pim dm
[R3-GigabitEthernet0/0/0]quit
```

R4 的配置：

```
[R4]multicast routing-enable
[R4]interface g0/0/0
[R4-GigabitEthernet0/0/0]pim dm
[R4-GigabitEthernet0/0/0]quit
[R4]interface g0/0/1
[R4-GigabitEthernet0/0/1]pim dm
[R4-GigabitEthernet0/0/1]quit
```

9

（4）开启 IGMP。

```
[R4]interface g0/0/1
[R4-GigabitEthernet0/0/1]igmp enable
[R4-GigabitEthernet0/0/1]igmp version 2
[R4-GigabitEthernet0/0/1]quit
```

（5）配置组播服务器，MCS1 的配置如图 9–29 所示。

（6）配置组播组成员，PC1 的配置如图 9–30 所示。

图 9–29　配置组播服务器

图 9–30　配置 PC1，让其加入组 239.1.1.1

4. 实验调试

（1）在 R1 上查看 PIM 的邻居关系。

```
[R1]display pim neighbor
VPN-Instance: public net
Total Number of Neighbors = 2

Neighbor        Interface    Uptime            Expires     Dr-Priority   BFD-Session
12.1.1.2        GE0/0/1      00:10:18 00:01:27             1             N
13.1.1.3        GE0/0/2      00:09:35 00:01:40             1             N
```

● 【技术要点】

（1）Neighbor：邻居的接口 IP 地址。

（2）Interface：本机的哪个接口和邻居相连。

（3）Uptime：邻居建立的时间。

（4）Expires：失效时间，每隔 30s 发送一次 Hello 报文，失效时间为 105s。

（5）Dr-Priority：DR 的优先级，默认为 1。范围是 0~4294967295。

（6）BFD-Session：没有双向转发检测会话。

（2）查看每台路由器的组播路由表。

查看 R1 的组播路由表：

```
[R1]display multicast routing-table
Multicast routing table of VPN-Instance: public net
 Total 1 entry
 00001. (192.168.1.2, 239.1.1.1)
     Uptime: 00:00:21
     Upstream Interface: GigabitEthernet0/0/0    // 上游接口
     List of 1 downstream interface
         1:  GigabitEthernet0/0/2                 // 下游接口
```

查看 R2 的组播路由表：

```
[R2]display multicast routing-table
Multicast routing table of VPN-Instance: public net
 Total 1 entry
 00001. (192.168.1.2, 239.1.1.1)
        Uptime: 00:00:24
        Upstream Interface: GigabitEthernet0/0/2    // 上游接口
```

查看 R3 的组播路由表：

```
[R3]display multicast routing-table
Multicast routing table of VPN-Instance: public net
 Total 1 entry
 00001. (192.168.1.2, 239.1.1.1)
        Uptime: 00:00:29
        Upstream Interface: GigabitEthernet0/0/3    // 上游接口
        List of 1 downstream interface
            1:  GigabitEthernet0/0/0                 // 下游接口
```

查看 R4 的组播路由表：

```
[R4]display multicast routing-table
Multicast routing table of VPN-Instance: public net
 Total 1 entry
 00001. (192.168.1.2, 239.1.1.1)
        Uptime: 00:00:38
        Upstream Interface: GigabitEthernet0/0/0    // 上游接口
        List of 1 downstream interface
            1:  GigabitEthernet0/0/1                 // 下游接口
```

通过以上输出可以得到组播流量的走向，如图 9-31 所示。

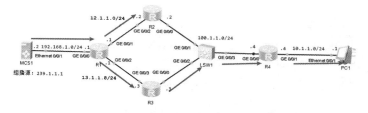

图 9-31 组播流量的走向

【技术要点】

R4 会收到从 R2 和 R3 发送过来的组播流量，于是会产生选举机制，其选举原则如下。

（1）单播路由协议优先级较高者获胜。

（2）如果优先级相同，则到组播源的开销较小者获胜。

（3）如果以上都相同，则下游接口 IP 地址最大者获胜。

9

它们都为 OSPF 路由协议，所以优先级都为 10，组播源的开销都为 2，R2 的 G0/0/0 接口地址为 100.1.1.2，R3 的 G0/0/0 接口地址为 100.1.1.3，所以 R3 获胜。

查看 R2 的组播路由表：

```
[R2]display pim routing-table fsm
VPN-Instance: public net
Total 0 (*, G) entry; 1 (S, G) entry
Abbreviations for FSM states and Timers:
    NI - no info, J - joined, NJ - not joined, P - pruned,
    NP - not pruned, PP - prune pending, W - winner, L - loser,
    F - forwarding, AP - ack pending, DR - designated router,
    NDR - non-designated router, RCVR - downstream receivers,
    PPT - prunepending timer, GRT - graft retry timer,
    OT - override timer, PLT - prune limit timer,
    ET - join expiry timer, JT - join timer,
    AT - assert timer, PT - prune timer
(192.168.1.2, 239.1.1.1)
    Protocol: pim-dm, Flag: ACT
    UpTime: 00:01:00
    Upstream interface: GigabitEthernet0/0/2
        Upstream neighbor: 12.1.1.1
        RPF prime neighbor: 12.1.1.1
        Join/Prune FSM: [P, PLT Expires: 00:03:04]
    Downstream interface(s) information: None
    FSM information for non-downstream interfaces:
        1: GigabitEthernet0/0/2
            Protocol: pim-dm
            DR state: [DR]
            Join/Prune FSM: [NI]
            Assert FSM: [L, AT Expires: 00:02:34]
                Winner: 12.1.1.1, Pref: 0, Metric: 0
        2: GigabitEthernet0/0/0
            Protocol: pim-dm
            DR state: [NDR]
            Join/Prune FSM: [NI]
            // 本路由器为 loser，定时器 180s，还有 154s
            Assert FSM: [L, AT Expires: 00:02:34]
                // Winner 是 100.1.1.3，它的优先级为 10，开销为 2
                Winner: 100.1.1.3, Pref: 10, Metric: 2
```

（3）在 R1 的 G0/0/1 接口抓包分析。第一个包是 Hello 包，其报文格式如图 9–32 所示。

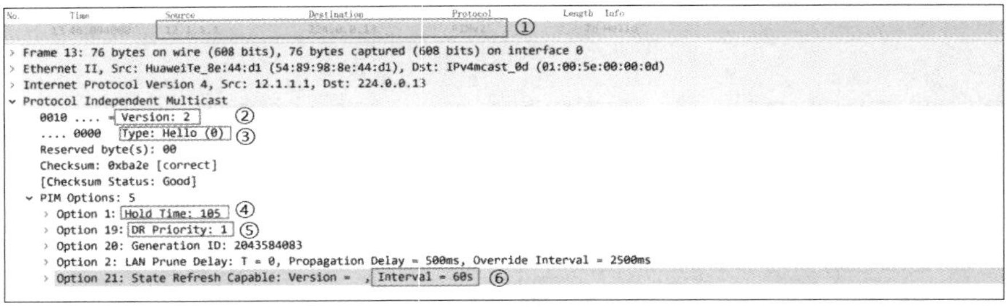

图 9–32　Hello 包报文格式

【技术要点】

（1）Hello包发往组播地址224.0.0.13。

（2）组播的版本为2。

（3）包的类型为Hello。

（4）失效时间为105s，Hello的间隔时间为30s。

（5）DR的优先级为1。

（6）状态刷新时间为60s。

（4）开启组播源，然后在PC1上单击"加入"按钮再离开。在R4的G0/0/0接口抓包。
第二个包是Join/Prune包，其报文格式如图9-33所示。

```
16661 18.422000      100.1.1.4        224.0.0.13        PIMv2        68 Join/Prune
Frame 16661: 68 bytes on wire (544 bits), 68 bytes captured (544 bits) on interface 0
Ethernet II, Src: HuaweiTe_5d:14:7b (54:89:98:5d:14:7b), Dst: IPv4mcast_0d (01:00:5e:00:00:0d)
Internet Protocol Version 4, Src: 100.1.1.4, Dst: 224.0.0.13
Protocol Independent Multicast
   0010 .... = Version: 2
   .... 0011 = Type: Join/Prune (3)
   Reserved byte(s): 00
   Checksum: 0xc239 [correct]
   [Checksum Status: Good]
 ⌄ PIM Options
     Upstream-neighbor: 100.1.1.3
     Reserved byte(s): 00
     Num Groups: 1
     Holdtime: 210
   ⌄ Group 0: 239.1.1.1/32
       Num Joins: 0
     ⌄ Num Prunes: 1
         IP address: 192.168.1.2/32
```

图9-33　Join/Prune包报文格式

第三个包是Graft包，其报文格式如图9-34所示。

```
20224 21.437000      100.1.1.4        100.1.1.3        PIMv2        68 Graft
> Frame 20224: 68 bytes on wire (544 bits), 68 bytes captured (544 bits) on interface 0
> Ethernet II, Src: HuaweiTe_5d:14:7b (54:89:98:5d:14:7b), Dst: HuaweiTe_3a:53:36 (54:89:98:3a:53:36)
> Internet Protocol Version 4, Src: 100.1.1.4, Dst: 100.1.1.3
⌄ Protocol Independent Multicast
   0010 .... = Version: 2
   .... 0110 = Type: Graft (6)
   Reserved byte(s): 00
   Checksum: 0xc00b [correct]
   [Checksum Status: Good]
 ⌄ PIM Options
     Upstream-neighbor: 100.1.1.3
     Reserved byte(s): 00
     Num Groups: 1
     Holdtime: 0
   ⌄ Group 0: 239.1.1.1/32
     ⌄ Num Joins: 1
         IP address: 192.168.1.2/32
       Num Prunes: 0
```

图9-34　Graft包报文格式

第四个包是Graft-Ack包，其报文格式如图9-35所示。

```
20274 21.484000    100.1.1.3        100.1.1.4        PIMv2      68 Graft-Ack
20224 21.437000    100.1.1.4        100.1.1.3        PIMv2      68 Graft
> Frame 20274: 68 bytes on wire (544 bits), 68 bytes captured (544 bits) on interface 0
> Ethernet II, Src: HuaweiTe_3a:53:36 (54:89:98:3a:53:36), Dst: HuaweiTe_5d:14:7b (54:89:98:5d:14:7b)
> Internet Protocol Version 4, Src: 100.1.1.3, Dst: 100.1.1.4
∨ Protocol Independent Multicast
    0010 .... = Version: 2
    .... 0111 = Type: Graft-Ack (7)
    Reserved byte(s): 00
    Checksum: 0xbf0a [correct]
    [Checksum Status: Good]
  ∨ PIM Options
      Upstream-neighbor: 100.1.1.4
      Reserved byte(s): 00
      Num Groups: 1
      Holdtime: 0
    ∨ Group 0: 239.1.1.1/32
      ∨ Num Joins: 1
          IP address: 192.168.1.2/32
        Num Prunes: 0
```

图 9-35　Graft-Ack 包报文格式

第五个包是 Assert 包，其报文格式如图 9-36 所示。

```
145 7.453000       100.1.1.2        224.0.0.13       PIMv2      60 Assert
                   100.1.1.1
> Frame 157: 60 bytes on wire (480 bits), 60 bytes captured (480 bits) on interface 0
> Ethernet II, Src: HuaweiTe_3a:53:36 (54:89:98:3a:53:36), Dst: IPv4mcast_0d (01:00:5e:00:00:0d)
> Internet Protocol Version 4, Src: 100.1.1.3, Dst: 224.0.0.13
∨ Protocol Independent Multicast
    0010 .... = Version: 2
    .... 0101 = Type: Assert (5)
    Reserved byte(s): 00
    Checksum: 0x2726 [correct]
    [Checksum Status: Good]
  ∨ PIM Options
      Group: 239.1.1.1/32
      Source: 192.168.1.2
      0... .... = RP Tree: False
      .000 0000 0000 0000 0000 0000 0000 1010 = Metric Preference: 10
      Metric: 2
```

图 9-36　Assert 包报文格式

第六个包是 State-Refresh 包，其报文格式如图 9-37 所示。

```
> Frame 47970: 70 bytes on wire (560 bits), 70 bytes captured (560 bits) on interface 0
> Ethernet II, Src: HuaweiTe_3a:53:36 (54:89:98:3a:53:36), Dst: IPv4mcast_0d (01:00:5e:00:00:0d)
> Internet Protocol Version 4, Src: 100.1.1.3, Dst: 224.0.0.13
∨ Protocol Independent Multicast
    0010 .... = Version: 2
    .... 1001 = Type: State-Refresh (9)
    Reserved byte(s): 00
    Checksum: 0xfae9 [correct]
    [Checksum Status: Good]
  ∨ PIM Options
      Group: 239.1.1.1/32
      Source: 192.168.1.2
      Originator: 13.1.1.1
      0... .... = RP Tree: False
      .000 0000 0000 0000 0000 0000 0000 1010 = Metric Preference: 10
      Metric: 2
      Masklen: 24
      TTL: 254
      0... .... = Prune indicator: Not set
      .0.. .... = Prune now: Not set
      ..0. .... = Assert override: Not set
      Interval: 60
```

图 9-37　State-Refresh 包报文格式

实验 9-5　配置 PIM-SM

1. 实验目的

（1）熟悉 PIM-SM 的应用场景。

（2）掌握 PIM-SM 的配置方法。

2. 实验拓扑

配置 PIM-SM 的实验拓扑如图 9-38 所示。

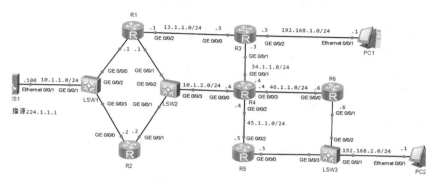

图 9-38　配置 PIM-SM

3. 实验步骤

（1）配置 IP 地址。

MCS1 的配置如图 9-39 所示。

图 9-39　配置 MCS1 的 IP 地址

R1 的配置：

```
<Huawei>system-view
Enter system view, return user view with Ctrl+Z.
[Huawei]undo info-center enable
Info: Information center is disabled.
[Huawei]sysname R1
[R1]interface g0/0/0
[R1-GigabitEthernet0/0/0]ip address 10.1.1.1 24
[R1-GigabitEthernet0/0/0]quit
[R1]interface g0/0/1
[R1-GigabitEthernet0/0/1]ip address 10.1.2.1 24
```

```
[R1-GigabitEthernet0/0/1]quit
[R1]interface g0/0/2
[R1-GigabitEthernet0/0/2]ip address 13.1.1.1 24
[R1-GigabitEthernet0/0/2]quit
```

R2 的配置：

```
<Huawei>system-view
Enter system view, return user view with Ctrl+Z.
[Huawei]undo info-center enable
Info: Information center is disabled.
[Huawei]sysname R2
[R2]interface g0/0/0
[R2-GigabitEthernet0/0/0]ip address 10.1.1.2 24
[R2-GigabitEthernet0/0/0]quit
[R2]interface g0/0/1
[R2-GigabitEthernet0/0/1]ip address 10.1.2.2 24
[R2-GigabitEthernet0/0/1]quit
```

R3 的配置：

```
<Huawei>system-view
[Huawei]undo info-center enable
Info: Information center is disabled.
[Huawei]sysname R3
[R3]interface g0/0/0
[R3-GigabitEthernet0/0/0]ip address 13.1.1.3 24
[R3-GigabitEthernet0/0/0]quit
[R3]interface g0/0/1
[R3-GigabitEthernet0/0/1]ip address 34.1.1.3 24
[R3-GigabitEthernet0/0/1]quit
[R3]interface g0/0/2
[R3-GigabitEthernet0/0/2]ip address 192.168.1.3 24
[R3-GigabitEthernet0/0/2]quit
```

R4 的配置：

```
<Huawei>system-view
Enter system view, return user view with Ctrl+Z.
[Huawei]undo info-center enable
[Huawei]sysname R4
[R4]interface g0/0/0
[R4-GigabitEthernet0/0/0]ip address 10.1.2.4 24
[R4-GigabitEthernet0/0/0]quit
[R4]interface g0/0/1
[R4-GigabitEthernet0/0/1]ip address 34.1.1.4 24
[R4-GigabitEthernet0/0/1]quit
[R4]interface g0/0/2
[R4-GigabitEthernet0/0/2]ip address 45.1.1.4 24
```

```
[R4-GigabitEthernet0/0/2]quit
[R4]interface g0/0/3
[R4-GigabitEthernet0/0/3]ip address 46.1.1.4 24
[R4-GigabitEthernet0/0/3]quit
```

R5 的配置：

```
<Huawei>system-view
Enter system view, return user view with Ctrl+Z.
[Huawei]undo info-center enable
Info: Information center is disabled.
[Huawei]sysname R5
[R5]interface g0/0/0
[R5-GigabitEthernet0/0/0]ip address 192.168.2.5 24
[R5-GigabitEthernet0/0/0]quit
[R5]interface g0/0/2
[R5-GigabitEthernet0/0/2]ip address 45.1.1.5 24
[R5-GigabitEthernet0/0/2]quit
```

R6 的配置：

```
<Huawei>system-view
Enter system view, return user view with Ctrl+Z.
[Huawei]undo info-center enable
Info: Information center is disabled.
[Huawei]sysname R5
[R5]sysname R6
[R6]interface g0/0/0
[R6-GigabitEthernet0/0/0]ip address 46.1.1.6 24
[R6-GigabitEthernet0/0/0]quit
[R6]interface g0/0/1
[R6-GigabitEthernet0/0/1]ip address 192.168.2.6 24
[R6-GigabitEthernet0/0/1]quit
```

PC1 的 IP 地址配置如图 9–40 所示，PC2 的 IP 地址配置如图 9–41 所示。

图 9–40　PC1 的 IP 地址配置

图 9–41　PC2 的 IP 地址配置

（2）配置 OSPF。

R1 的配置：

```
[R1]ospf router-id 1.1.1.1
[R1-ospf-1]area 0
[R1-ospf-1-area-0.0.0.0]network 10.1.1.0 0.0.0.255
[R1-ospf-1-area-0.0.0.0]network 13.1.1.0 0.0.0.255
[R1-ospf-1-area-0.0.0.0]network 10.1.2.0 0.0.0.255
[R1-ospf-1-area-0.0.0.0]quit
```

R2 的配置：

```
[R2]ospf router-id 2.2.2.2
[R2-ospf-1]area 0
[R2-ospf-1-area-0.0.0.0]network 10.1.1.0 0.0.0.255
[R2-ospf-1-area-0.0.0.0]network 10.1.2.0 0.0.0.255
[R2-ospf-1-area-0.0.0.0]quit
```

R3 的配置：

```
[R3]ospf router-id 3.3.3.3
[R3-ospf-1]area 0
[R3-ospf-1-area-0.0.0.0]network 13.1.1.0 0.0.0.255
[R3-ospf-1-area-0.0.0.0]network 34.1.1.0 0.0.0.255
[R3-ospf-1-area-0.0.0.0]network 192.168.1.0 0.0.0.255
[R3-ospf-1-area-0.0.0.0]quit
```

R4 的配置：

```
[R4]ospf router-id 4.4.4.4
[R4-ospf-1]area 0
[R4-ospf-1-area-0.0.0.0]network 10.1.2.0 0.0.0.255
[R4-ospf-1-area-0.0.0.0]network 34.1.1.0 0.0.0.255
[R4-ospf-1-area-0.0.0.0]network 46.1.1.0 0.0.0.255
[R4-ospf-1-area-0.0.0.0]network 45.1.1.0 0.0.0.255
[R4-ospf-1-area-0.0.0.0]quit
```

R5 的配置：

```
[R5]ospf router-id 5.5.5.5
[R5-ospf-1]area 0
[R5-ospf-1-area-0.0.0.0]network 45.1.1.0 0.0.0.255
[R5-ospf-1-area-0.0.0.0]network 192.168.2.0 0.0.0.255
[R5-ospf-1-area-0.0.0.0]quit
```

R6 的配置：

```
[R6]ospf router-id 6.6.6.6
[R6-ospf-1]area 0
[R6-ospf-1-area-0.0.0.0]network 46.1.1.0 0.0.0.255
[R6-ospf-1-area-0.0.0.0]network 192.168.2.0 0.0.0.255
[R6-ospf-1-area-0.0.0.0]quit
```

（3）运行 PIM –SM。

R1 的配置：

```
[R1]multicast routing-enable
[R1]interface g0/0/0
[R1-GigabitEthernet0/0/0]pim sm
[R1-GigabitEthernet0/0/0]quit
[R1]interface g0/0/1
[R1-GigabitEthernet0/0/1]pim sm
[R1-GigabitEthernet0/0/1]quit
[R1]interface g0/0/2
[R1-GigabitEthernet0/0/2]pim sm
[R1-GigabitEthernet0/0/2]quit
```

R2 的配置：

```
[R2]multicast routing-enable
[R2]interface g0/0/0
[R2-GigabitEthernet0/0/0]pim sm
[R2-GigabitEthernet0/0/0]quit
[R2]interface g0/0/1
[R2-GigabitEthernet0/0/1]pim sm
[R2-GigabitEthernet0/0/1]quit
```

R3 的配置：

```
[R3]multicast routing-enable
[R3]interface g0/0/0
[R3-GigabitEthernet0/0/0]pim sm
[R3-GigabitEthernet0/0/0]quit
[R3]interface g0/0/1
[R3-GigabitEthernet0/0/1]pim sm
[R3-GigabitEthernet0/0/1]quit
[R3]interface g0/0/2
[R3-GigabitEthernet0/0/2]pim sm
[R3-GigabitEthernet0/0/2]quit
```

R4 的配置：

```
[R4]multicast routing-enable
[R4]interface g0/0/0
[R4-GigabitEthernet0/0/0]pim sm
[R4-GigabitEthernet0/0/0]quit
[R4]interface g0/0/1
[R4-GigabitEthernet0/0/1]pim sm
[R4-GigabitEthernet0/0/1]quit
[R4]interface g0/0/2
[R4-GigabitEthernet0/0/2]pim sm
[R4-GigabitEthernet0/0/2]quit
[R4]interface g0/0/3
[R4-GigabitEthernet0/0/3]pim sm
[R4-GigabitEthernet0/0/3]quit
```

9

R5 的配置：

```
[R5]multicast routing-enable
[R5]interface g0/0/0
[R5-GigabitEthernet0/0/0]pim sm
[R5-GigabitEthernet0/0/0]quit
[R5]interface g0/0/2
[R5-GigabitEthernet0/0/2]pim sm
[R5-GigabitEthernet0/0/2]quit
```

R6 的配置：

```
[R6]multicast routing-enable
[R6]interface g0/0/0
[R6-GigabitEthernet0/0/0]pim sm
[R6-GigabitEthernet0/0/0]quit
[R6]interface g0/0/1
[R6-GigabitEthernet0/0/1]pim sm
[R6-GigabitEthernet0/0/1]quit
```

（4）配置静态 RP。在 R4 上创建一个环回口 0，IP 地址为 4.4.4.4，作为静态 RP 地址。
R4 的配置：

```
[R4]interface LoopBack 0
[R4-LoopBack0]ip address 4.4.4.4 32          // 环回口比较稳定
[R4-LoopBack0]ospf enable area 0             // 一定要宣告进 OSPF
[R4-LoopBack0]quit
[R4]pim
[R4-pim]static-rp 4.4.4.4
[R4-pim]quit
```

R1 的配置：

```
[R1]pim
[R1-pim]static-rp 4.4.4.4
[R1-pim]quit
```

R2 的配置：

```
[R2]pim
[R2-pim]static-rp 4.4.4.4
[R2-pim]quit
```

R3 的配置：

```
[R3]pim
[R3-pim]static-rp 4.4.4.4
[R3-pim]quit
```

R5 的配置：

```
[R5]pim
[R5-pim]static-rp 4.4.4.4
[R5-pim]quit
```

R6 的配置：

```
[R6]pim
[R6-pim]static-rp 4.4.4.4
[R6-pim]quit
```

（5）配置组播服务器，MCS1 的配置如图 9-42 所示。

图 9-42　配置组播服务器

（6）运行 IGMP。

R3 的配置：

```
[R3]interface g0/0/2
[R3-GigabitEthernet0/0/2]igmp enable
[R3-GigabitEthernet0/0/2]igmp version 2
[R3-GigabitEthernet0/0/2]quit
```

R5 的配置：

```
[R5]interface g0/0/0
[R5-GigabitEthernet0/0/0]igmp enable
[R5-GigabitEthernet0/0/0]igmp version 2
[R5-GigabitEthernet0/0/0]quit
```

R6 的配置：

```
[R6]interface g0/0/1
```

9

```
[R6-GigabitEthernet0/0/1]igmp enable
[R6-GigabitEthernet0/0/1]igmp version 2
[R6-GigabitEthernet0/0/1]quit
```

（7）让 PC1 加入组 224.1.1.1，PC1 的配置如图 9-43 所示。

图 9-43　配置 PC1，让其加入组 224.1.1.1

4. 实验调试

（1）观察 RPT 的形成。

第 1 步，R3 收到 IGMP 加入组 224.1.1.1 的请求，R3 生成 (* 224.1.1.1) 条目，确认上游和下游接口，然后开始向 RP 建立 RPT（共享树）。

```
[R3]display pim routing-table
 VPN-Instance: public net
 Total 1 (*, G) entry; 0 (S, G) entry
 (*, 224.1.1.1)                                  // 生成 (* G)
     RP: 4.4.4.4
     Protocol: pim-sm, Flag: WC
     UpTime: 00:00:45
     Upstream interface: GigabitEthernet0/0/1    // 上游接口
         Upstream neighbor: 34.1.1.4
         RPF prime neighbor: 34.1.1.4
     Downstream interface(s) information:
     Total number of downstreams: 1
         1: GigabitEthernet0/0/2                  // 下游接口
             Protocol: igmp, UpTime: 00:00:45, Expires: -
```

第 2 步，R4 收到 (* 224.1.1.1)Join 报文，创建 (* 224.1.1.1) 条目。

```
[R4]display pim routing-table
 VPN-Instance: public net
 Total 1 (*, G) entry; 0 (S, G) entry
 (*, 224.1.1.1)   // 形成 (* G)
     RP: 4.4.4.4 (local)
     Protocol: pim-sm, Flag: WC
     UpTime: 00:12:56
     Upstream interface: Register                // 上游接口
```

```
          Upstream neighbor: NULL
          RPF prime neighbor: NULL
       Downstream interface(s) information:
       Total number of downstreams: 1                    // 下游接口
          1: GigabitEthernet0/0/1
               Protocol: pim-sm, UpTime: 00:12:56, Expires: 00:02:34
```

【技术要点】

　　Join转发的路径及在每台路由器上生成的组播转发表构成RPT树。只要接收者存在，R3就会每隔60s向上游发送Join，收到Join的接口重置接口计时器，超时时间为210s。超时后这些接口会从下游接口列表中移除。其流程如图9-44所示。

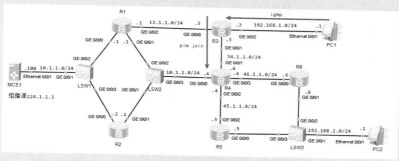

图 9-44　Join 转发的路径流程

（2）把 R1 的 G0/0/0 优先级改成 100，让组播流量访问 RP 的路径为 MCS1–R1–R4。
查看 R1 的 PIM 接口信息：

```
[R1]display pim interface g0/0/0
VPN-Instance: public net
Interface      State    NbrCnt    HelloInt      DR-Pri        DR-Address
GE0/0/0        up       1         30            1             10.1.1.2
```

通过以上输出可以看到，DR-Address 是 10.1.1.2。
把 R1 的 G0/0/0 接口 DR 的优先级改成 100：

```
[R1]interface g0/0/0
[R1-GigabitEthernet0/0/0]pim hello-option dr-priority 100
```

再次查看 R1 的 PIM 接口信息：

```
[R1]display pim interface g0/0/0
VPN-Instance: public net
Interface      State    NbrCnt    HelloInt      DR-Pri        DR-Address
GE0/0/0        up       1         30            100           10.1.1.1 (local)
```

通过以上输出可以看到，DR-Address 变成了 10.1.1.1。

9

【技术要点】

PIM DR的选举原则：优先级越大则越优，默认为1；若优先级相同，则接口IP地址越大者越优。

（3）观察 SPT 的形成。

第1步，打开 MCS1 的组播流量，在 R1 的 G0/0/0 接口抓包。在 MCS1 上运行组播，其配置如图 9-45 所示。

图 9-45 在 MCS1 上运行组播

第2步，组播第一跳路由 R1 收到组播报文，把它封装成单播注册报文向 RP 注册。单播报文如图 9-46 所示。

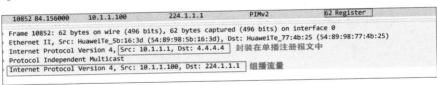

图 9-46 单播注册报文的格式

第3步，RP 收到单播注册报文，将其解封装，建立 (S, G) 表项，并将组播数据沿 RPT 发送到组播组成员。

```
[R4]display pim routing-table
 VPN-Instance: public net
 Total 1 (*, G) entry; 1 (S, G) entry
 (*, 224.1.1.1)
     RP: 4.4.4.4 (local)
     Protocol: pim-sm, Flag: WC
     UpTime: 00:26:34
     Upstream interface: Register
         Upstream neighbor: NULL
         RPF prime neighbor: NULL
```

```
        Downstream interface(s) information:
        Total number of downstreams: 1
            1: GigabitEthernet0/0/1
                Protocol: pim-sm, UpTime: 00:26:34, Expires: 00:02:56
(10.1.1.100, 224.1.1.1)                    // 形成 (S,G)
        RP: 4.4.4.4 (local)
        Protocol: pim-sm, Flag: 2MSDP SWT ACT
        UpTime: 00:07:00
        Upstream interface: Register
            Upstream neighbor: NULL
            RPF prime neighbor: NULL
        Downstream interface(s) information:
        Total number of downstreams: 1
            1: GigabitEthernet0/0/1
                Protocol: pim-sm, UpTime: 00:02:10, Expires: -
```

第 4 步，RP 向组播源发送 (S, G)Join 报文，报文到达 R1 后，R1 将添加下游接口，并向 RP 同时发送组播报文和单播注册报文。

```
[R1]display pim routing-table
VPN-Instance: public net
Total 0 (*, G) entry; 1 (S, G) entry
(10.1.1.100, 224.1.1.1)
        RP: 4.4.4.4
        Protocol: pim-sm, Flag: SPT LOC ACT
        UpTime: 00:05:30
        Upstream interface: GigabitEthernet0/0/0
            Upstream neighbor: NULL
            RPF prime neighbor: NULL
        Downstream interface(s) information:
        Total number of downstreams: 1
            1: GigabitEthernet0/0/2
                Protocol: pim-sm, UpTime: 00:05:28, Expires: 00:02:54
```

第 5 步，RP 收到组播报文和单播注册报文，就发送 Register-stop 报文，其报文格式如图 9-47 所示。

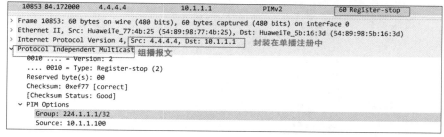

图 9-47　Register-stop 报文格式

第 6 步，单播注册和单播注册停止流程如图 9-48 所示。

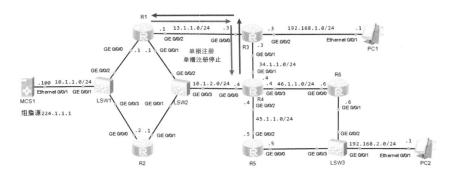

图 9-48　单播注册和单播注册停止流程

（4）由 RPT 切换到 STP 流程如图 9-49 所示。

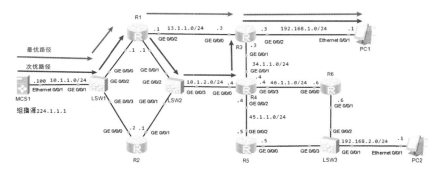

图 9-49　由 RPT 切换到 STP 流程

第 10 章　IPv6

本章对IPv6进行了简单的介绍，并通过实验使读者能够了解IPv6地址和6to4隧道的配置方法。

本章包含以下内容：

- IPv6概述
- 配置IPv6地址
- 配置6to4隧道

10.1　IPv6 概述

IPv6（Internet Protocol version 6，互联网协议第 6 版）是网络层协议的第二代标准协议，也被称为IPNG（IP Next Generation），它所在的网络层提供了无连接的数据传输服务。IPv6 是 IETF 设计的一套规范，也是 IPv4 的升级版本，它解决了目前 IPv4 存在的许多不足之处。IPv6 和 IPv4 最显著的区别就是 IP 地址长度从原来的 32 位升级为 128 位。IPv6 以其简化报头格式、充足的地址空间、层次化的地址结构、灵活的扩展头、增强的邻居发现机制将在未来的市场竞争中充满活力。

IPv6 的优势如下。

- "无限"的地址空间。
- 层次化的地址结构。
- 即插即用。
- 简化的报头。
- 安全特性。
- 移动性。
- 增强的 QoS 特性。

IPv6 报头结构见清单 10-1。

清单 10-1　IPv6 报头结构

Version	Traffic Class	Flow Label	
Payload Length		Next Header	Hop Limit
Source Address			
Destination Address			
Extension Headers			

报头结构中各字段的含义如下。

（1）Version：4 表示 IPv4，6 表示 IPv6。

（2）Traffic Class：该字段及其功能类似于 IPv4 的业务类型字段。

（3）Flow Label：该字段标记 IP 数据包的一个流。

（4）Payload Length：有效载荷是指紧跟 IPv6 基本报头的数据包，包含 IPv6 扩展报头。

（5）Next Header：该字段指明跟随在 IPv6 基本报头后的扩展报头的信息类型。

（6）Hop Limit：跳数限制，该字段定义 IPv6 数据包所能经过的最大跳数，这个字段和 IPv4 中的 TTL 字段非常相似。

（7）Source Address：报文的源地址。

（8）Destination Address：报文的目的地址。

（9）Extension Headers：扩展报头。IPv6 取消了 IPv4 报头中的选项字段，并引入了多种扩展报头，在提高处理效率的同时还增强了 IPv6 的灵活性，为 IP 协议提供了良好的扩展能力。

IPv6 有 3 种地址，分别是单播地址、组播地址和任意播地址。

（1）单播地址。单播地址又分为全球单播地址、唯一本地地址和链路本地地址。

- 全球单播地址：相当于 IPv4 的公网地址，其地址结构见清单 10-2。

清单 10-2 全球单播地址结构

001（3 比特）	全局路由前缀（45 比特）	子网 ID（16 比特）	接口标识（64 比特）

- 唯一本地地址：是 IPv6 私网地址，只能在内网中使用，其地址结构见清单 10-3。

清单 10-3 唯一本地地址结构

1111 1101 （8 比特）	Global ID（40 比特）	子网 ID（16 比特）	接口标识（64 比特）

- 链路本地地址：是 IPv6 中另一种应用范围受限制的地址类型。它的有效范围是本地链路，前缀为 FE80::/10，其地址结构见清单 10-4。

清单 10-4 链路本地地址结构

1111 1110 10（10 比特）	固定为 0（54 比特）	接口标识（64 比特）

（2）组播地址。IPv6 组播地址标识多个接口，一般用于一对多的通信场景。组播地址结构见清单 10-5。

清单 10-5 组播地址结构

11111111（8 比特）	Flags（4 比特）	Scope（4 比特）	Reserved（4 比特）	Group ID（32 比特）

（3）任意播地址。标识一组网络接口（通常属于不同的节点）。任意播地址可以作为 IPv6 报文的源地址，也可以作为目的地址。

10.2 IPv6 配置实验

实验 10-1 配置 IPv6 地址

扫一扫，看视频

1. 实验目的

（1）熟悉 IPv6 地址的应用场景。

（2）掌握 IPv6 地址的配置方法。

2. 实验拓扑

配置 IPv6 地址的实验拓扑如图 10-1 所示。

图 10-1 配置 IPv6 地址

3. 实验步骤

（1）在 AR2 上通过静态配置的方法配置 IPv6 地址。

```
<Huawei>system-view
Enter system view, return user view with Ctrl+Z.
[Huawei]undo info-center enable
Info: Information center is disabled.
[Huawei]sysname AR2
[AR2]interface g0/0/0
[AR2-GigabitEthernet0/0/0]ipv6 enable
[AR2-GigabitEthernet0/0/0]ipv6 address 2002:88:99::2/64    // 手动配置静态 IP 地址
[AR2-GigabitEthernet0/0/0]quit
[AR2]interface g0/0/1
[AR2-GigabitEthernet0/0/1]ipv6 enable
[AR2-GigabitEthernet0/0/1]ipv6 address 2001:66:77::2/64    // 手动配置静态 IP 地址
[AR2-GigabitEthernet0/0/1]quit
```

（2）AR1 的接口 IP 地址通过无状态化地址自动配置。

AR1 的配置：

```
<Huawei>system-view
Enter system view, return user view with Ctrl+Z.
[Huawei]undo info-center enable
Info: Information center is disabled.
[Huawei]sysname AR1
[AR1]ipv6
[AR1]interface g0/0/0
[AR1-GigabitEthernet0/0/0]ipv6 enable
// IPv6 地址通过无状态化自动配置获取
[AR1-GigabitEthernet0/0/0]ipv6 address auto global
[AR1-GigabitEthernet0/0/0]quit
```

AR2 的配置：

```
[AR2]interface g0/0/1
[AR2-GigabitEthernet0/0/1]undo ipv6 nd ra halt          // 让路由器发送 RA（路由通告）
```

10

【技术要点】

　　无状态化地址自动配置的流程如下。

　　（1）AR1根据本地的接口ID自动生成链路本地地址FE80::2E0:FCFF:FE31:2B7C。

　　（2）AR1对该链路本地地址进行DAD检测，如果该地址无冲突，则可启用，此时AR1具备IPv6连接能力。

　　（3）AR1发送RS报文，尝试在链路上发现IPv6路由器。

　　（4）AR2发送RA报文，携带可用于无状态地址自动配置的IPv6地址前缀。路由器在没有收到RS报文时也能够主动发出RA报文。

　　（5）AR1解析路由器发送的RA报文，获得IPv6地址前缀，使用该前缀加上本地的接口ID生成IPv6单播地址。

　　（6）AR1对生成的IPv6单播地址进行DAD检测，如果没有检测到冲突，则启用该地址。

　　（3）在AR1上通过有状态化地址进行配置。

AR1 的配置：

```
<Huawei>system-view
Enter system view, return user view with Ctrl+Z.
[Huawei]undo info-center enable
Info: Information center is disabled.
[Huawei]sysname AR1
[AR1]dhcp enable
[AR1]ipv6
[AR1]interface g0/0/0
[AR1-GigabitEthernet0/0/0]ipv6 enable
[AR1-GigabitEthernet0/0/0]ipv6 address auto link-local
[AR1-GigabitEthernet0/0/0]ipv6 address auto dhcp
[AR1-GigabitEthernet0/0/0]quit
```

AR2 的配置：

```
[AR2]dhcp enable                                          // 启用 DHCP
Info: The operation may take a few seconds. Please wait for a moment.done.
[AR2]dhcpv6 pool hcip                                     // 创建 DHCP 地址池, 名为 HCIP
[AR2-dhcpv6-pool-hcip]address prefix 2002:88:99::/64      // 地址网段
[AR2-dhcpv6-pool-hcip]excluded-address 2002:88:99::2      // 去除地址
[AR2]interface g0/0/0
[AR2-GigabitEthernet0/0/0]dhcpv6 server hcip              // 在接口下调用
```

【技术要点】

　　（1）DHCPv6客户端发送Solicit消息，请求DHCPv6服务器为其分配IPv6地址/前缀和网络配置参数。

　　（2）DHCPv6服务器回复Advertise消息，通知客户端可以为其分配地址/前缀和网络配置参数。

（3）如果DHCPv6客户端接收到多个服务器回复的Advertise消息，则根据消息接收的先后顺序、服务器优先级等，选择其中一台服务器，并向该服务器发送Request消息，请求服务器确认为其分配地址/前缀和网络配置参数。

（4）DHCPv6服务器回复Reply消息，确认将地址/前缀和网络配置参数分配给客户端使用。

4. 实验调试

（1）在 AR1 的 G0/0/0 接口抓包分析。

RS 的报文格式如图 10-2 所示。

```
   16 56.000000      fe80::2e0:fcff:fe31…  ff02::1                 ICMPv6        70 Router Solicitation
> Frame 16: 70 bytes on wire (560 bits), 70 bytes captured (560 bits) on interface 0
> Ethernet II, Src: HuaweiTe_31:2b:7c (00:e0:fc:31:2b:7c), Dst: IPv6mcast_01 (33:33:00:00:00:01)
> Internet Protocol Version 6, Src: fe80::2e0:fcff:fe31:2b7c, Dst: ff02::1
v Internet Control Message Protocol v6
     Type: Router Solicitation (133)
     Code: 0
     Checksum: 0x2a13 [correct]
     [Checksum Status: Good]
     Reserved: 00000000
  > ICMPv6 Option (Source link-layer address : 00:e0:fc:31:2b:7c)
```

图 10-2　RS 的报文格式

RA 的报文格式如图 10-3 所示。

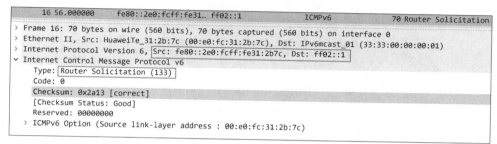

```
   18 312.625000      fe80::2e0:fcff:fec0…  ff02::1                 ICMPv6        110 Router Advertisement
     Type: Router Advertisement (134)
     Code: 0
     Checksum: 0x0ad1 [correct]
     [Checksum Status: Good]
     Cur hop limit: 64
  v Flags: 0x00, Prf (Default Router Preference): Medium
     0... .... = Managed address configuration: Not set      为0代表无状态自动配置、为1代表DHCPv6
     .0.. .... = Other configuration: Not set                 为0代表无状态自动配置、为1代表DHCPv6
     ..0. .... = Home Agent: Not set
     ...0 0... = Prf (Default Router Preference): Medium (0)
     .... .0.. = Proxy: Not set
     .... ..0. = Reserved: 0
     Router lifetime (s): 1800
     Reachable time (ms): 0
     Retrans timer (ms): 0
  > ICMPv6 Option (Source link-layer address : 00:e0:fc:c0:80:4c)
  v ICMPv6 Option (Prefix information : 2001:66:77::/64)      前缀信息
     Type: Prefix information (3)
     Length: 4 (32 bytes)
     Prefix Length: 64
   > Flag: 0xc0, On-link flag(L), Autonomous address-configuration flag(A)
     Valid Lifetime: 2592000
     Preferred Lifetime: 604800
     Reserved
     Prefix: 2001:66:77::
```

图 10-3　RA 的报文格式

（2）抓包分析 DHCP。

Solicit 的报文格式如图 10-4 所示，Advertise 的报文格式如图 10-5 所示，Request 的报文格式如图 10-6 所示，Reply 的报文格式如图 10-7 所示。

10

```
10 272.141000    fe80::2e0:fcff:fee3…  ff02::1:2              DHCPv6    108 Solicit XID: 0x622114 CID: 0003000…
13 272.250000    fe80::2e0:fcff:fec0…  fe80::2e0:fcff:fee3…  DHCPv6    138 Advertise XID: 0x622114 CID: 00030…
14 273.266000    fe80::2e0:fcff:fee3…  ff02::1:2              DHCPv6    150 Request XID: 0x74b167 CID: 0003000…
15 273.266000    fe80::2e0:fcff:fec0…  fe80::2e0:fcff:fee3…  DHCPv6    138 Reply XID: 0x74b167 CID: 000300010…
```
Frame 10: 108 bytes on wire (864 bits), 108 bytes captured (864 bits) on interface 0
Ethernet II, Src: HuaweiTe_e3:41:91 (00:e0:fc:e3:41:91), Dst: IPv6mcast_01:00:02 (33:33:00:01:00:02)
Internet Protocol Version 6, Src: fe80::2e0:fcff:fee3:4191, Dst: ff02::1:2
User Datagram Protocol, Src Port: 546, Dst Port: 547
DHCPv6
    Message type: Solicit (1)
    Transaction ID: 0x622114
> Client Identifier
> Identity Association for Non-temporary Address
> Option Request
> Elapsed time

图 10-4　Solicit 的报文格式

```
10 272.141000    fe80::2e0:fcff:fee3…  ff02::1:2              DHCPv6    108 Solicit XID: 0x622114 CID: 0003000…
13 272.250000    fe80::2e0:fcff:fec0…  fe80::2e0:fcff:fee3…  DHCPv6    138 Advertise XID: 0x622114 CID: 00030…
14 273.266000    fe80::2e0:fcff:fee3…  ff02::1:2              DHCPv6    150 Request XID: 0x74b167 CID: 0003000…
15 273.266000    fe80::2e0:fcff:fec0…  fe80::2e0:fcff:fee3…  DHCPv6    138 Reply XID: 0x74b167 CID: 000300010…
```
> Frame 13: 138 bytes on wire (1104 bits), 138 bytes captured (1104 bits) on interface 0
> Ethernet II, Src: HuaweiTe_c0:80:4b (00:e0:fc:c0:80:4b), Dst: HuaweiTe_e3:41:91 (00:e0:fc:e3:41:91)
> Internet Protocol Version 6, Src: fe80::2e0:fcff:fec0:804b, Dst: fe80::2e0:fcff:fee3:4191
> User Datagram Protocol, Src Port: 547, Dst Port: 546
∨ DHCPv6
    Message type: Advertise (2)
    Transaction ID: 0x622114
> Client Identifier
> Server Identifier
> Identity Association for Non-temporary Address

图 10-5　Advertise 的报文格式

```
10 272.141000    fe80::2e0:fcff:fee3…  ff02::1:2              DHCPv6    108 Solicit XID: 0x622114 CID: 0003000…
13 272.250000    fe80::2e0:fcff:fec0…  fe80::2e0:fcff:fee3…  DHCPv6    138 Advertise XID: 0x622114 CID: 00030…
14 273.266000    fe80::2e0:fcff:fec0…  ff02::1:2              DHCPv6    150 Request XID: 0x74b167 CID: 0003000…
15 273.266000    fe80::2e0:fcff:fec0…  fe80::2e0:fcff:fee3…  DHCPv6    138 Reply XID: 0x74b167 CID: 000300010…
```
Frame 14: 150 bytes on wire (1200 bits), 150 bytes captured (1200 bits) on interface 0
Ethernet II, Src: HuaweiTe_e3:41:91 (00:e0:fc:e3:41:91), Dst: IPv6mcast_01:00:02 (33:33:00:01:00:02)
Internet Protocol Version 6, Src: fe80::2e0:fcff:fee3:4191, Dst: ff02::1:2
User Datagram Protocol, Src Port: 546, Dst Port: 547
DHCPv6
    Message type: Request (3)
    Transaction ID: 0x74b167
> Client Identifier
> Server Identifier
> Identity Association for Non-temporary Address
> Option Request
> Elapsed time

图 10-6　Request 的报文格式

```
10 272.141000    fe80::2e0:fcff:fee3…  ff02::1:2              DHCPv6    108 Solicit XID: 0x622114 CID: 0003000…
13 272.250000    fe80::2e0:fcff:fec0…  fe80::2e0:fcff:fee3…  DHCPv6    138 Advertise XID: 0x622114 CID: 00030…
14 273.266000    fe80::2e0:fcff:fec0…  ff02::1:2              DHCPv6    150 Request XID: 0x74b167 CID: 0003000…
15 273.266000    fe80::2e0:fcff:fec0…  fe80::2e0:fcff:fee3…  DHCPv6    138 Reply XID: 0x74b167 CID: 000300010…
```
Frame 15: 138 bytes on wire (1104 bits), 138 bytes captured (1104 bits) on interface 0
Ethernet II, Src: HuaweiTe_c0:80:4b (00:e0:fc:c0:80:4b), Dst: HuaweiTe_e3:41:91 (00:e0:fc:e3:41:91)
Internet Protocol Version 6, Src: fe80::2e0:fcff:fec0:804b, Dst: fe80::2e0:fcff:fee3:4191
User Datagram Protocol, Src Port: 547, Dst Port: 546
DHCPv6
    Message type: Reply (7)
    Transaction ID: 0x74b167
> Client Identifier
> Server Identifier
∨ Identity Association for Non-temporary Address
    Option: Identity Association for Non-temporary Address (3)
    Length: 40
    Value: 00000410000a8c000010e00000050018200088009900000…
    IAID: 00000041
    T1: 43200
    T2: 69120
  ∨ IA Address
    Option: IA Address (5)
    Length: 24
    Value: 20020088009900000000000000000001000151800002a300…
    IPv6 address: 2002:88:99::1

图 10-7　Reply 的报文格式

实验 10-2　配置 6to4 隧道

1. 实验目的
（1）熟悉 6to4 隧道的应用场景。
（2）掌握 6to4 隧道的配置方法。

2. 实验拓扑
配置 6to4 隧道的实验拓扑如图 10-8 所示。

图 10-8　配置 6to4 隧道

3. 实验步骤
（1）配置 IP 地址。
AR1 的配置：

```
<Huawei>system-view
Enter system view, return user view with Ctrl+Z.
[Huawei]undo info-center enable
Info: Information center is disabled.
[Huawei]sysname AR1
[AR1]ipv6     // 全局启用 IPv6
[AR1]interface g0/0/1
[AR1-GigabitEthernet0/0/1]ipv6 enable
[AR1-GigabitEthernet0/0/1]ipv6 address 2001::2/64
[AR1-GigabitEthernet0/0/1]quit
[AR1]interface g0/0/0
[AR1-GigabitEthernet0/0/0]ip address 12.1.1.1 24
[AR1-GigabitEthernet0/0/0]quit
```

AR2 的配置：

```
<Huawei>system-view
Enter system view, return user view with Ctrl+Z.
[Huawei]undo info-center enable
Info: Information center is disabled.
[Huawei]sysname AR2
[AR2]interface g0/0/1
[AR2-GigabitEthernet0/0/1]ip address 12.1.1.2 24
[AR2-GigabitEthernet0/0/1]quit
[AR2]interface g0/0/0
[AR2-GigabitEthernet0/0/0]ip address 23.1.1.2 24
[AR2-GigabitEthernet0/0/0]quit
```

10

AR3 的配置：

```
<Huawei>system-view
Enter system view, return user view with Ctrl+Z.
[Huawei]undo info-center enable
Info: Information center is disabled.
[Huawei]sysname AR3
[AR3]ipv6
[AR3]interface g0/0/0
[AR3-GigabitEthernet0/0/0]ipv6 enable
[AR3-GigabitEthernet0/0/0]ipv6 address 2002::2/64
[AR3-GigabitEthernet0/0/0]quit
[AR3]interface g0/0/1
[AR3-GigabitEthernet0/0/1]ip address 23.1.1.3 24
[AR3-GigabitEthernet0/0/1]quit
```

PC1 的 IPv6 地址配置如图 10-9 所示，PC2 的 IPv6 地址配置如图 10-10 所示。

图 10-9　PC1 的 IPv6 地址配置

图 10-10　PC2 的 IPv6 地址配置

（2）运行 OSPF 路由协议。

AR1 的配置：

```
[AR1]ospf router-id 1.1.1.1
[AR1-ospf-1]area 0
[AR1-ospf-1-area-0.0.0.0]network 12.1.1.0 0.0.0.255
[AR1-ospf-1-area-0.0.0.0]quit
```

AR2 的配置：

```
[AR2]ospf router-id 2.2.2.2
[AR2-ospf-1]area 0
[AR2-ospf-1-area-0.0.0.0]network 12.1.1.0 0.0.0.255
[AR2-ospf-1-area-0.0.0.0]network 23.1.1.0 0.0.0.255
[AR2-ospf-1-area-0.0.0.0]quit
```

AR3 的配置：

```
[AR3]ospf router-id 3.3.3.3
[AR3-ospf-1]area 0
[AR3-ospf-1-area-0.0.0.0]network 23.1.1.0 0.0.0.255
[AR3-ospf-1-area-0.0.0.0]quit
```

（3）配置 6to4 的隧道。
AR1 的配置：

```
[AR1]interface Tunnel 0/0/0
[AR1-Tunnel0/0/0]tunnel-protocol ipv6-ipv4        // 隧道协议为 IPv6-IPv4
[AR1-Tunnel0/0/0]source 12.1.1.1                  // 隧道的源地址为 12.1.1.1
[AR1-Tunnel0/0/0]destination 23.1.1.3             // 隧道的目的地址为 23.1.1.3
[AR1-Tunnel0/0/0]ipv6 enable                      // 启用 IPv6
[AR1-Tunnel0/0/0]ipv6 address 2022::1/64          // 隧道的 IPv6 地址为 2022::1
[AR1-Tunnel0/0/0]quit
```

AR3 的配置：

```
[AR3]interface Tunnel 0/0/0
[AR3-Tunnel0/0/0]tunnel-protocol ipv6-ipv4
[AR3-Tunnel0/0/0]source 23.1.1.3
[AR3-Tunnel0/0/0]destination 12.1.1.1
[AR3-Tunnel0/0/0]ipv6 enable
[AR3-Tunnel0/0/0]ipv6 address 2022::3/64
[AR3-Tunnel0/0/0]quit
```

【技术要点】

隧道协议如果使用 IPv6-IPv4，它只能传递 IPv6 的信息，如果要传输其他数据，则建议使用 gre。使用 gre 的配置方式如下。

AR1 的配置：

```
[AR1]interface Tunnel 0/0/0
[AR1-Tunnel0/0/0]tunnel-protocol gre              // 隧道协议为 gre
[AR1-Tunnel0/0/0]source 12.1.1.1                  // 隧道的源地址为 12.1.1.1
[AR1-Tunnel0/0/0]destination 23.1.1.3             // 隧道的目的地址为 23.1.1.3
[AR1-Tunnel0/0/0]ipv6 enable                      // 启用 IPv6
[AR1-Tunnel0/0/0]ipv6 address 2022::1/64          // 隧道的 IPv6 地址为 2022::1
[AR1-Tunnel0/0/0]quit
```

AR3 的配置：

```
[AR3]interface Tunnel 0/0/0
[AR3-Tunnel0/0/0]tunnel-protocol gre
[AR3-Tunnel0/0/0]source 23.1.1.3
[AR3-Tunnel0/0/0]destination 12.1.1.1
[AR3-Tunnel0/0/0]ipv6 enable
[AR3-Tunnel0/0/0]ipv6 address 2022::3/64
[AR3-Tunnel0/0/0]quit
```

10

（4）配置 IPv6 的静态路由。

AR1 的配置：

```
[AR1]ipv6 route-static 2002:: 64 2022::3   // 目标网络为 2002::64 下一跳为 2022::3
```

AR3 的配置：

```
[AR3]ipv6 route-static 2001:: 64 2022::1
```

4. 实验调试

（1）测试 PC1 是否可以访问 PC2，PC1 的配置如图 10–11 所示。

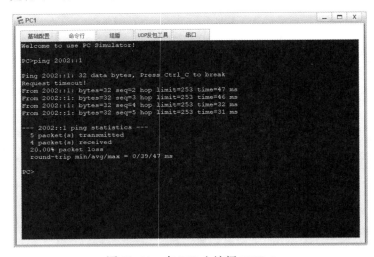

图 10–11　在 PC1 上访问 2002::1

（2）在 AR1 的接口抓包。

隧道协议为 IPv6-IPv4 的报文结构如图 10–12 所示。

```
  3 2.547000    2001::1          2002::1          ICMPv6      114 Echo (ping) request id=0x9335, seq=1, hop limit=254 (reply in 4)
> Frame 3: 114 bytes on wire (912 bits), 114 bytes captured (912 bits) on interface 0
> Ethernet II, Src: HuaweiTe_ab:04:9b (00:e0:fc:ab:04:9b), Dst: HuaweiTe_c9:47:34 (00:e0:fc:c9:47:34)
> Internet Protocol Version 4, Src: 12.1.1.1, Dst: 23.1.1.3  外层IPv4的报文
> Internet Protocol Version 6, Src: 2001::1, Dst: 2002::1   内层IPv6的报文
> Internet Control Message Protocol v6
```

图 10–12　IPv6-IPv4 报文结构

隧道协议为 gre 的报文结构如图 10–13 所示。

```
  7 6.656000    2001::1          2002::1          ICMPv6      118 Echo (ping) request id=0x9780, seq=3, hop limit=254 (reply in.
> Frame 7: 118 bytes on wire (944 bits), 118 bytes captured (944 bits) on interface 0
> Ethernet II, Src: HuaweiTe_ab:04:9b (00:e0:fc:ab:04:9b), Dst: HuaweiTe_c9:47:34 (00:e0:fc:c9:47:34)
> Internet Protocol Version 4, Src: 12.1.1.1, Dst: 23.1.1.3  IPv4
> Generic Routing Encapsulation (IPv6) gre
> Internet Protocol Version 6, Src: 2001::1, Dst: 2002::1   IPv6
> Internet Control Message Protocol v6
```

图 10–13　gre 报文结构

第 11 章　防火墙

本章阐述了防火墙的发展历程以及基本原理，并通过实验使读者能够掌握防火墙的配置方法。

本章包含以下内容：
- 防火墙的发展历程
- 防火墙的基本原理
- 防火墙配置实验

11.1　防火墙概述

"防火墙"一词起源于建筑领域，用于隔离火灾，阻止火势从一个区域蔓延到另一个区域。引入到通信领域，防火墙这一具体设备通常用于两个网络之间有针对性的、逻辑意义上的隔离。这种隔离是选择性的，而隔离"火"的蔓延又保证"人"可以穿墙而过。这里的"火"是指网络中的各种攻击，而"人"是指正常的通信报文。

11.1.1　防火墙的发展历程

防火墙经历了从低级到高级、从功能简单到功能复杂的过程。网络技术的不断发展和新需求的不断提出，推动着防火墙的发展。

防火墙从包过滤防火墙起，经历了状态检测、统一威胁管理、NGFW 等，发展到了 AI 防火墙，其具有以下特点。
- 访问控制越来越精细。
- 防护能力越来越强。
- 性能越来越好。

防火墙的发展历程如图 11-1 所示。

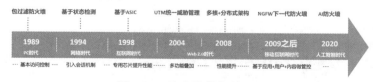

图 11-1　防火墙的发展历程

11.1.2　防火墙的基本原理

1. 默认安全区域

防火墙的默认安全区域见表 11-1。

表 11-1　防火墙的默认安全区域

区域名称	默认安全优先级
Untrust	5
Dmz	50
Trunst	85
Local	100

2. 安全区域的特性

（1）默认安全区域不能删除，也不允许修改安全优先级。

（2）每个安全区域都必须设置一个安全优先级（Priority），其值越大，则安全区域的安全优先级就越高。

（3）用户可根据需求创建自定义的安全区域。

11.2　防火墙配置实验

扫一扫，看视频

1. 实验目的

（1）熟悉防火墙的应用场景。

（2）掌握防火墙的配置方法。

2. 实验拓扑

配置防火墙的实验拓扑如图 11-2 所示。

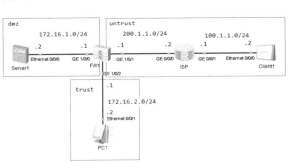

图 11-2　配置防火墙

【技术要点】

　　某公司网络使用防火墙作为出口路由器，要求将公网设置为untrust区域，对外http服务器所在区域设置为dmz区域，内网的其他PC所在区域设置为trust区域。最终实现外网设备Client1能够通过nat server命令访问Server1，内网PC1能够通过nat访问公网ISP。

3. 实验步骤

（1）登录防火墙（防火墙使用 USG6000V1，默认登录账户为 admin、密码为 Admin@123，登录后需要修改密码）。

```
Username:admin
Password: Admin@123
The password needs to be changed. Change now? [Y/N]: y
Please enter old password: Admin@123
Please enter new password: Huawei@123
Please confirm new password: Huawei@123
 Info: Your password has been changed. Save the change to survive a reboot.
****************************************************************
*        Copyright (C) 2014-2018 Huawei Technologies Co., Ltd.       *
*                      All rights reserved.                          *
*              Without the owner's prior written consent,            *
*          no decompiling or reverse-engineering shall be allowed.   *
****************************************************************
<USG6000V1>
```

（2）配置防火墙和路由器的接口 IP 地址。

FW1 的配置：

```
[USG6000V1]sysname FW1
[FW1]interface g1/0/2
[FW1-GigabitEthernet1/0/2]ip address 172.16.2.1 24
[FW1]interface g1/0/0
[FW1-GigabitEthernet1/0/0]ip address 172.16.1.1 24
[FW1]interface g1/0/1
[FW1-GigabitEthernet1/0/1]ip address 200.1.1.1 24
```

ISP 的配置：

```
[Huawei]sysname ISP
[ISP]interface g0/0/0
[ISP-GigabitEthernet0/0/0] ip address 200.1.1.2 24
[ISP]interface g0/0/1
[ISP-GigabitEthernet0/0/1]ip address 100.1.1.1 24
```

（3）将对应接口后的网络划分到防火墙的安全区域。

```
[FW1]firewall zone trust                        // 进入 trust 区域视图
[FW1-zone-trust]add interface g1/0/2            // 将 g1/0/2 接口划分到 trust 区域
[FW1]firewall zone untrust                      // 进入 untrust 区域视图
[FW1-zone-untrust]add interface g1/0/1          // 将 g1/0/1 接口划分到 untrust 区域
[FW1]firewall zone dmz                          // 进入 dmz 区域视图
[FW1-zone-dmz]add interface g1/0/0              // 将 g1/0/0 接口划分到 dmz 区域
```

（4）配置默认路由指向 ISP。

```
[FW1]ip route-static 0.0.0.0 0.0.0.0 200.1.1.2
```

（5）配置 nat、nat server 以及防火墙区域间策略。

第 1 步，配置 nat，让 PC1 能够访问 ISP 网络。

```
[FW1]nat-policy                                        // 进入 nat 策略视图
[FW1-policy-nat]rule name 1                            // 创建 nat 策略，命名为 1
[FW1-policy-nat-rule-1]source-zone trust               // 源安全区域为 trust
[FW1-policy-nat-rule-1]destination-zone untrust        // 目标安全区域为 untrust
// 定义源 IP 地址为 172.16.2.0/24
[FW1-policy-nat-rule-1]source-address 172.16.2.0 24
// 匹配以上调整则执行 esay-ip 动作
[FW1-policy-nat-rule-1]action source-nat easy-ip
```

第 2 步，配置 PC 访问 ISP 网络的防火墙区域间策略。

```
[FW1]security-policy    // 进入安全策略视图模式
[FW1-policy-security]rule name trusttountrust                       // 将策略命名为 trusttountrust
[FW1-policy-security-rule-trusttountrust]source-zone trust          // 源安全区域为 trust
// 目标安全区域为 untrust
[FW1-policy-security-rule-trusttountrust]destination-zone untrust
// 定义源 IP 地址为 172.16.2.0/24
[FW1-policy-security-rule-trusttountrust]source-address 172.16.2.0 24
[FW1-policy-security-rule-trusttountrust]action permit    // 执行动作为允许
```

（6）测试 PC1 是否能够访问 ISP，PC1 的配置如图 11-3 所示。

图 11-3　在 PC1 上访问 200.1.1.2

（7）查看防火墙的会话表项。

```
[FW1]display firewall session table verbose
2022-11-01 03:24:06.270
 Current Total Sessions : 5
 icmp  VPN: public --> public  ID: c387fcfe6a60878ca46360918c
 Zone: trust --> untrust  TTL: 00:00:20  Left: 00:00:17
 Recv Interface: GigabitEthernet1/0/2
 Interface: GigabitEthernet1/0/1  NextHop: 200.1.1.2  MAC: 00e0-fc83-073e
 <--packets: 1 bytes: 60 --> packets: 1 bytes: 60
 172.16.2.2:63377[200.1.1.1:2064] --> 200.1.1.2:2048 PolicyName: trusttountrust
```

可以看到会话的安全区域为 trust 区域到 untrust 区域，该会话的老化时间（TTL）为 20s，接收报文的接口为 G1/0/2，发送报文的接口为 G1/0/1。可以看到该会话匹配的安全策略规则名称为 trusttountrust。

（8）配置 nat server，让 Client1 能访问内部服务器 Server1。

```
[FW1]nat server http protocol tcp global 200.1.1.1 www inside 172.16.1.2 www
// 配置 nat server，将公网地址 200.1.1.1 的 80 端口映射到私网地址 172.16.1.2 的 80 端口
```

（9）配置外网 untrust 区域访问 dmz 区域的区域间策略。

```
[FW1]security-policy
[FW1-policy-security]rule name untrusttodmz
[FW1-policy-security-rule-untrusttodmz]source-zone untrust
[FW1-policy-security-rule-untrusttodmz]destination-zone dmz
[FW1-policy-security-rule-untrusttodmz]destination-address 172.16.1.2 24
[FW1-policy-security-rule-untrusttodmz]service http
[FW1-policy-security-rule-untrusttodmz]action permit
```

（10）测试 Client1 是否能够访问 Server1。

第 1 步，在 Server1 上开启 HttpServer，其配置如图 11-4 所示。

第 2 步，在 Client1 上测试，其配置如图 11-5 所示。

图 11-4　在 Server1 上开启 HttpServer

图 11-5　在 Client1 上访问 200.1.1.1

结果表明，外网设备能够通过 nat server 访问服务器。

第 12 章　VPN 虚拟专用网络

本章阐述了VPN的分类、关键技术，并结合实验演示了IPSec VPN的配置方法。
本章包含以下内容：
- VPN的分类
- VPN的关键技术
- IPSec VPN
- VPN 配置实验

12.1　VPN 概述

对于规模较大的企业而言，网络访问需求并不局限于公司总部网络内，分公司、办事处、出差员工、合作单位等也需要访问公司总部的网络资源，可以采用 VPN（Virtual Private Network，虚拟专用网络）技术来实现这一需求。VPN 可以在不改变现有网络结构的情况下，建立虚拟专用连接。因其具有廉价、专用和虚拟等多种优势，在现网中应用非常广泛。

12.1.1　VPN 的分类

1. 根据建设单位分类
根据建设单位不同，VPN 分为以下两类。
（1）租用 ISP VPN 专线搭建的 VPN 网络，包括 MPLS VPN 和多协议标签交换 VPN 两种。
（2）自建企业 VPN 网络，包括以下三种。
- IPSec VPN：互联网安全协议（Internet Protocol Security）。
- L2TP VPN：第二层隧道协议（Layer 2 Tunneling Protocol）。
- SSL VPN：安全套接层协议（Secure Sockets Layer）。

2. 根据组网方式分类
根据组网方式不同，VPN 分为以下两类。
（1）远程访问 VPN：L2TP VPN、SSL VPN。
（2）局域网到局域网 VPN：MPLS VPN、IPSec VPN。

3. 根据实现的网络层次分类
根据实现的网络层次不同，VPN 分为以下几类。
（1）应用层：SSL VPN。
（2）网络层：IPSec VPN、GRE VPN。
（3）2.5 层：MPLS VPN。
（4）数据链路层：L2TP VPN、PPTP VPN（Point-to-Point Tunneling Protocol）。

12.1.2　VPN 的关键技术

1. 隧道技术

VPN 技术的基本原理是利用隧道（Tunnel）技术对传输报文进行封装，利用 VPN 骨干网建立专用数据传输通道，实现报文的安全传输。位于隧道两端的 VPN 网关，通过对原始报文的"封装"和"解封装"，建立一个点到点的虚拟通信隧道。

2. 身份认证

可用于部署了远程接入 VPN 的场景，VPN 网关对用户的身份进行认证，保证接入网络的都是合法用户而非恶意用户；也可以用于 VPN 网关之间对对方身份的认证。

3. 数据加密

将明文通过加密变成密文，使数据即使被黑客截获，黑客也无法获取其中的信息。

4. 数据验证

通过数据验证技术对报文的完整性和真伪进行检查，丢弃被伪造和被篡改的报文。

12.1.3　IPSec VPN

随着 Internet 的发展，越来越多的企业直接通过 Internet 进行互联，但由于 IP 协议未考虑安全性，并且 Internet 上有大量的不可靠用户和网络设备，当用户业务数据要穿越这些未知网络时，就无法保证安全性，数据容易被伪造、篡改或窃取。因此迫切需要一种兼容 IP 协议的通用网络安全方案。为了解决上述问题，IPSec 应运而生。IPSec 是对 IP 的安全性补充，它工作在 IP 层，为 IP 网络通信提供透明的安全服务。

1. IPSec VPN 解决的问题

（1）数据来源验证：接收方验证发送方身份是否合法。

（2）数据加密：发送方对数据进行加密，以密文的形式在 Internet 上传送，接收方对接收的加密数据进行解密后处理或直接转发。

（3）数据完整性：接收方对接收的数据进行验证，以判定报文是否被篡改。

（4）抗重放：接收方拒绝旧的或重复的数据包，防止用户恶意通过重复发送捕获到的数据包进行攻击。

2. IPSec 协议框架

（1）安全联盟（Security Association，SA）：安全参数索引（Security Parameter Index，SPI）、目的 IP 地址、使用的安全协议号（AH 或 ESP）。

（2）安全协议：认证头（Authentication Header，AH），只支持认证，不支持加密；封装安全载荷（Encapsulating Security Payload，ESP）。

（3）封装模式：分为传输模式和隧道模式，如图 12-1 和图 12-2 所示。

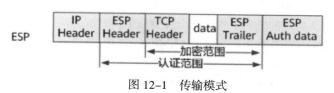

图 12-1　传输模式

图 12-2　隧道模式

（4）加密和验证：加密算法有 DES、3DES、AES 等；验证算法有 MD5、SHA1、SHA2 等。

（5）密钥交换：因特网密钥交换（Internet Key Exchange，IKE）协议。

3. IPSec 的基本原理

IPSec 隧道建立过程中需要协商 IPSec SA，IPSec SA 一般通过 IKE 协商生成。其流程如图 12-3 所示。

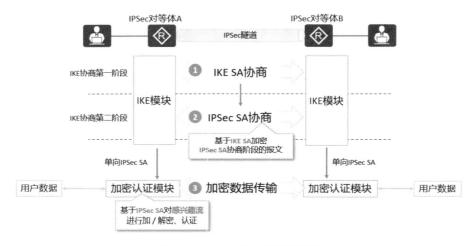

图 12-3　IPSec 基本原理流程图

（1）SA 由一个三元组进行唯一标识，这个三元组包括安全参数索引 SPI、目的 IP 地址和使用的安全协议号（AH 或 ESP）。其中，SPI 是为唯一标识 SA 而生成的一个 32 比特的数值，它在 AH 和 ESP 头中传输。在手动配置 SA 时，需要手动指定 SPI 的取值。使用 IKE 协商产生 SA 时，SPI 将随机生成。

（2）SA 是单向的逻辑连接，因此两个 IPSec 对等体之间的双向通信最少需要建立两个 SA 来分别对两个方向的数据流进行安全保护。

IKE 作为密钥协商协议，存在两个版本：IKEv1 和 IKEv2，我们采用 IKEv1 为例进行介绍，IKEv2 的内容可参考产品文档中相应的内容。

（1）IKEv1 协商阶段 1 的目的是建立 IKE SA。IKE SA 建立后，对等体间的所有 ISAKMP 消息都将通过加密和验证，这条安全通道可以保证 IKEv1 协商阶段 2 的协商能够安全进行。IKE SA 是一个双向的逻辑连接，两个 IPSec 对等体间只建立一个 IKE SA。

（2）IKEv1 协商阶段 2 的目的是建立用于安全传输数据的 IPSec SA，并为数据传输衍生出密钥。该阶段使用 IKEv1 协商阶段 1 中生成的密钥对 ISAKMP 消息的完整性和身份进行验证，并对 ISAKMP 消息进行加密，因此保证了交换的安全性。

（3）IKE 协商成功意味着双向的 IPSec 隧道已经建立，可以以 ACL 的方式或者安全框架的方式定义 IPSec "感兴趣流"，符合感兴趣流（需要被 IPSec 保护的数据流）流量特征的数据都将被送入 IPSec 隧道进行处理。

12.2 VPN 配置实验

1. 实验目的
（1）熟悉 IPSec VPN 的应用场景。
（2）掌握 IPSec VPN 的配置方法。

2. 实验拓扑
配置 IPSec VPN 的实验拓扑如图 12-4 所示。

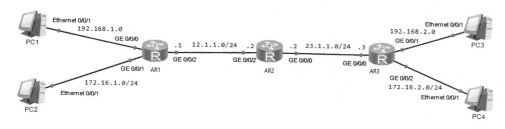

图 12-4 配置 IPSec VPN

3. 实验步骤
（1）配置 IP 地址。

PC1 和 PC2 的 IP 地址配置如图 12-5 和图 12-6 所示。

图 12-5 PC1 的 IP 地址配置

图 12-6 PC2 的 IP 地址配置

AR1 的配置：

```
<Huawei>system-view
Enter system view, return user view with Ctrl+Z.
[Huawei]undo info-center enable
Info: Information center is disabled.
[Huawei]sysname AR1
[AR1]interface g0/0/0
[AR1-GigabitEthernet0/0/0]ip address 192.168.1.254 24
[AR1-GigabitEthernet0/0/0]quit
[AR1]interface g0/0/1
[AR1-GigabitEthernet0/0/1]ip address 172.16.1.254 24
[AR1-GigabitEthernet0/0/1]quit
[AR1]interface g0/0/2
[AR1-GigabitEthernet0/0/2]ip address 12.1.1.1 24
[AR1-GigabitEthernet0/0/2]quit
```

AR2 的配置：

```
<Huawei>system-view
Enter system view, return user view with Ctrl+Z.
[Huawei]undo info-center enable
Info: Information center is disabled.
[Huawei]sysname AR2
[AR2]interface g0/0/2
[AR2-GigabitEthernet0/0/2]ip address 12.1.1.2 24
[AR2-GigabitEthernet0/0/2]quit
[AR2]interface g0/0/0
[AR2-GigabitEthernet0/0/0]ip address 23.1.1.2 24
[AR2-GigabitEthernet0/0/0]quit
[AR2]interface LoopBack 0
[AR2-LoopBack0]ip address 2.2.2.2 32
[AR2-LoopBack0]quit
```

AR3 的配置：

```
<Huawei>system-view
Enter system view, return user view with Ctrl+Z.
[Huawei]undo info-center enable
Info: Information center is disabled.
[Huawei]sysname AR3
[AR3]interface g0/0/0
[AR3-GigabitEthernet0/0/0]ip address 23.1.1.3 24
[AR3-GigabitEthernet0/0/0]quit
[AR3]interface g0/0/1
[AR3-GigabitEthernet0/0/1]ip address 192.168.2.254 24
[AR3-GigabitEthernet0/0/1]quit
[AR3]interface g0/0/2
[AR3-GigabitEthernet0/0/2]ip address 172.16.2.254 24
[AR3-GigabitEthernet0/0/2]quit
```

PC3、PC4 的 IP 地址配置如图 12-7 和图 12-8 所示。

图 12-7　PC3 的 IP 地址配置

图 12-8　PC4 的 IP 地址配置

（2）配置网络连通性。

AR1 的配置：

```
[AR1]ip route-static 0.0.0.0 0.0.0.0 12.1.1.2
```

AR3 的配置：

```
[AR3]ip route-static 0.0.0.0 0.0.0.0 23.1.1.2
```

（3）配置 IPSec VPN。

第 1 步，定义感兴趣的流量。

AR1 的配置：

```
[AR1]acl 3000
[AR1-acl-adv-3000]rule 10 permit ip source 192.168.1.0 0.0.0.255 destination
    192.168.2.0 0.0.0.255
[AR1-acl-adv-3000]quit
```

AR3 的配置：

```
[AR3]acl 3000
[AR3-acl-adv-3000]rule 10 permit ip source 192.168.2.0 0.0.0.255 destination
192.168.1.0 0.0.0.255
[AR3-acl-adv-3000]quit
```

【技术要点】

满足 ACL 的流量才能通过 VPN。

第 2 步，设置提议。

AR1 的配置：

```
[AR1]ipsec proposal 1
[AR1-ipsec-proposal-1]quit
```

AR3 的配置:

```
[AR3]ipsec proposal 1
[AR3-ipsec-proposal-1]quit
```

在 AR1 上查看提议:

```
[AR1]display ipsec proposal                              // 查看 IPSec VPN 提议
Number of proposals: 1                                   // 编号为 1
IPSec proposal name: 1                                   // 名字为 1
Encapsulation mode: Tunnel                               // 封装模式为隧道
Transform: esp-new                                       // 封装为 ESP
ESP protocol: Authentication MD5-HMAC-96                 // 认证模式为 MD5
Encryption: DES                                          // 加密模式为 DES
```

第 3 步，设置安全策略。

AR1 的配置:

```
[AR1]ipsec policy hcip 1 manual
[AR1-ipsec-policy-manual-hcip-1]security acl 3000
[AR1-ipsec-policy-manual-hcip-1]proposal 1
[AR1-ipsec-policy-manual-hcip-1]tunnel local 12.1.1.1
[AR1-ipsec-policy-manual-hcip-1]tunnel remote 23.1.1.3
[AR1-ipsec-policy-manual-hcip-1]sa spi outbound esp 1234
[AR1-ipsec-policy-manual-hcip-1]sa spi inbound esp 4321
[AR1-ipsec-policy-manual-hcip-1]sa string-key inbound esp simple lwljh
[AR1-ipsec-policy-manual-hcip-1]sa string-key outbound esp simple lwljh
```

AR3 的配置:

```
[AR3]ipsec policy hcip 1 manual
[AR3-ipsec-policy-manual-hcip-1]security acl 3000
[AR3-ipsec-policy-manual-hcip-1]proposal 1
[AR3-ipsec-policy-manual-hcip-1]tunnel local 23.1.1.3
[AR3-ipsec-policy-manual-hcip-1]tunnel remote 12.1.1.1
[AR3-ipsec-policy-manual-hcip-1]sa spi outbound esp 4321
[AR3-ipsec-policy-manual-hcip-1]sa spi inbound esp 1234
[AR3-ipsec-policy-manual-hcip-1]sa string-key inbound esp simple lwljh
[AR3-ipsec-policy-manual-hcip-1]sa string-key outbound esp simple lwljh
[AR3-ipsec-policy-manual-hcip-1]quit
```

查看 IPSec 的策略:

```
[AR1]display ipsec policy  // 查看 IPSec 的策略
==========================================
IPSec policy group: "hcip"
Using interface:
==========================================
    Sequence number: 1
    Security data flow: 3000
    Tunnel local address: 12.1.1.1
    Tunnel remote address: 23.1.1.3
```

```
Qos pre-classify: Disable
Proposal name:1
Inbound AH setting:
  AH SPI:
  AH string-key:
  AH authentication hex key:
Inbound ESP setting:
  ESP SPI: 4321 (0x10e1)
  ESP string-key: lwljh
  ESP encryption hex key:
  ESP authentication hex key:
Outbound AH setting:
  AH SPI:
  AH string-key:
  AH authentication hex key:
Outbound ESP setting:
  ESP SPI: 1234 (0x4d2)
  ESP string-key: lwljh
  ESP encryption hex key:
  ESP authentication hex key:
```

第 4 步，在接口下调用 IPSec 策略。

AR1 的配置：

```
[AR1]interface g0/0/2
[AR1-GigabitEthernet0/0/2]ipsec policy hcip
[AR1-GigabitEthernet0/0/2]quit
```

AR3 的配置：

```
[AR3]interface g0/0/0
[AR3-GigabitEthernet0/0/0]ipsec policy hcip
[AR3-GigabitEthernet0/0/0]quit
```

4. 实验调试

（1）在 PC1 上访问 192.168.2.1（PC3），配置如图 12-9 所示。

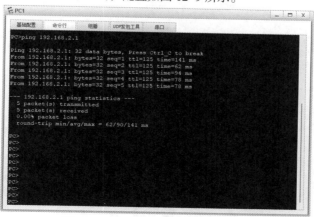

图 12-9　在 PC1 上访问 192.168.2.1

（2）在 AR1 的 G0/0/2 接口抓包，抓包结果如图 12-10 所示。

```
12 551.032000   12.1.1.1      23.1.1.3    …   126 ESP (SPI=0x000004d2)
13 551.047000   23.1.1.3      12.1.1.1    …   126 ESP (SPI=0x000010e1)
14 552.063000   12.1.1.1      23.1.1.3    …   126 ESP (SPI=0x000004d2)
15 552.079000   23.1.1.3      12.1.1.1    …   126 ESP (SPI=0x000010e1)
16 553.079000   12.1.1.1      23.1.1.3    …   126 ESP (SPI=0x000004d2)
17 553.110000   23.1.1.3      12.1.1.1    …   126 ESP (SPI=0x000010e1)
18 554.110000   12.1.1.1      23.1.1.3    …   126 ESP (SPI=0x000004d2)
19 554.125000   23.1.1.3      12.1.1.1    …   126 ESP (SPI=0x000010e1)

> Frame 15: 126 bytes on wire (1008 bits), 126 bytes captured (1008 bits) on interface 0
> Ethernet II, Src: HuaweiTe_eb:6b:eb (00:e0:fc:eb:6b:eb), Dst: HuaweiTe_8b:21:57 (00:e0:fc:8b:21:57)
> Internet Protocol Version 4, Src: 23.1.1.3, Dst: 12.1.1.1
> Encapsulating Security Payload
```

图 12-10   IPSec VPN 数据包

通过以上输出可以看到，数据都被加密了。

第 13 章 BFD 双向转发检测

本章阐述了BFD的原理，并通过实验使读者能够掌握静态路由、OSPF与BFD的联动配置。

本章包含以下内容：
- BFD的基本概念
- BFD的工作原理
- 静态路由与BFD联动配置
- OSPF与BFD联动配置
- 配置单臂回声

13.1 BFD 概述

随着网络应用的广泛部署，网络发生故障极大可能会导致业务异常。为了减小链路、设备故障对业务的影响，提高网络的可靠性，网络设备需要尽快检测到与相邻设备间的通信故障，以便及时采取措施，保证业务正常进行。BFD（Bidirectional Forwarding Detection，双向转发检测）提供了一个通用的、标准化的、与介质和协议无关的快速故障检测机制，用于快速检测、监控网络中链路或者 IP 路由的转发连通状态。

13.1.1 BFD 的基本概念

BFD 具有以下两大优点。
- 对相邻转发引擎之间的通道提供轻负荷、快速故障检测。
- 用单一的机制对任何介质、任何协议层进行实时检测。

BFD 是一个简单的 Hello 协议。两个系统之间建立 BFD 会话通道，并周期性地发送 BFD 检测报文，如果某个系统在规定的时间内没有收到对端的检测报文，则认为该通道的某个部分发生了故障。

13.1.2 BFD 的工作原理

1. BFD 报文结构

BFD 检测是通过维护在两个系统之间建立的 BFD 会话来实现的，系统通过发送 BFD 报文建立会话。BFD 控制报文根据场景不同而封装不同，报文结构由强制部分和可选的认证字段组成。BFD 的报文格式如图 13–1 所示。

图 13-1　BFD 报文格式

（1）Sta：BFD 本地状态。

（2）Detect Mult：检测超时倍数，用于检测方计算检测超时时间。

（3）My Discriminator：BFD 会话连接本地标识符（Local Discriminator）。它是发送系统产生的一个唯一的、非 0 鉴别值，用于区分一个系统的多个 BFD 会话。

（4）Your Discriminator：BFD 会话连接远端标识符（Remote Discriminator）。从远端系统接收到的鉴别值，该域直接返回接收到的 My Discriminator，如果不知道这个值就返回 0。

（5）Desired Min TX Interval：本地支持的最小 BFD 报文发送间隔。

（6）Required Min RX Interval：本地支持的最小 BFD 报文接收间隔。

（7）Required Min Echo RX Interval：本地支持的最小 Echo 报文接收间隔，单位为微秒（如果本地不支持 Echo 功能，则设置为 0）。

2. BFD 会话建立方式

BFD 会话建立方式有静态建立 BFD 会话和动态建立 BFD 会话。

（1）静态建立 BFD 会话是指通过命令行手动配置 BFD 会话参数，包括配置本地标识符和远端标识符等，然后手动下发 BFD 会话建立请求。

（2）动态建立 BFD 会话的本地标识符由触发创建 BFD 会话的系统动态分配，远端标识符从收到对端 BFD 消息的本地标识符的值学习而来。

3. BFD 会话状态

BFD 会话有四种状态：Down、Init、Up 和 AdminDown。会话状态的变化通过 BFD 报文的 State 字段传递，系统根据自己本地的会话状态和接收到的对端 BFD 报文驱动状态改变。BFD 状态机的建立和拆除都采用三次握手机制，以确保两端系统都能知道状态的变化。以 BFD 会话建立为例，简单地介绍状态机的迁移过程。BFD 的会话状态如图 13-2 所示。

（1）SwitchA 和 SwitchB 各自启动 BFD 状态机，初始状态为 Down，发送状态为 Down 的 BFD 报文。对于静态配置 BFD 会话，报文中的远端标识符的值是用户指定的；对于动态创建 BFD 会话，远端标识符的值是 0。

（2）SwitchB 收到状态为 Down 的 BFD 报文后，状态切换至 Init，并发送状态为 Init 的 BFD 报文。

（3）SwitchB 本地 BFD 状态变为 Init 后，不再处理接收到的状态为 Down 的报文。

（4）SwitchA 的 BFD 状态变化同 SwitchB。

（5）SwitchB 收到状态为 Init 的 BFD 报文后，本地状态切换至 Up。

（6）SwitchA 的 BFD 状态变化同 SwitchB。

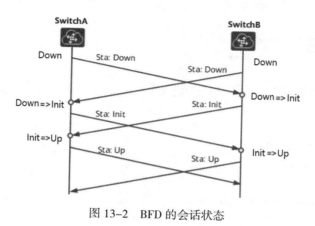

图 13-2　BFD 的会话状态

4. BFD 检测模式

两个系统建立 BFD 会话，并沿它们之间的路径周期性地发送 BFD 控制报文，如果一方在既定的时间内没有收到 BFD 控制报文，则认为路径上发生了故障。BFD 的检测模式有异步模式和查询模式两种。

（1）异步模式：系统之间相互周期性地发送 BFD 控制包，如果某个系统在检测时间内没有收到对端发来的 BFD 控制报文，就宣布会话为 Down。

（2）查询模式：在需要验证连接性的情况下，系统连续发送多个 BFD 控制包，如果在检测时间内没有收到返回的报文就宣布会话为 Down。

5. BFD 检测时间

BFD 会话检测时长由 TX（Desired Min TX Interval）、RX（Required Min RX Interval）、DM（Detect Multi）三个参数决定。BFD 报文的实际发送时间间隔和实际接收时间间隔由 BFD 会话协商决定。

（1）本地 BFD 报文实际发送时间间隔 = MAX { 本地配置的发送时间间隔，对端配置的接收时间间隔 }。

（2）本地 BFD 报文实际接收时间间隔 = MAX { 对端配置的发送时间间隔，本地配置的接收时间间隔 }。

（3）本地 BFD 报文实际检测时间分为以下两种情况。

- 异步模式：本地 BFD 报文实际检测时间 = 本地 BFD 报文实际接收时间间隔 × 对端配置的 BFD 检测倍数。
- 查询模式：本地 BFD 报文实际检测时间 = 本地 BFD 报文实际接收时间间隔 × 本端配置的 BFD 检测倍数。

6. BFD 单臂回声功能

在两台直接相连的设备中，其中一台设备支持 BFD 功能，另一台设备不支持 BFD 功能，只支持基本的网络层转发功能。为了能够快速地检测这两台设备之间的故障，可以在支持 BFD 功能的设备上创建单臂回声功能的 BFD 会话。支持 BFD 功能的设备会主动发起回声请求功能，不支持 BFD 功能的设备接收到该报文后直接将其环回，从而实现转发链路的连通性检测功能。

13.2 BFD 配置实验

实验 13-1 静态路由与 BFD 联动配置

1. 实验目的

（1）熟悉静态路由与 BFD 联动的应用场景。

（2）掌握静态路由与 BFD 联动的配置方法。

2. 实验拓扑

静态路由与 BFD 联动配置的实验拓扑如图 13-3 所示。

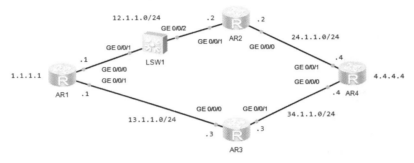

图 13-3 静态路由与 BFD 联动配置

3. 实验步骤

（1）配置 IP 地址。

AR1 的配置：

```
<Huawei>system-view
Enter system view, return user view with Ctrl+Z.
[Huawei]undo info-center enable
Info: Information center is disabled.
[Huawei]sysname AR1
[AR1]interface g0/0/0
[AR1-GigabitEthernet0/0/0]ip address 12.1.1.1 24
[AR1-GigabitEthernet0/0/0]quit
[AR1]interface g0/0/1
[AR1-GigabitEthernet0/0/1]ip address 13.1.1.1 24
[AR1-GigabitEthernet0/0/1]quit
[AR1]interface LoopBack 0
[AR1-LoopBack0]ip address 1.1.1.1 32
[AR1-LoopBack0]quit
```

AR2 的配置：

```
<Huawei>system-view
```

```
Enter system view, return user view with Ctrl+Z.
[Huawei]undo info-center enable
Info: Information center is disabled.
[Huawei]sysname AR2
[AR2]interface g0/0/1
[AR2-GigabitEthernet0/0/1]ip address 12.1.1.2 24
[AR2-GigabitEthernet0/0/1]quit
[AR2]interface g0/0/0
[AR2-GigabitEthernet0/0/0]ip address 24.1.1.2 24
[AR2-GigabitEthernet0/0/0]quit
```

AR3 的配置：

```
<Huawei>system-view
Enter system view, return user view with Ctrl+Z.
[Huawei]undo info-center enable
Info: Information center is disabled.
[Huawei]sysname AR3
[AR3]interface g0/0/0
[AR3-GigabitEthernet0/0/0]ip address 13.1.1.3 24
[AR3-GigabitEthernet0/0/0]quit
[AR3]interface g0/0/1
[AR3-GigabitEthernet0/0/1]ip address 34.1.1.3 24
[AR3-GigabitEthernet0/0/1]quit
```

AR4 的配置：

```
<Huawei>system-view
Enter system view, return user view with Ctrl+Z.
[Huawei]undo info-center enable
Info: Information center is disabled.
[Huawei]sysname AR4
[AR4]interface g0/0/1
[AR4-GigabitEthernet0/0/1]ip address 24.1.1.4 24
[AR4-GigabitEthernet0/0/1]quit
[AR4]interface g0/0/0
[AR4-GigabitEthernet0/0/0]ip address 34.1.1.4 24
[AR4-GigabitEthernet0/0/0]quit
[AR4]interface LoopBack 0
[AR4-LoopBack0]ip address 4.4.4.4 32
[AR4-LoopBack0]quit
```

（2）在 AR1 与 AR2 之间建立 BFD 会话，并与静态路由绑定，实现故障快速检测和路径快速收敛。
AR1 的配置：

```
[AR1]bfd    // 全局使能 BFD 功能，并进入 BFD 全局视图
[AR1-bfd]quit
[AR1]bfd 102 bind peer-ip 12.1.1.2 interface g0/0/0 // 配置一个名字为 102 的 BFD 会话，使用 12.1.1.2
                                       // 对绑定本端接口 G0/0/0 的单跳链路进行检测
```

```
[AR1-bfd-session-102]discriminator local 100          // BFD 会话的本地标识符为 100
[AR1-bfd-session-102]discriminator remote 200         //BFD 会话的远端标识符为 200
[AR1-bfd-session-102]commit                           // 提交配置
```

AR2 的配置：

```
[AR2]bfd
[AR2-bfd]quit
[AR2]bfd 201 bind peer-ip 12.1.1.1 interface g0/0/1
[AR2-bfd-session-201]discriminator local 200
[AR2-bfd-session-201]discriminator remote 100
[AR2-bfd-session-201]commit
```

（3）配置静态路由。

AR1 的配置：

```
[AR1]ip route-static 4.4.4.4 32 12.1.1.2 track bfd-session 102
[AR1]ip route-static 4.4.4.4 32 13.1.1.3 preference 100
```

AR2 的配置：

```
[AR2]ip route-static 1.1.1.1 32 12.1.1.1
[AR2]ip route-static 4.4.4.4 32 24.1.1.4
```

AR3 的配置：

```
[AR3]ip route-static 1.1.1.1 32 13.1.1.1
[AR3]ip route-static 4.4.4.4 32 34.1.1.4
```

AR4 的配置：

```
[AR4]ip route-static 1.1.1.1 32 24.1.1.2
[AR4]ip route-static 1.1.1.1 32 34.1.1.3
```

4. 实验调试

（1）在 AR1 上访问 4.4.4.4。

```
[AR1]ping -a 1.1.1.1 4.4.4.4
  PING 4.4.4.4: 56  data bytes, press CTRL_C to break
    Reply from 4.4.4.4: bytes=56 Sequence=1 ttl=254 time=30 ms
    Reply from 4.4.4.4: bytes=56 Sequence=2 ttl=254 time=30 ms
    Reply from 4.4.4.4: bytes=56 Sequence=3 ttl=254 time=30 ms
    Reply from 4.4.4.4: bytes=56 Sequence=4 ttl=254 time=30 ms
    Reply from 4.4.4.4: bytes=56 Sequence=5 ttl=254 time=20 ms
  --- 4.4.4.4 ping statistics ---
    5 packet(s) transmitted
    5 packet(s) received
    0.00% packet loss
    round-trip min/avg/max = 20/28/30 ms
```

通过以上输出可以看到，1.1.1.1 可以访问 4.4.4.4。

（2）在 AR1 上 跟踪 4.4.4.4。

```
<AR1>tracert -a 1.1.1.1 4.4.4.4
 traceroute to  4.4.4.4(4.4.4.4), max hops: 30,packet length: 40,press CTRL_C to break
 1 12.1.1.2 40 ms   50 ms   50 ms
 2 24.1.1.4 30 ms   30 ms   40 ms
```

（3）在 AR2 的 G0/0/1 接口抓包查看 BFD 报文，抓取的报文如图 13-4 所示。

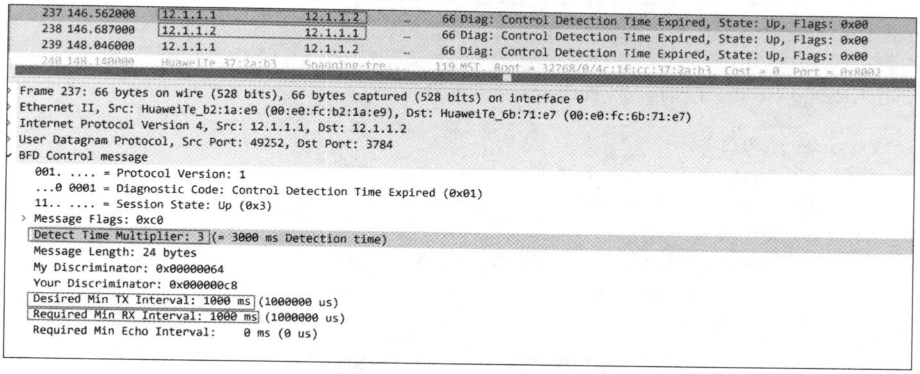

```
   237 146.562000   12.1.1.1        12.1.1.2        --    66 Diag: Control Detection Time Expired, State: Up, Flags: 0x00
   238 146.687000   12.1.1.2        12.1.1.1        --    66 Diag: Control Detection Time Expired, State: Up, Flags: 0x00
   239 148.046000   12.1.1.1        12.1.1.2        --    66 Diag: Control Detection Time Expired, State: Up, Flags: 0x00
   240 148.140000                   HuaweiTe_37:2a:b3   Spanning-tre       119 MST  Root = 32768/0/4c:1f:cc:37:2a:b3  Cost = 0  Port = 0x8002
 Frame 237: 66 bytes on wire (528 bits), 66 bytes captured (528 bits) on interface 0
 Ethernet II, Src: HuaweiTe_b2:1a:e9 (00:e0:fc:b2:1a:e9), Dst: HuaweiTe_6b:71:e7 (00:e0:fc:6b:71:e7)
 Internet Protocol Version 4, Src: 12.1.1.1, Dst: 12.1.1.2
 User Datagram Protocol, Src Port: 49252, Dst Port: 3784
 BFD Control message
      001. .... = Protocol Version: 1
      ...0 0001 = Diagnostic Code: Control Detection Time Expired (0x01)
      11.. .... = Session State: Up (0x3)
   > Message Flags: 0xc0
      Detect Time Multiplier: 3 (= 3000 ms Detection time)
      Message Length: 24 bytes
      My Discriminator: 0x00000064
      Your Discriminator: 0x000000c8
      Desired Min TX Interval: 1000 ms (1000000 us)
      Required Min RX Interval: 1000 ms (1000000 us)
      Required Min Echo Interval:   0 ms (0 us)
```

图 13-4　BFD 的报文

【技术要点】

默认情况下，BFD的默认参数发送间隔为1000ms，接收间隔为1000ms，本地检测倍数为3。

（4）在 AR1 上查看 BFD 的详细信息。

```
[AR1]display bfd session all verbose
-------------------------------------------------------------------------
Session MIndex: 512   (One Hop) State: Up   Name: 102   // BFD 会话状态为 Up
-------------------------------------------------------------------------
  Local Discriminator: 100          Remote Discriminator : 200
  Session Detect Mode: Asynchronous Mode Without Echo Function
  BFD Bind Type: Interface(GigabitEthernet0/0/0)
  Bind Session Type: Static         // 静态 BFD
  Bind Peer IP Address: 12.1.1.2
  NextHop Ip Address: 12.1.1.2
  Bind Interface: GigabitEthernet0/0/0
  FSM Board Id: 0                   TOS-EXP: 7
  Min Tx Interval (ms): 1000        Min Rx Interval (ms): 1000
  Actual Tx Interval (ms): 1000     Actual Rx Interval (ms): 1000
  Local Detect Multi: 3             Detect Interval (ms): 3000
                                    // 故障检测间隔
  Echo Passive: Disable             Acl Number: -
  Destination Port: 3784            TTL: 255
  Proc Interface Status: Disable    Process PST: Disable
```

```
WTR Interval (ms): -
Active Multi: 3
Last Local Diagnostic: Control Detection Time Expired
Bind Application: No Application Bind
Session TX TmrID: -                    Session Detect TmrID : -
Session Init TmrID: -                  Session WTR TmrID : -
Session Echo Tx TmrID: -
PDT Index: FSM-0 | RCV-0 | IF-0 | TOKEN-0
Session Description: -
--------------------------------------------------------------------------
    Total UP/DOWN Session Number : 1/0
```

（5）关闭 AR2 的 G0/0/1 接口，然后跟踪 4.4.4.4。

```
[AR2]interface g0/0/1
[AR2-GigabitEthernet0/0/1]shutdown
[AR2-GigabitEthernet0/0/1]quit
<AR1>tracert -a 1.1.1.1 4.4.4.4
 traceroute to  4.4.4.4(4.4.4.4), max hops: 30,packet length: 40,press CTRL_C to break
 1 13.1.1.3 30 ms  20 ms  20 ms
 2 34.1.1.4 30 ms  40 ms  20 ms
```

【技术要点】

　　当AR1与AR2之间的链路发生问题时，只需3s即可切换到另一条链路。

实验 13-2　OSPF 与 BFD 联动配置

1. 实验目的
（1）熟悉 OSPF 与 BFD 联动的应用场景。
（2）掌握 OSPF 与 BFD 联动的配置方法。
2. 实验拓扑
OSPF 与 BFD 联动配置的实验拓扑如图 13-5 所示。

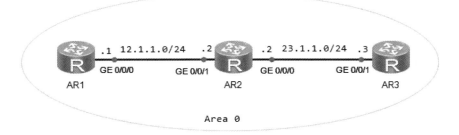

图 13-5　OSPF 与 BFD 联动配置

3. 实验步骤

（1）配置 IP 地址。

AR1 的配置：

```
<Huawei>system-view
Enter system view, return user view with Ctrl+Z.
[Huawei]undo info-center enable
Info: Information center is disabled.
[Huawei]sysname AR1
[AR1]interface g0/0/0
[AR1-GigabitEthernet0/0/0]ip address 12.1.1.1 24
[AR1-GigabitEthernet0/0/0]quit
[AR1]interface LoopBack 0
[AR1-LoopBack0]ip address 1.1.1.1 32
[AR1-LoopBack0]quit
```

AR2 的配置：

```
<Huawei>system-view
Enter system view, return user view with Ctrl+Z.
[Huawei]undo info-center enable
Info: Information center is disabled.
[Huawei]sysname AR2
[AR2]interface g0/0/1
[AR2-GigabitEthernet0/0/1]ip address 12.1.1.2 24
[AR2-GigabitEthernet0/0/1]quit
[AR2]interface g0/0/0
[AR2-GigabitEthernet0/0/0]ip address 23.1.1.2 24
[AR2-GigabitEthernet0/0/0]quit
[AR2]interface LoopBack 0
[AR2-LoopBack0]ip address 2.2.2.2 32
[AR2-LoopBack0]quit
```

AR3 的配置：

```
<Huawei>system-view
Enter system view, return user view with Ctrl+Z.
[Huawei]undo info-center enable
Info: Information center is disabled.
[Huawei]sysname AR3
[AR3]interface g0/0/1
[AR3-GigabitEthernet0/0/1]ip address 23.1.1.3 24
[AR3-GigabitEthernet0/0/1]quit
[AR3]interface LoopBack 0
[AR3-LoopBack0]ip address 3.3.3.3 32
[AR3-LoopBack0]quit
```

（2）运行 OSPF。

AR1 的配置：

```
[AR1]ospf router-id 1.1.1.1
[AR1-ospf-1]area 0
[AR1-ospf-1-area-0.0.0.0]network 12.1.1.0 0.0.0.255
[AR1-ospf-1-area-0.0.0.0]network 1.1.1.1 0.0.0.0
[AR1-ospf-1-area-0.0.0.0]quit
```

AR2 的配置：

```
[AR2]ospf router-id 2.2.2.2
[AR2-ospf-1]area 0
[AR2-ospf-1-area-0.0.0.0]network 12.1.1.0 0.0.0.255
[AR2-ospf-1-area-0.0.0.0]network 23.1.1.0 0.0.0.255
[AR2-ospf-1-area-0.0.0.0]network 2.2.2.2 0.0.0.0
[AR2-ospf-1-area-0.0.0.0]quit
```

AR3 的配置：

```
[AR3]ospf router-id 3.3.3.3
[AR3-ospf-1]area 0
[AR3-ospf-1-area-0.0.0.0]network 23.1.1.0 0.0.0.255
[AR3-ospf-1-area-0.0.0.0]network 3.3.3.3 0.0.0.0
[AR3-ospf-1-area-0.0.0.0]quit
```

（3）配置 BFD。

AR1 的配置：

```
[AR1]bfd
[AR1-bfd]quit
[AR1]ospf
[AR1-ospf-1]bfd all-interfaces enable
[AR1-ospf-1]bfd all-interfaces min-rx-interval 100 min-tx-interval 100 detect- multiplier 3
[AR1-ospf-1]quit
```

AR2 的配置：

```
[AR2]bfd
[AR2-bfd]quit
[AR2]ospf
[AR2-ospf-1]bfd all-interfaces en
[AR2-ospf-1]bfd all-interfaces enable
[AR2-ospf-1]bfd all-interfaces min-rx-interval 100 min-tx-interval 100 detect-multiplier 3
[AR2-ospf-1]quit
```

AR3 的配置：

```
[AR3]bfd
[AR3-bfd]quit
```

```
[AR3]ospf
[AR3-ospf-1]bfd all-interfaces enable
[AR3-ospf-1]bfd all-interfaces min-rx-interval 100 min-tx-interval 100 detect-multiplier 3
[AR3-ospf-1]quit
```

4. 实验调试

（1）在 AR1 上查看 BFD 的详细信息。

```
[AR1]display bfd session all verbose
--------------------------------------------------------------------------
Session MIndex: 512       (One Hop) State: Up          Name: dyn_8192
--------------------------------------------------------------------------
  Local Discriminator: 8192              Remote Discriminator: 8193
  Session Detect Mode: Asynchronous Mode Without Echo Function
  BFD Bind Type: Interface(GigabitEthernet0/0/0)
  Bind Session Type: Dynamic
  Bind Peer IP Address: 12.1.1.2
  NextHop Ip Address: 12.1.1.2
  Bind Interface: GigabitEthernet0/0/0
  FSM Board Id: 0                         TOS-EXP: 7
  Min Tx Interval (ms): 100               Min Rx Interval (ms): 100
  Actual Tx Interval(ms): 100             Actual Rx Interval (ms): 100
  Local Detect Multi: 3                   Detect Interval (ms): 300
  Echo Passive: Disable                   Acl Number: -
  Destination Port: 3784                  TTL: 255
  Proc Interface Status: Disable          Process PST: Disable
  WTR Interval (ms): -
  Active Multi: 3
  Last Local Diagnostic: No Diagnostic
  Bind Application: OSPF
  Session TX TmrID: -                     Session Detect TmrID: -
  Session Init TmrID: -                   Session WTR TmrID: -
  Session Echo Tx TmrID: -
  PDT Index: FSM-0 | RCV-0 | IF-0 | TOKEN-0
  Session Description: -
--------------------------------------------------------------------------
     Total UP/DOWN Session Number : 1/0
```

（2）在 AR1 上查看 OSPF 的 BFD 会话。

```
[AR1]display ospf bfd session all
         OSPF Process 1 with Router ID 1.1.1.1
 Area 0.0.0.0 interface 12.1.1.1(GigabitEthernet0/0/0)'s BFD Sessions
NeighborId:2.2.2.2        AreaId:0.0.0.0        Interface:GigabitEthernet0/0/0
BFDState:up               rx :100              tx :100
Multiplier:3              BFD Local Dis:8192    LocalIpAdd:12.1.1.1
RemoteIpAdd:12.1.1.2      Diagnostic Info:No diagnostic information
```

● 【技术要点】

　　OSPF与BFD联动就是将OSPF和BFD协议关联起来，通过BFD对链路故障的快速感应进而通知OSPF协议，从而加快OSPF协议对于网络拓扑变化的响应。

实验 13-3　配置单臂回声

1. 实验目的

（1）熟悉单臂回声的应用场景。

（2）掌握单臂回声的配置方法。

2. 实验拓扑

配置单臂回声的实验拓扑如图 13-6 所示。

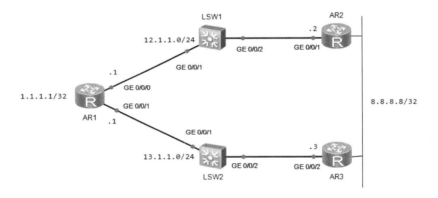

图 13-6　配置单臂回声

3. 实验步骤

（1）配置 IP 地址。

AR1 的配置:

```
<Huawei>system-view
Enter system view, return user view with Ctrl+Z.
[Huawei]undo info-center enable
Info: Information center is disabled.
[Huawei]sysname AR1
[AR1]interface g0/0/0
[AR1-GigabitEthernet0/0/0]ip address 12.1.1.1 24
[AR1-GigabitEthernet0/0/0]quit
[AR1]interface g0/0/1
[AR1-GigabitEthernet0/0/1]ip address 13.1.1.1 24
[AR1-GigabitEthernet0/0/1]quit
[AR1]interface LoopBack 0
[AR1-LoopBack0]ip address 1.1.1.1 32
[AR1-LoopBack0]quit
```

AR2 的配置:

```
<Huawei>system-view
Enter system view, return user view with Ctrl+Z.
[Huawei]undo info-center enable
Info: Information center is disabled.
[Huawei]sysname AR2
[AR2]interface g0/0/1
[AR2-GigabitEthernet0/0/1]ip address 12.1.1.2 24
[AR2-GigabitEthernet0/0/1]quit
[AR2]interface LoopBack 0
[AR2-LoopBack0]ip address 8.8.8.8 32
[AR2-LoopBack0]quit
```

AR3 的配置:

```
<Huawei>system-view
Enter system view, return user view with Ctrl+Z.
[Huawei]undo info-center enable
Info: Information center is disabled.
[Huawei]sysname AR3
[AR3]interface g0/0/2
[AR3-GigabitEthernet0/0/2]ip address 13.1.1.3 24
[AR3-GigabitEthernet0/0/2]quit
[AR3]interface LoopBack 0
[AR3-LoopBack0]ip address 8.8.8.8 32
[AR3-LoopBack0]quit
```

（2）单臂回声配置。

```
[AR1]bfd
[AR1-bfd]quit
[AR1]bfd joinlabs bind peer-ip 12.1.1.2 interface g0/0/0 one-arm-echo
[AR1-bfd-session-joinlabs]discriminator local 100
[AR1-bfd-session-joinlabs]min-echo-rx-interval 300
[AR1-bfd-session-joinlabs]commit
[AR1-bfd-session-joinlabs]quit
```

（3）配置默认路由。

AR1 的配置:

```
[AR1]ip route-static 0.0.0.0 0 12.1.1.2 track bfd-session joinlabs
[AR1]ip route-static 0.0.0.0 0 13.1.1.3 preference 100
```

AR2 的配置:

```
[AR2]ip route-static 1.1.1.1 32 12.1.1.1
```

AR3 的配置:

```
[AR3]ip route-static 1.1.1.1 32 13.1.1.1
```

4. 实验调试

（1）在 AR1 上跟踪 8.8.8.8。

```
[AR1]tracert -a 1.1.1.1 8.8.8.8
 traceroute to  8.8.8.8(8.8.8.8), max hops: 30,packet length: 40,press CTRL_C to break
 1 12.1.1.2 40 ms   40 ms   50 ms
```

通过以上输出可以看到，1.1.1.1 通过 AR2 跟踪 8.8.8.8。

（2）在 AR1 上查看 BFD 的详细信息。

```
[AR1]display bfd session all verbose
--------------------------------------------------------------------------
Session MIndex: 512       (One Hop) State: Up       Name: joinlabs
--------------------------------------------------------------------------
  Local Discriminator: 100            Remote Discriminator: -
  Session Detect Mode: Asynchronous One-arm-echo Mode
  BFD Bind Type: Interface(GigabitEthernet0/0/0)
  Bind Session Type: Static
  Bind Peer IP Address: 12.1.1.2
  NextHop Ip Address: 12.1.1.2
  Bind Interface: GigabitEthernet0/0/0
  FSM Board Id: 0                 TOS-EXP : 7
  Echo Rx Interval (ms): 300
  Actual Tx Interval (ms): 300      Actual Rx Interval (ms): 300
  Local Detect Multi: 3             Detect Interval (ms): 900
  Echo Passive: Disable             Acl Number: -
  Destination Port: 3784            TTL: 255
  Proc Interface Status: Disable    Process PST: Disable
  WTR Interval (ms): -
  Active Multi: 3
  Last Local Diagnostic: Control Detection Time Expired
  Bind Application: No Application Bind
  Session TX TmrID: -                Session Detect TmrID: -
  Session Init TmrID: -              Session WTR TmrID: -
  Session Echo Tx TmrID: -
  PDT Index: FSM-0 | RCV-0 | IF-0 | TOKEN-0
  Session Description: -
--------------------------------------------------------------------------
     Total UP/DOWN Session Number: 1/0
```

（3）阻塞 AR2 上的 G0/0/1 接口。

```
[AR2]interface g0/0/1
[AR2-GigabitEthernet0/0/1]shutdown
[AR2-GigabitEthernet0/0/1]quit
```

（4）再次在 AR1 上跟踪 8.8.8.8。

```
[AR1]tracert -a 1.1.1.1 8.8.8.8
 traceroute to  8.8.8.8(8.8.8.8), max hops: 30 ,packet length: 40,press CTRL_C to break
 1 13.1.1.3 50 ms   40 ms   50 ms
```

第 14 章 VRRP 虚拟路由冗余协议

本章阐述了VRRP的概念和工作原理，并通过实验使读者能够掌握VRRP在各种网络场景中的应用。

本章包含以下内容：
- VRRP的基本概念
- VRRP的工作原理
- 配置VRRP主备备份
- 配置VRRP多网关负载分担
- VRRP与BFD联动配置

14.1 VRRP 概述

虚拟路由冗余协议（Virtual Router Redundancy Protocol，VRRP）通过把几台路由设备联合组成一台虚拟的路由设备，将虚拟路由设备的 IP 地址作为用户的默认网关来实现与外部网络的通信。当网关设备发生故障时，VRRP 机制能够选举新的网关设备承担数据流量，从而保障网络的可靠通信。

14.1.1 VRRP 的基本概念

1. VRRP 专业术语

VRRP 备份组框架如图 14-1 所示。

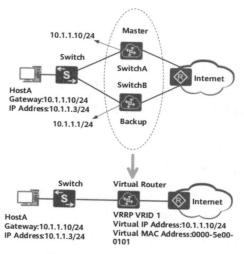

图 14-1　VRRP 备份组框架

（1）VRRP 路由器（VRRP Router）：运行 VRRP 协议的设备，它可能属于一个或多个虚拟路由器，如 SwitchA 和 SwitchB。

（2）虚拟路由器（Virtual Router）：又称 VRRP 备份组，由一个 Master 设备和多个 Backup 设备组成，被当作一个共享局域网内主机的默认网关。如 SwitchA 和 SwitchB 共同组成一个虚拟路由器。

（3）Master 路由器（Virtual Router Master）：承担转发报文任务的 VRRP 设备，如 SwitchA。

（4）Backup 路由器（Virtual Router Backup）：一组不承担转发报文任务的 VRRP 设备，当 Master 设备出现故障时，它们将通过竞选成为新的 Master 设备，如 SwitchB。

（5）VRID：虚拟路由器的标识。如 SwitchA 和 SwitchB 组成的虚拟路由器的 VRID 为 1。

（6）虚拟 IP 地址（Virtual IP Address）：虚拟路由器的 IP 地址，一个虚拟路由器可以有一个或多个 IP 地址，由用户配置。如 SwitchA 和 SwitchB 组成的虚拟路由器的虚拟 IP 地址为 10.1.1.10/24。

（7）IP 地址拥有者（IP Address Owner）：如果一个 VRRP 设备将虚拟路由器 IP 地址作为真实的接口地址，则该设备被称为 IP 地址拥有者。如果 IP 地址拥有者是可用的，通常它将成为 Master。如 SwitchA，其接口的 IP 地址与虚拟路由器的 IP 地址相同，均为 10.1.1.10/24，因此它是这个 VRRP 备份组的 IP 地址拥有者。

（8）虚拟 MAC 地址（Virtual MAC Address）：虚拟路由器根据虚拟路由器 ID 生成的 MAC 地址。当虚拟路由器回应 ARP 请求时，使用虚拟 MAC 地址，而不是接口的真实 MAC 地址。如 SwitchA 和 SwitchB 组成的虚拟路由器的 VRID 为 1，因此这个 VRRP 备份组的虚拟 MAC 地址为 0000-5e00-0101。

2. VRRP 报文

VRRP 报文格式如图 14-2 所示。

图 14-2　VRRP 报文格式

（1）Ver：VRRP 目前有两个版本，其中 VRRPv2 仅适用于 IPv4 网络，VRRPv3 适用于 IPv4 和 IPv6 两种网络。

（2）Type：VRRP 通告报文的类型，取值为 1，表示 advertisement。

（3）Virtual Rtr ID：该报文所关联的虚拟路由器的标识，取值范围为 1 ~ 255。

（4）Priority：发送该报文的 VRRP 路由器的优先级，取值范围为 0 ~ 255，默认为 100，0 不参与，255 保留给 IP 地址拥有者。

（5）Count IP Addrs：该 VRRP 报文中所包含的虚拟 IP 地址的数量。

（6）Auth Type：VRRP 支持三种认证类型，分别是不认证、纯文本密码认证和 MD5 方式认证，对应值分别为 0、1、2。

（7）Adver Int：发送 VRRP 通告消息的时间间隔，默认为 1s。

（8）Checksum：VRRP 报文的校验和。

（9）IP Address：所关联的虚拟路由器的虚拟 IP 地址，可以为多个。

（10）Authentication Data：验证所需要的密码信息。

3. VRRPv2 和 VRRPv3 的区别

（1）支持的网络类型不同。VRRPv3 适用于 IPv4 和 IPv6 两种网络，而 VRRPv2 仅适用于 IPv4 网络。

（2）认证功能不同。VRRPv3 不支持认证功能，而 VRRPv2 支持认证功能。

（3）发送通告报文的时间间隔的单位不同。VRRPv3 支持的是厘秒级，而 VRRPv2 支持的是秒级。

14.1.2　VRRP 的工作原理

1. VRRP 状态机

（1）初始状态（Initialize）。

① 该状态为 VRRP 的不可用状态，在此状态时设备不会对 VRRP 报文进行任何处理。

② 通常在刚配置 VRRP 时或设备检测到故障时会进入 Initialize 状态。

③ 收到接口 Up 的消息后，如果设备的优先级为 255，则直接成为 Master 设备；如果设备的优先级小于 255，则会先切换至 Backup 状态。

（2）活动状态（Master）。

① 定时（Advertisement Interval）发送 VRRP 通告报文（时间为 1s）。

② 以虚拟 MAC 地址响应对虚拟 IP 地址的 ARP 请求。

③ 转发目的 MAC 地址为虚拟 MAC 地址的 IP 报文。

④ 如果活动状态是这个虚拟 IP 地址的拥有者，则接收目的 IP 地址为这个虚拟 IP 地址的 IP 报文。否则，丢弃这个 IP 报文。

⑤ 如果收到比自己优先级高的报文，则立即变为 Backup 状态。

⑥ 如果收到与自己优先级相等的 VRRP 报文且本地接口 IP 地址小于对端接口 IP，则立即变为 Backup 状态。

（3）备份状态（Backup）。

① 接收 Master 设备发送的 VRRP 通告报文，判断 Master 设备的状态是否正常。

② 对虚拟 IP 地址的 ARP 请求，不作响应。

③ 丢弃目的 IP 地址为虚拟 IP 地址的 IP 报文。

④ 如果收到优先级与自己相同或者比自己高的报文，则重置 Master_Down_Interval 定时器，不再比较 IP 地址。

⑤ Master_Down_Interval 定时器：Backup 设备在该定时器超时后仍未收到通告报文，则会转换为 Master 状态。计算公式如下：Master_Down_Interval=(3 × Advertisement_Interval) + Skew_time。其中，Skew_Time=(256–Priority)/256。

⑥ 如果收到比自己优先级低的报文且该报文优先级是 0 时，定时器时间设置为 Skew_time（偏移时间），如果该报文优先级不是 0，则丢弃报文，立刻成为 Master。

2. VRRP 的工作过程

（1）VRRP 备份组中的设备根据优先级选举出 Master。Master 设备通过发送免费的 ARP 报文，将

14

虚拟 MAC 地址通知给与它连接的设备或者主机，从而承担报文的转发任务。

（2）Master 设备周期性地向备份组内所有的 Backup 设备发送 VRRP 通告报文，以公布其配置信息（优先级等）和工作状况。

（3）如果 Master 设备出现故障，VRRP 备份组中的 Backup 设备将根据优先级重新选举新的 Master。

（4）VRRP 备份组进行状态切换时，Master 设备由一台设备切换为另外一台设备，新的 Master 设备会立即发送携带虚拟路由器的虚拟 MAC 地址和虚拟 IP 地址信息的免费 ARP 报文，刷新与它连接的主机或设备中的 MAC 表项，从而把用户流量引到新的 Master 设备上，整个过程对用户完全透明。

（5）原 Master 设备故障恢复时，若该设备为 IP 地址拥有者（优先级为 255），将直接切换至 Master 状态。若该设备优先级小于 255，将首先切换至 Backup 状态，且其优先级恢复为故障前配置的优先级。

（6）Backup 设备的优先级高于 Master 设备时，由 Backup 设备的工作方式（抢占方式和非抢占方式）决定是否重新选举 Master。

14.2　VRRP 配置实验

实验 14-1　配置 VRRP 主备备份

扫一扫，看视频

1. 实验目的
（1）熟悉 VRRP 主备备份的应用场景。
（2）掌握 VRRP 主备备份的配置方法。

2. 实验拓扑
配置 VRRP 主备备份的实验拓扑如图 14-3 所示。

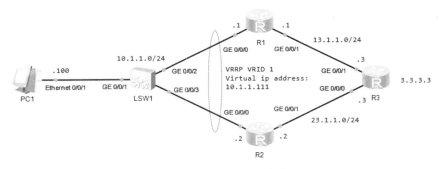

图 14-3　配置 VRRP 主备备份

3. 实验步骤
（1）配置 IP 地址。

PC1 的 IP 地址配置如图 14-4 所示。

图 14-4 PC1 的 IP 地址配置

R1 的配置：

```
<Huawei>system-view
Enter system view, return user view with Ctrl+Z.
[Huawei]undo info-center enable
Info: Information center is disabled.
[Huawei]sysname R1
[R1]interface g0/0/0
[R1-GigabitEthernet0/0/0]ip address 10.1.1.1 24
[R1-GigabitEthernet0/0/0]quit
[R1]interface g0/0/1
[R1-GigabitEthernet0/0/1]ip address 13.1.1.1 24
[R1-GigabitEthernet0/0/1]quit
```

R2 的配置：

```
<Huawei>system-view
Enter system view, return user view with Ctrl+Z.
[Huawei]undo info-center enable
Info: Information center is disabled.
[Huawei]sysname R2
[R2]interface g0/0/0
[R2-GigabitEthernet0/0/0]ip address 10.1.1.2 24
[R2-GigabitEthernet0/0/0]quit
[R2]interface g0/0/1
[R2-GigabitEthernet0/0/1]ip address 23.1.1.2 24
[R2-GigabitEthernet0/0/1]quit
```

R3 的配置：

```
<Huawei>system-view
Enter system view, return user view with Ctrl+Z.
[Huawei]undo info-center enable
Info: Information center is disabled.
[Huawei]sysname R3
[R3]interface g0/0/0
```

```
[R3-GigabitEthernet0/0/0]ip address 23.1.1.3 24
[R3-GigabitEthernet0/0/0]quit
[R3]interface g0/0/1
[R3-GigabitEthernet0/0/1]ip address 13.1.1.3 24
[R3-GigabitEthernet0/0/1]quit
[R3]interface LoopBack 0
[R3-LoopBack0]ip address 3.3.3.3 32
[R3-LoopBack0]quit
```

（2）配置 IGP。
R1 的配置：

```
[R1]ospf router-id 1.1.1.1
[R1-ospf-1]area 0
[R1-ospf-1-area-0.0.0.0]network 10.1.1.0 0.0.0.255
[R1-ospf-1-area-0.0.0.0]network 13.1.1.0 0.0.0.255
[R1-ospf-1-area-0.0.0.0]quit
```

R2 的配置：

```
[R2]ospf router-id 2.2.2.2
[R2-ospf-1]area 0
[R2-ospf-1-area-0.0.0.0]network 10.1.1.0 0.0.0.255
[R2-ospf-1-area-0.0.0.0]network 23.1.1.0 0.0.0.255
[R2-ospf-1-area-0.0.0.0]quit
```

R3 的配置：

```
[R3]ospf router-id 3.3.3.3
[R3-ospf-1]area 0
[R3-ospf-1-area-0.0.0.0]network 13.1.1.0 0.0.0.255
[R3-ospf-1-area-0.0.0.0]network 23.1.1.0 0.0.0.255
[R3-ospf-1-area-0.0.0.0]network 3.3.3.3 0.0.0.0
[R3-ospf-1-area-0.0.0.0]quit
```

（3）配置 VRRP。
R1 的配置：

```
[R1]interface g0/0/0
// 虚拟路由器的标识符为 1，虚拟 IP 为 10.1.1.111
[R1-GigabitEthernet0/0/0]vrrp vrid 1 virtual-ip 10.1.1.111
[R1-GigabitEthernet0/0/0]vrrp vrid 1 priority 120          // 优先级设置为 120，默认为 1
// 抢占时间的延迟时间为 20s，默认为 0
[R1-GigabitEthernet0/0/0]vrrp vrid 1 preempt-mode timer delay 20
[R1-GigabitEthernet0/0/0]quit
```

R2 的配置：

```
[R2]interface g0/0/0
[R2-GigabitEthernet0/0/0]vrrp vrid 1 virtual-ip 10.1.1.111
[R2-GigabitEthernet0/0/0]quit
```

【技术要点】

　　默认情况下，通告报文发送时间间隔为1s，抢占方式为立即抢占，优先级默认为100，发送免费ARP报文的时间间隔为120s。

4. 实验调试

（1）在 R1 上查看 VRRP 的信息。

```
[R1]display vrrp
  GigabitEthernet0/0/0 | Virtual Router 1   // VRRP 备份组所在的接口和 VRRP 备份组号
    State : Master                          // Master：表示交换机在该备份组中作为 Master
    Virtual IP : 10.1.1.111                 // VRRP 备份组的虚拟 IP 地址为 10.1.1.111
    Master IP : 10.1.1.1                     // Master 设备上该 VRRP 备份组所在接口的主 IP 地址
    PriorityRun : 120                       // 当前显示的优先级
    PriorityConfig : 120                    // 配置的优先级
    MasterPriority : 120
    Preempt : YES   Delay Time : 20 s       // 开启抢占，抢占延迟为20s
    TimerRun : 1 s                          // 发送广播报文的时间间隔为1s
    TimerConfig : 1 s
    Auth type : NONE                        // 没有配置认证
    Virtual MAC : 0000-5e00-0101            // 虚拟 MAC 地址
    Check TTL : YES
    Config type : normal-vrrp
    Create time : 2022-10-08 15:00:13 UTC-08:00
Last change time : 2022-10-08 15:00:17 UTC-08:00
```

（2）在 PC1 上再次跟踪 3.3.3.3，其配置如图 14-5 所示。

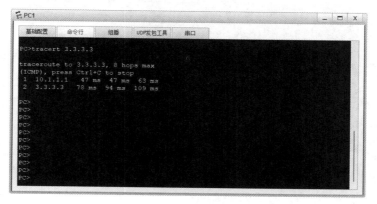

图 14-5　在 PC1 上跟踪 3.3.3.3

通过以上输出可以看到，PC1 经过 10.1.1.1 跟踪 3.3.3.3。

（3）关闭 R1 的 G0/0/0 接口。

```
[R1]interface g0/0/0
[R1-GigabitEthernet0/0/0]shutdown
[R1-GigabitEthernet0/0/0]quit
```

（4）在 R2 上查看 VRRP 的信息。

```
[R2]display vrrp
  GigabitEthernet0/0/0 | Virtual Router 1
    State : Master
    Virtual IP : 10.1.1.111
    Master IP : 10.1.1.2
    PriorityRun : 100
    PriorityConfig : 100
    MasterPriority : 100
    Preempt : YES   Delay Time : 0 s
    TimerRun : 1 s
    TimerConfig : 1 s
    Auth type : NONE
    Virtual MAC : 0000-5e00-0101
    Check TTL : YES
    Config type : normal-vrrp
    Create time : 2022-10-08 15:07:22 UTC-08:00
    Last change time : 2022-10-08 15:33:01 UTC-08:00
```

通过以上输出可以看到，R2 成了 Master。

（5）在 PC1 上再次跟踪 3.3.3.3，其配置如图 14-6 所示。

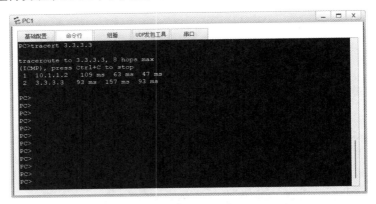

图 14-6　在 PC1 上跟踪 3.3.3.3

通过以上输出可以看到，PC1 通过 R2 跟踪 3.3.3.3。

实验 14-2　配置 VRRP 多网关负载分担

1. 实验目的
（1）熟悉 VRRP 多网关负载分担的应用场景。
（2）掌握 VRRP 多网关负载分担的配置方法。

2. 实验拓扑
配置 VRRP 多网关负载分担的实验拓扑如图 14-7 所示。

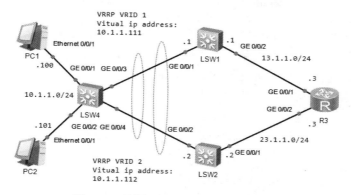

图 14-7　配置 VRRP 多网关负载分担

3. 实验步骤

（1）配置 IP 地址。

LSW1 的配置：

```
<Huawei>system-view
Enter system view, return user view with Ctrl+Z.
[Huawei]undo info-center enable
Info: Information center is disabled.
[Huawei]sysname LSW1
[LSW1]vlan batch 100 200
[LSW1]interface g0/0/1
[LSW1-GigabitEthernet0/0/1]port link-type access
[LSW1-GigabitEthernet0/0/1]port default vlan 100
[LSW1-GigabitEthernet0/0/1]quit
[LSW1]interface g0/0/2
[LSW1-GigabitEthernet0/0/2]port link-type access
[LSW1-GigabitEthernet0/0/2]port default vlan 200
[LSW1-GigabitEthernet0/0/2]quit
[LSW1]interface Vlanif 100
[LSW1-Vlanif100]ip address 10.1.1.1 24
[LSW1-Vlanif100]quit
[LSW1]interface Vlanif 200
[LSW1-Vlanif200]ip address 13.1.1.1 24
[LSW1-Vlanif200]quit
```

LSW2 的配置：

```
<Huawei>system-view
Enter system view, return user view with Ctrl+Z.
[Huawei]undo info-center enable
Info: Information center is disabled.
[Huawei]sysname LSW2
[LSW2]vlan batch 100 300
[LSW2]interface g0/0/2
```

```
[LSW2-GigabitEthernet0/0/2]port link-type access
[LSW2-GigabitEthernet0/0/2]port default vlan 100
[LSW2-GigabitEthernet0/0/2]quit
[LSW2]interface g0/0/1
[LSW2-GigabitEthernet0/0/1]port link-type access
[LSW2-GigabitEthernet0/0/1]port default vlan 300
[LSW2-GigabitEthernet0/0/1]quit
[LSW2]interface Vlanif 100
[LSW2-Vlanif100]ip address 10.1.1.2 24
[LSW2-Vlanif100]quit
[LSW2]interface Vlanif 300
[LSW2-Vlanif300]ip address 23.1.1.2 24
[LSW2-Vlanif300]quit
```

R3 的配置：

```
<Huawei>system-view
Enter system view, return user view with Ctrl+Z.
[Huawei]undo info-center enable
Info: Information center is disabled.
[Huawei]sysname R3
[R3]interface g0/0/1
[R3-GigabitEthernet0/0/1]ip address 13.1.1.3 24
[R3-GigabitEthernet0/0/1]quit
[R3]interface g0/0/2
[R3-GigabitEthernet0/0/2]ip address 23.1.1.3 24
[R3-GigabitEthernet0/0/2]quit
[R3]interface LoopBack 0
[R3-LoopBack0]ip address 3.3.3.3 32
[R3-LoopBack0]quit
```

PC1 和 PC2 的 IP 地址配置如图 14-8 和图 14-9 所示。

图 14-8　PC1 的 IP 地址配置

图 14-9　PC2 的 IP 地址配置

（2）运行 IGP。

LSW1 的配置：

```
[LSW1]ospf router-id 1.1.1.1
[LSW1-ospf-1]area 0
[LSW1-ospf-1-area-0.0.0.0]network 10.1.1.0 0.0.0.255
[LSW1-ospf-1-area-0.0.0.0]network 13.1.1.0 0.0.0.255
[LSW1-ospf-1-area-0.0.0.0]quit
```

LSW2 的配置：

```
[LSW2]ospf router-id 2.2.2.2
[LSW2-ospf-1]area 0
[LSW2-ospf-1-area-0.0.0.0]network 10.1.1.0 0.0.0.255
[LSW2-ospf-1-area-0.0.0.0]network 23.1.1.0 0.0.0.255
[LSW2-ospf-1-area-0.0.0.0]quit
```

R3 的配置：

```
[R3]ospf router-id 3.3.3.3
[R3-ospf-1]area 0
[R3-ospf-1-area-0.0.0.0]network 13.1.1.0 0.0.0.255
[R3-ospf-1-area-0.0.0.0]network 23.1.1.0 0.0.0.255
[R3-ospf-1-area-0.0.0.0]network 3.3.3.0 0.0.0.0
[R3-ospf-1-area-0.0.0.0]quit
```

（3）配置 VRRP。

第 1 步，配置 VRRP 组 1 让 LSW1 成为 Master，LSW2 成为 Backup。

LSW1 的配置：

```
[LSW1]interface Vlanif 100
[LSW1-Vlanif100]vrrp vrid 1 virtual-ip 10.1.1.111
[LSW1-Vlanif100]vrrp vrid 1 priority 120
[LSW1-Vlanif100]vrrp vrid 1 preempt-mode timer delay 20
[LSW1-Vlanif100]quit
```

LSW2 的配置：

```
[LSW2]interface Vlanif 100
[LSW2-Vlanif100]vrrp vrid 1 virtual-ip 10.1.1.111
[LSW2-Vlanif100]quit
```

第 2 步，配置 VRRP 组 2 让 LSW2 成为 Master，LSW1 成为 Backup。

LSW1 的配置：

```
[LSW1]interface Vlanif 100
[LSW1-Vlanif100]vrrp vrid 2 virtual-ip 10.1.1.112
[LSW1-Vlanif100]quit
```

LSW2 的配置：

```
[LSW2]interface Vlanif 100
[LSW2-Vlanif100]vrrp vrid 2 virtual-ip 10.1.1.112
[LSW2-Vlanif100]vrrp vrid 2 priority 200
[LSW2-Vlanif100]quit
```

4. 实验调试

（1）在 LSW1 上查看 VRRP 的信息。

```
<LSW1>display vrrp brief
VRID  State    Interface        Type      Virtual IP
----------------------------------------------------------------
1     Master   Vlanif100        Normal    10.1.1.111
2     Backup   Vlanif100        Normal    10.1.1.112
----------------------------------------------------------------
Total:2     Master:1    Backup:1    Non-active:0
```

通过以上输出可以看到，在 VRID1 中 LSW1 是 Master，在 VRID2 中 LSW1 是 Backup。

（2）在 PC1 上跟踪 3.3.3.3，其配置如图 14-10 所示。

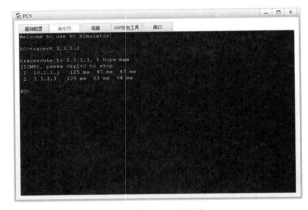

图 14-10　在 PC1 上跟踪 3.3.3.3

通过以上输出可以看到，PC1 通过 LSW1 跟踪 3.3.3.3。

（3）关闭 LSW1 的 G0/0/1 接口。

```
[LSW1]interface g0/0/1
[LSW1-GigabitEthernet0/0/1]shutdown
[LSW1-GigabitEthernet0/0/1]quit
```

（4）在 LSW2 上查看 VRRP 的信息。

```
[LSW2]display vrrp brief
VRID  State    Interface        Type      Virtual IP
----------------------------------------------------------------
1     Master   Vlanif100        Normal    10.1.1.111
```

| 2 | Master | Vlanif100 | | Normal | 10.1.1.112 |

```
------------------------------------------------------------------
Total:2      Master:2      Backup:0      Non-active:0
```

（5）在 PC1 上再次跟踪 3.3.3.3，其配置如图 14-11 所示。

图 14-11　在 PC1 上跟踪 3.3.3.3

通过以上输出可以看到，PC1 通过 LSW2 跟踪 3.3.3.3。实验完成后，打开 LSW1 的 G0/0/1 接口。

（6）在 LSW2 上再次查看 VRRP 的信息。

```
[LSW2]display vrrp brief
```

VRID	State	Interface		Type	Virtual IP
1	Backup	Vlanif100		Normal	10.1.1.111
2	Master	Vlanif100		Normal	10.1.1.112

```
------------------------------------------------------------------
Total:2      Master:1      Backup:1      Non-active:0
```

通过以上输出可以看到，在 VRID2 中交换机 LSW2 又成了 Master。

（7）在 PC2 上跟踪 3.3.3.3，其配置如图 14-12 所示。

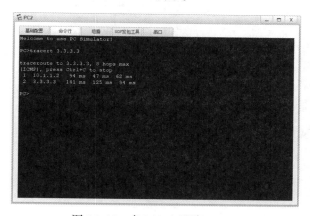

图 14-12　在 PC2 上跟踪 3.3.3.3

通过以上输出可以看到，PC2 通过 LSW2 跟踪 3.3.3.3。

实验 14-3 VRRP 与 BFD 联动配置

1. 实验目的
（1）熟悉 VRRP 与 BFD 联动的应用场景。
（2）掌握 VRRP 与 BFD 联动的配置方法。

2. 实验拓扑
VRRP 与 BFD 联动配置的实验拓扑如图 14-13 所示。

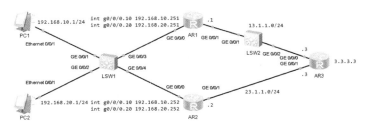

图 14-13 VRRP 与 BFD 联动配置

3. 实验步骤
（1）配置 IP 地址。
PC1、PC2 的 IP 地址配置如图 14-14 和图 14-15 所示。

图 14-14 配置 PC1 的 IP 地址   图 14-15 配置 PC2 的 IP 地址

LSW1 的配置：

```
<Huawei>system-view
Enter system view, return user view with Ctrl+Z.
[Huawei]undo info-center enable
Info: Information center is disabled.
[Huawei]sysname LSW1
[LSW1]vlan batch 10 20
```

```
Info: This operation may take a few seconds. Please wait for a moment...done.
[LSW1]interface g0/0/1
[LSW1-GigabitEthernet0/0/1]port link-type access
[LSW1-GigabitEthernet0/0/1]port default vlan 10
[LSW1-GigabitEthernet0/0/1]quit
[LSW1]interface g0/0/2
[LSW1-GigabitEthernet0/0/2]port link-type access
[LSW1-GigabitEthernet0/0/2]port default vlan 20
[LSW1-GigabitEthernet0/0/2]quit
[LSW1]interface g0/0/3
[LSW1-GigabitEthernet0/0/3]port link-type trunk
[LSW1-GigabitEthernet0/0/3]port trunk allow-pass vlan 10 20
[LSW1-GigabitEthernet0/0/3]quit
```

AR1 的配置：

```
<Huawei>system-view
Enter system view, return user view with Ctrl+Z.
[Huawei]undo info-center enable
Info: Information center is disabled.
[Huawei]sysname AR1
[AR1]interface g0/0/0.10
[AR1-GigabitEthernet0/0/0.10]dot1q termination vid 10
[AR1-GigabitEthernet0/0/0.10]ip address 192.168.10.251 24
[AR1-GigabitEthernet0/0/0.10]arp broadcast enable
[AR1-GigabitEthernet0/0/0.10]quit
[AR1]interface g0/0/0.20
[AR1-GigabitEthernet0/0/0.20]dot1q termination vid 20
[AR1-GigabitEthernet0/0/0.20]ip address 192.168.20.251 24
[AR1-GigabitEthernet0/0/0.20]arp broadcast enable
[AR1-GigabitEthernet0/0/0.20]quit
[AR1]interface g0/0/1
[AR1-GigabitEthernet0/0/1]ip address 13.1.1.1 24
[AR1-GigabitEthernet0/0/1]quit
```

AR2 的配置：

```
<Huawei>system-view
Enter system view, return user view with Ctrl+Z.
[Huawei]undo info-center enable
Info: Information center is disabled.
[Huawei]sysname AR2
[AR2]interface g0/0/0.10
[AR2-GigabitEthernet0/0/0.10]dot1q termination vid 10
[AR2-GigabitEthernet0/0/0.10]ip address 192.168.10.252 24
[AR2-GigabitEthernet0/0/0.10]arp broadcast enable
[AR2-GigabitEthernet0/0/0.10]quit
[AR2]interface g0/0/0.20
[AR2-GigabitEthernet0/0/0.20]dot1q termination vid 20
```

```
[AR2-GigabitEthernet0/0/0.20]ip address 192.168.20.252 24
[AR2-GigabitEthernet0/0/0.20]arp broadcast enable
[AR2-GigabitEthernet0/0/0.20]quit
[AR2]interface g0/0/1
[AR2-GigabitEthernet0/0/1]ip address 23.1.1.2 24
[AR2-GigabitEthernet0/0/1]quit
```

AR3 的配置:

```
<Huawei>system-view
Enter system view, return user view with Ctrl+Z.
[Huawei]undo info-center enable
Info: Information center is disabled.
[Huawei]sysname AR3
[AR3]interface g0/0/0
[AR3-GigabitEthernet0/0/0]ip address 13.1.1.3 24
[AR3-GigabitEthernet0/0/0]quit
[AR3]interface g0/0/1
[AR3-GigabitEthernet0/0/1]ip address 23.1.1.3 24
[AR3-GigabitEthernet0/0/1]quit
[AR3]interface LoopBack 0
[AR3-LoopBack0]ip address 3.3.3.3 32
[AR3-LoopBack0]quit
```

（2）配置网络连通性。
AR1 的配置:

```
[AR1]ospf router-id 1.1.1.1
[AR1-ospf-1]area 0
[AR1-ospf-1-area-0.0.0.0]network 192.168.10.0 0.0.0.255
[AR1-ospf-1-area-0.0.0.0]network 192.168.20.0 0.0.0.255
[AR1-ospf-1-area-0.0.0.0]network 13.1.1.0 0.0.0.255
[AR1-ospf-1-area-0.0.0.0]quit
```

AR2 的配置:

```
[AR2]ospf router-id 2.2.2.2
[AR2-ospf-1]area 0
[AR2-ospf-1-area-0.0.0.0]network 192.168.10.0 0.0.0.255
[AR2-ospf-1-area-0.0.0.0]network 192.168.20.0 0.0.0.255
[AR2-ospf-1-area-0.0.0.0]network 23.1.1.0 0.0.0.255
[AR2-ospf-1-area-0.0.0.0]quit
```

AR3 的配置:

```
[AR3]ospf router-id 3.3.3.3
[AR3-ospf-1]area 0
[AR3-ospf-1-area-0.0.0.0]network 13.1.1.0 0.0.0.255
[AR3-ospf-1-area-0.0.0.0]network 23.1.1.0 0.0.0.255
```

```
[AR3-ospf-1-area-0.0.0.0]network 3.3.3.3 0.0.0.0
[AR3-ospf-1-area-0.0.0.0]quit
```

（3）配置 VRRP。

AR1 的配置：

```
[AR1]interface g0/0/0.10
[AR1-GigabitEthernet0/0/0.10]vrrp vrid 1 virtual-ip 192.168.10.254
[AR1-GigabitEthernet0/0/0.10]vrrp vrid 1 priority 200
[AR1-GigabitEthernet0/0/0.10]quit
[AR1]interface g0/0/0.20
[AR1-GigabitEthernet0/0/0.20]vrrp vrid 2 virtual-ip 192.168.20.254
[AR1-GigabitEthernet0/0/0.20]quit
```

AR2 的配置：

```
[AR2]system-view
Enter system view, return user view with Ctrl+Z.
[AR2]interface g0/0/0.10
[AR2-GigabitEthernet0/0/0.10]vrrp vrid 1 virtual-ip 192.168.10.254
[AR2-GigabitEthernet0/0/0.10]quit
[AR2]interface g0/0/0.20
[AR2-GigabitEthernet0/0/0.20]vrrp vrid 2 virtual-ip 192.168.20.254
[AR2-GigabitEthernet0/0/0.20]vrrp vrid 2 priority 200
[AR2-GigabitEthernet0/0/0.20]quit
```

【技术要点】

通过以上VRRP的配置，PC1通过AR1访问3.3.3.3。但是当AR1与AR3之间的链路发生故障时，PC1的访问流量还是通过AR1，就会出现访问中断的问题。

（4）配置 BFD。

AR1 的配置：

```
[AR1]bfd
[AR1-bfd]quit
[AR1]bfd vrrp bind peer-ip 13.1.1.3 source-ip 13.1.1.1 auto
[AR1-bfd-session-vrrp]commit
[AR1-bfd-session-vrrp]quit
[AR1]interface g0/0/0.10
[AR1-GigabitEthernet0/0/0.10]vrrp vrid 1 track bfd-session session-name vrrp reduced 120
// VRRP 组 1 中跟踪 BFD 的会话，一旦 BFD 检测到故障，VRRP 的优先级就减 120
[AR1-GigabitEthernet0/0/0.10]quit
```

AR3 的配置：

```
[AR3]bfd
[AR3-bfd]quit
[AR3]bfd vrrp bind peer-ip 13.1.1.1 source-ip 13.1.1.3 auto
```

```
[AR3-bfd-session-vrrp]commit
[AR3-bfd-session-vrrp]quit
```

4. 实验调试

（1）在 AR1 上查看 VRRP 的信息。

```
[AR1]display vrrp
  GigabitEthernet0/0/0.10 | Virtual Router 1
    State: Master                                        // 状态为主
    Virtual IP: 192.168.10.254
    Master IP: 192.168.10.251
    PriorityRun: 200
    PriorityConfig: 200
    MasterPriority: 200
    Preempt: YES    Delay Time: 0 s
    TimerRun: 1 s
    TimerConfig: 1 s
    Auth type: NONE
    Virtual MAC: 0000-5e00-0101
    Check TTL: YES
    Config type: normal-vrrp
    Backup-forward: disabled
    Track BFD: vrrp Priority reduced: 120                // 跟踪 BFD 的名字为 vrrp
    BFD-session state: UP                                // BFD 的状态为 UP
    Create time: 2022-10-29 16:42:40 UTC-08:00
    Last change time: 2022-10-29 16:42:44 UTC-08:00
  GigabitEthernet0/0/0.20 | Virtual Router 2
    State: Backup
    Virtual IP: 192.168.20.254
    Master IP: 192.168.20.252
    PriorityRun: 100
    PriorityConfig: 100
    MasterPriority: 200
    Preempt: YES    Delay Time: 0 s
    TimerRun: 1 s
    TimerConfig: 1 s
    Auth type: NONE
    Virtual MAC: 0000-5e00-0102
    Check TTL: YES
    Config type: normal-vrrp
    Backup-forward: disabled
    Create time: 2022-10-29 16:43:09 UTC-08:00
    Last change time: 2022-10-29 16:49:17 UTC-08:00
```

（2）在 PC1 上跟踪 3.3.3.3，其配置如图 14-16 所示。

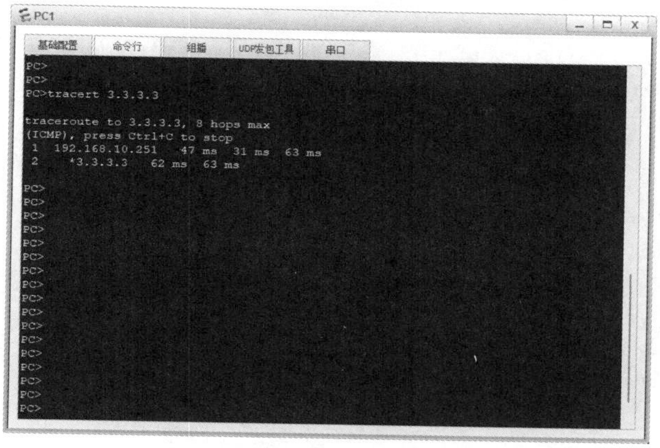

图 14-16　在 PC1 上跟踪 3.3.3.3

通过以上输出可以看到，PC1 通过 AR1 跟踪 3.3.3.3。

（3）关闭 AR3 的 G0/0/0 接口。

```
[AR3]interface g0/0/0
[AR3-GigabitEthernet0/0/0]shutdown
[AR3-GigabitEthernet0/0/0]quit
```

（4）在 AR1 上再次查看 VRRP 的信息。

```
[AR1]display vrrp
  GigabitEthernet0/0/0.10 | Virtual Router 1
    State: Backup                    //状态为备用
    Virtual IP: 192.168.10.254
    Master IP: 192.168.10.252
    PriorityRun: 80                  //优先级为 80
    PriorityConfig: 200
    MasterPriority: 100
    Preempt: YES    Delay Time: 0 s
    TimerRun: 1 s
    TimerConfig: 1 s
    Auth type: NONE
    Virtual MAC: 0000-5e00-0101
    Check TTL: YES
    Config type: normal-vrrp
    Backup-forward: disabled
    Track BFD: vrrp  Priority reduced: 120
    BFD-session state: DOWN
    Create time: 2022-10-29 16:42:40 UTC-08:00
    Last change time: 2022-10-29 17:25:37 UTC-08:00
  GigabitEthernet0/0/0.20 | Virtual Router 2
    State: Backup
    Virtual IP: 192.168.20.254
    Master IP: 192.168.20.252
```

```
PriorityRun: 100
PriorityConfig: 100
MasterPriority: 200
Preempt: YES    Delay Time: 0 s
TimerRun: 1 s
TimerConfig: 1 s
Auth type: NONE
Virtual MAC: 0000-5e00-0102
Check TTL: YES
Config type: normal-vrrp
Backup-forward: disabled
Create time: 2022-10-29 16:43:09 UTC-08:00
Last change time: 2022-10-29 16:49:17 UTC-08:00
```

通过以上输出可以看到，AR1 成了 Backup，因为链路发生了故障，其优先级从 200 变成了 80。

（5）再次在 PC1 上跟踪 3.3.3.3，其配置如图 14-17 所示。

图 14-17　在 PC1 上跟踪 3.3.3.3

通过以上输出可以看到，PC1 通过 AR2 跟踪 3.3.3.3。

第 15 章　DHCP 动态主机配置协议

本章阐述了DHCP的基本原理，介绍了DHCP每一个包的作用和格式，通过实验使读者能够掌握DHCP在各个网络场景中的应用。

本章包含以下内容：
- DHCP的基本概念
- DHCP的工作原理
- DHCP中继的工作原理
- DHCP配置实验

15.1　DHCP 概述

随着网络规模的不断扩大，网络复杂度不断提升，网络中的终端设备，如主机、手机、平板等，其位置也经常变化。终端设备访问网络时需要配置 IP 地址、网关地址、DNS 服务器地址等。采用手动方式为终端配置这些参数非常低效且不够灵活。IETF 于 1993 年发布了 DHCP（Dynamic Host Configuration Protocol，动态主机配置协议）。DHCP 实现了网络参数配置的自动化，降低了客户端的配置和维护成本。

15.1.1　DHCP 的基本概念

DHCP 是一种用于集中对用户 IP 地址进行动态管理和配置的协议。

DHCP 采用 C/S（Client/Server，客户端 / 服务器）通信模式，协议报文基于 UDP 的方式进行交互，采用 67（DHCP 服务器）和 68（DHCP 客户端）两个端口号：正常工作时由客户端向服务器提出配置申请；服务器返回为客户端分配的 IP 地址等相应的配置信息。

DHCP 相对于手动配置具有以下优点。
- 效率高。
- 灵活性强。
- 易于管理。

15.1.2　DHCP 的工作原理

1. DHCP 客户端首次接入网络的工作原理

（1）发现阶段：即 DHCP 客户端发现 DHCP 服务器的阶段。

DHCP 客户端发送 DHCP Discover 报文以发现 DHCP 服务器。DHCP Discover 报文中携带了客户端的 MAC 地址、需要请求的参数列表选项、广播标志位等信息。

（2）提供阶段：即 DHCP 服务器提供网络配置信息的阶段。

服务器接收到 DHCP Discover 报文后，选择与接收 DHCP Discover 报文接口的 IP 地址处于同一网段的地址池，并且从中选择一个可用的 IP 地址，然后通过 DHCP Offer 报文发送给 DHCP 客户端。

（3）选择阶段：即 DHCP 客户端选择 IP 地址的阶段。

如果有多个 DHCP 服务器向 DHCP 客户端回应 DHCP Offer 报文，则 DHCP 客户端一般只接收第一个收到的 DHCP Offer 报文，然后以广播方式发送 DHCP Request 报文，该报文中包含客户端想选择的 DHCP 服务器标识符和客户端 IP 地址。

（4）确认阶段：即 DHCP 服务器确认所分配 IP 地址的阶段。

DHCP 客户端收到 DHCP ACK 报文，会广播发送免费的 ARP 报文，探测本网段是否有其他终端使用服务器分配的 IP 地址。

2. DHCP 的报文格式

DHCP 的报文格式如图 15–1 所示。

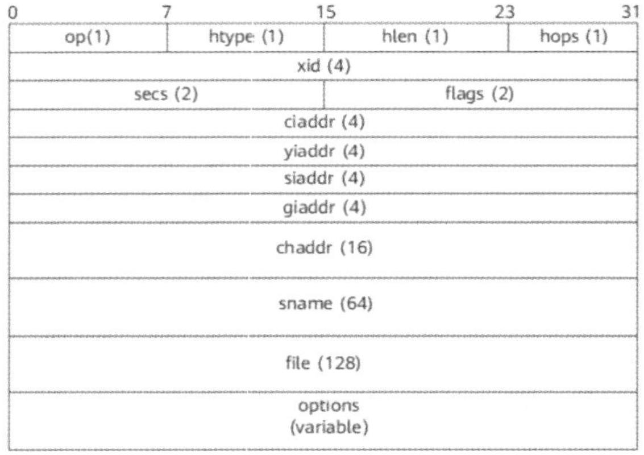

图 15–1　DHCP 的报文格式

（1）op（op code）：1 代表客户端的请求报文，2 代表服务器的响应报文。

（2）htype（hardware type）：表示硬件类型，最常见的值是 1，表示以太网（10Mb/s）。

（3）hlen（hardware length）：表示硬件的地址长度，以太网的值为 6。

（4）hops：表示当前 DHCP 报文经过的 DHCP 中继的数目，最大不能超过 16。

（5）xid：表示 DHCP 客户端选取的随机数，使 DHCP 服务器的回复与 DHCP 客户端的报文相关联。

（6）secs（seconds）：表示客户端从开始获取地址或地址续租更新后所用的时间，单位为 s，默认为 3600s。

（7）flags：表示标志字段。只有标志字段的最高位才有意义，其余的 15 位均被置为 0。最高位被解释为单播或者广播响应标志位，其中 0 代表客户端请求服务器以单播形式发送响应报文，1 代表客户端请求服务器以广播形式发送响应报文。

（8）ciaddr（client ip address）：表示客户端的 IP 地址。可以是服务器分配给客户端的 IP 地址或者客户端已有的 IP 地址。客户端在初始化状态时没有 IP 地址，此字段为 0.0.0.0。

（9）yiaddr（your client ip address）：表示服务器分配给客户端的 IP 地址。当服务器进行 DHCP 响应时，将分配给客户端的 IP 地址填入此字段。

（10）siaddr（server ip address）：DHCP 客户端获得启动配置信息的服务器的 IP 地址。

（11）giaddr（gateway ip address）：表示第一个 DHCP 中继的 IP 地址。当客户端发出 DHCP 请求时，如果服务器和客户端不在同一个网段，那么第一个 DHCP 中继在将 DHCP 请求报文转发给 DHCP 服务器时，会把自己的 IP 地址填入此字段。DHCP 服务器会根据此字段来判断客户端所在的网段地址，从而选择合适的地址池，为客户端分配该网段的 IP 地址。

（12）chaddr（client hardware address）：表示客户端的 MAC 地址，此字段与 htype 和 hlen 保持一致。

（13）sname（server host name）：表示客户端获取配置信息的服务器名字。此字段由 DHCP 服务器填写，可选。如果填写，必须是一个以 0 结尾的字符串。

（14）file（file name）：表示客户端需要获取的启动配置文件名。此字段由 DHCP 服务器填写，随着 DHCP 地址分配的同时下发至客户端。本字段是可选的，如果填写，必须是一个以 0 结尾的字符串。

（15）options：表示 DHCP 的选项字段，最多为 1200 字节。DHCP 通过此字段包含了 DHCP 报文类型和服务器分配给终端的配置信息，如网关 IP 地址、DNS 服务器的 IP 地址、客户端可以使用的 IP 地址的有效租期等。

3. Options 自定义选项字段

（1）Option 82：中继代理信息选项。

- Option 82 中可以包含最多 255 个 Sub-Option，若定义了 Option 82，至少要定义一个 Sub-Option。
- DHCP 中继或 DHCP Snooping 设备接收到 DHCP 客户端发送给 DHCP 服务器的请求报文后，在该报文中添加 Option 82，并转发给 DHCP 服务器。管理员可以从 Option 82 中获得 DHCP 客户端的信息，如 DHCP 客户端所连接交换机端口的 VLAN ID、二层端口号、中继设备的 MAC 地址等。

（2）Option 43：厂商特定信息选项。

- DHCP 服务器和 DHCP 客户端通过 Option 43 交换厂商特定的信息。当 DHCP 服务器接收到请求 Option 43 信息的 DHCP 请求报文（Option 55 中带有 Option 43 参数）后，将在回复报文中携带 Option 43，为 DHCP 客户端分配厂商指定的信息。
- 在 WLAN 组网中，AP 作为 DHCP 客户端，DHCP 服务器可以为 AP 指定 AC 的 IP 地址，以方便 AP 与 AC 建立连接。

4. DHCP 地址续租

- 当租期达到 50%（T1）时，DHCP 客户端会自动以单播的方式向 DHCP 服务器发送 DHCP Request 报文，请求更新 IP 地址租期。如果收到 DHCP 服务器回应的 DHCP ACK 报文，则表示租期更新成功。
- 当租期达到 87.5%（T2）时，如果仍未收到 DHCP 服务器的应答，DHCP 客户端会自动以广播的方式向 DHCP 服务器发送 DHCP Request 报文，请求更新 IP 地址租期。如果收到 DHCP 服务器回应的 DHCP ACK 报文，则表示租期更新成功。
- 如果租期时间已到却没有收到服务器的回应，客户端则停止使用此 IP 地址，重新发送 DHCP Discover 报文请求新的 IP 地址。

5. DHCP 客户端重用曾经使用过的地址

（1）选择阶段：客户端广播发送包含前一次分配的 IP 地址的 DHCP Request 报文，报文中的 Option

50（请求的 IP 地址选项）字段将填入曾经使用过的 IP 地址。

（2）确认阶段：DHCP 服务器收到 DHCP Request 报文后，根据 DHCP Request 报文中携带的 MAC 地址来查找有没有相应的租约记录。如果有，则返回 DHCP ACK 报文，通知 DHCP 客户端继续使用这个 IP 地址，如果没有租约记录，则不响应。

15.1.3　DHCP 中继的工作原理

1. DHCP 中继的概念

DHCP 中继是为解决 DHCP 服务器和 DHCP 客户端不在同一个广播域而提出的，提供了对 DHCP 广播报文的中继转发功能，能够把 DHCP 客户端的广播报文"透明地"传送到其他广播域的 DHCP 服务器上，同样也能够把 DHCP 服务器的应答报文"透明地"传送到其他广播域的 DHCP 客户端。

2. DHCP 中继报文格式与 DHCP 报文的区别

（1）hops：表示当前的 DHCP 报文经过的 DHCP 中继的数目。该字段由客户端或服务器设置为 0，每经过一个 DHCP 中继时，该字段加 1。

（2）giaddr（gateway ip address）：表示第一个 DHCP 中继的 IP 地址。当客户端发出 DHCP 请求时，第一个 DHCP 中继在将 DHCP 请求报文转发给 DHCP 服务器时，会把自己的 IP 地址填入此字段。

3. 有中继场景时 DHCP 客户端首次接入网络的工作原理

（1）发现阶段：DHCP 中继接收到 DHCP 客户端广播发送的 DHCP Discover 报文后，通过路由转发将 DHCP 报文单播发送到 DHCP 服务器或下一跳中继。

（2）提供阶段：DHCP 服务器根据 DHCP Discover 报文中的 giaddr 字段选择地址池为客户端分配相关网络参数，DHCP 中继收到 DHCP Offer 报文后，以单播或广播方式发送给 DHCP 客户端。

（3）选择阶段：中继接收到来自客户端的 DHCP Request 报文的处理过程同"发现阶段"。

（4）确认阶段：中继接收到来自服务器的 DHCP ACK 报文的处理过程同"提供阶段"。

15.2　DHCP 配置实验

实验 15-1　配置 DHCP

扫一扫，看视频

1. 实验目的

（1）熟悉 DHCP 的应用场景。

（2）掌握 DHCP 的配置方法。

2. 实验拓扑

配置 DHCP 的实验拓扑如图 15-2 所示。

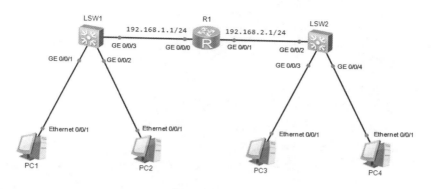

图 15-2 配置 DHCP

3. 实验步骤

（1）配置 IP 地址。

```
<Huawei>system-view
Enter system view, return user view with Ctrl+Z.
[Huawei]undo info-center enable
[Huawei]sysname R1
[R1]interface g0/0/0
[R1-GigabitEthernet0/0/0]ip address 192.168.1.1 24
[R1-GigabitEthernet0/0/0]quit
[R1]interface g0/0/1
[R1-GigabitEthernet0/0/1]ip address 192.168.2.1 24
[R1-GigabitEthernet0/0/1]quit
```

（2）配置基于全局的 DHCP。

```
[R1]dhcp enable                                    // 开启 DHCP 功能
[R1]ip pool pc1-pc2                                 // 创建一个地址池，名字叫 pc1-pc2
[R1-ip-pool-pc1-pc2]network 192.168.1.0 mask 24    // 可以分配的 IP 地址的范围
[R1-ip-pool-pc1-pc2]gateway-list 192.168.1.1       // 配置 DHCP 客户端的网关地址
[R1-ip-pool-pc1-pc2]dns-list 3.3.3.3 4.4.4.4
// 配置地址池中不参与自动分配的 IP 地址
[R1-ip-pool-pc1-pc2]excluded-ip-address 192.168.1.88 192.168.1.99
[R1-ip-pool-pc1-pc2]lease day 2                    // 配置地址池的地址租期，默认为 1 天
[R1-ip-pool-pc1-pc2]static-bind ip-address 192.168.1.44 mac-address 5489-980e-1485
// 为指定 DHCP Client 分配固定 IP 地址
[R1-ip-pool-pc1-pc2]quit
[R1]interface g0/0/0
[R1-GigabitEthernet0/0/0]dhcp select global
[R1-GigabitEthernet0/0/0]quit
```

（3）配置基于接口的 DHCP。

```
[R1]interface g0/0/1
[R1-GigabitEthernet0/0/1]dhcp select interface
```

```
[R1-GigabitEthernet0/0/1]dhcp server dns-list 3.3.3.3 4.4.4.4
[R1-GigabitEthernet0/0/1]dhcp server lease day 2
[R1-GigabitEthernet0/0/1]dhcp server static-bind ip-address 192.168.2.211 mac-address
    5489-98ab-3d3b
```

（4）PC1 通过 DHCP 获得 IP 地址。

第 1 步，PC1 通过 DHCP 获得 IP 地址，其配置如图 15-3 所示。

第 2 步，在 PC1 上查看是否获得了 IP 地址，PC1 的操作如图 15-4 所示。

图 15-3　PC1 通过 DHCP 获得 IP 地址　　　　　图 15-4　查看 PC1 的 IP 地址

通过以上输出可以看到，PC1 获得了一个 192.168.1.254 的地址，默认情况下，华为设置从最后一个 IP 地址开始分配。

（5）PC2 通过 DHCP 获得 IP 地址。

第 1 步，PC2 通过 DHCP 获得 IP 地址，其配置如图 15-5 所示。

第 2 步，在 PC2 上查看是否获得了 IP 地址，PC2 的操作如图 15-6 所示。

图 15-5　PC2 通过 DHCP 获得 IP 地址　　　　　图 15-6　查看 PC2 的配置

通过以上输出可以看到，PC2 获得了一个 192.168.1.44 的地址，这是因为在地址池中设置了如下命令：static-bind ip-address 192.168.1.44 mac-address 5489-980e-1485。

（6）PC3 通过 DHCP 获得 IP 地址。

第 1 步，PC3 通过 DHCP 获得 IP 地址，其配置如图 15-7 所示。

第 2 步，在 PC3 上查看是否获得了 IP 地址，PC3 的操作如图 15-8 所示。

图 15-7　PC3 通过 DHCP 获得 IP 地址

图 15-8　在 PC3 上查看 IP 地址

通过以上输出可以看到，PC3 获得了一个 192.168.2.211 的地址，这是因为在地址池中设置了如下命令：dhcp server static-bind ip-address 192.168.2.211 mac-address 5489-98ab-3d3b。

（7）PC4 通过 DHCP 获得 IP 地址。

第 1 步，PC4 通过 DHCP 获得 IP 地址，其配置如图 15-9 所示。

第 2 步，在 PC4 上查看是否获得了 IP 地址，PC4 的操作如图 15-10 所示。

图 15-9　PC4 通过 DHCP 获得 IP 地址

图 15-10　在 PC4 上查看 IP 地址

通过以上输出可以看到，PC4 获得了一个 192.168.2.254 的地址。

实验 15-2　配置 DHCP 中继

1. 实验目的

（1）熟悉 DHCP 中继的应用场景。

（2）掌握 DHCP 中继的配置方法。

2. 实验拓扑

配置 DHCP 中继的实验拓扑如图 15–11 所示。

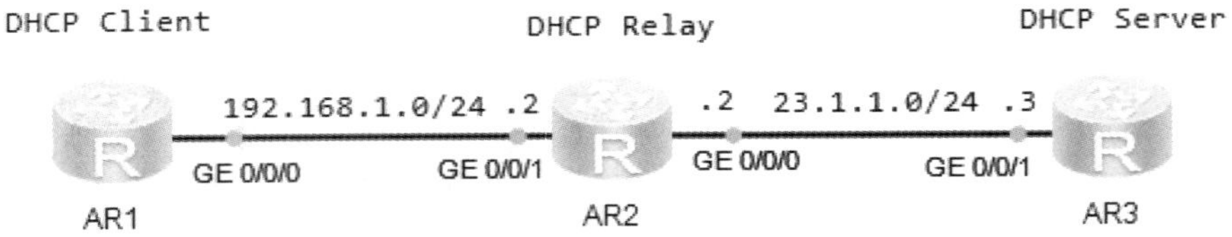

图 15–11　配置 DHCP 中继

3. 实验步骤

（1）配置 IP 地址。

AR1 的配置：

```
<Huawei>system-view
Enter system view, return user view with Ctrl+Z.
[Huawei]undo info-center enable
Info: Information center is disabled.
[Huawei]sysname AR1
```

AR2 的配置：

```
<Huawei>system-view
Enter system view, return user view with Ctrl+Z.
[Huawei]undo info-center enable
[Huawei]sysname AR2
[AR2]interface g0/0/1
[AR2-GigabitEthernet0/0/1]ip address 192.168.1.2 24
[AR2-GigabitEthernet0/0/1]quit
[AR2]interface g0/0/0
[AR2-GigabitEthernet0/0/0]ip address 23.1.1.2 24
[AR2-GigabitEthernet0/0/0]quit
```

AR3 的配置：

```
<Huawei>system-view
Enter system view, return user view with Ctrl+Z.
[Huawei]undo info-center enable
[Huawei]sysname AR3
[AR3]interface g0/0/1
[AR3-GigabitEthernet0/0/1]ip address 23.1.1.3 24
[AR3-GigabitEthernet0/0/1]quit
[AR3]ip route-static 192.168.1.0 24 23.1.1.2
```

（2）配置 DHCP。

AR1 的配置：

```
[AR1]dhcp enable                                    // 开启 DHCP 服务
[AR1]interface g0/0/0                               // 进入接口 G0/0/0
[AR1-GigabitEthernet0/0/0]ip address dhcp-alloc     // 通过 DHCP 分配地址
[AR1-GigabitEthernet0/0/0]quit
```

AR2 的配置：

```
[AR2]dhcp enable                                    // 开启 DHCP 服务
[AR2]dhcp server group joinlabs                     // 创建 DHCP 服务器组，名字叫 joinlabs
[AR2-dhcp-server-group-joinlabs]dhcp-server 23.1.1.3    // DHCP 服务器成员
[AR2-dhcp-server-group-joinlabs]quit
[AR2]interface g0/0/1
[AR2-GigabitEthernet0/0/1]dhcp select relay             // 在接口下开启 DHCP 中继功能
[AR2-GigabitEthernet0/0/1]dhcp relay server-select joinlabs
[AR2-GigabitEthernet0/0/1]quit
```

AR3 的配置：

```
[AR3]dhcp enable
[AR3]ip pool joinlabs
[AR3-ip-pool-joinlabs]network 192.168.1.0 mask 24
[AR3-ip-pool-joinlabs]gateway-list 192.168.1.2
[AR3-ip-pool-joinlabs]quit
[AR3]interface g0/0/1
[AR3-GigabitEthernet0/0/1]dhcp select global
[AR3-GigabitEthernet0/0/1]quit
```

4. 实验调试

（1）在 AR1 上查看接口 IP 地址。

```
[AR1]display ip int b
*down: administratively down
^down: standby
(l): loopback
(s): spoofing
The number of interface that is UP in Physical is 2
The number of interface that is DOWN in Physical is 2
The number of interface that is UP in Protocol is 2
The number of interface that is DOWN in Protocol is 2
Interface                    IP Address/Mask      Physical    Protocol
GigabitEthernet0/0/0         192.168.1.254/24     up          up
GigabitEthernet0/0/1         unassigned           down        down
```

通过以上输出可以看到，AR1 的 G0/0/0 接口获得了一个 192.168.1.254 的地址。

（2）让 AR1 重新获取 IP 地址，然后在 AR2 的 G0/0/0 接口中抓包分析。

① Discover。Discover 的报文结构如图 15-12 所示。

```
   1 0.000000      192.168.1.2      23.1.1.3      ...   342 DHCP Discover - Transaction ID 0x8526af34
   2 0.000000      23.1.1.3         192.168.1.2   ...   342 DHCP Offer    - Transaction ID 0x8526af34
   3 0.046000      192.168.1.2      23.1.1.3      ...   342 DHCP Request  - Transaction ID 0x2843f6fd
   4 0.062000      23.1.1.3         192.168.1.2   ...   342 DHCP ACK      - Transaction ID 0x2843f6fd

Ethernet II, Src: HuaweiTe_24:52:0a (00:e0:fc:24:52:0a), Dst: HuaweiTe_b5:1a:40 (00:e0:fc:b5:1a:40)
Internet Protocol Version 4, Src: 192.168.1.2, Dst: 23.1.1.3
User Datagram Protocol, Src Port: 67, Dst Port: 67
Dynamic Host Configuration Protocol (Discover)
    Message type: Boot Request (1)
    Hardware type: Ethernet (0x01)
    Hardware address length: 6
    Hops: 1
    Transaction ID: 0x8526af34
    Seconds elapsed: 0
  > Bootp flags: 0x0000 (Unicast)
    Client IP address: 0.0.0.0
    Your (client) IP address: 0.0.0.0
    Next server IP address: 0.0.0.0
    Relay agent IP address: 192.168.1.2
    Client MAC address: HuaweiTe_4f:40:16 (00:e0:fc:4f:40:16)
    Client hardware address padding: 00000000000000000000
    Server host name not given
    Boot file name not given
    Magic cookie: DHCP
  > Option: (53) DHCP Message Type (Discover)
  > Option: (61) Client identifier
  > Option: (57) Maximum DHCP Message Size
  > Option: (60) Vendor class identifier
  > Option: (55) Parameter Request List
```

图 15-12　Discover 的报文结构

② Offer。Offer 的报文结构如图 15-13 所示。

```
   1 0.000000      192.168.1.2      23.1.1.3      ...   342 DHCP Discover - Transaction ID 0x8526af34
   2 0.000000      23.1.1.3         192.168.1.2   ...   342 DHCP Offer    - Transaction ID 0x8526af34
   3 0.046000      192.168.1.2      23.1.1.3      ...   342 DHCP Request  - Transaction ID 0x2843f6fd
   4 0.062000      23.1.1.3         192.168.1.2   ...   342 DHCP ACK      - Transaction ID 0x2843f6fd

Frame 2: 342 bytes on wire (2736 bits), 342 bytes captured (2736 bits) on interface 0
Ethernet II, Src: HuaweiTe_b5:1a:40 (00:e0:fc:b5:1a:40), Dst: HuaweiTe_24:52:0a (00:e0:fc:24:52:0a)
Internet Protocol Version 4, Src: 23.1.1.3, Dst: 192.168.1.2
User Datagram Protocol, Src Port: 67, Dst Port: 67
Dynamic Host Configuration Protocol (Offer)
    Message type: Boot Reply (2)
    Hardware type: Ethernet (0x01)
    Hardware address length: 6
    Hops: 0
    Transaction ID: 0x8526af34
    Seconds elapsed: 0
  > Bootp flags: 0x0000 (Unicast)
    Client IP address: 0.0.0.0
    Your (client) IP address: 192.168.1.254
    Next server IP address: 0.0.0.0
    Relay agent IP address: 192.168.1.2
    Client MAC address: HuaweiTe_4f:40:16 (00:e0:fc:4f:40:16)
    Client hardware address padding: 00000000000000000000
    Server host name not given
    Boot file name not given
    Magic cookie: DHCP
  > Option: (53) DHCP Message Type (Offer)
  > Option: (1) Subnet Mask (255.255.255.0)
  > Option: (3) Router
```

图 15-13　Offer 的报文结构

③ Request。Request 的报文结构如图 15-14 所示。

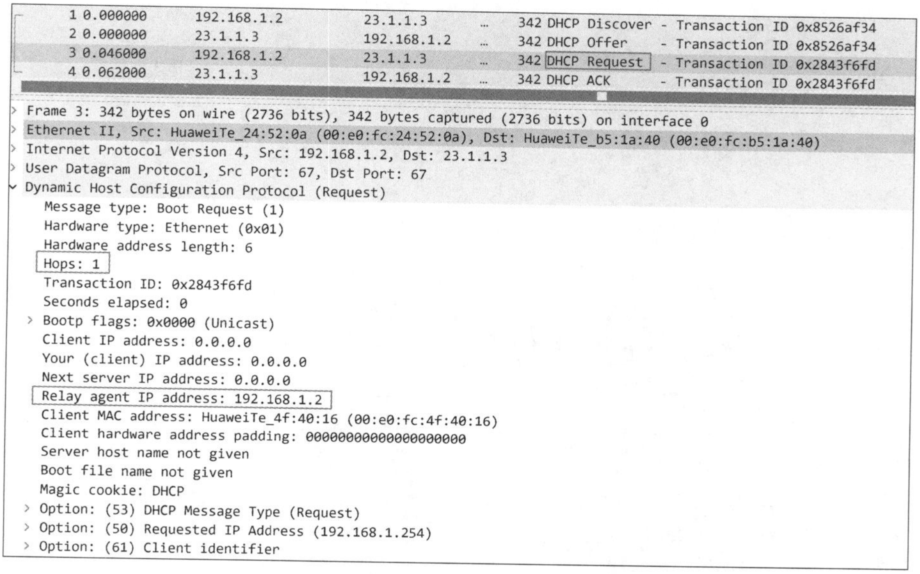

```
    1 0.000000      192.168.1.2       23.1.1.3        ...  342 DHCP Discover - Transaction ID 0x8526af34
    2 0.000000      23.1.1.3          192.168.1.2     ...  342 DHCP Offer    - Transaction ID 0x8526af34
    3 0.046000      192.168.1.2       23.1.1.3        ...  342 DHCP Request   - Transaction ID 0x2843f6fd
    4 0.062000      23.1.1.3          192.168.1.2     ...  342 DHCP ACK       - Transaction ID 0x2843f6fd

> Frame 3: 342 bytes on wire (2736 bits), 342 bytes captured (2736 bits) on interface 0
> Ethernet II, Src: HuaweiTe_24:52:0a (00:e0:fc:24:52:0a), Dst: HuaweiTe_b5:1a:40 (00:e0:fc:b5:1a:40)
> Internet Protocol Version 4, Src: 192.168.1.2, Dst: 23.1.1.3
> User Datagram Protocol, Src Port: 67, Dst Port: 67
∨ Dynamic Host Configuration Protocol (Request)
    Message type: Boot Request (1)
    Hardware type: Ethernet (0x01)
    Hardware address length: 6
    Hops: 1
    Transaction ID: 0x2843f6fd
    Seconds elapsed: 0
  > Bootp flags: 0x0000 (Unicast)
    Client IP address: 0.0.0.0
    Your (client) IP address: 0.0.0.0
    Next server IP address: 0.0.0.0
    Relay agent IP address: 192.168.1.2
    Client MAC address: HuaweiTe_4f:40:16 (00:e0:fc:4f:40:16)
    Client hardware address padding: 00000000000000000000
    Server host name not given
    Boot file not given
    Magic cookie: DHCP
  > Option: (53) DHCP Message Type (Request)
  > Option: (50) Requested IP Address (192.168.1.254)
  > Option: (61) Client identifier
```

图 15-14　Request 的报文结构

④ ACK。ACK 的报文结构如图 15-15 所示。

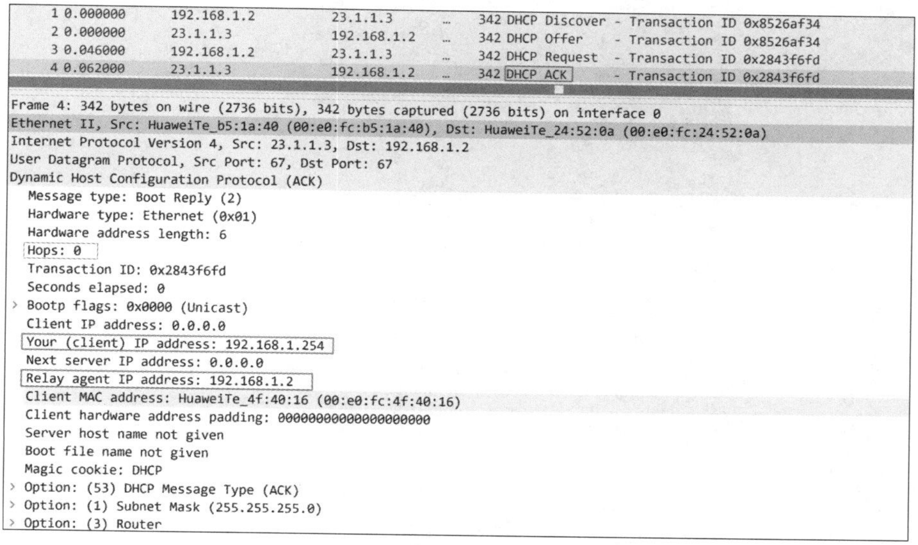

```
    1 0.000000      192.168.1.2       23.1.1.3        ...  342 DHCP Discover - Transaction ID 0x8526af34
    2 0.000000      23.1.1.3          192.168.1.2     ...  342 DHCP Offer    - Transaction ID 0x8526af34
    3 0.046000      192.168.1.2       23.1.1.3        ...  342 DHCP Request   - Transaction ID 0x2843f6fd
    4 0.062000      23.1.1.3          192.168.1.2     ...  342 DHCP ACK       - Transaction ID 0x2843f6fd

> Frame 4: 342 bytes on wire (2736 bits), 342 bytes captured (2736 bits) on interface 0
Ethernet II, Src: HuaweiTe_b5:1a:40 (00:e0:fc:b5:1a:40), Dst: HuaweiTe_24:52:0a (00:e0:fc:24:52:0a)
Internet Protocol Version 4, Src: 23.1.1.3, Dst: 192.168.1.2
User Datagram Protocol, Src Port: 67, Dst Port: 67
Dynamic Host Configuration Protocol (ACK)
    Message type: Boot Reply (2)
    Hardware type: Ethernet (0x01)
    Hardware address length: 6
    Hops: 0
    Transaction ID: 0x2843f6fd
    Seconds elapsed: 0
  > Bootp flags: 0x0000 (Unicast)
    Client IP address: 0.0.0.0
    Your (client) IP address: 192.168.1.254
    Next server IP address: 0.0.0.0
    Relay agent IP address: 192.168.1.2
    Client MAC address: HuaweiTe_4f:40:16 (00:e0:fc:4f:40:16)
    Client hardware address padding: 00000000000000000000
    Server host name not given
    Boot file name not given
    Magic cookie: DHCP
  > Option: (53) DHCP Message Type (ACK)
  > Option: (1) Subnet Mask (255.255.255.0)
  > Option: (3) Router
```

图 15-15　ACK 的报文结构

第 2 篇

高级路由和交换技术

高级路由和交换技术的内容包括 IGP 高级特性、BGP 高级特性、IPv6 路由、VLAN 高级特性、以太网交换安全、MPLS 和 MPLS LDP、MPLS VPN。

学习完本篇，读者可以针对网络应用设计出具有较高安全性、可用性和可靠性的解决方案，可以胜任中大型企业网络工程师岗位。

第 16 章 IGP 高级特性

本章阐述了OSPF和IS-IS的高级特性，包括快速收敛机制和路由控制等。

本章包含以下内容：
- OSPF和IS-IS的快速收敛技术
- OSPF路由控制
- OSPF IP FRR
- OSPF与BFD的联动
- OSPF与BGP的联动
- IGP高级特性配置实验

16.1 IGP 高级特性概述

OSPF 和 IS-IS 都是基于链路状态的内部网关路由协议，运行这两种协议的路由器通过同步 LSDB，采用 SPF 算法计算最优路由。

当网络拓扑发生变化时，OSPF 和 IS-IS 支持多种快速收敛和保护机制，能够降低网络故障导致的流量丢失。

为了实现对路由表规模的控制，OSPF 和 IS-IS 支持路由选路及路由信息的控制，能够减少特定路由器路由表的大小。

16.1.1 OSPF 和 IS-IS 的快速收敛技术

1. I-SPF
当网络拓扑改变时，I-SPF（Incremental SPF，增量最短路径优先算法）只对受影响的节点进行路由计算，而不是对全部节点重新进行路由计算，从而加快了路由的计算速度。

2. PRC
当网络上路由发生变化时，PRC（Partial Route Calculation，部分路由计算）只对发生变化的路由进行重新计算。

3. 智能定时器
智能定时器是在进行 SPF 计算和产生 LSA 时用到的一种定时器。智能定时器既可以对少量的外界突发事件进行快速响应，又可以避免过度占用 CPU。

16.1.2 OSPF 路由控制

1. OSPF 的默认路由
（1）普通区域。

默认情况下，普通区域内的 OSPF 路由器是不会产生默认路由的，即使它有默认路由。当该路由器需要向 OSPF 发布默认路由时，必须手动执行 default-route-advertise 命令，配置完成后，路由器会产生一个默认 ASE LSA（Type5 LSA），并且通告到整个 OSPF 自治系统中。

（2）Stub 区域。

Stub 区域不允许自治系统外部的路由（Type5 LSA）在区域内传播。区域内的路由器必须通过 ABR 学习到自治系统外部的路由。

Stub 区域的 ABR 会自动产生一条默认的 Type3 LSA 通告到整个 Stub 区域。ABR 通过该默认路由，将到达 AS 外部的流量吸引到自己这里，然后通过 ABR 转发出去。

（3）Totally Stub 区域。

Totally Stub 区域既不允许自治系统外部的路由（Type5 LSA）在区域内传播，也不允许区域间路由（Type3 LSA）在区域内传播。区域内的路由器必须通过 ABR 学习到自治系统外部和其他区域的路由。

Totally Stub 区域的 ABR 会自动产生一条默认的 Type3 LSA 通告到整个 Stub 区域。ABR 通过该默认路由，将到达 AS 外部和其他区域的流量吸引到自己这里，然后通过 ABR 转发出去。

2. OSPF 的 LSA 过滤

当设备需要减少不必要的 LSA 的传递时，可以在接口或者区域中使用 LSA 过滤工具过滤 LSA，以实现资源的节约。

（1）可以在接口的出方向使用 ospf filter-lsa-out 命令对除了 8 类 LSA 以外的所有 LSA 进行过滤。

（2）可以在 ABR 设备上使用 filter acl/ip-prefix export/import 命令对 3 类 LSA 进行过滤。

（3）可以在 ASBR 设备上使用 filter-policy acl/ip-prefix/route-policy export 命令对 5 类 LSA 进行过滤（使用 filter 工具过滤 5 类 LSA 只能在此 5 类 LSA 始发的 ASBR 上的出方向进行过滤，在其他设备上只能对路由进行过滤，而不能对 LSA 进行过滤）。

（4）可以在 ABR/ASBR 上使用汇总命令 abr-summary x.x.x.x x.x.x.x not-advertise/ asbr-summary x.x.x.x x.x.x.x not-advertise 对 3 类 /5 类 LSA 进行汇总，不通告实现 LSA 的过滤。

16.1.3　OSPF IP FRR

OSPF IP FRR（Fast Reroute，快速重路由）利用 LFA（Loop-Free Alternates）算法预先计算好备份链路，并与主链路一起加入转发表。当网络出现故障时，OSPF IP FRR 可以在控制平面路由收敛前将流量快速切换到备份链路上，保证流量不中断，从而达到保护流量的目的，因此极大地提高了 OSPF 网络的可靠性。

LFA 算法计算备份链路的基本思路：以可提供备份链路的邻居为根节点，利用 SPF 算法计算出到目的节点的最短距离。然后，按照 RFC 5286 规定的不等式计算出开销最小且无环的备份链路。

OSPF IP FRR 支持对需要加入 IP 路由表的备份路由进行过滤，通过过滤策略的备份路由才会加入 IP 路由表，因此用户可以更灵活地控制加入 IP 路由表的 OSPF 备份路由。

将 BFD 会话与 OSPF IP FRR 进行绑定，当 BFD 检测到接口链路故障后，BFD 会话状态会变为 Down 并触发接口进行快速重路由，将流量从故障链路切换到备份链路上，从而达到流量保护的目的。

16.1.4　OSPF 与 BFD 的联动

BFD（Bidirectional Forwarding Detection，双向转发检测）是一种用于检测转发引擎之间通信故障的检测机制。

BFD 对两个系统间的、同一路径上的同一种数据协议的连通性进行检测，这条路径可以是物理链路或逻辑链路，包括隧道。

OSPF 与 BFD 联动就是将 BFD 和 OSPF 协议关联起来，将 BFD 对链路故障的快速感应通知 OSPF 协议，从而加快 OSPF 协议对于网络拓扑变化的响应。

16.1.5　OSPF 与 BGP 的联动

当有新的设备加入网络中，或者设备重启时，可能会出现在 BGP 收敛期间网络流量丢失的现象。这是由于 IGP 收敛速度比 BGP 快而造成的。

通过使能 OSPF 与 BGP 联动特性可以解决这个问题。

使能了 OSPF 与 BGP 联动特性的设备会在设定的联动时间内保持为 Stub 路由器，也就是说，该设备发布的 LSA 中的链路度量值为最大值（65535），从而告知其他 OSPF 设备不要使用这个路由器来转发数据。

16.2　IGP 高级特性配置实验

实验 16-1　配置 OSPF 和 IS-IS 的智能定时器

扫一扫，看视频

1. 实验需求

为了防止网络频繁变化而导致设备频繁接收和发送 LSA 以及计算路由，从而过度占用 CPU，需要在 AR1 上配置发送 LSA 的智能定时器，最大发送时间为 10s、最小发送时间为 1s、基数时间为 2s。在 AR2 上配置接收 LSA 的智能定时器，最大接收时间为 10s、最小接收时间为 1s、基数时间为 2s。在 AR2 上配置 SPF 计算的智能定时器，最大 SPF 计算时间为 20s、最小 SPF 计算时间为 1s、基数时间为 2s。

2. 实验目的

了解智能定时器的基本配置及原理。

3. 实验拓扑

配置 OSPF 和 IS-IS 的智能定时器的实验拓扑如图 16-1 所示。

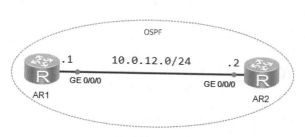

图 16-1　配置 OSPF 和 IS-IS 的智能定时器

4. 实验步骤

（1）配置 IP 地址。

AR1 的配置：

```
<Huawei>system-view
Enter system view, return user view with Ctrl+Z.
[Huawei]sysname AR1
[AR1]interface g0/0/0
[AR1-GigabitEthernet0/0/0]ip address 10.0.12.1 24
[AR1-GigabitEthernet0/0/0]quit
```

AR2 的配置：

```
<Huawei>system-view
Enter system view, return user view with Ctrl+Z.
[Huawei]sysname AR2
[AR2]interface g0/0/0
[AR2-GigabitEthernet0/0/0]ip address 10.0.12.2 24
[AR2-GigabitEthernet0/0/0]quit
```

（2）运行 OSPF。

AR1 的配置：

```
[AR1]ospf router-id 1.1.1.1
[AR1-ospf-1]area 0
[AR1-ospf-1-area-0.0.0.0]network 10.0.12.0 0.0.0.255
```

AR2 的配置：

```
[AR2]ospf router-id 2.2.2.2
[AR2-ospf-1]area 0
[AR2-ospf-1-area-0.0.0.0]network 10.0.12.0 0.0.0.255
```

（3）在 AR1 上配置 LSA 更新时间间隔。

```
[AR1]ospf
[AR1-ospf-1]lsa-originate-interval intelligent-timer 10000 1000 2000
// 配置 AR1 的 LSA 的更新时间间隔，最大时间为 10000ms、最小时间为 1000ms、基数时间为 2000ms
```

（4）在 AR2 上配置 LSA 的接收时间间隔及 SPF 计算时间间隔。

```
[AR2]ospf
[AR2-ospf-1]lsa-arrival-interval intelligent-timer 10000 1000 2000
// 配置 AR2 的 LSA 的接收时间间隔，最大时间为 10000ms、最小时间为 1000ms、基数时间为 2000ms
[AR2-ospf-1]spf-schedule-interval intelligent-timer 20000 1000 2000
// 配置 AR2 的 SPF 计算时间间隔，最大时间为 20000ms、最小时间为 1000ms、基数时间为 2000ms
```

实验 16-2　配置 IS-IS 快速扩散

1. 实验需求

为了加快网络的收敛速度，需要在 AR1 上配置快速扩散机制，要求当 AR1 接收到的 LSP 数量少于 10 时，立即发送 LSP；当接收到的 LSP 数量大于 10 时，等待 3s 后再发送。配置 AR2 的 SPF 计算的智能定时器，最大 SPF 计算时间为 1s，最小 SPF 计算时间为 0.5s，基数时间为 0.1s。

2. 实验目的

了解 IS-IS 的快速扩散基本配置。

3. 实验拓扑

配置 IS-IS 的快速扩散的实验拓扑如图 16-2 所示。

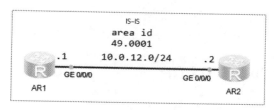

图 16-2　配置 IS-IS 的快速扩散

4. 实验步骤

（1）配置 IP 地址。

AR1 的配置：

```
<Huawei>system-view
Enter system view, return user view with Ctrl+Z.
[Huawei]sysname AR1
[AR1]interface g0/0/0
[AR1-GigabitEthernet0/0/0]ip address 10.0.12.1 24
[AR1-GigabitEthernet0/0/0]quit
```

AR2 的配置：

```
<Huawei>system-view
Enter system view, return user view with Ctrl+Z.
[Huawei]sysname AR2
[AR2]interface g0/0/0
[AR2-GigabitEthernet0/0/0]ip address 10.0.12.2 24
[AR2-GigabitEthernet0/0/0]quit
```

（2）配置 IS-IS。

AR1 的配置：

```
[AR1]isis
[AR1-isis-1]network-entity 49.0001.0000.0000.0001.00
```

AR2 的配置：

```
[AR2]isis
[AR2-isis-1]network-entity 49.0001.0000.0000.0002.00
```

（3）配置 AR1 的快速扩散功能。

```
[AR1]isis
[AR1-isis-1]flash-flood 10 max-timer-interval 3000
 // 配置快速扩散功能，当接收的 ISP 数量大于 10 时，等待 3s 后再发送
```

（4）配置 AR2 的 SPF 智能定时器。

```
[AR2]isis
[AR2-isis-1]timer spf 100 500 100
// 配置 SPF 智能定时器，最大时间为 100ms、最小时间为 500ms、基数时间为 100ms
```

实验 16-3　配置 OSPF IP FRR

1. 实验需求

如图 16-3 所示，全网运行 OSPF 协议，将 AR1 的 G0/0/1 接口的开销修改为 2，其他接口开销保持默认值。当 AR1 访问 AR3 时，AR1-AR2-AR3 为主路径，AR1-AR4-AR3 为备用路径。在 AR1 上配置 OSPF IP FRR 实现当主链路故障时，备用链路能够快速切换。

2. 实验目的

（1）了解 OSPF IP FRR 的基本配置。

（2）了解 OSPF IP FRR 的工作原理。

3. 实验拓扑

配置 OSPF IP FRR 的实验拓扑如图 16-3 所示。

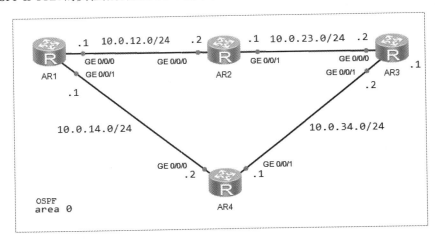

图 16-3　配置 OSPF IP FRR

4. 实验步骤

（1）配置 IP 地址。

AR1 的配置：

```
[Huawei]sysname AR1
[AR1]interface g0/0/0
[AR1-GigabitEthernet0/0/0]ip address 10.0.12.1 24
[AR1]interface g0/0/1
[AR1-GigabitEthernet0/0/1]ip address 10.0.14.1 24
[AR1]int LoopBack 0
[AR1-LoopBack0]ip address 1.1.1.1 32
```

AR2 的配置：

```
[Huawei]sysname AR2
[AR2]interface g0/0/0
[AR2-GigabitEthernet0/0/0]ip address 10.0.12.2 24
[AR2]interface g0/0/1
[AR2-GigabitEthernet0/0/1]ip address 10.0.23.1 24
```

AR3 的配置：

```
[Huawei]sysname AR3
[AR3]interface g0/0/0
[AR3-GigabitEthernet0/0/0]ip address 10.0.23.2 24
[AR3]interface g0/0/1
[AR3-GigabitEthernet0/0/1]ip address 10.0.34.2 24
[AR3]interface g0/0/2
[AR3-GigabitEthernet0/0/2]ip address 10.0.34.2 24
[AR3]interface LoopBack 0
[AR3-LoopBack0]ip address 3.3.3.3 32
```

AR4 的配置：

```
[Huawei]sysname AR4
[AR4]interface g0/0/0
[AR4-GigabitEthernet0/0/0]ip address 10.0.14.2 24
[AR4]interface g0/0/1
[AR4-GigabitEthernet0/0/1]ip address 10.0.34.1 24
```

（2）配置 OSPF 协议。

AR1 的配置：

```
[AR1]ospf router-id 1.1.1.1
[AR1-ospf-1]area 0
[AR1-ospf-1-area-0.0.0.0]network 10.0.12.0 0.0.0.255
[AR1-ospf-1-area-0.0.0.0]network 10.0.14.0 0.0.0.255
[AR1-ospf-1-area-0.0.0.0]network 1.1.1.1 0.0.0.0
```

AR2 的配置：

```
[AR2]ospf router-id 2.2.2.2
[AR2-ospf-1]area 0
[AR2-ospf-1-area-0.0.0.0]network 10.0.12.0 0.0.0.255
[AR2-ospf-1-area-0.0.0.0]network 10.0.23.0 0.0.0.255
[AR2-ospf-1-area-0.0.0.0]network 10.0.34.0 0.0.0.255
```

AR3 的配置：

```
[AR3]ospf router-id 3.3.3.3
[AR3-ospf-1]area 0
[AR3-ospf-1-area-0.0.0.0]network 10.0.23.0 0.0.0.255
[AR3-ospf-1-area-0.0.0.0]network 3.3.3.3 0.0.0.0
```

AR4 的配置：

```
[AR4]ospf router-id 4.4.4.4
[AR4-ospf-1]area 0
[AR4-ospf-1-area-0.0.0.0]network 10.0.34.0 0.0.0.255
[AR4-ospf-1-area-0.0.0.0]network 10.0.14.0 0.0.0.255
```

修改 AR1 的 G0/0/1 接口的开销：

```
[AR1]interface g0/0/1
[AR1-GigabitEthernet0/0/1]ospf cost 2
```

查看 AR1 访问 AR3 的环回口 OSPF 路由表：

```
[AR1]display ospf routing  3.3.3.3
     OSPF Process 1 with Router ID 1.1.1.1
 Destination : 3.3.3.3/32
 AdverRouter : 3.3.3.3            Area : 0.0.0.0
 Cost : 2                        Type : Stub
 NextHop : 10.0.12.2             Interface : GigabitEthernet0/0/0
 Priority : Medium               Age : 00h08m25s
```

可以看到，AR1 访问 3.3.3.3 的下一跳地址为 10.0.12.2，访问路径为 AR1–AR2–AR3，此时并没有计算备份路径的路由。因此，当这条路径出现故障后，AR1 需要再次执行 SPF 算法，计算去往 AR3 的路由。

（3）配置 OSPF IP FRR。

AR1 的配置：

```
[AR1]ospf
[AR1-ospf-1]frr                              // 进入 FRR 视图模式
[AR1-ospf-1-frr]loop-free-alternate
// 使能 FRR 功能，并使用 LFA 算法计算备份下一跳及出接口
```

再次查看 AR1 访问 AR3 的环回口 OSPF 路由表：

```
[AR1]display ospf routing 3.3.3.3
     OSPF Process 1 with Router ID 1.1.1.1
Destination: 3.3.3.3/32
AdverRouter: 3.3.3.3                  Area: 0.0.0.0
Cost: 2                               Type: Stub
NextHop: 10.0.12.2                    Interface: GigabitEthernet0/0/0
Priority: Medium                      Age: 00h02m02s
Backup NextHop: 10.0.14.2             Backup Interface: GigabitEthernet0/0/1
Backup Type: LFA LINK
```

此时可以看到，AR1 访问 3.3.3.3 多了一个下一跳 10.0.14.2，Backup NextHop 表示备份下一跳，说明 10.0.14.2 是去往 3.3.3.3 的备份下一跳，Backup Type: LFA LINK 表示此备份下一跳是通过 LFA 计算的链路。如果 AR1—AR2—AR3 的主路径发生故障，那么 AR1 无须再次使用 SPF 算法计算备份路径的路由，从而加快收敛速度。

实验 16-4　OSPF 与 BGP 联动配置

1. 实验环境

AR1、AR2、AR3、AR4 属于 AS100，AR5 属于 AS200，IP 地址如图 16-4 所示。每台设备配置环回口 0，IP 地址为 x.x.x.x/32，如 AR1 的环回口为 1.1.1.1/32。AS100 内部 IGP 使用 OSPF 并且属于 area 0，AS100 的设备使用 IBGP 全互联，AR4 和 AR5 建立 EBGP 邻居关系。在 AR5 上通告 5.5.5.5/32 的路由进入 BGP，将 AR1 的 G0/0/1 接口的开销改为 100，让 AR1 访问 AR5 的环回口流量路径为 AR1—AR2—AR4—AR5。在 AR2 上配置 OSPF 与 BGP 的联动，实现当 AR2 故障恢复后不会出现数据丢包的现象。

2. 实验目的

（1）了解 OSPF 和 BGP 的收敛时间。
（2）了解 OSPF STUB 路由器的作用。

3. 实验拓扑

OSPF 与 BGP 联动配置的实验拓扑如图 16-4 所示。

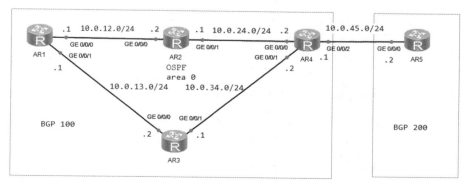

图 16-4　OSPF 与 BGP 联动配置

4. 实验步骤

（1）配置 IP 地址。

AR1 的配置：

```
<Huawei>sy
<Huawei>system-view
Enter system view, return user view with Ctrl+Z.
[Huawei]sysname AR1
[AR1]interface g0/0/0
[AR1-GigabitEthernet0/0/0]ip address 10.0.12.1 24
[AR1]interface g0/0/1
[AR1-GigabitEthernet0/0/1]ip address 10.0.13.1 24
[AR1]interface LoopBack 0
[AR1-LoopBack0]ip address 1.1.1.1 32
[AR1]interface LoopBack 1
[AR1-LoopBack1]ip address 10.10.10.10 32
```

AR2 的配置：

```
<Huawei>system-view
Enter system view, return user view with Ctrl+Z.
[Huawei]sysname AR2
[AR2]interface g0/0/0
[AR2-GigabitEthernet0/0/0]ip address 10.0.12.2 24
[AR2]int g0/0/1
[AR2-GigabitEthernet0/0/1]ip address 10.0.24.1 24
[AR2]interface LoopBack 0
[AR2-LoopBack0]ip address 2.2.2.2 32
```

AR3 的配置：

```
[AR3]interface g0/0/0
[AR3-GigabitEthernet0/0/0]ip address 10.0.13.2 24
[AR3]interface g0/0/1
[AR3-GigabitEthernet0/0/1]ip address 10.0.34.1 24
[AR3]interface LoopBack 0
[AR3-LoopBack0]ip address 3.3.3.3 32
```

AR4 的配置：

```
<Huawei>system-view
Enter system view, return user view with Ctrl+Z.
[Huawei]sysname AR4
[AR4]interface g0/0/0
[AR4-GigabitEthernet0/0/0]ip address 10.0.24.2 24
[AR4]interface g0/0/1
[AR4-GigabitEthernet0/0/1]ip address 10.0.34.2 24
[AR4]interface g0/0/2
[AR4-GigabitEthernet0/0/2]ip address 10.0.45.1 24
```

```
[AR4]interface LoopBack 0
[AR4-LoopBack0]ip address 4.4.4.4 32
```

AR5 的配置:

```
<Huawei>system-view
Enter system view, return user view with Ctrl+Z.
[Huawei]sysname AR5
[AR5]interface g0/0/0
[AR5-GigabitEthernet0/0/0]ip address 10.0.45.2 24
[AR5]interface LoopBack 0
[AR5-LoopBack0]ip address 5.5.5.5 32
```

（2）配置 AS100 的 OSPF 协议。
AR1 的配置:

```
[AR1]ospf router-id 1.1.1.1
[AR1-ospf-1]area 0
[AR1-ospf-1-area-0.0.0.0]network 10.0.12.0 0.0.0.255
[AR1-ospf-1-area-0.0.0.0]network 10.0.13.0 0.0.0.255
[AR1-ospf-1-area-0.0.0.0]network 1.1.1.1 0.0.0.0
```

AR2 的配置:

```
[AR2]ospf router-id 2.2.2.2
[AR2-ospf-1]area 0
[AR2-ospf-1-area-0.0.0.0]network 10.0.12.0 0.0.0.255
[AR2-ospf-1-area-0.0.0.0]network 10.0.24.0 0.0.0.255
[AR2-ospf-1-area-0.0.0.0]network 2.2.2.2 0.0.0.0
```

AR3 的配置:

```
[AR3]ospf router-id 3.3.3.3
[AR3-ospf-1]area 0
[AR3-ospf-1-area-0.0.0.0]network 10.0.13.0 0.0.0.255
[AR3-ospf-1-area-0.0.0.0]network 10.0.34.0 0.0.0.255
[AR3-ospf-1-area-0.0.0.0]network 3.3.3.3 0.0.0.0
```

AR4 的配置:

```
[AR4]ospf router-id 4.4.4.4
[AR4-ospf-1]area 0
[AR4-ospf-1-area-0.0.0.0]network 10.0.24.0 0.0.0.255
[AR4-ospf-1-area-0.0.0.0]network 10.0.34.0 0.0.0.255
[AR4-ospf-1-area-0.0.0.0]network 4.4.4.4 0.0.0.0
```

修改 AR1 的 G0/0/1 接口的开销，使 AR1 访问 4.4.4.4 的下一跳为 AR2。
AR1 的配置:

```
[AR1]interface g0/0/1
[AR1-GigabitEthernet0/0/1]ospf cost 100     // 修改接口开销为100
```

查看 AR1 的路由表：

```
[AR1]display ip routing-table  protocol ospf
Route Flags: R - relay, D - download to fib
------------------------------------------------------------------------
Public routing table : OSPF
        Destinations : 5       Routes : 5
OSPF routing table status : <Active>
        Destinations : 5       Routes : 5
Destination/Mask    Proto   Pre   Cost     Flags NextHop      Interface
2.2.2.2/32   OSPF     10      1     D        10.0.12.2    GigabitEthernet0/0/0
3.3.3.3/32   OSPF     10      3     D        10.0.12.2    GigabitEthernet0/0/0
4.4.4.4/32   OSPF     10      2     D        10.0.12.2    GigabitEthernet0/0/0
10.0.24.0/24  OSPF    10      2     D        10.0.12.2    GigabitEthernet0/0/0
10.0.34.0/24  OSPF    10      3     D        10.0.12.2    GigabitEthernet0/0/0
OSPF routing table status : <Inactive>
        Destinations : 0       Routes : 0
```

可以看到，AR1 访问 AR4 的下一跳为 10.0.12.2。

（3）配置 AS100 的设备 IBGP 全互联。

AR1 的配置（并且通告 10.10.10.10/32 到 BGP 中）：

```
[AR1]bgp 100
[AR1-bgp]peer 2.2.2.2 as-number 100
[AR1-bgp]peer 2.2.2.2 connect-interface LoopBack 0
[AR1-bgp]peer 3.3.3.3 as-number 100
[AR1-bgp]peer 3.3.3.3 connect-interface LoopBack 0
[AR1-bgp]peer 4.4.4.4 as-number 100
[AR1-bgp]peer 4.4.4.4 connect-interface LoopBack 0
[AR1-bgp]network 10.10.10.10 32 // 通告环回口 1 的路由，用于测试
```

AR2 的配置：

```
[AR2]bgp 100
[AR2-bgp]peer 1.1.1.1 as-number 100
[AR2-bgp]peer 1.1.1.1 connect-interface LoopBack 0
[AR2-bgp]peer 3.3.3.3 as-number 100
[AR2-bgp]peer 3.3.3.3 connect-interface LoopBack 0
[AR2-bgp]peer 4.4.4.4 as-number 100
[AR2-bgp]peer 4.4.4.4 connect-interface LoopBack 0
```

AR3 的配置：

```
[AR3]bgp 100
[AR3-bgp]peer 1.1.1.1 as-number 100
[AR3-bgp]peer 1.1.1.1 connect-interface LoopBack 0
[AR3-bgp]peer 2.2.2.2 as-number 100
[AR3-bgp]peer 2.2.2.2 connect-interface LoopBack 0
[AR3-bgp]peer 4.4.4.4 as-number 100
[AR3-bgp]peer 4.4.4.4 connect-interface LoopBack 0
```

AR4 的配置：

```
[AR4]bgp 100
[AR4-bgp]peer 1.1.1.1 as-number 100
[AR4-bgp]peer 1.1.1.1 connect-interface LoopBack 0
[AR4-bgp]peer 1.1.1.1 next-hop-local
[AR4-bgp]peer 2.2.2.2 as-number 100
[AR4-bgp]peer 2.2.2.2 connect-interface LoopBack 0
[AR4-bgp]peer 2.2.2.2 next-hop-local
[AR4-bgp]peer 3.3.3.3 as-number 100
[AR4-bgp]peer 3.3.3.3 connect-interface LoopBack 0
[AR4-bgp]peer 3.3.3.3 next-hop-local
```

（4）配置 AR4 和 AR5 为 EBGP 邻居关系。

AR4 的配置：

```
[AR4]bgp 100
[AR4-bgp]peer 10.0.45.2 as-number 200
```

AR5 的配置：

```
[AR5]bgp 200
[AR5-bgp]peer 10.0.45.1 as-number 100
[AR5-bgp]network 5.5.5.5 32                    // 通告 5.5.5.5/32 的路由
```

（5）查看 AR1 的路由表是否学习到了 5.5.5.5/32 的路由条目。

```
<AR1>display ip routing-table
Route Flags: R - relay, D - download to fib
----------------------------------------------------------------------------
Routing Tables: Public
         Destinations : 17        Routes : 17
Destination/Mask     Proto     Pre  Cost   Flags   NextHop          Interface
1.1.1.1/32           Direct    0    0      D       127.0.0.1        LoopBack0
2.2.2.2/32           OSPF      10   1      D       10.0.12.2        GigabitEthernet0/0/0
3.3.3.3/32           OSPF      10   3      D       10.0.12.2        GigabitEthernet0/0/0
4.4.4.4/32           OSPF      10   2      D       10.0.12.2        GigabitEthernet0/0/0
5.5.5.5/32           IBGP      255  0      RD      4.4.4.4          GigabitEthernet0/0/0
10.0.12.0/24         Direct    0    0      D       10.0.12.1        GigabitEthernet0/0/0
10.0.12.1/32         Direct    0    0      D       127.0.0.1        GigabitEthernet0/0/0
10.0.12.255/32       Direct    0    0      D       127.0.0.1        GigabitEthernet0/0/0
10.0.13.0/24         Direct    0    0      D       10.0.13.1        GigabitEthernet0/0/1
10.0.13.1/32         Direct    0    0      D       127.0.0.1        GigabitEthernet0/0/1
10.0.13.255/32       Direct    0    0      D       127.0.0.1        GigabitEthernet0/0/1
10.0.24.0/24         OSPF      10   2      D       10.0.12.2        GigabitEthernet0/0/0
10.0.34.0/24         OSPF      10   3      D       10.0.12.2        GigabitEthernet0/0/0
127.0.0.0/8          Direct    0    0      D       127.0.0.1        InLoopBack0
127.0.0.1/32         Direct    0    0      D       127.0.0.1        InLoopBack0
127.255.255.255/32   Direct    0    0      D       127.0.0.1        InLoopBack0
255.255.255.255/32   Direct    0    0      D       127.0.0.1        InLoopBack0
```

16

可以看到，AR1 访问 AR5 的下一跳为 4.4.4.4，将会迭代进入 4.4.4.4/32 下一跳为 10.0.12.2 的路由，因此 AR1 访问 AR5 的下一跳实际为 10.0.12.2，流量路径为 AR1—AR2—AR4—AR5。

使用 tracert 命令测试流量路径：

```
[AR1]tracert -a 10.10.10.10 5.5.5.5
 traceroute to 5.5.5.5(5.5.5.5), max hops: 30,packet length: 40,press CTRL_C to break
 1 10.0.12.2 30 ms  20 ms  10 ms
 2 10.0.24.2 30 ms  20 ms  20 ms
 3 10.0.45.2 50 ms  30 ms  20 ms
```

可以看到，流量路径为 AR1—AR2—AR4—AR5。如果此时 AR2 设备发生故障，那么流量路径会切换到 AR1—AR3—AR4—AR5。

（6）将 AR2 设置为 Stub 路由器。

```
[AR2]ospf
[AR2-ospf-1]stub-router on-startup 200
// 将 AR2 设置为 Stub 路由器，on-startup 表示在路由器重启时将设备设置为 Stub 路由器，200 表示 200s
// 之后此路由器恢复普通路由器的功能
```

如果此时 AR2 设备发生故障，并且已恢复，则会发现当 IGP 的邻居已经建立，但 BGP 邻居未建立时，会出现访问不了 AR5 的现象。这是由于 IGP 的收敛速度比 BGP 快，当 OSPF 邻居建立好时，BGP 的邻居才刚开始建立，而 AR1 访问 AR5 的环回口将迭代进入 OSPF 的路由下一跳会选择 10.0.12.2，此时 AR2 还没有 BGP 的 5.5.5.5/32 的路由，出现路由黑洞，导致网络访问失败。此时需要将 AR2 配置为 Stub 路由器，当设备为 Stub 路由器时，使能了 OSPF 与 BGP 联动特性的设备会在设定的联动时间内保持为 Stub 路由器。也就是说，该设备发布的 LSA 中的链路度量值为最大值（65535），从而告知其他 OSPF 设备不要使用这个路由器来转发数据。

（7）模拟设备故障，保存 AR2 的配置，并且重启设备。

```
[AR2]save
  The current configuration will be written to the device.
  Are you sure to continue? (y/n)[n]:y  // 保存设备配置
  It will take several minutes to save configuration file, please wait...
  Configuration file had been saved successfully
  Note: The configuration file will take effect after being activated
[AR2]reboot // 重启设备
Info: The system is comparing the configuration, please wait.
System will reboot! Continue ? [y/n]:y
```

（8）恢复故障，当 AR1 与 AR2 的 OSPF 邻居建立时，查看 AR2 产生的 1 类 ISA，并且查看是否会出现阻塞现象。

AR1 的配置：

```
[AR1]display ospf lsdb router 2.2.2.2
    OSPF Process 1 with Router ID 1.1.1.1
             Area: 0.0.0.0
        Link State Database
  Type: Router
```

```
    Ls id: 2.2.2.2
    Adv rtr: 2.2.2.2
    Ls age: 69
    Len: 60
    Options: E
    seq#: 80000015
    chksum: 0x167b
    Link count: 3
     * Link ID: 10.0.12.2
       Data: 10.0.12.2
       Link Type: TransNet
       Metric: 65535
     * Link ID: 10.0.24.2
       Data: 10.0.24.1
       Link Type: TransNet
       Metric: 65535
     * Link ID: 2.2.2.2
       Data: 255.255.255.255
       Link Type: StubNet
       Metric: 0
       Priority: Medium
```

可以看到，AR1 与 AR2 的 OSPF 邻居已经建立，但此时 AR2 的 1 类 ISA 的 metric 全是 65535，因此在 AR2 故障恢复时，AR1 不会立即选择 AR2 作为路由的下一跳。

切换过程一直进行 ping 测试，发现并无丢包现象。

```
[AR1]ping -c 1000 -a 10.10.10.10 5.5.5.5
  PING 5.5.5.5: 56  data bytes, press CTRL_C to break
    Reply from 5.5.5.5: bytes=56 Sequence=1 ttl=253 time=40 ms
    Reply from 5.5.5.5: bytes=56 Sequence=2 ttl=253 time=40 ms
    Reply from 5.5.5.5: bytes=56 Sequence=3 ttl=253 time=20 ms
    Reply from 5.5.5.5: bytes=56 Sequence=4 ttl=253 time=30 ms
    Reply from 5.5.5.5: bytes=56 Sequence=5 ttl=253 time=30 ms
    Reply from 5.5.5.5: bytes=56 Sequence=6 ttl=253 time=30 ms
...
```

当 AR2 的 BGP 邻居建立并学习到 BGP 的路由后，等待 200s 之后，再次查看 AR1 的路由表，发现访问 4.4.4.4 的下一跳已修改为 10.0.12.2。

```
[AR1]display ip routing-table
Route Flags: R - relay, D - download to fib
------------------------------------------------------------------------------
Routing Tables: Public
Destinations: 18            Routes: 18
Destination/Mask    Proto   Pre   Cost   Flags  NextHop      Interface
1.1.1.1/32          Direct  0     0      D      127.0.0.1    LoopBack0
2.2.2.2/32          OSPF    10    1      D      10.0.12.2    GigabitEthernet0/0/0
3.3.3.3/32          OSPF    10    100    D      10.0.13.2    GigabitEthernet0/0/1
4.4.4.4/32          OSPF    10    101    D      10.0.13.2    GigabitEthernet0/0/1
```

5.5.5.5/32	IBGP	255	0	RD	4.4.4.4	GigabitEthernet0/0/1
10.0.12.0/24	Direct	0	0	D	10.0.12.1	GigabitEthernet0/0/0
10.0.12.1/32	Direct	0	0	D	127.0.0.1	GigabitEthernet0/0/0
10.0.12.255/32	Direct	0	0	D	127.0.0.1	GigabitEthernet0/0/0
10.0.13.0/24	Direct	0	0	D	10.0.13.1	GigabitEthernet0/0/1
10.0.13.1/32	Direct	0	0	D	127.0.0.1	GigabitEthernet0/0/1
10.0.13.255/32	Direct	0	0	D	127.0.0.1	GigabitEthernet0/0/1
10.0.24.0/24	OSPF	10	102	D	10.0.13.2	GigabitEthernet0/0/1
10.0.34.0/24	OSPF	10	101	D	10.0.13.2	GigabitEthernet0/0/1
10.10.10.10/32	Direct	0	0	D	127.0.0.1	LoopBack1
127.0.0.0/8	Direct	0	0	D	127.0.0.1	InLoopBack0
127.0.0.1/32	Direct	0	0	D	127.0.0.1	InLoopBack0
127.255.255.255/32	Direct	0	0	D	127.0.0.1	InLoopBack0
255.255.255.255/32	Direct	0	0	D	127.0.0.1	InLoopBack0

再次测试流量路径：

```
[AR1]tracert -a 10.10.10.10  5.5.5.5
 traceroute to 5.5.5.5(5.5.5.5), max hops: 30, packet length: 40,press CTRL_C to break
 1 10.0.12.2 30 ms  20 ms  10 ms
 2 10.0.24.2 30 ms  20 ms  20 ms
 3 10.0.45.2 50 ms  30 ms  20 ms
```

可以发现，流量已经切换回主链路，并且整个过程未发现丢包现象。

实验 16-5　配置 OSPF 路由过滤

1. 实验环境
AR1、AR2、AR3 运行 OSPF，区域划分如图 16-5 所示，在 AR2 上使用 LSA 过滤工具，将 1.1.1.1 这条 3 类 LSA 过滤掉。

2. 实验目的
了解 OSPF 的路由过滤基本配置。

3. 实验拓扑
配置 OSPF 的路由过滤的实验拓扑如图 16-5 所示。

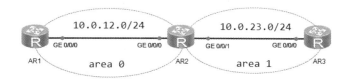

图 16-5　配置 OSPF 的路由过滤

4. 实验步骤
（1）配置 IP 地址。

AR1 的配置：

```
<Huawei>system-view
Enter system view, return user view with Ctrl+Z.
[Huawei]sysname AR1
[AR1]interface g0/0/0
[AR1-GigabitEthernet0/0/0]ip address 10.0.12.1 24
[AR1]interface LoopBack 0
[AR1-LoopBack0]ip address 1.1.1.1 32
```

AR2 的配置：

```
<Huawei>system-view
Enter system view, return user view with Ctrl+Z.
[Huawei]sysname AR2
[AR2]interface g0/0/0
[AR2-GigabitEthernet0/0/0]ip address 10.0.12.2 24
[AR2]interface g0/0/1
[AR2-GigabitEthernet0/0/1]ip address 10.0.23.1 24
[AR2]interface LoopBack 0
[AR2-LoopBack0]ip address 2.2.2.2 32
```

AR3 的配置：

```
<Huawei>system-view
Enter system view, return user view with Ctrl+Z.
[Huawei]sysname AR3
[AR3]interface g0/0/0
[AR3-GigabitEthernet0/0/0]ip address 10.0.23.2 24
[AR3]interface LoopBack 0
[AR3-LoopBack0]ip address 3.3.3.3 32
```

（2）配置 OSPF。

AR1 的配置：

```
[AR1]ospf router-id 1.1.1.1
[AR1-ospf-1]area 0
[AR1-ospf-1-area-0.0.0.0]network 10.0.12.0 0.0.0.255
[AR1-ospf-1-area-0.0.0.0]network 1.1.1.1 0.0.0.0
```

AR2 的配置：

```
[AR2]ospf router-id 2.2.2.2
[AR2-ospf-1]area 0
[AR2-ospf-1-area-0.0.0.0]network 10.0.12.0 0.0.0.255
[AR2-ospf-1-area-0.0.0.0]network 2.2.2.2 0.0.0.0
[AR2-ospf-1]area 1
[AR2-ospf-1]network 10.0.23.0 0.0.0.255
```

AR3 的配置：

```
[AR3]ospf router-id 3.3.3.3
```

```
[AR3-ospf-1]area 1
[AR3-ospf-1-area-0.0.0.1]network 10.0.23.0 0.0.0.255
[AR3-ospf-1-area-0.0.0.1]network 3.3.3.3 0.0.0.0
```

查看 AR3 的 LSA，是否存在 3 类 LSA：

```
[AR3]display ospf lsdb
       OSPF Process 1 with Router ID 3.3.3.3
              Link State Database
                    Area: 0.0.0.1
  Type       LinkState ID       AdvRouter        Age    Len    Sequence      Metric
  Router     2.2.2.2            2.2.2.2          69     36     80000005      1
  Router     3.3.3.3            3.3.3.3          72     48     80000004      1
  Network    10.0.23.1          2.2.2.2          69     32     80000002      0
  Sum-Net    10.0.12.0          2.2.2.2          170    28     80000001      1
  Sum-Net    2.2.2.2            2.2.2.2          113    28     80000001      0
  Sum-Net    1.1.1.1            2.2.2.2          170    28     80000001      1
```

可以看到，AR3 学习到了 3 条区域间的 3 类 LSA。

（3）在 AR2 上使用 LSA 过滤工具，过滤 1.1.1.1 这条 3 类 LSA。

使用前缀列表匹配并拒绝 1.1.1.1/32 的路由信息，其他路由执行动作为允许。

AR2 的配置：

```
[AR2]ip ip-prefix 1 deny 1.1.1.1 32          // 拒绝 1.1.1.1/32 的路由信息
[AR2]ip ip-prefix 1 permit 0.0.0.0 32        // 允许所有的路由信息
```

查看前缀列表：

```
[AR2]display ip ip-prefix 1
Prefix-list 1
Permitted 0
Denied 0
        index: 10          deny     1.1.1.1/32
        index: 20          permit   0.0.0.0/32
```

可以看到，index：10 为拒绝 1.1.1.1/32 的路由，index：20 为允许所有路由。因此除了 1.1.1.1/32 的路由都会被允许。

（4）在 area 0 的 LSA 过滤中调用前缀列表 1。

AR2 的配置：

```
[AR2]ospf
[AR2-ospf-1]area 0
[AR2-ospf-1-area-0.0.0.0]filter ip-prefix 1 export
 // 在 area 0 的出方向调用前缀列表，代表对发往 area 1 的 LSA 进行过滤
```

查看 AR2 的 LSDB：

```
[AR2]display  ospf lsdb
       OSPF Process 1 with Router ID 2.2.2.2
```

```
          Link State Database
                Area: 0.0.0.0
Type        LinkState ID     AdvRouter          Age    Len    Sequence     Metric
Router      2.2.2.2          2.2.2.2            629    48     80000005     1
Router      1.1.1.1          1.1.1.1            691    48     80000006     1
Network     10.0.12.1        1.1.1.1            691    32     80000002     0
Sum-Net     3.3.3.3          2.2.2.2            589    28     80000001     1
Sum-Net     10.0.23.0        2.2.2.2            686    28     80000001     1
                Area: 0.0.0.1
Type        LinkState ID     AdvRouter          Age    Len    Sequence     Metric
Router      2.2.2.2          2.2.2.2            585    36     80000005     1
Router      3.3.3.3          3.3.3.3            590    48     80000004     1
Network     10.0.23.1        2.2.2.2            585    32     80000002     0
Sum-Net     2.2.2.2          2.2.2.2            629    28     80000001     0
```

可以看到，在 AR2 的 area 1 的 LSDB 中不存在 1.1.1.1 的 3 类 LSA，说明已经被过滤了。
查看 AR3 的 LSDB：

```
[AR3]display ospf lsdb
      OSPF Process 1 with Router ID 3.3.3.3
          Link State Database
                Area: 0.0.0.1
Type        LinkState ID     AdvRouter          Age    Len    Sequence     Metric
Router      2.2.2.2          2.2.2.2            737    36     80000005     1
Router      3.3.3.3          3.3.3.3            740    48     80000004     1
Network     10.0.23.1        2.2.2.2            737    32     80000002     0
Sum-Net     2.2.2.2          2.2.2.2            781    28     80000001     0
```

发现也不存在 1.1.1.1 的 3 类 LSA，说明过滤成功。

16

第 17 章　BGP 高级特性

本章阐述了BGP路由控制的原理与配置，介绍了常用的BGP高级特性，包括ORF、对等体组及安全特性等。

本章包含以下内容：
- 正则表达式
- 路由匹配工具
- BGP的特性
- 使用AS_PATH Filter实现路由过滤
- BGP团体属性和ORF的配置及应用
- 配置BGP对等体组
- 配置BGP安全特性

17.1　BGP 高级特性概述

在大型网络中，通常都会部署 BGP，因为 BGP 具有强大的路由控制能力。BGP 携带丰富的路径属性，不同的属性还有其特定的路由匹配工具，本章将会介绍 AS_PATH Filter、Community 这些路由匹配工具。BGP 提供了各种高级特性，包括 ORF、对等体组、安全特性等。

17.1.1　正则表达式

正则表达式按照一定的模板来匹配字符串的公式，由普通字符（如字符 a ~ z）和特殊字符组成。具体含义见表 17-1。

表 17-1　正则表达式中特殊字符的含义

特殊字符	含　　义
.	匹配任意单个字符，包括空格
^	匹配行首的位置，即一个字符串的开始
$	匹配行尾的位置，即一个字符串的结束
_	下划线，匹配任意一个分隔符 匹配一个逗号（,）、左花括号（{）、右花括号（}）、左圆括号、右圆括号 匹配输入字符串的开始位置（同^） 匹配输入字符串的结束位置（同$） 匹配一个空格
|	管道字符，逻辑或。如 x | y，表示匹配 x 或 y
\	转义字符，用于将下一个字符（特殊字符或普通字符）标记为普通字符
*	匹配前面的子正则表达式 0 次或多次

续表

特殊字符	含　义
+	匹配前面的子正则表达式 1 次或多次
?	匹配前面的子正则表达式 0 次或 1 次
[xyz]	匹配正则表达式中包含的任意一个字符
[^xyz]	匹配正则表达式中未包含的字符
[a-z]	匹配正则表达式指定范围内的任意字符
[^a-z]	匹配正则表达式指定范围外的任意字符

17.1.2　路由匹配工具

（1）AS_PATH Filter（AS 路径过滤器）将 BGP 中的 AS_PATH 属性作为匹配条件的过滤器，利用 BGP 路由携带的 AS_PATH 列表对路由进行过滤。其使用正则表达式定义匹配规则。

AS_PATH 属性是 BGP 的私有属性，所以该过滤器主要应用于 BGP 路由的过滤：

- 直接应用该过滤器，如 peer as-path-filter。
- 作为 Route-Policy 中的匹配条件，如 if-match as-path-filter。

（2）Community（团体）属性为可选过渡属性，是一种路由标记，用于简化路由策略的执行。可以将某些路由分配一个特定的 Community 属性值，之后就可以基于 Community 值而不是网络前缀 / 掩码信息来匹配路由并执行相应的策略了。团体属性分为公认的团体属性和自定义的团体属性。具体作用见表 17-2。

表 17-2　公认团体属性的作用

团体属性名称	团体属性号	说　明
Internet	0（0x00000000）	设备在收到具有此属性的路由后，可以向任何 BGP 对等体发送该路由。默认情况下，所有的路由都属于 Internet 团体
No_Advertise	4294967042（0xFFFFFF02）	设备收到具有此属性的路由后，将不向任何 BGP 对等体发送该路由
No_Export	4294967041（0xFFFFFF01）	设备收到具有此属性的路由后，将不向 AS 外发送该路由
No_Export_Subconfed	4294967043（0xFFFFFF03）	设备收到具有此属性的路由后，将不向 AS 外发送该路由，也不向 AS 内其他子 AS 发布此路由

Community Filter 与 Community 属性配合使用，可以在不便使用 IP Prefix List 和 AS_PATH Filter 时，降低路由管理难度。

17.1.3　BGP 的特性

BGP 具有以下特性。

（1）邻居路由按需发布：如果设备希望只接收自己需要的路由，但对端设备又无法针对每个与它连接的设备维护不同的出口策略，此时可以通过配置 BGP 基于前缀的 ORF（Outbound Route Filters，出口路由过滤器）来满足两端设备的需求。

（2）BGP 的对等体组：对等体组是一些具有某些相同策略的对等体的集合。当一个对等体加入对等体组中时，该对等体将获得与所在对等体组相同的配置。当对等体组的配置改变时，组内成员的配置也相应地改变。

（3）BGP 的 MD5 认证：BGP 使用 TCP 作为传输协议，只要 TCP 数据包的源地址、目的地址、源端口、目的端口和 TCP 序号是正确的，BGP 就会认为这个数据包有效，但数据包的大部分参数对于攻击者来说是不难获得的。为了保证 BGP 协议免受攻击，可以在 BGP 邻居之间使用 MD5 认证或者 Keychain 认证来降低被攻击的可能性。其中 MD5 算法配置简单，配置后生成单一密码，需要人为干预才可以更换密码。

（4）BGP 的 GTSM（Generalized TTL Security Mechanism，通用 TTL 安全保护机制）功能：为防止攻击者模拟真实的 BGP 协议报文对设备进行攻击，可以配置 GTSM 功能检测 IP 报头中的 TTL 值。根据实际组网的需要，对于不符合 TTL 值范围的报文，GTSM 可以设置为通过或丢弃。当配置 GTSM 默认动作为丢弃时，可以根据网络拓扑选择合适的 TTL 有效范围，不符合 TTL 值范围的报文会被接口板直接丢弃，这样就避免了网络攻击者模拟的"合法"BGP 报文攻击设备。

17.2　BGP 高级特性配置实验

实验 17-1　使用 AS_PATH Filter 实现路由过滤

扫一扫，看视频

1. 实验环境

如图 17-1 所示，四台路由器分别属于不同的 AS，四台设备分别建立 EBGP 邻居关系，AR1 上配置了两个环回口，IP 地址分别为 1.1.1.1/32、1.1.1.2/32。现在在 AR3 上进行相应的配置，实现 AR3 不从 AS200 接收 AS100 的 BGP 路由。

2. 实验目的

了解 AS_PATH Filter 的工作原理及应用。

3. 实验拓扑

使用 AS_PATH Filter 实现路由过滤的实验拓扑如图 17-1 所示。

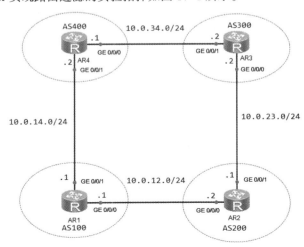

图 17-1　使用 AS_PATH Filter 实现路由过滤

4. 实验步骤

（1）配置接口 IP 地址，IP 地址规划见表 17–3。

表 17–3　使用 AS_PATH Filter 实现路由过滤实验 IP 地址规划

接　口	IP
AR1 G0/0/0	10.0.12.1/24
AR1 G0/0/1	10.0.14.1/24
AR1 LoopBack 0	1.1.1.1/32
AR1 LoopBack 1	1.1.1.2/32
AR2 G0/0/0	10.0.12.2/24
AR2 G0/0/1	10.0.23.1/24
AR3 G0/0/0	10.0.23.2/24
AR3 G0/0/1	10.0.34.2/24
AR4 G0/0/0	10.0.34.1/24
AR4 G0/0/1	10.0.14.2/24

（2）配置 EBGP 邻居关系。

AR1 的配置：

```
[AR1]bgp 100
[AR1-bgp]peer 10.0.12.2 as-number 200
[AR1-bgp]peer 10.0.14.2 as-number 400
```

AR2 的配置：

```
[AR2]bgp 200
[AR2-bgp]peer 10.0.12.1 as-number 100
[AR2-bgp]peer 10.0.23.2 as-number 300
```

AR3 的配置：

```
[AR3]bgp 300
[AR3-bgp]peer 10.0.23.1 as-number 200
[AR3-bgp]peer 10.0.34.1 as-number 400
```

AR4 的配置：

```
[AR4]bgp 400
[AR4-bgp]peer 10.0.34.2 as-number 300
[AR4-bgp]peer 10.0.14.1 as-number 100
```

在 AR1 上查看 EBGP 的邻居关系：

```
[AR1]display bgp peer
 BGP local Router ID: 10.0.12.1
```

```
Local AS number: 100
Total number of peers: 2          Peers in established state: 2

Peer          V    AS    MsgRcvd  MsgSent  OutQ  Up/Down    State        PrefRcv
10.0.12.2     4    200   6        7        0     00:04:28   Established  0
10.0.14.2     4    400   2        2        0     00:00:54   Established  0
```

在 AR2 上查看 EBGP 的邻居关系：

```
[AR2]display bgp peer
 BGP local Router ID: 10.0.12.2
 Local AS number: 200
 Total number of peers: 2          Peers in established state : 2

  Peer          V    AS    MsgRcvd  MsgSent  OutQ  Up/Down    State        PrefRcv
  10.0.12.1     4    100   9        9        0     00:07:03   Established  0
  10.0.23.2     4    300   4        4        0     00:02:39   Established  0
```

在 AR3 上查看 EBGP 的邻居关系：

```
[AR3]display bgp peer
 BGP local Router ID: 10.0.23.2
 Local AS number: 300
 Total number of peers: 2          Peers in established state: 2

 Peer          V    AS    MsgRcvd  MsgSent  OutQ  Up/Down    State        PrefRcv
 10.0.23.1     4    200   4        5        0     00:02:48   Established  0
 10.0.34.1     4    400   7        8        0     00:05:33   Established  0
```

在 AR4 上查看 EBGP 的邻居关系：

```
[AR4]display bgp peer
 BGP local Router ID: 10.0.34.1
 Local AS number: 400
 Total number of peers: 2          Peers in established state: 2

  Peer          V    AS    MsgRcvd  MsgSent  OutQ  Up/Down    State        PrefRcv
  10.0.14.1     4    100   9        10       0     00:07:36   Established  0
  10.0.34.2     4    300   11       11       0     00:09:32   Established  0
```

可以看到，所有的 EBGP 对等体状态都为 Established，说明邻居已经建立成功。

（3）在 AR1 上通告 1.1.1.1/32 和 1.1.1.2/32 的路由。

AR1 的配置：

```
[AR1]bgp 100
[AR1-bgp]network 1.1.1.1 32
[AR1-bgp]network 1.1.1.2 32
```

在 AR3 上查看 EBGP 路由表：

```
[AR3]display bgp routing-table
 BGP Local Router ID is 10.0.23.2
 Status codes: * - valid, > - best, d - damped,
```

```
            h - history,  i - internal, s - suppressed, S - Stale
            Origin: i - IGP, e - EGP, ? - incomplete
Total Number of Routes: 4
 Network              NextHop          MED    LocPrf    PrefVal  Path/Ogn
 *>   1.1.1.1/32      10.0.23.1                         0        200 100i
 *                    10.0.34.1                         0        400 100i
 *>   1.1.1.2/32      10.0.23.1                         0        200 100i
 *                    10.0.34.1                         0        400 100i
```

以 1.1.1.1/32 这条路由为例，Path 列分别为 200 100 和 400 100。因为路由在被通告给 EBGP 对等体时，路由器会在该路由的 AS_PATH 属性左边追加上本地的 AS 号，可以得知此路由始发于 AS100，经过 AS200 和 AS400 发布给 AR3 设备。

（4）在 AR3 上使用 AS_PATH Filter 学习来自 AS200 的 BGP 路由。

```
[AR3]ip as-path-filter as200 deny ^200_
// 匹配 AS_PATH 中数值以 200 开始的路由，即来自 AS200 的路由
[AR3]ip as-path-filter as200 permit .*          // 放行所有路由
[AR3-bgp]peer 10.0.23.1 as-path-filter as200 import
// 与 AR2 建立邻居时接收 EBGP 路由并调用 as-path-filter
```

（5）在 AR3 上查看 EBGP 路由表。

```
[AR3]display bgp routing-table
BGP Local Router ID is 10.0.23.2
Status codes: * - valid, > - best, d - damped,
              h - history,  i - internal, s - suppressed, S - Stale
              Origin: i - IGP, e - EGP, ? - incomplete
Total Number of Routes: 2
 Network              NextHop          MED    LocPrf    PrefVal  Path/Ogn
 *>   1.1.1.1/32      10.0.34.1                         0        400 100i
 *>   1.1.1.2/32      10.0.34.1                         0        400 100i
```

可以看到，来自 AS200 的路由已经被过滤，只剩下从 AS400 传递过来的路由。

实验 17-2　BGP 团体属性和 ORF 的配置及应用

1. 实验环境

在 AR2 上配置一个环回口 2.2.2.2/32，将 2.2.2.2/32 添加团体属性 no-export，实现当邻居收到此路由时，不发布给 EBGP 的邻居。

在 AR1 上将 1.1.1.1/32 的路由添加团体属性 100：1，并且通告给邻居 AR4。

当 AR4 将 BGP 路由传递给 AR3 时，过滤团体属性为 100：1 的路由条目。

在 AR2 上配置 ORF，实现只接收 1.1.1.2/32 的路由。

2. 实验目的

（1）掌握团体属性的配置。

（2）利用团体属性实现路由的控制。

扫一扫，看视频

17

3. 实验拓扑

BGP 团体属性和 ORF 的配置及应用的实验拓扑如图 17-2 所示。

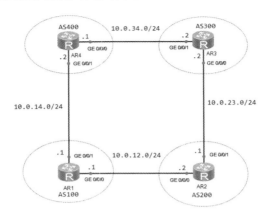

图 17-2　BGP 团体属性和 ORF 的配置及应用

4. 实验步骤

（1）配置接口 IP 地址，IP 地址规划见表 17-4。

表 17-4　BGP 团体属性和 ORF 的配置及应用实验 IP 地址规划

接　口	IP
AR1 G0/0/0	10.0.12.1/24
AR1 G0/0/1	10.0.14.1/24
AR1 LoopBack 0	1.1.1.1/32
AR1 LoopBack 1	1.1.1.2/32
AR2 G0/0/0	10.0.12.2/24
AR2 G0/0/1	10.0.23.1/24
AR2 LoopBack 0	2.2.2.2/32
AR3 G0/0/0	10.0.23.2/24
AR3 G0/0/1	10.0.34.2/24
AR4 G0/0/0	10.0.34.1/24
AR4 G0/0/1	10.0.14.2/24

（2）配置 EBGP 邻居关系。

AR1 的配置：

```
[AR1]bgp 100
[AR1-bgp]peer 10.0.12.2 as-number 200
[AR1-bgp]peer 10.0.14.2 as-number 400
```

AR2 的配置：

```
[AR2]bgp 200
[AR2-bgp]peer 10.0.12.1 as-number 100
```

```
[AR2-bgp]peer 10.0.23.2 as-number 300
```

AR3 的配置：

```
[AR3]bgp 300
[AR3-bgp]peer 10.0.23.1 as-number 200
[AR3-bgp]peer 10.0.34.1 as-number 400
```

AR4 的配置：

```
[AR4]bgp 400
[AR4-bgp]peer 10.0.34.2 as-number 300
[AR4-bgp]peer 10.0.14.1 as-number 100
```

（3）配置公认团体属性控制路由。将 2.2.2.2/32 添加团体属性 no-export，实现邻居当接收到此路由时，不发布给 EBGP 的邻居。

第 1 步，在 AR2 上通告 2.2.2.2 的路由。

```
[AR2]bgp 200
[AR2-bgp]network 2.2.2.2 32
```

第 2 步，查看 AR4 的路由表。

```
[AR4]display bgp routing-table
 BGP Local Router ID is 10.0.34.1
 Status codes: * - valid, > - best, d - damped,
               h - history,  i - internal, s - suppressed, S - Stale
               Origin: i - IGP, e - EGP, ? - incomplete
 Total Number of Routes: 2
 Network             NextHop          MED        LocPrf      PrefVal      Path/Ogn
 *>  2.2.2.2/32      10.0.14.1                                0            100 200i
 *                   10.0.34.2                                0            300 200i
```

可以看到，AR4 分别从 AR1 及 AR3 上获取到了 2.2.2.2/32 的 EBGP 路由信息。

第 3 步，使用 ACL 匹配 2.2.2.2 的路由信息。

```
[AR2]acl 2000
[AR2-acl-basic-2000]rule permit source 2.2.2.2 0
```

第 4 步，使用 route-policy 将 2.2.2.2 的路由添加团体属性 no-export（团体属性 no-export 的作用是对等体接收到路由携带此属性时不再将此路由发布给 EBGP 邻居）。

```
[AR2]route-policy comm permit node 10
// 创建 route-policy，命名为 comm，执行动作为允许
[AR2-route-policy]if-match acl 2000          // 配置条件语句，匹配 acl 2000
[AR2-route-policy]apply community no-export
// 配置执行语句，增加路由的团体属性为 no-export
[AR2]route-policy comm permit node 20        // 创建 route-policy comm permit node 20，其意
// 义为如果没有匹配 acl 2000 的路由，则不执行任何操作直接发布给邻居，默认是拒绝动作
```

第 5 步，AR2 与 AR1 和 AR3 建立 EBGP 邻居时调用 route-policy。

```
[AR2]bgp 200
[AR2-bgp]peer 10.0.12.1 route-policy comm export
 // 与 10.0.12.1 建立邻居，发布路由时调用 route-policy
[AR2-bgp]peer 10.0.12.1 advertise-community
 // 配置将团体属性发布给邻居，默认团体属性不发布给邻居
[AR2-bgp]peer 10.0.23.2 route-policy comm export
[AR2-bgp]peer 10.0.23.2 advertise-community
```

第 6 步，在 AR1 和 AR3 上查看携带团体属性的路由信息。

在 AR1 上查看路由信息：

```
[AR1]display bgp routing-table community
 BGP Local Router ID is 10.0.12.1
 Status codes: * - valid, > - best, d - damped,
               h - history,  i - internal, s - suppressed, S - Stale
               Origin: i - IGP, e - EGP, ? - incomplete
 Total Number of Routes: 1
 Network          NextHop         MED      LocPrf    PrefVal   Community
 *>  2.2.2.2/32    10.0.12.2       0                  0         no-export
```

在 AR3 上查看路由信息：

```
[AR3]display bgp routing-table community
 BGP Local Router ID is 10.0.23.2
 Status codes: * - valid, > - best, d - damped,
               h - history,  i - internal, s - suppressed, S - Stale
               Origin: i - IGP, e - EGP, ? - incomplete
 Total Number of Routes: 1
 Network          NextHop         MED      LocPrf    PrefVal   Community
 *>  2.2.2.2/32    10.0.23.1       0                  0         no-export
```

【技术要点】

　　display bgp routing-table community 为只查看携带了团体属性的BGP路由信息，并不是所有的BGP路由。

　　可以看到在AR1、AR3上查看到2.2.2.2/32的路由携带了团体属性no-export，其作用为表示此路由不会再发布给EBGP邻居，可以判定此时AR4上应该不存在2.2.2.2/32的路由信息。

第 7 步，查看 AR4 的 BGP 路由表，此时显示为空，代表 2.2.2.2/32 的路由信息并不会通过 AR1 和 AR3 传递过来。

```
[AR4]display bgp routing-table
```

（4）在 AR1 上通告 1.1.1.1/32 的路由信息，并将 1.1.1.1/32 添加团体属性 100∶1，发布给邻居 AR4。

第 1 步，通告 1.1.1.1/32 的路由信息。

```
[AR1]bgp 100
[AR1-bgp]network 1.1.1.1 32
```

第2步，使用 ACL 匹配 1.1.1.1/32 的路由信息。

```
[AR1]acl 2000
[AR1-acl-basic-2000]rule permit source 1.1.1.1 0
```

第3步，使用 route-policy 将 1.1.1.1/32 的路由信息添加团体属性 100∶1。

```
[AR1]route-policy comm permit node 10
[AR1-route-policy]if-match acl 2000                    // 配置条件语句，匹配 acl 2000
[AR1-route-policy]apply community 100:1
// 配置执行语句，如果匹配到 acl 2000 的路由（1.1.1.1/32），则添加一个自定义团体属性 100:1
[AR1]route-policy comm permit node 20
// 配置没有被匹配到的路由，则不做任何操作通告给邻居
[AR1]bgp 100
[AR1-bgp]peer 10.0.14.2 advertise-community            // 配置将团体属性发布给邻居
[AR1-bgp]peer 10.0.14.2 route-policy comm export
// 与 AR4 发布路由时调用 route-policy comm
```

第4步，在 AR4 上查看携带了团体属性的路由信息。

```
[AR4]display bgp routing-table community
 BGP Local Router ID is 10.0.34.1
 Status codes: * - valid, > - best, d - damped,
               h - history, i - internal, s - suppressed, S - Stale
               Origin: i - IGP, e - EGP, ? - incomplete
 Total Number of Routes: 1
 Network          NextHop       MED      LocPrf     PrefVal   Community
 *> 1.1.1.1/32    10.0.14.1     0                   0         <100:1>
```

可以看到从 AR1 学习到的 1.1.1.1/32 的路由信息团体属性为 100∶1。

● 【技术要点】

　　BGP 中自定义的团体属性类似 IGP 中的 tag 标签，用于批量地为某一部分路由添加标记，方便后续的控制和管理。

（5）过滤路由信息。

第1步，使用 community-filter 匹配 100∶1 的路由条目。

```
[AR4]ip community-filter 1 permit 100:1
```

第2步，使用 route-policy 过滤团体属性为 100∶1 的路由，并且执行动作为拒绝，表示不发布给邻居设备。

```
[AR4]route-policy comm deny node 10
[AR4-route-policy]if-match community-filter 1
[AR4]route-policy comm permit node 20
```

第 3 步，调用 route-policy。

```
[AR4]bgp 400
[AR4-bgp]peer 10.0.34.2 route-policy comm export
```

第 4 步，在 AR3 上查看 BGP 路由表。

```
[AR3]display bgp routing-table
 BGP Local Router ID is 10.0.23.2
 Status codes: * - valid, > - best, d - damped,
               h - history,  i - internal, s - suppressed, S - Stale
               Origin: i - IGP, e - EGP, ? - incomplete
 Total Number of Routes: 2
 Network          NextHop        MED        LocPrf      PrefVal   Path/Ogn
 *>    1.1.1.1/32    10.0.23.1                            0         200 100i
 *>    2.2.2.2/32    10.0.23.1      0                     0         200i
```

可以看到，AR3 只能从 AR2 上学习到 1.1.1.1 的路由，不能从 AR4 上学习到 1.1.1.1 的路由，表示过滤成功。

（6）配置 ORF 功能，实现 AR2 只接收 1.1.1.2/32 的路由信息。

第 1 步，AR1 的配置（通告 1.1.1.2/32 的路由）。

```
[AR1]bgp 100
[AR1-bgp]network 1.1.1.2 32
```

第 2 步，在 AR2 上配置前缀列表，匹配 1.1.1.2/32 的路由信息。

```
[AR2]ip ip-prefix 1 permit 1.1.1.2 32
```

第 3 步，在 AR2 的 BGP 进程中配置 ORF 功能。

```
[AR2]bgp 200
[AR2-bgp]peer 10.0.12.1 ip-prefix 1 import
[AR2-bgp]peer 10.0.12.1 capability-advertise orf ip-prefix send
// 使能 ORF，向 10.0.12.1 发布 ORF 信息
```

第 4 步，在 AR1 的 BGP 进程中配置 ORF 功能。

```
[AR1]bgp 100
[AR1-bgp]peer 10.0.12.2 capability-advertise orf ip-prefix receive
// 使能 ORF，接收 ORF 信息
```

第 5 步，在 AR2 上查看路由表。

```
[AR2]display bgp routing-table
 BGP Local Router ID is 10.0.12.2
 Status codes: * - valid, > - best, d - damped,
               h - history,  i - internal, s - suppressed, S - Stale
               Origin: i - IGP, e - EGP, ? - incomplete
 Total Number of Routes: 2
 Network          NextHop        MED        LocPrf      PrefVal   Path/Ogn
```

```
*>   1.1.1.2/32      10.0.12.1       0                   0               100i
*>   2.2.2.2/32      0.0.0.0         0                   0               i
```

可以看到，AR2 只从 AR1 上收到关于 1.1.1.2/32 的路由信息，说明 ORF 功能配置成功。

实验 17-3　配置 BGP 对等体组

1. 实验环境

AR1、AR2、AR3 和 AR4 属于 AS100，使用 BGP 的对等体配置 AS100 内部路由的 IBGP 邻居关系，让 AR1 为 AR2、AR3、AR4 的 RR，将 R4 的 LoopBack 1 通告进入 BGP 中，通过 RR 反射给 AS 内部其他路由器。AR5 属于 AS200，AR5 与 AR1 建立 EBGP 邻居关系，将 AR5 通告环回口，AR1 上 将 OSPF 的路由引入 BGP 并且只引入 32 位的主机路由，实现全网互通。

2. 实验目的

（1）了解 BGP 对等体组的配置。

（2）了解 BGP 路由反射器的配置。

3. 实验拓扑

配置 BGP 对等体组的实验拓扑如图 17-3 所示。

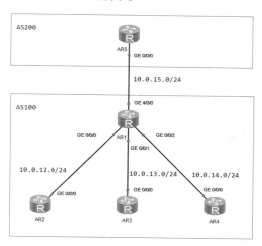

图 17-3　配置 BGP 对等体组

4. 实验步骤

（1）配置 IP 地址，IP 地址规划见表 17-5。

表 17-5　配置 BGP 对等体组实验 IP 地址规划

接　　口	IP
AR1 G0/0/0	10.0.12.1/24
AR1 G0/0/1	10.0.13.1/24
AR1 G0/0/2	10.0.14.1/24
AR1 G4/0/0	10.0.15.1/24

续表

接　口	IP
AR1 LoopBack 0	1.1.1.1/32
AR2 G0/0/0	10.0.12.2/24
AR2 LoopBack 0	2.2.2.2/32
AR3 G0/0/0	10.0.13.2/24
AR3 LoopBack 0	3.3.3.3/32
AR4 G0/0/0	10.0.14.2/24
AR4 LoopBack 0	4.4.4.4/32
AR4 LoopBack 1	40.40.40.40/32
AR5 G0/0/0	10.0.15.2/24
AR5 LoopBack 0	5.5.5.5/32

（2）配置 AS 内的 OSPF。

AR1 的配置：

```
[AR1]ospf
[AR1-ospf-1-area-0.0.0.0]network 1.1.1.1 0.0.0.0
[AR1-ospf-1-area-0.0.0.0]network 10.0.12.0 0.0.0.255
[AR1-ospf-1-area-0.0.0.0]network 10.0.14.0 0.0.0.255
[AR1-ospf-1-area-0.0.0.0]network 10.0.13.0 0.0.0.255
```

AR2 的配置：

```
[AR2]ospf
[AR2-ospf-1]area 0
[AR2-ospf-1-area-0.0.0.0]network 2.2.2.2 0.0.0.0
[AR2-ospf-1-area-0.0.0.0]network 10.0.12.0 0.0.0.255
```

AR3 的配置：

```
[AR3]ospf
[AR3-ospf-1-area-0.0.0.0]network 3.3.3.3 0.0.0.0
[AR3-ospf-1-area-0.0.0.0]network 10.0.13.0 0.0.0.255
```

AR4 的配置：

```
[AR4]ospf
[AR4-ospf-1]area 0
[AR4-ospf-1-area-0.0.0.0]network 4.4.4.4 0.0.0.0
[AR4-ospf-1-area-0.0.0.0]network 10.0.14.0 0.0.0.255
```

（3）配置 IBGP 以及 EBGP 的邻居关系。

AR1 的配置：

```
[AR1]bgp 100
[AR1-bgp]group huawei internal        // 创建 IBGP 的对等体组，名字为 huawei
```

```
[AR1-bgp]peer 2.2.2.2 group huawei          // 将 2.2.2.2 加入 huawei 对等体组
[AR1-bgp]peer 3.3.3.3 group huawei          // 将 3.3.3.3 加入 huawei 对等体组
[AR1-bgp]peer 4.4.4.4 group huawei          // 将 4.4.4.4 加入 huawei 对等体组
[AR1-bgp]peer huawei connect-interface LoopBack 0
 // 与对等体组中的所有成员建立邻居关系，且使用环回口
[AR1-bgp]peer huawei reflect-client
[AR1-bgp]peer huawei next-hop-local         // 与对等体组建立邻居关系，路由下一跳指向本地
[AR1-bgp]peer 10.0.15.2 as-number 200       // 与 AR5 建立 EBGP 邻居关系
```

AR2 的配置：

```
[AR2]bgp 100
[AR2-bgp]peer 1.1.1.1 as-number 100
[AR2-bgp]peer 1.1.1.1 connect-interface LoopBack 0
```

AR3 的配置：

```
[AR3]bgp 100
[AR3-bgp] peer 1.1.1.1 as-number 100
[AR3-bgp] peer 1.1.1.1 connect-interface LoopBack0
```

AR4 的配置：

```
[AR4]bgp 100
[AR4-bgp] peer 1.1.1.1 as-number 100
[AR4-bgp] peer 1.1.1.1 connect-interface LoopBack0
```

AR5 的配置：

```
[AR5]bgp 200
[AR5-bgp]peer 10.0.15.1 as-number 100
```

查看 AR1 的 BGP 邻居：

```
[AR1]display bgp peer
 BGP local Router ID: 10.0.12.1
 Local AS number: 100
 Total number of peers: 4            Peers in established state: 4
 Peer          V    AS     MsgRcvd  MsgSent  OutQ  Up/Down    State         PrefRcv
 2.2.2.2       4    100    3        5        0     00:01:30   Established   0
 3.3.3.3       4    100    3        4        0     00:01:18   Established   0
 4.4.4.4       4    100    3        4        0     00:01:14   Established   0
 10.0.15.2     4    200    2        3        0     00:00:23   Established   0
```

（4）通告 BGP 的路由信息。
AR4 的配置：

```
[AR4]bgp 100
[AR4-bgp]network 40.40.40.40 32
```

查看 AR2、AR3 关于 40.40.40.40/32 的 BGP 路由表：

```
[AR2]display bgp routing-table 40.40.40.40
 BGP local Router ID: 10.0.12.2
 Local AS number: 100
 Paths: 1 available, 1 best, 1 select
 BGP routing table entry information of 40.40.40.40/32:
 From: 1.1.1.1 (10.0.12.1)
 Route Duration: 00h00m10s
 Relay IP NextHop: 10.0.12.1
 Relay IP Out-Interface: GigabitEthernet0/0/0
 Original NextHop: 4.4.4.4
 Qos information: 0x0
 AS-path Nil, origin igp, MED 0, localpref 100, pref-val 0, valid, internal, best,
     select, active, pre 255, IGP cost 2
 Originator:10.0.14.2        // 此路由的起源者 ID，表示此路由起源于 10.0.14.2（AR4）
 Cluster List: 10.0.12.1     // 簇 ID，表示此路由经过 10.0.12.1（AR1）反射过来
 Not advertised to any peer yet
```

通过以上输出，可以看到路由 40.40.40.40/32 起源于 AR4。

```
[AR3]display bgp routing-table 40.40.40.40
 BGP local Router ID: 10.0.13.2
 Local AS number: 100
 Paths: 1 available, 1 best, 1 select
 BGP routing table entry information of 40.40.40.40/32:
 From: 1.1.1.1 (10.0.12.1)
 Route Duration: 00h08m45s
 Relay IP NextHop: 10.0.13.1
 Relay IP Out-Interface: GigabitEthernet0/0/0
 Original NextHop: 4.4.4.4
 Qos information: 0x0
 AS-path Nil, origin igp, MED 0, localpref 100, pref-val 0, valid, internal, best,
     select, active, pre 255, IGP cost 2
 Originator: 10.0.14.2
 Cluster List: 10.0.12.1
 Not advertised to any peer yet
```

AR3 也能通过反射器学习到 AR4 的环回口路由。

【技术要点】

　　RR在接收BGP路由时：
　　如果路由反射器从自己的非客户对等体学习到一条IBGP路由，则它会将该路由反射给所有客户；如果路由反射器从自己的客户那里学习到一条IBGP路由，则它会将该路由反射给所有非客户，以及除了该客户之外的其他客户；如果路由学习自EBGP对等体，则发送给所有客户、非客户IBGP对等体。

AR5 的配置：

```
[AR5]bgp 200
[AR5-bgp]network 5.5.5.5 32
```

查看 AR2 的 BGP 路由表：

```
[AR2]display bgp routing-table
 BGP Local Router ID is 10.0.12.2
 Status codes: * - valid, > - best, d - damped,
               h - history,  i - internal, s - suppressed, S - Stale
               Origin: i - IGP, e - EGP, ? - incomplete
 Total Number of Routes: 2
  Network                 NextHop        MED        LocPrf      PrefVal   Path/Ogn
  *>i  5.5.5.5/32         1.1.1.1        0          100         0         200i
  *>i  40.40.40.40/32     4.4.4.4        0          100         0         i
```

查看 AR3 的 BGP 路由表：

```
[AR3]display bgp  routing-table
 BGP Local Router ID is 10.0.13.2
 Status codes: * - valid, > - best, d - damped,
               h - history,  i - internal, s - suppressed, S - Stale
               Origin: i - IGP, e - EGP, ? - incomplete
 Total Number of Routes: 2
  Network                 NextHop        MED        LocPrf      PrefVal   Path/Ogn
  *>i  5.5.5.5/32         1.1.1.1        0          100         0         200i
  *>i  40.40.40.40/32     4.4.4.4        0          100         0         i
```

在 AR1 上的 BGP 引入 OSPF 的路由，并且只引入 32 位的主机路由信息。

```
[AR1]ip ip-prefix host permit 0.0.0.0 0  greater-equal 32
// 使用前缀列表 host 只匹配 32 位的主机路由
[AR1]route-policy host permit node 10              // 创建 route-policy，执行动作为允许
[AR1-route-policy]if-match ip-prefix host          // 匹配前缀列表 host
[AR1]bgp 100
[AR1-bgp]import-route ospf 1 route-policy host     // 引入 OSPF 时调用 route-policy
```

查看 AR5 的 BGP 路由表：

```
[AR5]dis bgp routing-table
 BGP Local Router ID is 10.0.15.2
 Status codes: * - valid, > - best, d - damped,
               h - history,  i - internal, s - suppressed, S - Stale
               Origin: i - IGP, e - EGP, ? - incomplete
 Total Number of Routes: 6
  Network                 NextHop        MED        LocPrf      PrefVal   Path/Ogn
  *>   1.1.1.1/32         10.0.15.1      0                      0         100?
  *>   2.2.2.2/32         10.0.15.1      1                      0         100?
  *>   3.3.3.3/32         10.0.15.1      1                      0         100?
  *>   4.4.4.4/32         10.0.15.1      1                      0         100?
  *>   5.5.5.5/32         0.0.0.0        0                      0         i
  *>   40.40.40.40/32     10.0.15.1                             0         100i
```

17

可以看到，AR5 只学习到 AS100 内部所有路由器的环回口路由，并没有直连路由，说明路由过滤生效。

（5）测试连通性。

```
[AR5]ping -a 5.5.5.5 2.2.2.2
  PING 2.2.2.2: 56  data bytes, press CTRL_C to break
    Reply from 2.2.2.2: bytes=56 Sequence=1 ttl=254 time=40 ms
    Reply from 2.2.2.2: bytes=56 Sequence=2 ttl=254 time=20 ms
    Reply from 2.2.2.2: bytes=56 Sequence=3 ttl=254 time=40 ms
    Reply from 2.2.2.2: bytes=56 Sequence=4 ttl=254 time=30 ms
    Reply from 2.2.2.2: bytes=56 Sequence=5 ttl=254 time=30 ms
  --- 2.2.2.2 ping statistics ---
    5 packet(s) transmitted
    5 packet(s) received
    0.00% packet loss
    round-trip min/avg/max = 20/32/40 ms
```

实验 17-4　配置 BGP 安全特性

1. 实验环境

如图 17-4 所示，AR1、AR2 属于 AS100，AR3 属于 AS200，为了保证 BGP 的安全性，需要在 AR1 和 AR2 之间配置 MD5 认证，认证密码为 huawei123，认证通过后 AR1 和 AR2 能够建立 IBGP 的邻居关系。在 AR2 和 AR3 之间运行 GTSM，防止 CPU 类型的攻击。

2. 实验目的

（1）掌握 BGP 的认证配置。

（2）掌握 BGP GSTM 的配置及原理。

3. 实验拓扑

配置 BGP 的安全特性的实验拓扑如图 17-4 所示。

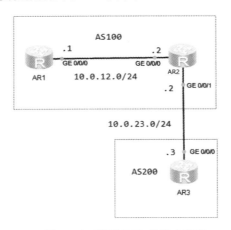

图 17-4　配置 BGP 的安全特性

4. 实验步骤

（1）配置 IP 地址，IP 地址规划见表 17-6。

表 17-6　配置 BGP 的安全特性实验 IP 地址规划

接　口	IP
AR1 G0/0/0	10.0.12.1/24
AR1 LoopBack 0	1.1.1.1/32
AR2 G0/0/0	10.0.12.2/24
AR2 G0/0/1	10.0.23.2/24
AR3 G0/0/0	10.0.23.3/24
AR2 LoopBack 0	2.2.2.2/32

（2）配置 AS100 内部的 IGP 协议为 OSPF。

AR1 的配置：

```
[AR1]ospf
[AR1-ospf-1]area 0
[AR1-ospf-1-area-0.0.0.0]network 1.1.1.1 0.0.0.0
[AR1-ospf-1-area-0.0.0.0]network 10.0.12.0 0.0.0.255
```

AR2 的配置：

```
[AR2]ospf
[AR2-ospf-1]area 0
[AR2-ospf-1-area-0.0.0.0]network 10.0.12.0 0.0.0.255
[AR2-ospf-1-area-0.0.0.0]network 2.2.2.2 0.0.0.0
```

（3）配置 MD5 认证，认证密码为 huawei123，建立 AR1 和 AR2 的 IBGP 邻居关系。

AR1 的配置：

```
[AR1]bgp 100
[AR1-bgp]peer 2.2.2.2 as-number 100
[AR1-bgp]peer 2.2.2.2 connect-interface LoopBack 0
[AR1-bgp]peer 2.2.2.2 password cipher huawei123
```

AR2 的配置：

```
[AR2]bgp 100
[AR2-bgp]peer 1.1.1.1 as-number 100
[AR2-bgp]peer 1.1.1.1 connect-interface LoopBack 0
[AR2-bgp]peer 1.1.1.1 password cipher huawei123
```

图 17-5 所示为在 AR1 的 G0/0/0 接口抓包。可以看到，在 TCP 头部中携带 MD5 认证的数据，如果双方数据一致，则认证通过。

17

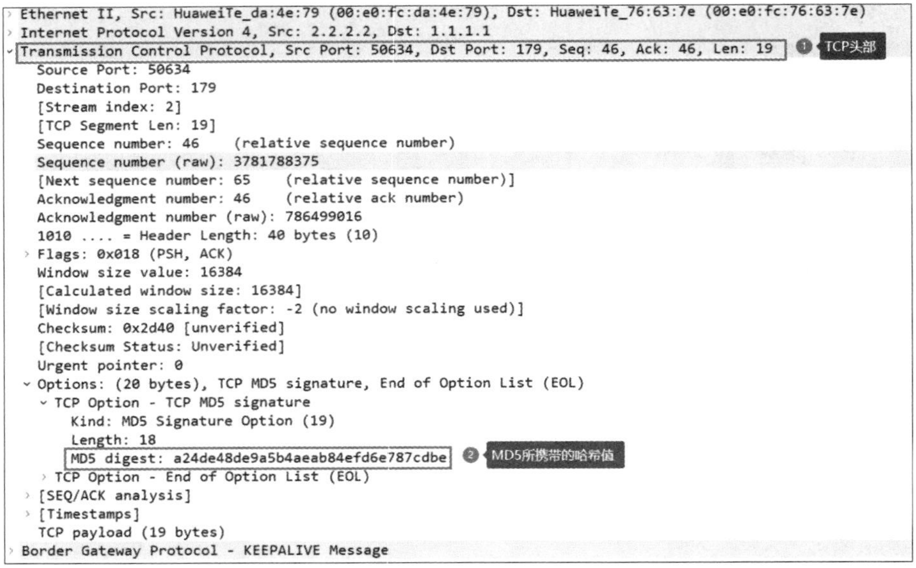

```
> Ethernet II, Src: HuaweiTe_da:4e:79 (00:e0:fc:da:4e:79), Dst: HuaweiTe_76:63:7e (00:e0:fc:76:63:7e)
> Internet Protocol Version 4, Src: 2.2.2.2, Dst: 1.1.1.1
v Transmission Control Protocol, Src Port: 50634, Dst Port: 179, Seq: 46, Ack: 46, Len: 19    ❶ TCP头部
    Source Port: 50634
    Destination Port: 179
    [Stream index: 2]
    [TCP Segment Len: 19]
    Sequence number: 46      (relative sequence number)
    Sequence number (raw): 3781788375
    [Next sequence number: 65      (relative sequence number)]
    Acknowledgment number: 46      (relative ack number)
    Acknowledgment number (raw): 786499016
    1010 .... = Header Length: 40 bytes (10)
  > Flags: 0x018 (PSH, ACK)
    Window size value: 16384
    [Calculated window size: 16384]
    [Window size scaling factor: -2 (no window scaling used)]
    Checksum: 0x2d40 [unverified]
    [Checksum Status: Unverified]
    Urgent pointer: 0
  v Options: (20 bytes), TCP MD5 signature, End of Option List (EOL)
    v TCP Option - TCP MD5 signature
        Kind: MD5 Signature Option (19)
        Length: 18
        MD5 digest: a24de48de9a5b4aeab84efd6e787cdbe    ❷ MD5所携带的哈希值
    > TCP Option - End of Option List (EOL)
  > [SEQ/ACK analysis]
  > [Timestamps]
    TCP payload (19 bytes)
> Border Gateway Protocol - KEEPALIVE Message
```

图 17-5　AR1 的 G0/0/0 接口的抓包结果

查看 AR1 的 IBGP 邻居关系是否建立成功：

```
[AR1]display bgp peer
 BGP local Router ID: 1.1.1.1
 Local AS number: 100
 Total number of peers: 1              Peers in established state: 1
 Peer            V    AS     MsgRcvd   MsgSent   OutQ   Up/Down     State         PrefRcv
 2.2.2.2         4    100    2         3         0      00:00:13    Established   0
```

可以看到 IBGP 邻居关系正常建立，说明 MD5 认证成功。

（4）在 AR2 和 AR3 之间运行 GTSM，防止 CPU 类型的攻击。

AR2 的配置：

```
[AR2]bgp 100
[AR2-bgp]peer 10.0.23.3 as-number 200
[AR2-bgp]peer 10.0.23.3 valid-ttl-hops 255
// 配置 BGP 的 GTSM, TTL 的有效范围为 [1,255]
```

AR3 的配置：

```
[AR3]bgp 200
[AR3-bgp]peer 10.0.23.2 as-number 100
[AR3-bgp]peer 10.0.23.2 valid-ttl-hops 255
// 配置 BGP 的 GTSM, TTL 的有效范围为 [1,255]
```

第 18 章　IPv6 路由

本章阐述了OSPFv3、IS-IS（IPv6）、BGP4+在IPv6环境中的配置以及工作原理。通过实验使读者能够掌握IPv6的路由协议在各种场景中的应用。

本章包含以下内容：
- IPv6 静态路由
- OSPFv3
- IS-IS（IPv6）
- BGP4+
- IPv6 路由配置实验

18.1　IPv6 路由概述

IPv6 的网络环境中通常会使用到一些路由协议，如 OSPFv3、IS-IS（IPv6）、BGP4+ 等。目前针对 IPv4 协议使用的是 OSPF Version 2（简称 OSPFv2），针对 IPv6 协议使用的是 OSPF Version 3（简称 OSPFv3）。为了支持 IPv6 路由的处理和计算，IS-IS 新增了两个 TLV（Type-Length-Value）和一个 NLPID（Network Layer Protocol Identifier，网络层协议标识符）。传统的 BGP-4 只能管理 IPv4 单播路由信息，BGP 多协议扩展（MultiProtocol BGP，MP-BGP）提供了对多种网络层协议的支持。目前 MP-BGP 使用扩展属性和地址族来实现对 IPv6、组播和 VPN 相关内容的支持，BGP 协议原有的报文机制和路由机制并没有改变。

18.1.1　IPv6 静态路由

IPv6 静态路由与 IPv4 静态路由类似，也需要管理员手动进行配置，适合一些结构比较简单的 IPv6 网络。

在创建 IPv6 静态路由时，可以同时指定出接口和下一跳，或者只指定出接口或只指定下一跳。对于点到点接口，指定出接口；对于广播类型接口，指定下一跳。

18.1.2　OSPFv3

1. 基本概念

区域划分及路由器类型：区域划分为骨干区域和非骨干区域，也拥有特殊区域。路由器类型有 ASBR、ABR、BR、IR，具有与 OSPFv2 相同的作用及功能。
- 路由计算影响参数：优先级、度量值。
- 支持的网络类型：Broadcast、NBMA、P2P、P2MP。

- 报文类型：Hello 报文、DD 报文、LSR 报文、LSU 报文和 LSAck 报文。具体作用见表 18-1。

表 18-1　OSPFv3 的报文类型及作用

类　型	作　用
Hello 报文	周期性地发送 Hello 报文，用于发现和维持 OSPFv3 的邻居关系
DD 报文	描述了本地 LSDB 的摘要信息，用于两台设备进行数据库同步
LSR 报文	用于向对方请求所需的 LSA。 设备只有在 OSPFv3 邻居双方成功交换 DD 报文后才会向对方发出 LSR 报文
LSU 报文	用于向对方发送其所需要的 LSA
LSAck 报文	用于对收到的 LSA 进行确认

2. 工作原理

OSPFv3 的工作原理和 OSPFv2 基本一致，包括邻居关系的建立及邻居状态的转换、DR 与 BDR 的选举、LSA 泛洪机制和路由计算过程。

3. OSPFv3 和 OSPFv2 的不同点

（1）OSPFv3 基于链路运行以及拓扑计算，而不再是网段。

（2）OSPFv3 支持一个链路上具有多个实例。

（3）OSPFv3 报文和 LSA 中去掉了 IP 地址的意义，且重构了报文格式和 LSA 格式。

（4）OSPFv3 报文和 Router-LSA/Network-LSA 中不包含 IP 地址。

（5）OSPFv3 的 LSA 中定义了 LSA 的泛洪范围。

（6）OSPFv3 中创建了新的 LSA 承载 IPv6 地址和前缀。

（7）OSPFv3 邻居不再由 IP 地址标识，只由 Router ID 标识。

4. OSPFv3 的 LSA 类型

OSPFv3 新增了 8 类 LSA 和 9 类 LSA，其他的 LSA 与 OSPFv2 类似，只是 1 类 LSA 和 2 类 LSA 不再携带路由信息，而只是描述拓扑信息。OSPFv3 的 LSA 类型及作用见表 18-2。

表 18-2　OSPFv3 的 LSA 类型及作用

LSA 类型	LSA 作用
Router-LSA（Type1）	设备会为每个运行 OSPFv3 接口所在的区域产生一个 LSA，描述了设备的链路状态和开销，在所属的区域内传播
Network-LSA（Type2）	由 DR 产生，描述本链路的链路状态，在所属的区域内传播
Inter-Area-Prefix-LSA（Type3）	由 ABR 产生，描述区域内某个网段的路由，并通告给其他相关区域
Inter-Area-Router-LSA（Type4）	由 ABR 产生，描述到 ASBR 的路由，通告给除 ASBR 所在区域的其他相关区域
AS-external-LSA（Type5）	由 ASBR 产生，描述到 AS 外部的路由，通告到所有的区域（除了 Stub 区域和 NSSA 区域）
NSSA LSA（Type7）	由 ASBR 产生，描述到 AS 外部的路由，仅在 NSSA 区域内传播
Link-LSA（Type8）	每个设备都会为每个链路产生一个 Link-LSA，描述到此 Link 上的 link-local 地址、IPv6 前缀地址，并提供将会在 Network-LSA 中设置的链路选项，它仅在此链路内传播
Intra-Area-Prefix-LSA（Type9）	● 每个设备及 DR 都会产生一个或多个此类 LSA，在所属的区域内传播； ● 设备产生的此类 LSA，描述与 Router-LSA 相关联的 IPv6 前缀地址； ● DR 产生的此类 LSA，描述与 Network-LSA 相关联的 IPv6 前缀地址

18.1.3 IS-IS (IPv6)

为了支持 IPv6 路由的处理和计算，IS-IS 新增了 3 个 TLV 和一个 NLPID。
- TLV232：描述接口的 IPv6 地址。
- TLV236：描述 IS-IS 的 IPv6 路由信息。
- TLV129：协议支持。
- NLPID：表示 IS-IS 所支持的协议（8bit）。若支持 IPv4，则值为 204（0xCC）；若支持 IPv6，则值为 142（0x8E）。

18.1.4 BGP4+

MP-BGP 采用地址族来区分不同的网络层协议，要在 BGP 对等体之间交互不同类型的路由信息，则需要在正确的地址族视图下激活对等体，以及发布 BGP 路由。

BGP4+ 中引入了两个 NLRI 属性。

（1）MP_REACH_NLRI：Multiprotocol Reachable NLRI，多协议可达 NLRI。用于发布可达路由及下一跳信息。

（2）MP_UNREACH_NLRI：Multiprotocol Unreachable NLRI，多协议不可达 NLRI。用于撤销不可达路由。

18.2 IPv6 路由配置实验

实验 18-1 配置 IPv6 的静态路由

1. 实验环境

配置接口 IP 地址，在设备上配置静态路由，实现 AR1 的环回口能够访问 AR2 的环回口。

2. 实验目的

了解 IPv6 静态路由的配置。

3. 实验拓扑

配置 IPv6 的静态路由的实验拓扑如图 18-1 所示。

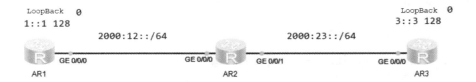

图 18-1 配置 IPv6 的静态路由

4. 实验步骤

（1）配置接口 IP 地址，IP 地址规划见表 18–3。

表 18–3　配置 IPv6 的静态路由实验 IP 地址规划

接　口	IP
AR1 G0/0/0	2000:12::1/64
AR1 LoopBack 0	1::1/128
AR2 G0/0/0	2000:12::2/64
AR2 G0/0/1	2000:23::1/64
AR3 G0/0/0	2000:23::2/64
AR3 LoopBack 0	3::3/128

（2）配置 IPv6 静态路由。

AR1 的配置：

```
[AR1]ipv6 route-static 3::3 128 2000:12::2
// 配置去往目标网段 3::3/128 的静态路由，下一跳为 2000:12::2
```

AR2 的配置：

```
[AR2]ipv6 route-static 1::1 128 2000:12::1
[AR2]ipv6 route-static 3::3 128 2000:23::2
```

AR3 的配置：

```
[AR3]ipv6 route-static 1::1 128 2000:23::1
```

（3）测试网络连通性。

```
[AR1]PING ipv6 -a 1::1 3::3 // 使用环回口 IP 1::1 访问 AR3 的环回口 3::3
  PING 3::3 : 56  data bytes, press CTRL_C to break
    Reply from 3::3
    bytes=56 Sequence=1 hop limit=63  time = 30 ms
    Reply from 3::3
    bytes=56 Sequence=2 hop limit=63  time = 40 ms
    Reply from 3::3
    bytes=56 Sequence=3 hop limit=63  time = 40 ms
    Reply from 3::3
    bytes=56 Sequence=4 hop limit=63  time = 30 ms
    Reply from 3::3
    bytes=56 Sequence=5 hop limit=63  time = 40 ms
  --- 3::3 ping statistics ---
    5 packet(s) transmitted
    5 packet(s) received
    0.00% packet loss
    round-trip min/avg/max = 30/36/40 ms
```

实验 18-2　配置 OSPFv3

1. 实验环境

设备的直连 IP 地址如图 18-2 所示，AR1 和 AR2 属于 area 1，AR2、AR3、AR4 属于 area 2。每台设备上运行 LoopBack 0，IP 地址配置为 x::x（x 为设备编号，如 AR1 的 LoopBack 0 的地址为 1::1/128），最终实现全网互通。

2. 实验目的

（1）了解 OSPFv3 的基本配置。

（2）了解 OSPFv3 的 8 类 LSA、9 类 LSA 的作用。

3. 实验拓扑

配置 OSPFv3 的实验拓扑如图 18-2 所示。

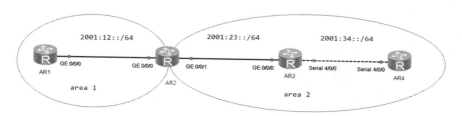

图 18-2　配置 OSPFv3

4. 实验步骤

（1）配置接口 IP 地址，IP 地址规划见表 18-4。

表 18-4　配置 OSPFv3 实验 IP 地址规划

接　　口	IP
AR1 G0/0/0	2001:12::1/64
AR1 LoopBack 0	1::1/128
AR2 G0/0/0	2001:12::2/64
AR2 G0/0/1	2001:23::1/64
AR2 LoopBack 0	2::2/128
AR3 G0/0/0	2001:23::2/64
AR3 S4/0/0	2001:34::1/64
AR3 LoopBack 0	3::3/128
AR4 S4/0/0	2001:34::2/64
AR4 LoopBack 0	4::4/128

（2）配置 OSPFv3。

AR1 的配置：

```
[AR1]ospfv3
```

```
[AR1-ospfv3-1]router-id 1.1.1.1
[AR1-ospfv3-1]quit
[AR1]interface LoopBack 0
[AR1-LoopBack0]ospfv3 1 area 1
[AR1-LoopBack0]quit
[AR1]interface g0/0/0
[AR1-GigabitEthernet0/0/0]ospfv3 1 area 1
```

AR2 的配置：

```
[AR2]ospfv3
[AR2-ospfv3-1]router-id 2.2.2.2
[AR2-ospfv3-1]quit
[AR2]interface g0/0/0
[AR2-GigabitEthernet0/0/0]ospfv3 1 area 1
[AR2-GigabitEthernet0/0/0]quit
[AR2]interface g0/0/1
[AR2-GigabitEthernet0/0/1]ospfv3 1 area 0
[AR2-GigabitEthernet0/0/1]quit
[AR2]interface LoopBack 0
[AR2-LoopBack0]ospfv3 1 area 0
```

AR3 的配置：

```
[AR3]ospfv3
[AR3-ospfv3-1]router-id 3.3.3.3
[AR3-ospfv3-1]quit
[AR3]interface LoopBack 0
[AR3-LoopBack0]ospfv3 1 area 0
[AR3]interface g0/0/0
[AR3-GigabitEthernet0/0/0]ospfv3 1 area 0
[AR3-GigabitEthernet0/0/0]quit
[AR3]interface Serial 4/0/0
[AR3-Serial4/0/0]ospfv3 1 area 0
```

AR4 的配置：

```
[AR4]ospfv3
[AR4-ospfv3-1]router-id 4.4.4.4
[AR4-ospfv3-1]quit
[AR4]interface Serial 4/0/0
[AR4-Serial4/0/0]ospfv3 1 area 0
[AR4-Serial4/0/0]quit
[AR4]interface LoopBack 0
[AR4-LoopBack0]ospfv3 1 area 0
```

（3）查看邻居关系是否建立成功。

```
[AR2]display ospfv3 peer
OSPFv3 Process (1)
```

```
OSPFv3 Area (0.0.0.0)
Neighbor ID    Pri   State         Dead Time    Interface          Instance ID
3.3.3.3        1     Full/Backup   00:00:38     GE0/0/1            0
OSPFv3 Area (0.0.0.1)
Neighbor ID    Pri   State         Dead Time    Interface          Instance ID
1.1.1.1        1     Full/DR       00:00:37     GE0/0/0            0
[AR4]display ospfv3 peer
OSPFv3 Process (1)
OSPFv3 Area (0.0.0.0)
Neighbor ID    Pri   State         Dead Time    Interface          Instance ID
3.3.3.3        1     Full/-        00:00:31     S4/0/0             0
```

可以看到，AR2 分别和 AR1 及 AR3 建立了 OSPFv3 的邻居关系。AR4 和 AR3 建立了 OSPFv3 的邻居关系。

（4）查看 AR4 的 IPv6 路由表。

```
[AR4]display ipv6 routing-table protocol ospfv3
Public Routing Table: OSPFv3
Summary Count: 7
OSPFv3 Routing Table's Status: < Active >
Summary Count: 5
Destination: 1::1                       PrefixLength: 128
NextHop: FE80::552D:2115:B01D:1         Preference: 10
Cost: 50                                Protocol: OSPFv3
RelayNextHop: ::                        TunnelID: 0x0
Interface: Serial4/0/0                  Flags: D
Destination: 2::2                       PrefixLength: 128
NextHop: FE80::552D:2115:B01D:1         Preference: 10
Cost: 49                                Protocol: OSPFv3
RelayNextHop: ::                        TunnelID: 0x0
Interface: Serial4/0/0                  Flags: D
Destination: 3::3                       PrefixLength: 128
NextHop: FE80::552D:2115:B01D:1         Preference: 10
Cost: 48                                Protocol: OSPFv3
RelayNextHop: ::                        TunnelID: 0x0
Interface: Serial4/0/0                  Flags: D
Destination: 2001:12::                  PrefixLength: 64
NextHop: FE80::552D:2115:B01D:1         Preference: 10
Cost: 50                                Protocol: OSPFv3
RelayNextHop: ::                        TunnelID: 0x0
Interface: Serial4/0/0                  Flags: D
Destination: 2001:23::                  PrefixLength: 64
NextHop: FE80::552D:2115:B01D:1         Preference: 10
Cost: 49                                Protocol: OSPFv3
RelayNextHop: ::                        TunnelID: 0x0
Interface: Serial4/0/0                  Flags: D
```

可以看到，AR4 通过 OSPFv3 学习到了其他三台路由器的环回口路由。

（5）测试网络连通性。

```
[AR4]ping ipv6 1::1
  PING 1::1: 56  data bytes, press CTRL_C to break
    Reply from1::1
    bytes=56 Sequence=1 hop limit=62  time = 50 ms
    Reply from1::1
    bytes=56 Sequence=2 hop limit=62  time = 30 ms
    Reply from1::1
    bytes=56 Sequence=3 hop limit=62  time = 40 ms
    Reply from1::1
    bytes=56 Sequence=4 hop limit=62  time = 30 ms
    Reply from1::1
    bytes=56 Sequence=5 hop limit=62  time = 40 ms
  --- 1::1 ping statistics ---
    5 packet(s) transmitted
    5 packet(s) received
    0.00% packet loss
round-trip min/avg/max = 30/38/50 ms
```

（6）查看 AR4 产生的 1 类 LSA。

```
[AR4]display ospfv3 lsdb router
LS Age: 1794
  LS Type: Router-LSA
  Link State ID: 0.0.0.0
  Originating Router: 4.4.4.4              // 产生此 1 类 LSA 的 Router ID
  LS Seq Number: 0x80000004
  Retransmit Count: 0
  Checksum: 0xB011
  Length: 40
  Flags: 0x00 (-|-|-|-|-)
  Options: 0x000013 (-|R|-|-|E|V6)
    Link connected to: another Router (point-to-point) // 链路类型为 P2P 网络
      Metric: 48
      Interface ID: 0x8                    // 本设备的接口 ID
      Neighbor Interface ID: 0x8           // 邻居的接口 ID
      Neighbor Router ID: 3.3.3.3          // 邻居的 Router ID
```

通过以上信息可以看到，AR4 通过 P2P 的链路使用自己的接口 ID 为 8 的接口与 Router ID 为 3.3.3.3 的路由建立了 OSPFv3 的邻居关系。可以看到此处并没有路由信息，只是描述了拓扑信息。那么区域间的路由信息是怎么传递的呢？此时就需要 OSPFv3 新增加的 9 类 LSA 来描述区域间的路由信息了。

（7）查看 AR4 产生的 9 类 LSA。

```
[AR4]display ospfv3 lsdb intra-prefix
LS Age: 653
  LS Type: Intra-Area-Prefix-LSA          // 表示此 ISA 为 9 类 ISA
```

```
Link State ID: 0.0.0.1
Originating Router: 4.4.4.4                // 产生此 9 类 ISA 的路由器的 Router ID
LS Seq Number: 0x80000005
Retransmit Count: 0
Checksum: 0xA1DA
Length: 64
Number of Prefixes: 2
Referenced LS Type: 0x2001
Referenced Link State ID: 0.0.0.0
Referenced Originating Router: 4.4.4.4
 Prefix: 2001:34::/64                       //AR4 的 S4/0/0 接口的路由信息
  Prefix Options: 0 (-|-|-|-|-)
    Metric: 48
 Prefix: 4::4/128                           //AR4 的 LoopBack 0 接口的路由信息
  Prefix Options: 2 (-|-|-|LA|-)
    Metric: 0
```

可以看到，AR4 通过产生 9 类 ISA 描述了本设备的接口的路由信息分别为 2001:34::/64、4::4/128。9 类 LSA 泛洪范围为本区域。因此本区域的所有设备都能学习到 AR4 的路由信息。9 类 LSA 的作用已经了解了，那么 8 类 LSA 的作用呢？

（8）查看 AR4 的 OSPFv3 路由表。

```
[AR4]display ipv6 routing-table protocol ospfv3
Public Routing Table: OSPFv3
Summary Count: 7
OSPFv3 Routing Table's Status: < Active >
Summary Count: 5
 Destination: 1::1                          PrefixLength: 128
 NextHop: FE80::552D:2115:B01D:1           Preference: 10
 Cost: 50                                   Protocol: OSPFv3
 RelayNextHop: ::                           TunnelID: 0x0
 Interface: Serial4/0/0                     Flags: D
 --------------------- 此处只截取了一部分路由
```

可以看到，去往 1::1/128 的下一跳地址为 FE80::552D:2115:B01D:1，这是一个链路本地地址，实际上它是 AR3 的 S4/0/0 接口的链路本地地址。那么 AR4 是怎么知道 AR3 的接口链路本地地址的呢？这个就要通过 8 类 LSA 来描述了。

（9）在 AR4 上查看 AR3 产生的 8 类 LSA。

```
[AR4]display ospfv3 lsdb link
          OSPFv3 Router with ID (4.4.4.4) (Process 1)
              Link-LSA (Interface Serial4/0/0)
 LS Age: 1228
 LS Type: Link-LSA                          // 表示此 LSA 为 8 类 LSA
 Link State ID: 0.0.0.8
 Originating Router: 3.3.3.3                // 产生此 8 类 LSA 的路由器的 Router ID
 LS Seq Number: 0x80000002
```

```
Retransmit Count: 0
Checksum: 0x1067
Length: 56
Priority: 1
Options: 0x000013 (-|R|-|-|E|V6)
Link-Local Address: FE80::552D:2115:B01D:1          // 描述接口的链路本地地址
Number of Prefixes: 1
 Prefix: 2001:34::/64                                 // 描述本设备上的全球单播地址路由
  Prefix Options: 0 (-|-|-|-|-)
```

可以看到，AR3 产生了 8 类 LSA 中存在接口的链路本地地址，这样 AR4 就可以使用这个地址作为 IPv6 路由的下一跳地址了。

实验 18-3　配置 OSPFv3 多实例

1. 实验环境
配置接口 IP 地址，在设备上配置静态路由，实现 AR1 的环回口能够访问 AR2 的环回口。

2. 实验目的
了解 OSPFv3 多实例的配置。

3. 实验拓扑
配置 OSPFv3 多实例的实验拓扑如图 18-3 所示。

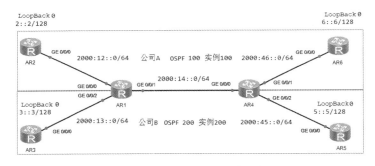

图 18-3　配置 OSPFv3 多实例

4. 实验步骤
（1）配置接口 IP 地址，IP 地址规划见表 18-5。

表 18-5　配置 OSPFv3 多实例实验 IP 地址规划

接　口	IP
AR1 G0/0/1	2000:14::1/64
AR1 G0/0/0	2000:12::1/64
AR1 G0/0/2	2000:13::1/64
AR2 G0/0/0	2000:12::2/64
AR2 LoopBack 0	2::2/128

续表

接　口	IP
AR3 G0/0/0	2000:13::3/64
AR3 LoopBack 0	3::3/128
AR4 G0/0/0	2000:14::4/64
AR4 G0/0/1	2000:46::4/64
AR4 G0/0/2	2000:45::4/64
AR5 G0/0/0	2000:45::5/64
AR5 LoopBack 0	5::5/128
AR6 G0/0/0	2000:46::6/64
AR6 LoopBack 0	6::6/128

（2）配置 OSPFv3。

AR1 的配置：

```
[AR1]ospfv3 100                                  // 配置 OSPFv3 100 给公司 A
[AR1-ospfv3-100]router-id 1.1.1.1
[AR1-ospfv3-100]quit
[AR1]ospfv3 200                                  // 配置 OSPFv3 200 给公司 B
[AR1-ospfv3-200]router-id 1.1.1.1
[AR1-ospfv3-200]quit
[AR1]interface g0/0/1
[AR1-GigabitEthernet0/0/1]ospfv3 100 area 0 instance 100
[AR1-GigabitEthernet0/0/1]ospfv3 200 area 0 instance 200
[AR1-GigabitEthernet0/0/1]quit
[AR1]int g0/0/0
[AR1-GigabitEthernet0/0/0]ospfv3 100 area 0
[AR1]int g0/0/2
[AR1-GigabitEthernet0/0/0]ospfv3 200 area 0
```

AR4 的配置：

```
[AR4]ospfv3 100
[AR4-ospfv3-100]router-id 4.4.4.4
[AR4-ospfv3-100]quit
[AR4]ospfv3 200
[AR4-ospfv3-200]router-id 4.4.4.4
[AR4-ospfv3-200]quit
[AR4]interface g0/0/0
[AR4-GigabitEthernet0/0/0]ospfv3 100 area 0 instance 100
[AR4-GigabitEthernet0/0/0]ospfv3 200 area 0 instance 200
[AR4]interface g0/0/1
[AR4-GigabitEthernet0/0/1]ospfv3 100 area 0
[AR4]int g0/0/2
[AR4-GigabitEthernet0/0/2]ospfv3 200 area 0
```

18

AR2 的配置：

```
[AR2]ospfv3
[AR2-ospfv3-1]router-id 2.2.2.2
[AR2-ospfv3-1]quit
[AR2]interface g0/0/0
[AR2-GigabitEthernet0/0/0]ospfv3 1 area 0
[AR2-GigabitEthernet0/0/0]quit
[AR2]interface LoopBack 0
[AR2-LoopBack0]ospfv3 1 area 0
```

AR3 的配置：

```
[AR3]ospfv3
[AR3-ospfv3-1]router-id 3.3.3.3
[AR3-ospfv3-1]quit
[AR3]interface g0/0/0
[AR3-GigabitEthernet0/0/0]ospfv3 1 area 0
[AR3-GigabitEthernet0/0/0]quit
[AR3]interface LoopBack 0
[AR3-LoopBack0]ospfv3 1 area 0
```

AR5 的配置：

```
[AR5]ospfv3
[AR5-ospfv3-1]router-id 5.5.5.5
[AR5-ospfv3-1]quit
[AR5]interface g0/0/0
[AR5-GigabitEthernet0/0/0]ospfv3 1 area 0
[AR5-GigabitEthernet0/0/0]quit
[AR5]interface LoopBack 0
[AR5-LoopBack0]ospfv3 1 area 0
```

AR6 的配置：

```
[AR6]ospfv3
[AR6-ospfv3-1]router-id 6.6.6.6
[AR6-ospfv3-1]quit
[AR6]interface g0/0/0
[AR6-GigabitEthernet0/0/0]ospfv3 1 area 0
[AR6-GigabitEthernet0/0/0]quit
[AR6]interface LoopBack 0
[AR6-LoopBack0]ospfv3 1 area 0
```

（3）查看 AR1 的邻居关系。

```
[AR1]display ospfv3 peer
OSPFv3 Process (100)
OSPFv3 Area (0.0.0.0)
Neighbor ID    Pri  State         Dead Time   Interface     Instance ID
2.2.2.2        1    Full/Backup   00:00:37    GE0/0/0       0
```

| 4.4.4.4 | 1 | Full/Backup | 00:00:33 | GE0/0/1 | 100 |

```
OSPFv3 Process (200)
OSPFv3 Area (0.0.0.0)
```

Neighbor ID	Pri	State	Dead Time	Interface	Instance ID
4.4.4.4	1	Full/Backup	00:00:31	GE0/0/1	200
3.3.3.3	1	Full/Backup	00:00:33	GE0/0/2	0

可以看到，通过 G0/0/1 接口建立了两个 OSPFv3 的邻居关系，从而实现一个链路上可以建立多个邻居关系。在 OSPFv2 上一个链路只能建立一个邻居关系，OSPFv3 通过实例实现了链路的复用。

（4）查看 AR2 的路由表。

```
[AR2]display ipv6  routing-table protocol ospfv3
Public Routing Table: OSPFv3
Summary Count: 5
OSPFv3 Routing Table's Status: < Active >
Summary Count: 3
 Destination: 6::6                         PrefixLength: 128
 NextHop: FE80::2E0:FCFF:FED6:5041         Preference: 10
 Cost: 3                                   Protocol: OSPFv3
 RelayNextHop: ::                          TunnelID: 0x0
 Interface: GigabitEthernet0/0/0           Flags: D
 Destination: 2000:14::                    PrefixLength: 64
 NextHop: FE80::2E0:FCFF:FED6:5041         Preference: 10
 Cost: 2                                   Protocol: OSPFv3
 RelayNextHop: ::                          TunnelID: 0x0
 Interface: GigabitEthernet0/0/0           Flags: D
 Destination: 2000:46::                    PrefixLength: 64
 NextHop: FE80::2E0:FCFF:FED6:5041         Preference: 10
 Cost: 3                                   Protocol: OSPFv3
 RelayNextHop: ::                          TunnelID: 0x0
 Interface: GigabitEthernet0/0/0           Flags: D
```

可以看到只有 6::6/128 的路由，没有公司 B 的路由。

（5）查看 AR3 的路由表。

```
[AR3]display ipv6 routing-table protocol ospfv3
Public Routing Table: OSPFv3
Summary Count: 5
OSPFv3 Routing Table's Status: < Active >
Summary Count: 3
 Destination:5::5                          PrefixLength: 128
 NextHop: FE80::2E0:FCFF:FED6:5043         Preference: 10
 Cost: 3                                   Protocol: OSPFv3
 RelayNextHop: ::                          TunnelID: 0x0
 Interface: GigabitEthernet0/0/0           Flags: D
 Destination: 2000:14::                    PrefixLength: 64
 NextHop: FE80::2E0:FCFF:FED6:5043         Preference: 10
 Cost: 2                                   Protocol: OSPFv3
 RelayNextHop: ::                          TunnelID: 0x0
```

18

```
Interface: GigabitEthernet0/0/0          Flags: D
Destination: 2000:45::                   PrefixLength: 64
NextHop: FE80::2E0:FCFF:FED6:5043        Preference: 10
Cost: 3                                  Protocol: OSPFv3
RelayNextHop: ::                         TunnelID: 0x0
Interface: GigabitEthernet0/0/0          Flags: D
```

可以看到只有 5::5/128 的路由，没有公司 A 的路由。

实验 18-4　配置 IS-IS（IPv6）

1. 实验环境

在每台设备上运行 LoopBack 0，IP 地址配置为 x::x（x 为设备编号，如 AR1 的 LoopBack 0 的地址为 1::1/128）。AR1 为 Level-1 设备，AR2 为 Level 1-2 设备，AR3、AR4 为 Level-2 设备，IS-IS 的区域划分如图 18-4 所示，完成 IS-IS（IPv6）的基本配置，实现全网互通。

2. 实验目的

了解 IS-IS（IPv6）的配置。

3. 实验拓扑

配置 IS-IS（IPv6）的实验拓扑如图 18-4 所示。

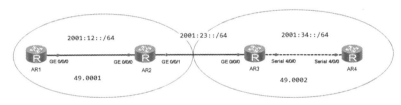

图 18-4　配置 IS-IS（IPv6）

4. 实验步骤

（1）配置接口 IP 地址，IP 地址规划见表 18-6。

表 18-6　配置 IS-IS（IPv6）实验 IP 地址规划

接　口	IP
AR1 G0/0/0	2001:12::1/64
AR1 LoopBack 0	1::1/128
AR2 G0/0/0	2001:12::2/64
AR2 G0/0/1	2001:23::1/64
AR2 LoopBack 0	2::2/128
AR3 G0/0/0	2001:23::2/64
AR3 S4/0/0	2001:34::1/64
AR3 LoopBack 0	3::3/128
AR4 S4/0/0	2001:34::2/64
AR4 LoopBack 0	4::4/128

（2）配置 IS-IS IPv6。
AR1 的配置：

```
[AR1]isis
[AR1-isis-1]network-entity 49.0001.0000.0000.0001.00        // 配置 NET 地址
[AR1-isis-1]is-level level-1                                 // 配置路由器类型为 Level-1 设备
[AR1-isis-1]ipv6 enable topology ipv6        // 使能 IS-IS 的 IPv6 功能，开启 IS-IS 的多拓扑能力
[AR1-isis-1]quit
[AR1]interface g0/0/0
[AR1-GigabitEthernet0/0/0]isis ipv6 enable                   // 接口使能 IS-IS IPv6 功能
[AR1-GigabitEthernet0/0/0]quit
[AR1]interface LoopBack 0
[AR1-LoopBack0]isis ipv6 enable
```

AR2 的配置：

```
[AR2]isis
[AR2-isis-1]network-entity 49.0001.0000.0000.0002.00
[AR2-isis-1]ipv6 enable topology ipv6
[AR2-isis-1]quit
[AR2]interface g0/0/0
[AR2-GigabitEthernet0/0/0]isis ipv6 enable
[AR2-GigabitEthernet0/0/0]quit
[AR2]interface g0/0/1
[AR2-GigabitEthernet0/0/1]isis ipv6 enable
[AR2-GigabitEthernet0/0/1]quit
[AR2]interface LoopBack 0
[AR2-LoopBack0]isis ipv6 enable
```

AR3 的配置：

```
[AR3]isis
[AR3-isis-1]network-entity 49.0002.0000.0000.0003.00
[AR3-isis-1]is-level level-2
[AR3-isis-1]ipv6 enable topology ipv6
[AR3-isis-1]quit
[AR3]interface g0/0/0
[AR3-GigabitEthernet0/0/0]isis ipv6 enable
[AR3-GigabitEthernet0/0/0]quit
[AR3]interface s4/0/0
[AR3-Serial4/0/0]isis ipv6 enable
[AR3-Serial4/0/0]quit
[AR3]interface LoopBack 0
[AR3-LoopBack0]isis ipv6 enable
```

AR4 的配置：

```
[AR4]isis
[AR4-isis-1]network-entity 49.0002.0000.0000.0004.00
[AR4-isis-1]is-level level-2
```

```
[AR4-isis-1]ipv6 enable topology ipv6
[AR4-isis-1]quit
[AR4]interface s4/0/0
[AR4-Serial4/0/0]isis ipv6 enable
[AR4-Serial4/0/0]quit
[AR4]interface LoopBack 0
[AR4-LoopBack0]isis ipv6 enable
```

（3）配置之前先在 AR4 的 S4/0/0 接口抓包进行分析。图 18-5 所示为 AR2 发来的 ISP 报文。

图 18-5　AR4 的 S4/0/0 接口抓包结果

（4）查看 AR4 的路由表。

```
[AR4]display ipv6 routing-table protocol isis
Public Routing Table: ISIS
Summary Count: 5
ISIS Routing Table's Status: < Active >
Summary Count: 5
 Destination: 1::1                              PrefixLength: 128
 NextHop: FE80::5453:A850:DC28:1               Preference: 15
 Cost: 30                                       Protocol: ISIS-L2
 RelayNextHop: ::                               TunnelID: 0x0
 Interface: Serial4/0/0                         Flags: D
 Destination: 2::2                              PrefixLength: 128
 NextHop: FE80::5453:A850:DC28:1               Preference: 15
 Cost: 20                                       Protocol: ISIS-L2
 RelayNextHop: ::                               TunnelID: 0x0
 Interface: Serial4/0/0                         Flags: D
 Destination: 3::3                              PrefixLength: 128
 NextHop: FE80::5453:A850:DC28:1               Preference: 15
 Cost: 10                                       Protocol: ISIS-L2
 RelayNextHop: ::                               TunnelID: 0x0
 Interface: Serial4/0/0                         Flags: D
 Destination: 2001:12::                         PrefixLength: 64
 NextHop: FE80::5453:A850:DC28:1               Preference: 15
 Cost: 30                                       Protocol: ISIS-L2
```

```
RelayNextHop: ::                          TunnelID: 0x0
Interface: Serial4/0/0                     Flags: D
Destination: 2001:23::                     PrefixLength: 64
NextHop: FE80::5453:A850:DC28:1            Preference: 15
Cost: 20                                   Protocol: ISIS-L2
```

（5）测试网络连通性。

```
[AR4]ping ipv6 1::1
  PING 1::1 : 56  data bytes, press Ctrl_C to break
    Reply from 1::1
    bytes=56 Sequence=1 hop limit=62  time = 60 ms
    Reply from 1::1
    bytes=56 Sequence=2 hop limit=62  time = 30 ms
    Reply from 1::1
    bytes=56 Sequence=3 hop limit=62  time = 50 ms
    Reply from 1::1
    bytes=56 Sequence=4 hop limit=62  time = 40 ms
    Reply from 1::1
    bytes=56 Sequence=5 hop limit=62  time = 20 ms
  --- 1::1 ping statistics ---
    5 packet(s) transmitted
    5 packet(s) received
    0.00% packet loss
    round-trip min/avg/max = 20/40/60 ms
```

实验 18-5　配置 BGP4+

1. 实验环境

配置接口 IP 地址，AS100 内部运行 IS-IS（IPv6），AR2 作为 AS100 的 RR，AR1、AR3、AR4 作为 AR2 的反射器客户端。配置相应的 BGP4+，在 AR1 上面创建环回口 100，IPv6 地址为 2002::1/128，通告在 BGP 进程中，使其他几台路由器能够学习到 BGP4+ 的路由信息。

2. 实验目的

了解 BGP4+ 的配置。

3. 实验拓扑

配置 BGP4+ 的实验拓扑如图 18-6 所示。

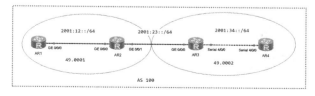

图 18-6　配置 BGP4+

4. 实验步骤

（1）配置接口 IP 地址（此处省略，读者可以参考实验 18-4 中的 IP 地址配置部分）。

（2）配置 IGP 协议（此处省略，读者可以参考实验 18-4 中 IGP 协议配置部分）。

（3）配置 BGP4+。

AR2 的配置：

```
[AR2]bgp 100
[AR2-bgp]router-id 2.2.2.2                              // 手动配置 Router ID
[AR2-bgp]peer 1::1 as-number 100                        // 配置 IDGP 对等体 1::1
[AR2-bgp]peer 1::1 connect-interface LoopBack 0         // 配置 TCP 连接接口为 LoopBack 0
[AR2-bgp]ipv6-family unicast                            // 进入 IPv6 单播地址族
[AR2-bgp-af-ipv6]peer 1::1 enable                       // 使能 1::1 邻居关系
[AR2-bgp-af-ipv6]peer 1::1 reflect-client
[AR2-bgp-af-ipv6]quit
[AR2-bgp]peer 3::3 as-number 100
[AR2-bgp]peer 3::3 connect-interface LoopBack 0
[AR2-bgp]peer 4::4 as-number 100
[AR2-bgp]peer 4::4 connect-interface LoopBack 0
[AR2-bgp]ipv6-family unicast
[AR2-bgp-af-ipv6]peer 3::3 enable
[AR2-bgp-af-ipv6]peer 4::4 enable
[AR2-bgp-af-ipv6]peer 3::3 reflect-client
[AR2-bgp-af-ipv6]peer 4::4 reflect-client
```

AR1 的配置：

```
[AR1]bgp 100
[AR1-bgp]router-id 1.1.1.1
[AR1-bgp]peer 2::2 as-number 100
[AR1-bgp]peer 2::2 connect-interface LoopBack0
[AR1-bgp]ipv6-family
[AR1-bgp-af-ipv6]peer 2::2 enable
```

AR3 的配置：

```
[AR3]bgp 100
[AR3-bgp]router-id 3.3.3.3
[AR3-bgp]peer 2::2 as-number 100
[AR3-bgp]peer 2::2 connect-interface LoopBack0
[AR3-bgp]ipv6-family unicast
[AR3-bgp-af-ipv6] peer 2::2 enable
```

AR4 的配置：

```
[AR4]bgp 100
[AR4-bgp]router-id 4.4.4.4
[AR4-bgp]peer 2::2 as-number 100
[AR4-bgp]peer 2::2 connect-interface LoopBack0
[AR4-bgp]ipv6-family unicast
[AR4-bgp-af-ipv6] peer 2::2 enable
```

（4）在 AR2 上查看 BGP 的邻居关系。

```
[AR2]display bgp ipv6 peer
```

```
BGP local Router ID: 2.2.2.2
Local AS number: 100
Total number of peers: 3          Peers in established state: 3
  Peer    V   AS     MsgRcvd  MsgSent  OutQ   Up/Down      State PrefRcv
  1::1    4   100       4        6       0     00:02:56     Established
    0
  3::3    4   100       2        7       0     00:00:03     Established
    0
  4::4    4   100       2        3       0     00:00:49     Established
```

可以看到 AR2 分别与 AR1、AR3、AR4 建立了 BGP 的邻居关系。

（5）在 AR1 上创建环回口 100，并且将路由注入 BGP4+ 中。

AR1 的配置：

```
[AR1]interface LoopBack 100
[AR1-LoopBack100]ipv6 enable
[AR1-LoopBack100]ipv6 address 2002::1 128
[AR1-LoopBack100]quit
[AR1]bgp 100
[AR1-bgp]ipv6-family unicast
[AR1-bgp-af-ipv6]network 2002::1 128 // 注入 BGP 路由信息
```

配置前在 AR4 的 S4/0/0 接口抓包进行分析。图 18-7 所示为抓取的 Update 报文。

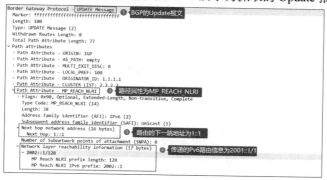

图 18-7　AR4 的 S4/0/0 接口抓包结果

可以看到 BGP4+ 不再像传统的 BGP 那样使用 NLRI 传递路由信息，而是通过 MP_REACH_NLRI 来传递 IPv6 的路由信息。

（6）在 AR4 上查看 BGP4+ 的路由表。

```
[AR4]display bgp ipv6 routing-table
 BGP Local Router ID is 4.4.4.4
 Status codes: * - valid, > - best, d - damped,
               h - history,  i - internal, s - suppressed, S - Stale
               Origin: i - IGP, e - EGP, ? - incomplete
 Total Number of Routes: 1
 *>i Network: 2002::1                              PrefixLen: 128
```

18

```
        NextHop: 1::1                                    LocPrf: 100
        MED: 0                                           PrefVal: 0
        Label:
        Path/Ogn: i
```

可以看到，AR4 学习到了 AR1 通告的 2002::1/128 的路由信息。

（7）在 AR4 上测试 2002::1/128 的连通性。

```
[AR4]ping ipv6 2002::1
  PING 2002::1 : 56   data bytes, press CTRL_C to break
    Reply from 2002::1
    bytes=56 Sequence=1 hop limit=62   time = 30 ms
    Reply from 2002::1
    bytes=56 Sequence=2 hop limit=62   time = 30 ms
    Reply from 2002::1
    bytes=56 Sequence=3 hop limit=62   time = 30 ms
    Reply from 2002::1
    bytes=56 Sequence=4 hop limit=62   time = 40 ms
    Reply from 2002::1
    bytes=56 Sequence=5 hop limit=62   time = 30 ms
  --- 2002::1 ping statistics ---
    5 packet(s) transmitted
    5 packet(s) received
    0.00% packet loss
    round-trip min/avg/max = 30/32/40 ms
```

测试结果为可以通信。

（8）在 AR1 上将 LoopBack 100 接口的 IPv6 地址删除，来模拟 BGP4+ 如何撤销路由信息。
AR1 的配置：

```
[AR1]interface LoopBack 100
[AR1-LoopBack100]undo ipv6 address 2002::1 128         // 删除接口的 IPv6 地址 2002::1/128
```

（9）再次查看 AR4 的抓包结果。图 18-8 所示为抓取的 Update 报文。

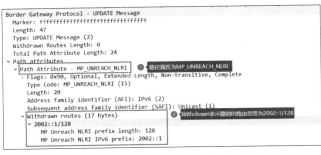

图 18-8　AR4 的 S4/0/0 接口抓包结果

结果表明 BGP4+ 使用 MP_UNREACH_NLRI 撤销 IPv6 的路由信息。
查看 AR4 的路由表，此时为空，代表实验成功。

第 19 章　VLAN 高级特性

本章阐述了VLAN的几种高级特性，包括其应用场景、基本配置以及工作原理。

本章包含以下内容：

- VLAN聚合
- MUX VLAN
- QinQ
- VLAN高级特性配置实验

19.1　VLAN 高级特性概述

VLAN 技术在园区网络中被广泛应用，可以使用 VLAN 进行广播域的隔离。在大型企业中，还有许多其他的需求，下面主要通过介绍 VLAN 聚合、MUX VLAN 和 QinQ 进一步理解 VLAN 针对不同场景的应用。

19.1.1　VLAN 聚合

VLAN 聚合（VLAN Aggregation）是指在一个物理网络内，用多个 VLAN（称为 Sub-VLAN）隔离广播域，并将这些 Sub-VLAN 聚合成一个逻辑的 VLAN（称为 Super-VLAN），这些 Sub-VLAN 使用同一个 IP 子网和默认网关，进而达到节约 IP 地址资源的目的。

Sub-VLAN 只包含物理接口，不能建立三层 VLANIF 接口，用于隔离广播域。每个 Sub-VLAN 内的主机与外部的三层通信是靠 Super-VLAN 的三层 VLANIF 接口实现的。

Super-VLAN 只建立三层 VLANIF 接口，不包含物理接口，与子网网关对应。与普通 VLAN 不同，Super-VLAN 的 VLANIF 接口状态取决于所包含 Sub-VLAN 的物理接口状态。

每个 Sub-VLAN 对应一个广播域，多个 Sub-VLAN 和一个 Super-VLAN 关联，只给 Super-VLAN 分配一个 IP 子网，所有的 Sub-VLAN 都使用 Super-VLAN 的 IP 子网和默认网关进行三层通信。

19.1.2　MUX VLAN

MUX VLAN（Multiplex VLAN，多路 VLAN）提供了一种通过 VLAN 进行网络资源控制的机制。通过 MUX VLAN 提供的二层流量隔离机制可以实现企业内部员工之间互相交流的目的，而企业客户之间是隔离的。

MUX VLAN 分为 Principal VLAN（主 VLAN）和 Subordinate VLAN（从 VLAN），Subordinate VLAN 又分为 Separate VLAN（隔离型从 VLAN）和 Group VLAN（互通型从 VLAN），详细信息见表 19-1。

表 19-1   MUXVLAN 功能描述

MUX VLAN	VLAN 类型	所属接口	通 信 权 限
Principal VLAN（主 VLAN）	—	Principal port	Principal port 可以和 MUX VLAN 内的所有接口进行通信
Subordinate VLAN（从 VLAN）	Separate VLAN（隔离型从 VLAN）	Separate port	• Separate port 只能和 Principal port 进行通信，和其他类型的接口实现完全隔离； • 每个 Separate VLAN 必须绑定一个 Principal VLAN
	Group VLAN（互通型从 VLAN）	Group port	• Group port 可以和 Principal port 进行通信，在同一组内的接口也可互相通信，但不能和其他组接口或 Separate port 通信； • 每个 Group VLAN 必须绑定一个 Principal VLAN

19.1.3   QinQ

随着以太网技术在网络中的大量部署，利用 VLAN 对用户进行隔离和标识受到很大限制。因为 IEEE 802.1Q 中定义的 VLAN Tag 域只有 12 比特，仅能表示 4096 个 VLAN，无法满足城域以太网中标识大量用户的需求，于是 QinQ 技术应运而生。

QinQ（802.1Q-in-802.1Q）技术是一项扩展 VLAN 空间的技术，通过在 802.1Q 标签报文的基础上再增加一层 802.1Q 的 Tag 来达到扩展 VLAN 空间的功能，可以使私网 VLAN 透传公网。由于在骨干网中传递的报文有两层 802.1Q Tag（一层公网 Tag，一层私网 Tag），即 802.1Q-in-802.1Q，所以称之为 QinQ 协议。图 19-1 所示为 QinQ 的封装报文格式。

图 19-1   QinQ 的封装报文格式

在公网的传输过程中，设备只根据外层 VLAN Tag 转发报文，并根据报文的外层 VLAN Tag 进行 MAC 地址学习，而用户的私网 VLAN Tag 将被当作报文的数据部分进行传输。即使私网 VLAN Tag 相同，也能通过公网 VLAN Tag 区分不同的用户。

19.2　VLAN 高级特性配置实验

实验 19-1　配置 VLAN 聚合

1. 实验环境

　　配置 VLAN 10、20、100，使 VLAN 100 作为 Super-VLAN，VLAN 10 和 VLAN 20 作为 Sub-VLAN，将 VLAN 10 和 VLAN 20 配置成相同网段的 IP 地址。VLANIF 100 作为 VLAN 10 和 VLAN 20 的网关，在 VLANIF 100 上配置 ARP 代理实现两个 Sub-VLAN 之间的互相通信。

2. 实验目的

（1）了解 VLAN 聚合的作用。

（2）掌握 VLAN 聚合的基本配置。

3. 实验拓扑

　　配置 VLAN 聚合的实验拓扑如图 19-2 所示。

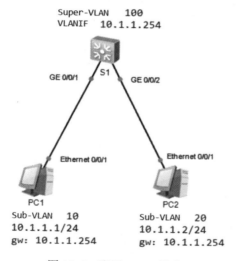

图 19-2　配置 VLAN 聚合

4. 实验步骤

（1）在 S1 上配置 VLAN。

```
[Huawei]sysname S1
[S1]vlan batch 10 20 100
```

（2）将连接 PC 的接口配置为 access 接口，并且加入对应的 VLAN 中。

```
[S1]interface g0/0/1
[S1-GigabitEthernet0/0/1]port link-type access
```

```
[S1-GigabitEthernet0/0/1]port default vlan 10
[S1]interface g0/0/2
[S1-GigabitEthernet0/0/2]port link-type access
[S1-GigabitEthernet0/0/2]port default vlan 20
```

（3）配置 VLAN 100 为 Super-VLAN，并且将 VLAN 10 和 VLAN 20 配置为 Sub-VLAN。

```
[S1]vlan 100
[S1-vlan100]aggregate-vlan          // 配置 Super-VLAN
[S1-vlan100]access-vlan 10 20       // 配置 VLAN 10、20 为此 Super-VLAN 的 Sub-VLAN
```

（4）创建 VLANIF 100，作为 VLAN 10 和 VLAN 20 的网关。

```
[S1]interface Vlanif 100
[S1-Vlanif100]ip address 10.1.1.254 24
```

（5）配置 PC1 和 PC2 的 IP 地址及网关，如图 19-3 和图 19-4 所示。

图 19-3　PC1 的配置　　　　　　　　　图 19-4　PC2 的配置

（6）在 PC1 上测试网关与 PC2 是否连通。

```
PC1>ping 10.1.1.2
Ping 10.1.1.2: 32 data bytes, Press Ctrl_C to break
From 10.1.1.1: Destination host unreachable
From 10.1.1.1: Destination host unreachable
From 10.1.1.1: Destination host unreachable
From 10.1.1.1: Destination host unreachable
From 10.1.1.1: Destination host unreachable
--- 10.1.1.2 ping statistics ---
  5 packet(s) transmitted
  0 packet(s) received
  100.00% packet loss
PC1>ping 10.1.1.254
Ping 10.1.1.254: 32 data bytes, Press Ctrl_C to break
From 10.1.1.254: bytes=32 seq=1 ttl=255 time=31 ms
```

```
From 10.1.1.254: bytes=32 seq=2 ttl=255 time=16 ms
From 10.1.1.254: bytes=32 seq=3 ttl=255 time=31 ms
From 10.1.1.254: bytes=32 seq=4 ttl=255 time=16 ms
From 10.1.1.254: bytes=32 seq=5 ttl=255 time=31 ms
--- 10.1.1.254 ping statistics ---
  5 packet(s) transmitted
  5 packet(s) received
  0.00% packet loss
  round-trip min/avg/max = 16/25/31 ms
```

可以看到 PC 和网关能进行通信，但是 PC 之间不能通信，说明 PC1 和 PC2 配置成不同的 VLAN 隔离了广播域，VLAN 100 是 PC1 和 PC2 的 Super-VLAN，可以作为网关设备与其他网段进行通信。

（7）配置 ARP 代理，实现不同的 Sub-VLAN 之间的通信。

```
[S1]interface Vlanif 100
[S1-Vlanif100]arp-proxy inter-sub-vlan-proxy enable
// 配置 VLAN 间的 ARP 代理，实现不同 Sub-VLAN 的通信
```

（8）使用 PC1 再次访问 PC2。

```
PC1>ping 10.1.1.2
Ping 10.1.1.2: 32 data bytes, Press Ctrl_C to break
From 10.1.1.2: bytes=32 seq=1 ttl=127 time=46 ms
From 10.1.1.2: bytes=32 seq=2 ttl=127 time=47 ms
From 10.1.1.2: bytes=32 seq=3 ttl=127 time=62 ms
From 10.1.1.2: bytes=32 seq=4 ttl=127 time=47 ms
From 10.1.1.2: bytes=32 seq=5 ttl=127 time=62 ms
--- 10.1.1.2 ping statistics ---
  5 packet(s) transmitted
  5 packet(s) received
  0.00% packet loss
  round-trip min/avg/max = 46/52/62 ms
```

实验 19-2　配置 MUX VLAN

1. 实验环境

公司网络分为公司内部部门、访客区、公共服务器三种，现在要求公司内部部门、访客区都能访问公共服务器，公司内部部门的 PC 能够互访、访客区的 PC 不能互访。可以使用 MUX VLAN 实现以上需求。配置公共服务器 VLAN 100 作为主 VLAN，公司内部部门为互通型 VLAN，访客区为隔离型 VLAN。

2. 实验目的

（1）熟悉 MUX VLAN 的应用场景。

（2）掌握 MUX VLAN 的配置方法。

3. 实验拓扑

配置 MUX VLAN 的实验拓扑如图 19-5 所示。

19

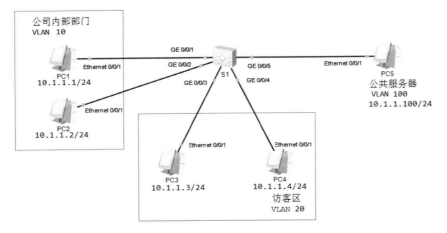

图 19-5　配置 MUX VLAN

4. 实验步骤

（1）配置 VLAN，并且配置 MUX VLAN。

```
[S1]system-view
[Huawei]sysname S1
[S1]vlan batch 10 20 100
[S1]vlan 100
[S1-vlan100]mux-vlan                        // 配置 VLAN 100 为主 VLAN
[S1-vlan100]subordinate group 10            // 配置 VLAN 10 为互通型 VLAN
[S1-vlan100]subordinate separate 20         // 配置 VLAN 20 为隔离型 VLAN
```

（2）配置接口的链路类型。

```
[S1]interface g0/0/1
[S1-GigabitEthernet0/0/1]port link-type access
[S1-GigabitEthernet0/0/1]port default vlan 10
[S1-GigabitEthernet0/0/1]port mux-vlan enable    // 接口使能 MUX VLAN 功能
[S1]interface g0/0/2
[S1-GigabitEthernet0/0/2]port link-type access
[S1-GigabitEthernet0/0/2]port default vlan 10
[S1-GigabitEthernet0/0/2]port mux-vlan enable
[S1]interface g0/0/3
[S1-GigabitEthernet0/0/3]port link-type access
[S1-GigabitEthernet0/0/3]port default vlan 20
[S1-GigabitEthernet0/0/3]port mux-vlan enable
[S1]interface g0/0/4
[S1-GigabitEthernet0/0/4]port link-type access
[S1-GigabitEthernet0/0/4]port default vlan 20
[S1-GigabitEthernet0/0/4]port mux-vlan enable
[S1]interface g0/0/5
[S1-GigabitEthernet0/0/5]port link-type access
```

```
[S1-GigabitEthernet0/0/5] port default vlan 100
[S1-GigabitEthernet0/0/5] port mux-vlan enable
```

（3）查看配置结果。

```
[S1]display vlan
The total number of vlans is : 4
--------------------------------------------------------------------------
U: Up;          D: Down;          TG: Tagged;          UT: Untagged;
MP: Vlan-mapping;                 ST: Vlan-stacking;
#: ProtocolTransparent-vlan;      *: Management-vlan;
--------------------------------------------------------------------------
VID  Type      Ports
--------------------------------------------------------------------------
1    common    UT:GE0/0/6(D)     GE0/0/7(D)      GE0/0/8(D)      GE0/0/9(D)
                  GE0/0/10(D)     GE0/0/11(D)     GE0/0/12(D)     GE0/0/13(D)
                  GE0/0/14(D)     GE0/0/15(D)     GE0/0/16(D)     GE0/0/17(D)
                  GE0/0/18(D)     GE0/0/19(D)     GE0/0/20(D)     GE0/0/21(D)
                  GE0/0/22(D)     GE0/0/23(D)     GE0/0/24(D)
10   mux-sub   UT:GE0/0/1(U)     GE0/0/2(U)
20   mux-sub   UT:GE0/0/3(U)     GE0/0/4(U)
100  mux       UT:GE0/0/5(U)
VID  Status    Property          MAC-LRN    Statistics   Description
--------------------------------------------------------------------------
1    enable    default           enable     disable      VLAN 0001
10   enable    default           enable     disable      VLAN 0010
20   enable    default           enable     disable      VLAN 0020
100  enable    default           enable     disable      VLAN 0100
```

可以看到 VLAN 10、VLAN 20 为 MUX VLAN 的从 VLAN，VLAN 100 为 MUX VLAN 的主 VLAN。

（4）测试配置结果，使用 PC1 访问 PC2、PC3 及 PC5。

访问 PC2：

```
PC1>ping 10.1.1.2
Ping 10.1.1.2: 32 data bytes, Press Ctrl_C to break
From 10.1.1.2: bytes=32 seq=1 ttl=128 time=47 ms
From 10.1.1.2: bytes=32 seq=2 ttl=128 time=47 ms
From 10.1.1.2: bytes=32 seq=3 ttl=128 time=47 ms
From 10.1.1.2: bytes=32 seq=4 ttl=128 time=47 ms
From 10.1.1.2: bytes=32 seq=5 ttl=128 time=47 ms
--- 10.1.1.2 ping statistics ---
  5 packet(s) transmitted
  5 packet(s) received
  0.00% packet loss
  round-trip min/avg/max = 47/47/47 ms
```

访问 PC3：

```
PC1>ping 10.1.1.3
Ping 10.1.1.3: 32 data bytes, Press Ctrl_C to break
```

19

```
From 10.1.1.1: Destination host unreachable
From 10.1.1.1: Destination host unreachable
From 10.1.1.1: Destination host unreachable
From 10.1.1.1: Destination host unreachable
From 10.1.1.1: Destination host unreachable
--- 10.1.1.3 ping statistics ---
  5 packet(s) transmitted
  0 packet(s) received
  100.00% packet loss
```

访问 PC5：

```
PC1>ping 10.1.1.100
Ping 10.1.1.100: 32 data bytes, Press Ctrl_C to break
From 10.1.1.100: bytes=32 seq=1 ttl=128 time=31 ms
From 10.1.1.100: bytes=32 seq=2 ttl=128 time=31 ms
From 10.1.1.100: bytes=32 seq=3 ttl=128 time=62 ms
From 10.1.1.100: bytes=32 seq=4 ttl=128 time=63 ms
From 10.1.1.100: bytes=32 seq=5 ttl=128 time=46 ms
--- 10.1.1.100 ping statistics ---
  5 packet(s) transmitted
  5 packet(s) received
  0.00% packet loss
  round-trip min/avg/max = 31/46/63 ms
```

可以看到 VLAN 10 为互通型 VLAN，设备之间可以互通；与 VLAN 20 不能互通，VLAN 10 也可以访问 VLAN 100。

（5）使用 PC3 访问 PC4。

```
PC3>ping 10.1.1.4
Ping 10.1.1.4: 32 data bytes, Press Ctrl_C to break
From 10.1.1.3: Destination host unreachable
From 10.1.1.3: Destination host unreachable
From 10.1.1.3: Destination host unreachable
From 10.1.1.3: Destination host unreachable
From 10.1.1.3: Destination host unreachable
--- 10.1.1.4 ping statistics ---
  5 packet(s) transmitted
  0 packet(s) received
  100.00% packet loss
```

可以看到 PC3 和 PC4 即使属于同一个 VLAN，但是由于配置了 VLAN 20 为隔离型 VLAN，它们之间也不能互通。

实验 19-3　配置 QinQ

1. 实验环境

某运营商承接了公司 A 和公司 B 的网络运营，现需要使用 QinQ 技术实现公司 A、公司 B 的私有网络能够使用运营商网络互通。公司 A 使用灵活的 QinQ 让内部网络的 VLAN 10 映射为公网 VLAN 2 进行数据转发，VLAN 20 映射为 VLAN 3 进行数据转发。公司 B 使用基本的 QinQ 让内部网络所有 VLAN 映射为公网 VLAN 4 进行数据转发。

2. 实验目的

掌握灵活 QinQ 和基本 QinQ 的配置。

3. 实验拓扑

配置 QinQ 的实验拓扑如图 19-6 所示。

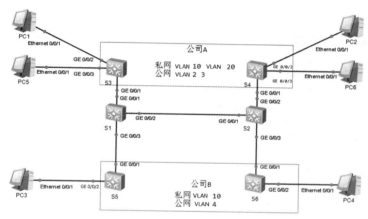

图 19-6　配置 QinQ

4. 实验步骤

（1）配置公司 A 和公司 B 的私有网络，创建对应的 VLAN，并配置接口的链路类型。

S3 的配置：

```
<Huawei>system-view
[huawei]sysname S3
[S3]vlan batch 10 20
[S3]interface g0/0/2
[S3-GigabitEthernet0/0/2]port link-type access
[S3-GigabitEthernet0/0/2]port default vlan 10
[S3]interface g0/0/3
[S3-GigabitEthernet0/0/3]port link-type access
[S3-GigabitEthernet0/0/3]port default vlan 20
[S3]interface g0/0/1
[S3-GigabitEthernet0/0/1]port link-type trunk
[S3-GigabitEthernet0/0/1]port trunk allow-pass vlan 10 20
```

S4 的配置：

```
<Huawei>system-view
[Huawei]sysname S4
[S4]vlan batch 10 20
[S4]interface GigabitEthernet0/0/1
[S4-GigabitEthernet0/0/1] port link-type trunk
```

19

```
[S4-GigabitEthernet0/0/1]port trunk allow-pass vlan 10 20
[S4-GigabitEthernet0/0/1]interface GigabitEthernet0/0/2
[S4-GigabitEthernet0/0/2]port link-type access
[S4-GigabitEthernet0/0/2]port default vlan 10
[S4-GigabitEthernet0/0/2]interface GigabitEthernet0/0/3
[S4-GigabitEthernet0/0/3]port link-type access
[S4-GigabitEthernet0/0/3]port default vlan 20
```

S5 的配置：

```
<Huawei>system-view
Enter system view, return user view with Ctrl+Z.
[Huawei]sysname S5
[S5]vlan 10
[S5]interface g0/0/2
[S5-GigabitEthernet0/0/2]port link-type access
[S5-GigabitEthernet0/0/2]port default vlan 10
[S5]interface g0/0/1
[S5-GigabitEthernet0/0/1]port link-type trunk
[S5-GigabitEthernet0/0/1]port trunk allow-pass vlan 10
```

S6 的配置：

```
[S6]vlan 10
[S6]interface GigabitEthernet0/0/1
[S6-GigabitEthernet0/0/1]port link-type trunk
[S6-GigabitEthernet0/0/1]port trunk allow-pass vlan 10
[S6-GigabitEthernet0/0/1]interface GigabitEthernet0/0/2
[S6-GigabitEthernet0/0/2]port link-type access
[S6-GigabitEthernet0/0/2]port default vlan 10
```

（2）在公网设备配置公网 VLAN，并配置 QinQ。

S1 的配置：

```
<Huawei>system-view
[Huawei]sysname S1
[S1]vlan batch 2 3 4
[S1]interface g0/0/1
[S1-GigabitEthernet0/0/1]port link-type hybrid
[S1-GigabitEthernet0/0/1]port hybrid untagged vlan 2 3
[S1-GigabitEthernet0/0/1]qinq vlan-translation enable
[S1-GigabitEthernet0/0/1]port vlan-stacking vlan 10 stack-vlan 2
[S1-GigabitEthernet0/0/1]port vlan-stacking vlan 20 stack-vlan 3
[S1]interface g0/0/3
[S1-GigabitEthernet0/0/3]port link-type dot1q-tunnel
[S1-GigabitEthernet0/0/3]port default vlan 4
```

S2 的配置：

```
[S2]vlan 4
[S2]interface g0/0/2
```

```
[S2-GigabitEthernet0/0/2]port link-type hybrid
[S2-GigabitEthernet0/0/2]port hybrid  untagged vlan 2 3
[S2-GigabitEthernet0/0/2]qinq vlan-translation enable
[S2-GigabitEthernet0/0/2]port vlan-stacking vlan 10 stack-vlan 2
[S2-GigabitEthernet0/0/2]port vlan-stacking vlan 20 stack-vlan 3
[S2]interface g0/0/3
[S2-GigabitEthernet0/0/3]port link-type dot1q-tunnel
[S2-GigabitEthernet0/0/3]port default vlan 4
```

（3）配置公网设备互联端口的链路类型，放行公网 VLAN 流量通过。
S1 的配置：

```
[S1]interface g0/0/2
[S1-GigabitEthernet0/0/2]port link-type trunk
[S1-GigabitEthernet0/0/2]port trunk allow-pass vlan 2 3 4
```

S2 的配置：

```
[S2]interface g0/0/1
[S2-GigabitEthernet0/0/1]port link-type trunk
[S2-GigabitEthernet0/0/1]port trunk allow-pass vlan 2 3 4
```

（4）测试 PC1 和 PC2、PC5 和 PC6、PC3 和 PC4 的连通性，并在 S1 的 G0/0/2 接口抓包。
测试 PC1 和 PC2 的连通性：

```
PC1>ping 10.1.1.2
Ping 10.1.1.2: 32 data bytes, Press Ctrl_C to break
From 10.1.1.2: bytes=32 seq=1 ttl=128 time=125 ms
From 10.1.1.2: bytes=32 seq=2 ttl=128 time=156 ms
From 10.1.1.2: bytes=32 seq=3 ttl=128 time=109 ms
From 10.1.1.2: bytes=32 seq=4 ttl=128 time=141 ms
From 10.1.1.2: bytes=32 seq=5 ttl=128 time=125 ms
--- 10.1.1.2 ping statistics ---
  5 packet(s) transmitted
  5 packet(s) received
  0.00% packet loss
  round-trip min/avg/max = 109/131/156 ms
```

结果如图 19-7 所示，可以看到外层标签为 2（公网 VLAN 的标签）、内层标签为 10（私网 VLAN 的标签）。

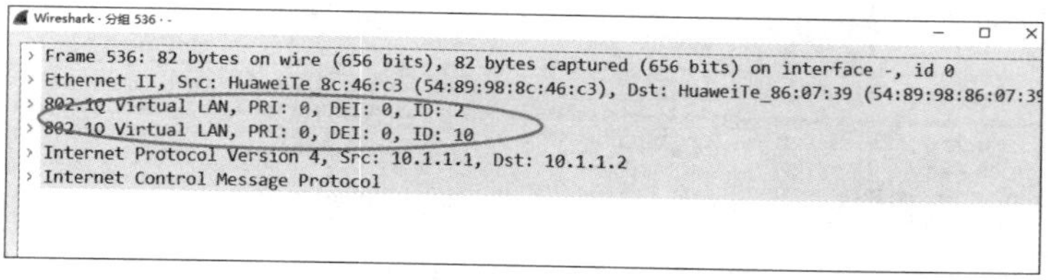

图 19-7 S1 的 G0/0/2 接口抓包结果（1）

测试 PC5 和 PC6 的连通性：

```
PC5>ping 10.1.1.6
Ping 10.1.1.6: 32 data bytes, Press Ctrl_C to break
From 10.1.1.6: bytes=32 seq=1 ttl=128 time=156 ms
From 10.1.1.6: bytes=32 seq=2 ttl=128 time=125 ms
From 10.1.1.6: bytes=32 seq=3 ttl=128 time=109 ms
From 10.1.1.6: bytes=32 seq=4 ttl=128 time=110 ms
From 10.1.1.6: bytes=32 seq=5 ttl=128 time=125 ms
--- 10.1.1.6 ping statistics ---
  5 packet(s) transmitted
  5 packet(s) received
  0.00% packet loss
  round-trip min/avg/max = 109/125/156 ms
```

结果如图 19-8 所示，可以看到外层标签为 3、内层标签为 20 。说明灵活 QinQ 实现了将不同的私网 VLAN 映射到不同的公网 VLAN 上。

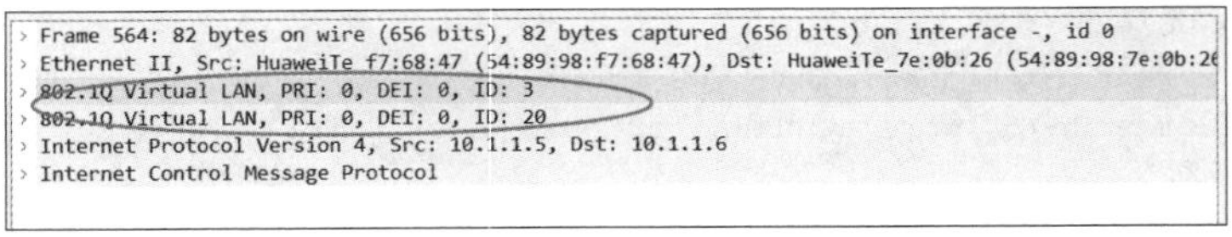

图 19-8　S1 的 G0/0/2 接口抓包结果（2）

测试 PC3 和 PC4 的连通性：

```
PC3>ping 10.1.1.4
Ping 10.1.1.4: 32 data bytes, Press Ctrl_C to break
From 10.1.1.4: bytes=32 seq=1 ttl=128 time=125 ms
From 10.1.1.4: bytes=32 seq=2 ttl=128 time=109 ms
From 10.1.1.4: bytes=32 seq=3 ttl=128 time=140 ms
From 10.1.1.4: bytes=32 seq=4 ttl=128 time=109 ms
From 10.1.1.4: bytes=32 seq=5 ttl=128 time=110 ms
--- 10.1.1.4 ping statistics ---
  5 packet(s) transmitted
  5 packet(s) received
  0.00% packet loss
  round-trip min/avg/max = 109/118/140 ms
```

结果如图 19-9 所示，可以看到外层标签为 4、内层标签为 10。说明基本 QinQ 无论内层标签是多少，映射的外层标签都是固定的同一个。

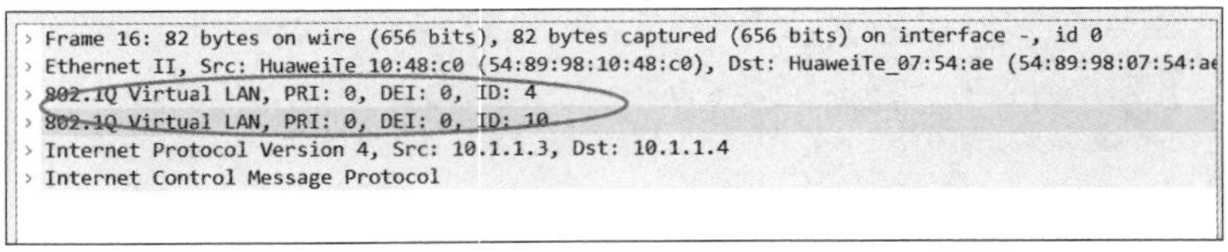

图 19-9　S1 的 G0/0/2 接口抓包结果（3）

第 20 章　以太网交换安全

本章阐述了以太网交换安全技术，包括其应用场景、基本配置及工作原理。

本章包含以下内容：
- 端口隔离
- MAC地址表安全
- 端口安全
- MAC地址漂移防止与检测
- DHCP Snooping
- 以太网交换安全配置实验

20.1　以太网交换安全概述

在以太网中，通常存在着各种攻击，如 ARP、DHCP 等，可能导致用户无法正常访问网络资源，也可能对网络信息安全造成影响。下面主要介绍常见的以太网交换安全技术，包括端口隔离、端口安全、DHCP Snooping 等。

20.1.1　端口隔离

以太交换网络中为了实现报文之间的二层广播域的隔离，用户通常将不同的端口加入不同的 VLAN。

大型网络中，业务需求种类繁多，只通过 VLAN 实现报文的二层隔离，会浪费有限的 VLAN 资源。而采用端口隔离，可以实现同一 VLAN 内端口之间的隔离。用户只需要将端口加入隔离组中，就可以实现隔离组内端口之间二层数据的隔离。端口隔离功能为用户提供了更安全、更灵活的组网方案。端口隔离技术的原理如图 20-1 所示。

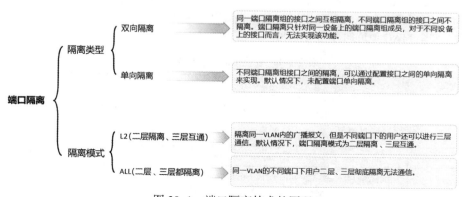

图 20-1　端口隔离技术的原理

20.1.2 MAC 地址表安全

MAC 地址表项有以下 3 种类型。

（1）静态 MAC 地址表项：由用户手动配置并下发到各接口板，表项不可老化。在系统复位、接口板热插拔或接口板复位后，保存的表项不会丢失。接口和 MAC 地址静态绑定后，其他接口收到源 MAC 地址是该 MAC 的报文将会被丢弃。

（2）黑洞 MAC 地址表项：由用户手动配置，并下发到各接口板，表项不可老化。配置黑洞 MAC 地址后，源 MAC 地址或目的 MAC 地址是该 MAC 的报文将会被丢弃。

（3）动态 MAC 地址表项：由接口通过报文中的源 MAC 地址学习获得，表项可老化。在系统复位、接口板热插拔或接口板复位后，动态表项会丢失。

MAC 地址表安全功能如图 20-2 所示。

图 20-2　MAC 地址表安全功能

20.1.3 端口安全

通过在交换机的特定接口上部署端口安全，可以限制接口的 MAC 地址学习数量，并且配置出现越限（超过了 MAC 地址放置的学习数量）时的惩罚措施。

端口安全通过将接口学习到的动态 MAC 地址转换为安全 MAC 地址（包括安全动态 MAC 地址、安全静态 MAC 地址和 Sticky MAC 地址），阻止非法用户通过本接口与交换机进行通信，从而增强设备的安全性。安全 MAC 地址的分类见表 20-1。

表 20-1　安全 MAC 地址的分类

类　型	定　　义	特　　点
安全动态 MAC 地址	使能端口安全而未使能 Sticky MAC 功能时转换的 MAC 地址	设备重启后表项会丢失，需要重新学习。默认情况下不会老化，只有在配置安全 MAC 地址的老化时间后才可以被老化
安全静态 MAC 地址	使能端口安全时手动配置的静态 MAC 地址	不会被老化，手动保存配置后重启设备不会丢失
Sticky MAC 地址	使能端口安全后又同时使能 Sticky MAC 功能后转换到的 MAC 地址	不会被老化，手动保存配置后重启设备不会丢失

安全 MAC 地址通常与安全保护动作结合使用，常见的安全保护动作如下。

- Restrict：丢弃源 MAC 地址不存在的报文，并上报告警。
- Protect：只丢弃源 MAC 地址不存在的报文，不上报告警。
- Shutdown：接口状态被置为 error-down，并上报告警。

20.1.4 MAC 地址漂移防止与检测

如果是环路引发的 MAC 地址漂移，根本方法是部署防环技术。例如 STP，消除二层环路。如果是网络攻击等其他原因引起的 MAC 地址漂移，则可使用 MAC 地址防漂移特性。

交换机支持的 MAC 地址漂移检测机制有以下两种方式。

（1）基于 VLAN 的 MAC 地址漂移检测：配置 VLAN 的 MAC 地址漂移检测功能可以检测指定 VLAN 下的所有 MAC 地址是否发生漂移。当 MAC 地址发生漂移后，可以配置指定的动作，如告警、阻断接口或阻断 MAC 地址。

（2）全局 MAC 地址漂移检测：该功能可以检测设备上的所有 MAC 地址是否发生了漂移。若发生漂移，设备会上报告警到网管系统。用户也可以指定发生漂移后的处理动作，如关闭接口或退出 VLAN。

20.1.5 DHCP Snooping

为了保证网络通信业务的安全性，引入了 DHCP Snooping 技术，在 DHCP 客户端和 DHCP 服务器之间建立一道防火墙，以抵御网络中针对 DHCP 的各种攻击。

DHCP Snooping 是 DHCP 的一种安全特性，用于保证 DHCP 客户端从合法的 DHCP 服务器中获取 IP 地址。DHCP 服务器记录 DHCP 客户端 IP 地址与 MAC 地址等参数的对应关系，防止网络上针对 DHCP 的攻击。

DHCP Snooping 主要通过以下两个功能来保证 DHCP 网络的安全。

1. 信任功能

DHCP Snooping 的信任功能能够保证客户端从合法的服务器获取 IP 地址。网络中如果存在私自架设的 DHCP 服务器仿冒者，则可能导致 DHCP 客户端获取错误的 IP 地址和网络配置参数，无法正常通信。DHCP Snooping 信任功能可以控制 DHCP 服务器应答报文的来源，以防止网络中可能存在的 DHCP 服务器仿冒者为 DHCP 客户端分配 IP 地址及其他配置信息。

DHCP Snooping 信任功能将接口分为信任接口和非信任接口。

（1）信任接口正常接收 DHCP 服务器响应的 DHCP ACK、DHCP NAK 和 DHCP Offer 报文。

（2）非信任接口在接收到 DHCP 服务器响应的 DHCP ACK、DHCP NAK 和 DHCP Offer 报文后，丢弃该报文。

2. 分析功能

开启 DHCP Snooping 功能后，设备能够通过分析 DHCP 的报文交互过程，生成 DHCP Snooping 绑定表。绑定表项包括客户端的 MAC 地址、获取到的 IP 地址、与 DHCP 客户端连接的接口及该接口所属的 VLAN 等信息。

DHCP Snooping 绑定表根据 DHCP 租期进行老化或根据用户释放 IP 地址时发出的 DHCP Release

报文自动删除对应表项。

出于对安全性的考虑，管理员需要记录用户上网时所用的 IP 地址，确认用户申请的 IP 地址和用户使用的主机 MAC 地址的对应关系。在设备通过 DHCP Snooping 功能生成绑定表后，管理员可以方便地记录 DHCP 用户申请的 IP 地址与所用主机的 MAC 地址之间的对应关系。

由于 DHCP Snooping 绑定表记录了 DHCP 客户端 IP 地址与 MAC 地址等参数的对应关系，故通过对报文与 DHCP Snooping 绑定表进行匹配检查，能够有效地防范非法用户的攻击。

为了保证设备在生成 DHCP Snooping 绑定表时能够获取到用户的 MAC 地址等参数，DHCP Snooping 功能需应用于二层网络中的接入设备或第一个 DHCP Relay 上。

20.2 以太网交换安全配置实验

实验 20-1 配置端口隔离

1. 实验环境
PC1、PC2、PC3 都默认属于 VLAN 1，IP 地址如图 20-3 所示。

（1）将 PC1 和 PC2 加入同一个端口隔离组，实现 PC1 和 PC2 不能互相通信，PC3 可以正常地与 PC1、PC2 进行通信。

（2）在 VLANIF 1 配置 VLAN 间的 ARP 代理，实现 PC1 和 PC2 能够互相通信。

（3）配置三层隔离，让 PC1 和 PC2 再次不能互相通信。

2. 实验目的
掌握端口隔离的配置方法。

3. 实验拓扑
配置端口隔离的实验拓扑如图 20-3 所示。

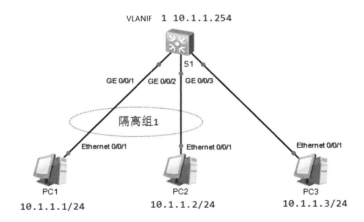

VLANIF 1 10.1.1.254

S1

GE 0/0/1   GE 0/0/2   GE 0/0/3

隔离组1

Ethernet 0/0/1   Ethernet 0/0/1   Ethernet 0/0/1

PC1   PC2   PC3
10.1.1.1/24   10.1.1.2/24   10.1.1.3/24

图 20-3 配置端口隔离

4. 实验步骤

（1）在 S1 上将 G0/0/1 和 G0/0/2 接口加入同一个端口隔离组。

```
<Huawei>system-view
[Huawei]sysname S1
[S1]interface g0/0/1
[S1-GigabitEthernet0/0/1]port-isolate enable group 1
// 将连接 PC1 的 G0/0/1 接口加入端口隔离组 1
[S1]interface g0/0/2
[S1-GigabitEthernet0/0/2]port-isolate enable group 1
// 将连接 PC2 的 G0/0/2 接口加入端口隔离组 1
```

默认同一个端口隔离组的设备不能二层互访，可以使用 PC1 分别访问 PC2 和 PC3。
测试 PC1 访问 PC2：

```
PC1>ping 10.1.1.2
Ping 10.1.1.2: 32 data bytes, Press Ctrl_C to break
From 10.1.1.1: Destination host unreachable
From 10.1.1.1: Destination host unreachable
From 10.1.1.1: Destination host unreachable
From 10.1.1.1: Destination host unreachable
From 10.1.1.1: Destination host unreachable
--- 10.1.1.2 ping statistics ---
  5 packet(s) transmitted
  0 packet(s) received
  100.00% packet loss
```

PC1 和 PC2 在同一个隔离组，无法互相访问。
测试 PC1 访问 PC3：

```
PC1>ping 10.1.1.3
Ping 10.1.1.3: 32 data bytes, Press Ctrl_C to break
From 10.1.1.3: bytes=32 seq=1 ttl=128 time=47 ms
From 10.1.1.3: bytes=32 seq=2 ttl=128 time=47 ms
From 10.1.1.3: bytes=32 seq=3 ttl=128 time=63 ms
From 10.1.1.3: bytes=32 seq=4 ttl=128 time=47 ms
From 10.1.1.3: bytes=32 seq=5 ttl=128 time=47 ms
--- 10.1.1.3 ping statistics ---
  5 packet(s) transmitted
  5 packet(s) received
  0.00% packet loss
  round-trip min/avg/max = 47/50/63 ms
```

PC1 和 PC3 不在同一个隔离组，可以互相访问。

（2）配置 VLANIF 1 接口，开启 VLAN 内的 ARP 代理功能，实现 PC1 和 PC2 能够互相通信。

```
[S1]interface Vlanif 1
[S1-Vlanif1]ip address 10.1.1.254 24
[S1-Vlanif1]arp-proxy inner-sub-vlan-proxy enable // 开启 VLAN 内的 ARP 代理功能
```

20

测试 PC1 访问 PC2：

```
PC1>ping 10.1.1.2
Ping 10.1.1.2: 32 data bytes, Press Ctrl_C to break
From 10.1.1.2: bytes=32 seq=1 ttl=127 time=62 ms
From 10.1.1.2: bytes=32 seq=2 ttl=127 time=47 ms
From 10.1.1.2: bytes=32 seq=3 ttl=127 time=63 ms
From 10.1.1.2: bytes=32 seq=4 ttl=127 time=32 ms
From 10.1.1.2: bytes=32 seq=5 ttl=127 time=47 ms
--- 10.1.1.2 ping statistics ---
  5 packet(s) transmitted
  5 packet(s) received
  0.00% packet loss
  round-trip min/avg/max = 32/50/63 ms
```

可以发现 PC1 能访问 PC2，因为端口隔离默认是二层隔离。使用 ARP 代理，同一个端口隔离组的设备就能够进行三层访问。

（3）在全局模式下配置端口隔离模式为二层、三层同时隔离。

```
[S1]port-isolate mode all  // 配置端口隔离模式为二层、三层同时隔离
```

测试 PC1 访问 PC2：

```
PC1>ping 10.1.1.2
Ping 10.1.1.2: 32 data bytes, Press Ctrl_C to break
Request timeout!
Request timeout!
Request timeout!
Request timeout!
Request timeout!
--- 10.1.1.2 ping statistics ---
  5 packet(s) transmitted
  0 packet(s) received
  100.00% packet loss
```

可以看到访问超时，说明三层隔离成功。

实验 20-2　配置 MAC 地址安全

扫一扫，看视频

1. 实验环境

IP 地址及 MAC 地址如图 20-4 所示，现在需要完成以下需求。

（1）S2 为客户私自接入的交换机，要求在 S1 的 G0/0/1 接口配置 MAC 地址数量限制为 1 个，防止多个用户同时使用这个接口上网。

（2）S1 的 G0/0/2 接口接入了攻击者，需要在 S1 上配置黑洞 MAC 地址，拒绝攻击者访问此网络。

（3）S1 的 G0/0/3 接口接入了固定用户，需要配置静态 MAC 地址表，将其 MAC 地址与 G0/0/3 接口绑定。

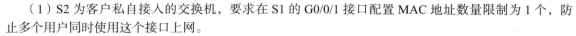

2. 实验目的

（1）了解 MAC 地址安全的工作原理。

（2）掌握 MAC 地址安全的配置方法。

3. 实验拓扑

配置 MAC 地址安全的实验拓扑如图 20-4 所示。

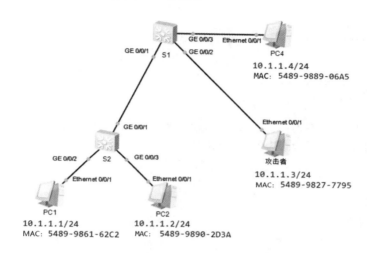

图 20-4 配置 MAC 地址安全

4. 实验步骤

（1）配置 S1 的 G0/0/1 接口的最大 MAC 地址学习数量为 1。

S1 的配置：

```
<Huawei>system-view
[Huawei]sysname S1
[S1]interface g0/0/1
[S1-GigabitEthernet0/0/1]mac-limit maximum 1
// 配置该接口的最大 MAC 地址学习数量为 1
```

使用 PC1 访问 PC4，再查看 S1 的 MAC 地址表：

```
[S1]display mac-address
MAC address table of slot 0:
-------------------------------------------------------------------------------
MAC Address      VLAN/        PEVLAN  CEVLAN  Port      Type      LSP/LSR-ID
                 VSI/SI                                           MAC-Tunnel
-------------------------------------------------------------------------------
5489-9861-62c2   1            -       -       GE0/0/1   dynamic   0/-
5489-9889-06a5   1            -       -       GE0/0/3   dynamic   0/-
-------------------------------------------------------------------------------
Total matching items on slot 0 displayed = 2
```

20

可以看到 S1 的 G0/0/1 接口学习到了 PC1 的 MAC 地址表。

使用 PC2 访问 PC4，在测试的同时会告警，查看 S1 的 MAC 地址表：

```
[S1]display mac-address
MAC address table of slot 0:
-------------------------------------------------------------------------------
MAC Address     VLAN/        PEVLAN CEVLAN  Port      Type      LSP/LSR-ID
                VSI/SI                                          MAC-Tunnel
-------------------------------------------------------------------------------
5489-9861-62c2  1            -      -       GE0/0/1   dynamic   0/-
5489-9889-06a5  1            -      -       GE0/0/3   dynamic   0/-
-------------------------------------------------------------------------------
Total matching items on slot 0 displayed = 2
```

G0/0/1 接口的 MAC 地址学习的还是 PC1 的 MAC 地址，说明 MAC 地址数量限制成功。

（2）将攻击者的 MAC 地址设置为黑洞 MAC 地址。

```
[S1]mac-address blackhole 5489-9827-7795 vlan 1
```

查看 MAC 地址表：

```
[S1]display  mac-address
MAC address table of slot 0:
-------------------------------------------------------------------------------
MAC Address     VLAN/        PEVLAN CEVLAN Port       Type       LSP/LSR-ID
                VSI/SI                                            MAC-Tunnel
-------------------------------------------------------------------------------
5489-9827-7795  1            -      -      -          blackhole  -
-------------------------------------------------------------------------------
Total matching items on slot 0 displayed = 1
MAC address table of slot 0:
-------------------------------------------------------------------------------
MAC Address     VLAN/        PEVLAN CEVLAN Port       Type       LSP/LSR-ID
                VSI/SI                                            MAC-Tunnel
-------------------------------------------------------------------------------
5489-9889-06a5  1            -      -      GE0/0/3    dynamic    0/-
5489-9890-2d3a  1            -      -      GE0/0/1    dynamic    0/-
-------------------------------------------------------------------------------
Total matching items on slot 0 displayed = 2
```

可以看到攻击者的 MAC 地址类型为 blackhole。使用攻击者访问网络中任意一台主机，应该都无法通信。

使用攻击者访问 PC4：

```
PC>ping 10.1.1.4
Ping 10.1.1.4: 32 data bytes, Press Ctrl_C to break
Request timeout!
Request timeout!
```

```
Request timeout!
Request timeout!
Request timeout!
--- 10.1.1.4 ping statistics ---
  5 packet(s) transmitted
  0 packet(s) received
  100.00% packet loss
```

（3）将 PC4 的 MAC 地址静态绑定在 S1 的 G0/0/3 接口。

```
[S1]mac-address static 5489-9889-06A5 GigabitEthernet 0/0/3 vlan 1
```

查看 MAC 地址表：

```
[S1]display mac-address
MAC address table of slot 0:
-------------------------------------------------------------------------------
MAC Address     VLAN/      PEVLAN CEVLAN  Port      Type       LSP/LSR-ID
                VSI/SI                                         MAC-Tunnel
-------------------------------------------------------------------------------
5489-9827-7795  1          -      -       -         blackhole  -
5489-9889-06a5  1          -      -       GE0/0/3   static     -
-------------------------------------------------------------------------------
Total matching items on slot 0 displayed = 2
MAC address table of slot 0:
-------------------------------------------------------------------------------
MAC Address     VLAN/      PEVLAN CEVLAN  Port      Type       LSP/LSR-ID
                VSI/SI                                         MAC-Tunnel
-------------------------------------------------------------------------------
5489-9890-2d3a  1          -      -       GE0/0/1   dynamic    0/-
-------------------------------------------------------------------------------
Total matching items on slot 0 displayed = 1
```

可以看到 PC4 的 MAC 地址类型为静态 MAC 地址。

实验 20-3 配置端口安全

1. 实验环境
为了提高公司的信息安全，将 S1 的用户侧使能端口安全功能，具体需求如下。
（1）将 S1 的 G0/0/1 接口学习的 MAC 地址设置为安全动态 MAC 地址，限制 MAC 地址学习数量为 2，若超过 MAC 地址学习数量则将端口 shutdown。
（2）将 S1 的 G0/0/2 接口设置为安全静态 MAC 地址，限制 MAC 地址学习数量为 1。
（3）将 S1 的 G0/0/3 接口设置为 Sticky MAC 地址，限制 MAC 地址学习数量为 1。

2. 实验目的
掌握交换机端口安全的基本配置。

20

3. 实验拓扑

配置端口安全的实验拓扑如图 20-5 所示。

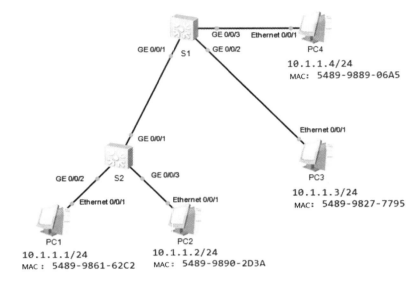

图 20-5　配置端口安全

4. 实验步骤

（1）配置 S1 的 G0/0/1 接口的端口安全。

S1 的配置：

```
<Huawei>system-view
[Huawei]sysname S1
[S1]interface g0/0/1
[S1-GigabitEthernet0/0/1]port-security enable // 开启端口安全功能
[S1-GigabitEthernet0/0/1]port-security max-mac-num 2
 // 配置最大的 MAC 地址学习数量为 2
[S1-GigabitEthernet0/0/1]port-security protect-action shutdown
// 配置安全保护动作为将端口 shutdown
```

使用 PC1、PC2 访问 PC4，查看 S1 的 MAC 地址表。

PC1 访问 PC4：

```
PC1>ping 10.1.1.4
Ping 10.1.1.4: 32 data bytes, Press Ctrl_C to break
From 10.1.1.4: bytes=32 seq=1 ttl=128 time=63 ms
From 10.1.1.4: bytes=32 seq=2 ttl=128 time=78 ms
From 10.1.1.4: bytes=32 seq=3 ttl=128 time=110 ms
From 10.1.1.4: bytes=32 seq=4 ttl=128 time=78 ms
From 10.1.1.4: bytes=32 seq=5 ttl=128 time=79 ms
```

```
--- 10.1.1.4 ping statistics ---
  5 packet(s) transmitted
  5 packet(s) received
  0.00% packet loss
  round-trip min/avg/max = 63/81/110 ms
```

PC2 访问 PC4：

```
PC2>ping 10.1.1.4
Ping 10.1.1.4: 32 data bytes, Press Ctrl_C to break
From 10.1.1.4: bytes=32 seq=1 ttl=128 time=110 ms
From 10.1.1.4: bytes=32 seq=2 ttl=128 time=125 ms
From 10.1.1.4: bytes=32 seq=3 ttl=128 time=47 ms
From 10.1.1.4: bytes=32 seq=4 ttl=128 time=62 ms
From 10.1.1.4: bytes=32 seq=5 ttl=128 time=78 ms
--- 10.1.1.4 ping statistics ---
  5 packet(s) transmitted
  5 packet(s) received
  0.00% packet loss
  round-trip min/avg/max = 47/84/125 ms
```

查看 S1 的 MAC 地址表：

```
[S1]display  mac-address
MAC address table of slot 0:
-------------------------------------------------------------------------------
MAC Address      VLAN/        PEVLAN  CEVLAN  Port       Type       LSP/LSR-ID
                 VSI/SI                                             MAC-Tunnel
-------------------------------------------------------------------------------
5489-9890-2d3a   1            -       -       GE0/0/1    security   -
5489-9861-62c2   1            -       -       GE0/0/1    security   -
-------------------------------------------------------------------------------
Total matching items on slot 0 displayed = 2
MAC address table of slot 0:
-------------------------------------------------------------------------------
MAC Address      VLAN/        PEVLAN  CEVLAN  Port       Type       LSP/LSR-ID
                 VSI/SI                                             MAC-Tunnel
-------------------------------------------------------------------------------
5489-9889-06a5   1            -       -       GE0/0/3    dynamic    0/-
-------------------------------------------------------------------------------
Total matching items on slot 0 displayed = 1
```

可以看到交换机的 G0/0/1 接口学习的 MAC 地址为安全 MAC 地址。此时在 S2 设备上接入一台非法设备，尝试访问 PC4，如图 20-6 所示。

20

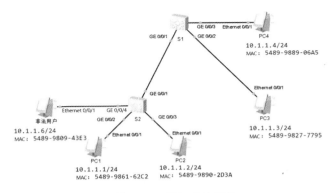

图 20-6 添加非法设备

使用非法用户访问 PC4：

```
PC>ping 10.1.1.4
Ping 10.1.1.4: 32 data bytes, Press Ctrl_C to break
From 10.1.1.6: Destination host unreachable
From 10.1.1.6: Destination host unreachable
From 10.1.1.6: Destination host unreachable
From 10.1.1.6: Destination host unreachable
From 10.1.1.6: Destination host unreachable
--- 10.1.1.4 ping statistics ---
  5 packet(s) transmitted
  0 packet(s) received
  100.00% packet loss
```

可以发现无法通信。在 S1 上查看日志信息，提示如下：

```
Aug 24 2022 11:24:37-08:00 S1 L2IFPPI/4/PORTSEC_ACTION_ALARM:OID 1.3.6.1.4.1.2011.5.
25.42.2.1.7.6 The number of MAC address on interface (6/6) GigabitEthernet0/0/1 reaches
the limit, and the port status is : 3. (1:restrict;2:protect;3:shutdown)
```

提示由于 G0/0/1 接口 MAC 地址的学习数量超过限制的数值，接口被 shutdown。

如果要恢复网络，需要处理攻击者，并且由管理员手动开启接口或者配置自动恢复功能。

（2）配置 S1 的 G0/0/2 接口为安全静态 MAC 地址。

S1 的配置：

```
[S1]interface g0/0/2
[S1-GigabitEthernet0/0/2]port-security enable                    // 使能端口安全功能
[S1-GigabitEthernet0/0/2]port-security mac-address sticky        // 使能 Sticky MAC 功能
[S1-GigabitEthernet0/0/2]port-security mac-address sticky 5489-9827-7795 vlan 1
 // 配置 VLAN 1 的安全静态 MAC 地址
[S1-GigabitEthernet0/0/2]port-security max-mac-num 1
// 配置该接口的最大 MAC 地址的学习数量为 1
```

查看 S1 的 MAC 地址表：

```
[S1]display mac-address
```

```
MAC address table of slot 0:
-----------------------------------------------------------------------------
MAC Address      VLAN/      PEVLAN CEVLAN  Port       Type       LSP/LSR-ID
                 VSI/SI                                          MAC-Tunnel
-----------------------------------------------------------------------------
5489-9827-7795 1            -      -       GE0/0/2    sticky     -
-----------------------------------------------------------------------------
Total matching items on slot 0 displayed = 1
```

可以发现 PC3 即使没有通信，其 MAC 地址也被静态绑定在该接口上，类型为 sticky，并且不会被老化。

（3）配置 S1 的 G0/0/3 接口为 Sticky MAC。

```
[S1]interface g0/0/3
[S1-GigabitEthernet0/0/3]port-security enable
[S1-GigabitEthernet0/0/3]port-security mac-address sticky
[S1-GigabitEthernet0/0/3]port-security max-mac-num 1
```

在 PC4 没通信之前，交换机的 MAC 地址表并没有其 MAC 地址的对应关系。查看 MAC 地址表：

```
[S1]display mac-address
MAC address table of slot 0:
-----------------------------------------------------------------------------
MAC Address      VLAN/      PEVLAN CEVLAN  Port       Type       LSP/LSR-ID
                 VSI/SI                                          MAC-Tunnel
-----------------------------------------------------------------------------
5489-9827-7795  1           -      -       GE0/0/2    sticky     -
-----------------------------------------------------------------------------
Total matching items on slot 0 displayed = 1
```

在 PC4 上访问 PC3：

```
PC4>ping 10.1.1.3
Ping 10.1.1.3: 32 data bytes, Press Ctrl_C to break
From 10.1.1.3: bytes=32 seq=1 ttl=128 time=47 ms
From 10.1.1.3: bytes=32 seq=2 ttl=128 time=46 ms
From 10.1.1.3: bytes=32 seq=3 ttl=128 time=47 ms
From 10.1.1.3: bytes=32 seq=4 ttl=128 time=62 ms
From 10.1.1.3: bytes=32 seq=5 ttl=128 time=63 ms
--- 10.1.1.3 ping statistics ---
  5 packet(s) transmitted
  5 packet(s) received
  0.00% packet loss
  round-trip min/avg/max = 46/53/63 ms
```

20

再次查看 MAC 地址表：

```
[S1]display  mac-address
MAC address table of slot 0:
-----------------------------------------------------------------------------
```

```
MAC Address        VLAN/      PEVLAN CEVLAN   Port            Type        LSP/LSR-ID
                   VSI/SI                                                 MAC-Tunnel
-----------------------------------------------------------------------------------
5489-9827-7795 1   -          -               GE0/0/2         sticky      -
5489-9889-06a5 1   -          -               GE0/0/3         sticky      -
-----------------------------------------------------------------------------------
Total matching items on slot 0 displayed = 2
```

可以看到 G0/0/3 接口学习到的 MAC 地址为 PC4 的 MAC 地址，并且类型为 sticky。

实验 20-4　配置 DHCP Snooping

1. 实验环境

如图 20-7 所示，网络中有一台合法 DHCP 服务器，还有一台非法 DHCP 服务器，合法 DHCP 服务器分配的 IP 地址为 10.1.1.0/24，非法 DHCP 服务器分配的 IP 地址为 192.168.1.0/24。在 SW1 上开启 DHCP Snooping 功能，将连接 DHCP 服务的端口设置为信任接口，实现用户只能通过合法的 DHCP 服务器获取 10.1.1.0/24 网段的 IP。并且将连接终端的接口配置 DHCP Snooping 功能，限制通过此端口学习 IP 地址的最大数量为 1。

2. 实验目的

掌握 DHCP Snooping 的基本配置。

3. 实验拓扑

配置 DHCP Snooping 的实验拓扑如图 20-7 所示。

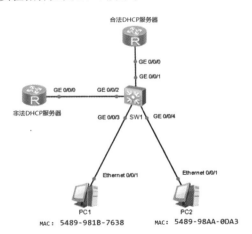

图 20-7　配置 DHCP Snooping

4. 实验步骤

（1）配置合法 DHCP 服务器及非法 DHCP 服务器的 DHCP 功能。

合法 DHCP 服务器的配置：

```
<Huawei>system-view
[Huawei]sysname dhcp sever
```

```
[dhcp sever]dhcp enable
[dhcp sever]interface g0/0/0
[dhcp sever-GigabitEthernet0/0/0]ip address 10.1.1.254 24
[dhcp sever-GigabitEthernet0/0/0]dhcp select interface
```

非法 DHCP 服务器的配置：

```
<Huawei>system-view
[Huawei]sysname Attacker
[Attacker]dhcp enable
[Attacker]interface g0/0/0
[Attacker-GigabitEthernet0/0/0]ip address 192.168.1.254 24
[Attacker-GigabitEthernet0/0/0]dhcp select interface
```

（2）在 SW1 开启 DHCP Snooping 功能，并将连接合法 DHCP 服务器的端口设置为信任接口。
SW1 的配置：

```
<Huawei>system-view
[Huawei]sysname SW1
[SW1]dhcp enable                      // 开启 DHCP 功能
[SW1]dhcp snooping enable             // 开启全局 DHCP Snooping 功能
[SW1]vlan 1
[SW1-vlan1]dhcp snooping enable       // 将 VLAN 1 的所有接口开启 DHCP Snooping 功能
[SW1-vlan1]dhcp snooping trusted interface g0/0/1
// 将 VLAN 1 的 G0/0/1 接口设置为信任接口
```

DHCP Snooping 信任功能将接口分为信任接口和非信任接口。

- 信任接口正常接收 DHCP 服务器响应的 DHCP ACK、DHCP NAK 和 DHCP Offer 报文。
- 设备只将 DHCP 客户端的 DHCP 请求报文通过信任接口发送给合法的 DHCP 服务器，不会向非信任接口转发。
- 非信任接口收到的 DHCP 服务器发送的 DHCP Offer、DHCP ACK、DHCP NAK 报文会直接丢弃。

（3）使用 PC1 和 PC2 获取 IP 地址。

PC1 获取 IP 地址的结果：

```
PC>ipconfig

Link local IPv6 address...........: fe80::5689:98ff:fe1b:7638
IPv6 address.....................: :: / 128
IPv6 gateway.....................: ::
IPv4 address.....................: 10.1.1.253
Subnet mask......................: 255.255.255.0
Gateway..........................: 10.1.1.254
Physical address.................: 54-89-98-1B-76-38
DNS server.......................:
```

20

PC2 获取 IP 地址的结果：

```
PC>ipconfig
```

```
Link local IPv6 address..........: fe80::5689:98ff:feaa:da3
IPv6 address.....................: :: / 128
IPv6 gateway.....................: ::
IPv4 address.....................: 10.1.1.252
Subnet mask......................: 255.255.255.0
Gateway..........................: 10.1.1.254
Physical address.................: 54-89-98-AA-0D-A3
DNS server.......................:
```

可以看到两台 PC 获取的 IP 地址都为合法服务器分配的 IP 地址。

查看 DHCP Snooping 生成的绑定表项：

```
[SW1]display dhcp snooping user-bind all
DHCP Dynamic Bind-table:
Flags:O - outer vlan ,I - inner vlan ,P - map vlan
IP Address     MAC Address      VSI/VLAN(O/I/P)        Interface      Lease
--------------------------------------------------------------------------------
10.1.1.253     5489-981b-7638   1   /-- /--           GE0/0/3        2022.08.25-15:40
10.1.1.252     5489-98aa-0da3   1   /-- /--           GE0/0/4        2022.08.25-15:40
--------------------------------------------------------------------------------
print count:2          total count:2
```

可以看到 SW1 生成了 DHCP Snooping 的绑定表项，包含获取的 IP 地址、设备的 MAC 地址、VLAN、接口编号、租期时间。

（4）在 G0/0/3 接口设置通过 DHCP 获取 IP 地址的最大数量为 1，修改 PC1 的 MAC 地址，模拟网络攻击。

```
[SW1]interface g0/0/3
[SW1-GigabitEthernet0/0/3]dhcp snooping max-user-number 1
```

修改 PC1 的 MAC 地址，重新获取 IP 地址，如图 20-8 所示。

已经修改 PC1 的 MAC 地址为 5489-981B-7611，重新获取 IP 地址，如图 20-9 所示。

图 20-8　修改 PC1 的 MAC 地址

图 20-9　使用 PC1 的命令行测试 IP 地址获取结果

可以看到，已经无法获取 IP 地址了，因为设备发出去的 DHCP 请求报文 MAC 地址与 DHCP Snooping 的绑定表不一致，从而防止 DHCP 饿死攻击。

第 21 章　MPLS 和 MPLS LDP

本章阐述了MPLS、MPLS LDP技术的应用场景、基本配置及工作原理。

本章包含以下内容：
- MPLS基本概念
- MPLS转发流程
- MPLS LDP基本概念
- MPLS LDP工作机制
- MPLS 和MPLS LDP配置实验

21.1　MPLS 和 MPLS LDP 概述

　　MPLS（Multi-Protocol Label Switching，多协议标签交换）是一种 IP 骨干网技术。MPLS 在无连接的 IP 网络上引入面向连接的标签交换概念，将第三层路由技术和第二层交换技术相结合，充分发挥了 IP 路由的灵活性和二层交换的简洁性。LDP（Label Distribution Protocol，标签分发协议）是 MPLS 的一种控制协议，相当于传统网络中的信令协议，负责 FEC（Forwarding Equivdence Class，转发等价类）的分类、标签的分配以及 LSP（Label Switched Path，标签交换路径）的建立和维护等操作。LDP 规定了标签分发过程中的各种消息以及相关处理过程。

21.1.1　MPLS 的基本概念

　　（1）MPLS 域（MPLS Domain）：一系列连续的运行 MPLS 的网络设备构成了一个 MPLS 域。
　　（2）LSR（Label Switching Router，标签交换路由器）：支持 MPLS 的路由器（实际上也指支持 MPLS 的交换机或其他网络设备）。位于 MPLS 域边缘、连接其他网络的 LSR 称为边沿路由器 LER（Label Edge Router），区域内部的 LSR 称为核心 LSR（Core LSR）。
　　除了根据 LSR 在 MPLS 域中的位置进行分类之外，还可以根据对数据处理方式的不同进行分类。
　　① 入站 LSR（Ingress LSR）：通常是向 IP 报文中压入 MPLS 头部并生成 MPLS 报文的 LSR。
　　② 中转 LSR（Transit LSR）：通常是将 MPLS 报文进行标签置换操作，并将报文继续在 MPLS 域中转发的 LSR。
　　③ 出站 LSR（Egress LSR）：通常是将 MPLS 报文中 MPLS 头部移除，还原为 IP 报文的 LSR。
　　MPLS 网络的典型结构如图 21–1 所示。
　　MPLS 将具有相同特征的报文归为一类，称之为 FEC。属于相同 FEC 的报文在转发过程中被 LSR 以相同的方式进行处理。

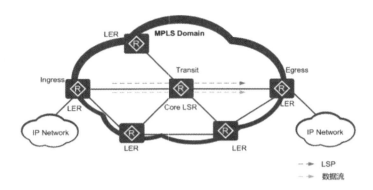

图 21-1　MPLS 网络的典型结构

FEC 可以根据源地址、目的地址、源端口、目的端口、VPN 等要素进行划分。例如，在传统的采用最长匹配算法的 IP 转发中，到同一条路由的所有报文就是一个转发等价类。

LSP 是标签报文穿越 MPLS 域到达目的地的路径。

同一个 FEC 的报文通常采用相同的 LSP 穿越 MPLS 域，所以对同一个 FEC，LSR 总是用相同的标签转发。

标签（Label）是一个短而定长的、只具有本地意义的标识符，用于唯一地标识一个分组所属的 FEC。在某些情况下，如要进行负载分担，对应一个 FEC 可能会有多个标签，但是一台设备上，一个标签只能代表一个 FEC。

MPLS 标签封装结构如图 21-2 所示。

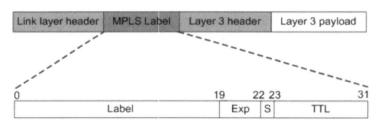

图 21-2　MPLS 标签封装结构

（1）Label：20 比特，为标签值域。

（2）Exp：3 比特，用于扩展。现在通常用作 CoS（Class of Service，区分服务），当设备阻塞时，优先发送级别高的报文。

（3）S：1 比特，栈底标识。MPLS 支持多层标签，即标签嵌套。S 值为 1 时表明是最底层的标签。

（4）TTL: 8 比特，和 IP 报文中的 TTL 意义相同。

21.1.2　MPLS 转发流程

MPLS 基本转发过程中涉及的相关概念如下。

标签操作类型包括标签压入（Push）、标签交换（Swap）和标签弹出（Pop）3 种，它们是标签转发的基本动作。

（1）Push：当 IP 报文进入 MPLS 域时，MPLS 边界设备在报文二层首部和 IP 首部之间插入一个新标签；或者 MPLS 中间设备根据需要，在标签栈顶增加一个新的标签（即标签嵌套封装）。

（2）Swap：当报文在 MPLS 域内转发时，根据标签转发表，用下一跳分配的标签替换 MPLS 报文的栈顶标签。

（3）Pop：当报文离开 MPLS 域时，将 MPLS 报文的标签剥掉。

在最后一跳节点，标签已经没有使用价值了。这种情况下，可以利用倒数第二跳弹出特性 PHP（Penultimate Hop Popping），在倒数第二跳节点处将标签弹出，减少最后一跳的负担。最后一跳节点直接进行 IP 转发或者下一层标签转发。

默认情况下，设备支持 PHP 特性，支持 PHP 的 Egress 节点分配给倒数第二跳节点的标签值为 3。MPLS 的基本转发过程如图 21-3 所示。

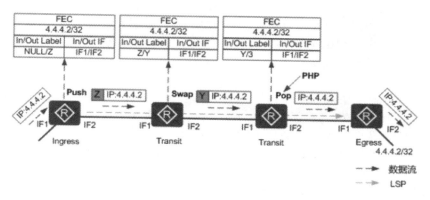

图 21-3　MPLS 的基本转发过程

21.1.3　MPLS LDP 的基本概念

LDP 的基本概念包括以下几点。

1. LDP 对等体

LDP 对等体是指相互之间存在 LDP 会话、使用 LDP 来交换标签消息的两个 LSR。LDP 对等体通过它们之间的 LDP 会话获得对方的标签。

2. LDP 邻接体

当一台 LSR 接收到对端发送过来的 Hello 消息后，LDP 邻接体建立。LDP 邻接体有以下两种类型。

（1）本地邻接体（Local Adjacency）：以组播形式发送 Hello 消息（即链路 Hello 消息）发现的邻接体叫作本地邻接体。

（2）远端邻接体（Remote Adjacency）：以单播形式发送 Hello 消息（即目标 Hello 消息）发现的邻接体叫作远端邻接体。

LDP 通过邻接体来维护对等体的存在，对等体的类型取决于维护它的邻接体的类型。一个对等体可以由多个邻接体来维护，如果由本地邻接体和远端邻接体两者来维护，则对等体类型为本远共存对等体。

3. LDP 会话

LDP 会话用于 LSR 之间交换标签映射、释放等消息。只有存在对等体才能建立 LDP 会话，LDP 会话分为以下两种类型。

（1）本地 LDP 会话（Local LDP Session）：建立会话的两个 LSR 之间是直连的。

（2）远端 LDP 会话（Remote LDP Session）：建立会话的两个 LSR 之间可以是直连的，也可以是非直连的。

本地 LDP 会话和远端 LDP 会话可以共存。

21.1.4　MPLS LDP 工作机制

1. LDP 发现机制

LDP 发现机制用于 LSR 发现潜在的 LDP 对等体。LDP 有以下两种发现机制。

（1）基本发现机制：用于发现链路上直连的 LSR。

LSR 通过周期性地发送 LDP 链路 Hello 消息（LDP Link Hello），实现 LDP 基本发现机制，建立本地 LDP 会话。

LDP 链路 Hello 消息使用 UDP 报文，目的地址是组播地址 224.0.0.2。如果 LSR 在特定接口接收到 LDP 链路 Hello 消息，则表明该接口存在 LDP 对等体。

（2）扩展发现机制：用于发现链路上的非直连 LSR。

LSR 周期性地发送 LDP 目标 Hello 消息（LDP Targeted Hello）到指定 IP 地址，实现 LDP 扩展发现机制，建立远端 LDP 会话。

LDP 目标 Hello 消息使用 UDP 报文，目的地址是指定 IP 地址。如果 LSR 接收到 LDP 目标 Hello 消息，表明该 LSR 存在 LDP 对等体。

2. LDP 会话的建立过程

两台 LSR 之间交换 Hello 消息触发 LDP 会话的建立。LDP 的会话建立过程如图 21-4 所示。

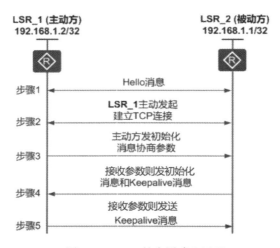

图 21-4　LDP 的会话建立过程

21

（1）两个 LSR 之间互相发送 Hello 消息。

（2）Hello 消息中携带传输地址（即设备的 IP 地址），双方使用传输地址建立 LDP 会话。

（3）传输地址较大的一方作为主动方，发起建立 TCP 的连接。

（4）如图 21-4 所示，LSR_1 作为主动方发起建立 TCP 的连接，LSR_2 作为被动方等待对方发起连接。

（5）TCP 连接建立成功后，由主动方 LSR_1 发送初始化消息，协商建立 LDP 会话的相关参数。

（6）LDP 会话的相关参数包括 LDP 协议版本、标签分发方式、Keepalive 保持定时器的值、最大 PDU 长度和标签空间等。

（7）被动方 LSR_2 收到初始化消息后，接收相关参数，则发送初始化消息，同时发送 Keepalive 消息给主动方 LSR_1。

（8）如果被动方 LSR_2 不能接收相关参数，则发送 Notification 消息终止 LDP 会话的建立。

（9）初始化消息中包括 LDP 协议版本、标签分发方式、Keepalive 保持定时器的值、最大 PDU 长度和标签空间等。

（10）主动方 LSR_1 收到初始化消息后，接收相关参数，则发送 Keepalive 消息给被动方 LSR_2。

（11）如果主动方 LSR_1 不能接收相关参数，则发送 Notification 消息给被动方 LSR_2 终止 LDP 会话的建立。

3. 标签的发布和管理

在 MPLS 网络中，下游 LSR 决定标签与 FEC 的绑定关系，并将这种绑定关系发布给上游 LSR。

LDP 通过发送标签请求和标签映射消息，在 LDP 对等体之间通告 FEC 和标签的绑定关系来建立 LSP。

标签的发布和管理由标签发布方式、标签分配控制方式和标签保持方式来决定，见表 21-1。

表 21-1　标签的发布和管理方式

内　容	名　称	默　认	含　义
标签发布方式（Label Advertisement Mode）	下游自主方式（DU）	是	对于一个特定的 FEC，LSR 无须从上游获得标签请求消息即进行标签的分配与分发
	下游按需方式（DoD）	否	对于一个特定的 FEC，LSR 获得标签请求消息之后才进行标签的分配与分发
标签分配控制方式（Label Distribution Control Mode）	独立方式（Independent）	否	本地 LSR 可以自主地分配一个标签绑定到某个 FEC，并通告给上游 LSR，而无须等待下游的标签
	有序方式（Ordered）	是	对于 LSR 上某个 FEC 的标签映射，只有当该 LSR 已经具有此 FEC 下一跳的标签映射消息，或者该 LSR 就是此 FEC 的出节点时，该 LSR 才可以向上游发送此 FEC 的标签映射
标签保持方式（Label Retention Mode）	自由方式（Liberal）	是	对于从邻居 LSR 收到的标签映射，无论邻居 LSR 是不是自己的下一跳都保留
	保守方式（Conservative）	否	对于从邻居 LSR 收到的标签映射，只有当邻居 LSR 是自己的下一跳时才保留

21.2 MPLS 和 MPLS LDP 配置实验

实验 21-1 配置 MPLS 的静态 LSP

1. 实验环境

IP 地址如图 21-5 所示，每台设备配置一个环回口，IP 地址为 x.x.x.x/32，如 AR1 的 IP 地址为 1.1.1.1/32。全网的 IGP 运行 OSPF，并且按照 FEC 的标签规划配置静态 ISP，实现 AR1 的 1.1.1.1/32 使用 MPLS LSP 隧道访问 AR3 的 3.3.3.3/32。

2. 实验目的

（1）掌握 MPLS 静态 LSP 的配置方法。

（2）掌握 MPLS 网络中数据通信的过程。

3. 实验拓扑

配置 MPLS 的静态 LSP 的实验拓扑如图 21-5 所示。

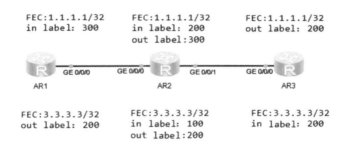

图 21-5 配置 MPLS 的静态 LSP

4. 实验步骤

（1）配置接口 IP 地址，IP 地址规划见表 21-2。

表 21-2 配置 MPLS 的静态 LSP 实验 IP 地址规划

接 口	IP
AR1 G0/0/0	12.1.1.1/24
AR1 LoopBack 0	1.1.1.1/32
AR2 G0/0/0	12.1.1.2/24
AR2 G0/0/1	23.1.1.1/24
AR2 LoopBack 0	2.2.2.2/32
AR3 g0/0/0	23.1.1.2/24
AR3 LoopBack 0	3.3.3.3/32

（2）配置 OSPF。

AR1 的配置：

```
[AR1]ospf
[AR1-ospf-1]area 0
[AR1-ospf-1-area-0.0.0.0]network 1.1.1.1 0.0.0.0
[AR1-ospf-1-area-0.0.0.0]network 12.1.1.0 0.0.0.255
```

AR2 的配置：

```
[AR2]ospf
[AR2-ospf-1]area 0
[AR2-ospf-1-area-0.0.0.0]network 12.1.1.0 0.0.0.255
[AR2-ospf-1-area-0.0.0.0]network 1.1.1.1 0.0.0.0
[AR2-ospf-1-area-0.0.0.0]network 23.1.1.0 0.0.0.255
```

AR3 的配置：

```
[AR3]ospf
[AR3-ospf-1]area 0
[AR3-ospf-1-area-0.0.0.0]network 23.1.1.0 0.0.0.255
[AR3-ospf-1-area-0.0.0.0]network 3.3.3.3 0.0.0.0
```

（3）配置静态 LSP。

① 配置使能接口及全局的 MPLS 功能。

AR1 的配置：

```
[AR1]mpls lsr-id 1.1.1.1                        // 配置设备的 LSR-ID 为环回口的地址 1.1.1.1
[AR1]mpls                                        // 全局开启 MPLS 功能
[AR1]interface g0/0/0
[AR1-GigabitEthernet0/0/0]mpls                   // 接口开启 MPLS 功能
```

AR2 的配置：

```
[AR2]mpls lsr-id 2.2.2.2
[AR2]mpls
[AR2]interface g0/0/0
[AR2-GigabitEthernet0/0/0]mpls
[AR2]interface g0/0/1
[AR2-GigabitEthernet0/0/1]mpls
```

AR3 的配置：

```
[AR3]mpls lsr-id 3.3.3.3
[AR3]mpls
[AR3]interface g0/0/0
[AR3-GigabitEthernet0/0/0]mpls
```

② 配置 FEC 为 3.3.3.3 的静态 LSP。
AR1 的配置：

```
[AR1]static-lsp ingress 1-3 destination 3.3.3.3 32 nexthop 12.1.1.2 outgoing-interface
    g0/0/0 out-label 200
// 配置 AR1 为去往 FEC 3.3.3.3/32 的 ingress（入站 LSR），静态 LSP 命名为 1-3，下一跳地址为
// 12.1.1.2，出接口为 G0/0/0，出标签为 200
```

查看 MPLS LSP：

```
<AR1>display mpls lsp
-------------------------------------------------------------------------
                 LSP Information: STATIC LSP
-------------------------------------------------------------------------
FEC              In/Out Label    In/Out IF                Vrf Name
3.3.3.3/32       NULL/200        -/GE0/0/0
```

可以看到，LSP Information: STATIC LSP 表示此 LSP 为静态 LSP，当设备在发送目标网段为 3.3.3.3/32 的数据时，从 G0/0/0 接口转发，出标签为 200。
AR2 的配置：

```
[AR2]static-lsp transit 1-3 incoming-interface g0/0/0 in-label 200 nexthop 23.1.1.2
    out-label 100
// 配置 AR2 为去往 FEC 3.3.3.3/32 的 transit（中转 LSR），静态 LSP 命名为 1-3，入接口为 G0/0/0，
// 入标签为 200，下一跳地址为 23.1.1.2，出标签为 100
[AR2]display mpls  lsp
-------------------------------------------------------------------------
                 LSP Information: STATIC LSP
-------------------------------------------------------------------------
FEC              In/Out Label    In/Out IF                Vrf Name
-/-              200/100         GE0/0/0/GE0/0/1
```

以上信息表示，AR2 在 G0/0/0 接口收到标签为 200 的数据，则发往 G0/0/1 接口，并添加标签 100。
AR3 的配置：

```
[AR3]static-lsp egress 1-3 incoming-interface g0/0/0 in-label 100
// 配置 AR3 为 FEC 3.3.3.3/32 的 egress（出站 LSR），静态 LSP 命名为 1-3，入接口为 G0/0/0，入标签为 100
[AR3]display mpls lsp
-------------------------------------------------------------------------
                 LSP Information: STATIC LSP
-------------------------------------------------------------------------
FEC              In/Out Label    In/Out IF                Vrf Name
-/-              100/NULL        GE0/0/0/-
```

以上信息表示，AR3 在 G0/0/0 接口收到标签为 100 的数据，则剥离标签。
③ 在 AR1 上测试，并且在 G0/0/0 接口抓包查看数据特征。
图 21-6 所示为 1.1.1.1 发送 3.3.3.3 的抓包结果，可以看到在发送时添加了标签 200。

21

```
> Frame 5: 102 bytes on wire (816 bits), 102 bytes captured (816 bits) on interface -, id 0
> Ethernet II, Src: HuaweiTe_4f:36:ee (00:e0:fc:4f:36:ee), Dst: HuaweiTe_e5:0c:69 (00:e0:fc:e5:0c:69)
> MultiProtocol Label Switching Header, Label: 200, Exp: 0, S: 1, TTL: 255
> Internet Protocol Version 4, Src: 1.1.1.1, Dst: 3.3.3.3
> Internet Control Message Protocol
```

图 21-6　AR1 的 G0/0/0 接口抓包结果（1）

图 21-7 所示为 3.3.3.3 回复 1.1.1.1 的抓包结果，可以看到回复的报文并没有添加标签，因此现在还只是一个单向的隧道。

```
> Frame 6: 98 bytes on wire (784 bits), 98 bytes captured (784 bits) on interface -, id 0
> Ethernet II, Src: HuaweiTe_e5:0c:69 (00:e0:fc:e5:0c:69), Dst: HuaweiTe_4f:36:ee (00:e0:fc:4f:36:ee)
> Internet Protocol Version 4, Src: 3.3.3.3, Dst: 1.1.1.1
> Internet Control Message Protocol
```

图 21-7　AR1 的 G0/0/0 接口抓包结果（2）

（4）配置 FEC 为 1.1.1.1 的静态 LSP。

AR3 的配置：

```
[AR3]static-lsp ingress 3-1 destination 1.1.1.1 32 nexthop 23.1.1.1 out-label 100
```

AR2 的配置：

```
[AR2]static-lsp transit 3-1 incoming-interface g0/0/1 in-label 100 nexthop 12.1.1.1
    out-label 300
```

AR1 的配置：

```
[AR1]static-lsp egress 3-1 incoming-interface g0/0/0 in-label 300
```

图 21-8 所示为再次在 AR1 上使用 ping 命令测试 3.3.3.3，查看抓包结果。

```
> Frame 291: 102 bytes on wire (816 bits), 102 bytes captured (816 bits) on interface -, id 0
> Ethernet II, Src: HuaweiTe_4f:36:ee (00:e0:fc:4f:36:ee), Dst: HuaweiTe_e5:0c:69 (00:e0:fc:e5:0c:69)
> MultiProtocol Label Switching Header, Label: 200, Exp: 0, S: 1, TTL: 255
> Internet Protocol Version 4, Src: 1.1.1.1, Dst: 3.3.3.3
> Internet Control Message Protocol
```

图 21-8　AR1 的 G0/0/0 接口抓包结果（3）

如图 21-9 所示，可以看到来回的报文都添加了对应的标签，迭代进入静态的 LSP 隧道。

```
> Frame 292: 102 bytes on wire (816 bits), 102 bytes captured (816 bits) on interface -, id 0
> Ethernet II, Src: HuaweiTe_e5:0c:69 (00:e0:fc:e5:0c:69), Dst: HuaweiTe_4f:36:ee (00:e0:fc:4f:36:ee)
> MultiProtocol Label Switching Header, Label: 300, Exp: 0, S: 1, TTL: 254
> Internet Protocol Version 4, Src: 3.3.3.3, Dst: 1.1.1.1
> Internet Control Message Protocol
```

图 21-9　AR1 的 G0/0/0 接口抓包结果（4）

实验 21-2　配置 MPLS LDP

1. 实验环境

如图 21-10 所示，四台路由器都运行 OSPF 协议，通过配置 MPLS LDP，使设备的环回口都通过 MPLS 通信。

2. 实验目的

掌握 MPLS LDP 的基本配置。

3. 实验拓扑

配置 MPLS LDP 的实验拓扑如图 21–10 所示。

图 21–10 配置 MPLS LDP

4. 实验步骤

（1）配置接口 IP 地址，IP 地址规划见表 21–3。

表 21–3 配置 MPLS LDP 实验 IP 地址规划

接　口	IP
AR1 G0/0/0	12.1.1.1/24
AR1 LoopBack 0	1.1.1.1/32
AR2 G0/0/0	12.1.1.2/24
AR2 G0/0/1	23.1.1.1/24
AR2 LoopBack 0	2.2.2.2/32
AR3 g0/0/0	23.1.1.2/24
AR3 LoopBack 0	3.3.3.3/32
AR3 G0/0/1	34.1.1.1/24
AR4 G0/0/0	34.1.1.2/24
AR4 LoopBack 0	4.4.4.4/32

（2）全网运行 OSPF 协议。

AR1 的配置：

```
[AR1]ospf
[AR1-ospf-1]area 0
[AR1-ospf-1-area-0.0.0.0]network 1.1.1.1 0.0.0.0
[AR1-ospf-1-area-0.0.0.0]network 12.1.1.0 0.0.0.255
```

AR2 的配置：

```
[AR2]ospf
[AR2-ospf-1]area 0
[AR2-ospf-1-area-0.0.0.0]network 2.2.2.2 0.0.0.0
[AR2-ospf-1-area-0.0.0.0]network 12.1.1.0 0.0.0.255
[AR2-ospf-1-area-0.0.0.0]network 23.1.1.1 0.0.0.255
```

AR3 的配置：

```
[AR3]ospf
[AR3-ospf-1]area 0
[AR3-ospf-1-area-0.0.0.0]network 3.3.3.3 0.0.0.0
[AR3-ospf-1-area-0.0.0.0]network 34.1.1.0 0.0.0.255
[AR3-ospf-1-area-0.0.0.0]network 23.1.1.0 0.0.0.255
```

AR4 的配置：

```
[AR4]ospf
[AR4-ospf-1]area 0
[AR4-ospf-1-area-0.0.0.0]network 4.4.4.4 0.0.0.0
[AR4-ospf-1-area-0.0.0.0]network 34.1.1.0 0.0.0.255
```

（3）配置 MPLS LDP。

AR1 的配置：

```
[AR1]mpls lsr-id 1.1.1.1                        // 配置 MPLS LSR-ID
[AR1]mpls                                       // 全局开启 MPLS
[AR1-mpls]q
[AR1]mpls ldp                                   // 全局开启 MPLS LDP
[AR1]interface g0/0/0
[AR1-GigabitEthernet0/0/0]mpls                  // 接口开启 MPLS
[AR1-GigabitEthernet0/0/0]mpls ldp             // 接口开启 MLPS LDP
```

AR2 的配置：

```
[AR2]mpls lsr-id 2.2.2.2
[AR2]mpls
[AR2-mpls]mpls ldp
[AR2-mpls-ldp]quit
[AR2]interface g0/0/0
[AR2-GigabitEthernet0/0/0]mpls
[AR2-GigabitEthernet0/0/0]mpls ldp
[AR2]interface g0/0/1
[AR2-GigabitEthernet0/0/1]mpls
[AR2-GigabitEthernet0/0/1]mpls ldp
```

AR3 的配置：

```
[AR3]mpls lsr-id 3.3.3.3
[AR3]mpls
[AR3-mpls]mpls ldp
[AR3-mpls-ldp]quit
[AR3]interface g0/0/0
[AR3-GigabitEthernet0/0/0]mpls
[AR3-GigabitEthernet0/0/0]mpls ldp
[AR3]interface g0/0/1
```

```
[AR3-GigabitEthernet0/0/1]mpls
[AR3-GigabitEthernet0/0/1]mpls ldp
```

AR4 的配置：

```
[AR4]mpls lsr-id 4.4.4.4
[AR4]mpls
[AR4-mpls]mpls ldp
[AR4-mpls-ldp]quit
[AR4]interface g0/0/0
[AR4-GigabitEthernet0/0/0]mpls
[AR4-GigabitEthernet0/0/0]mpls ldp
```

（4）查看 AR1 的 LDP 会话建立情况。

```
[AR1]display mpls ldp session
 LDP Session(s) in Public Network
 Codes: LAM(Label Advertisement Mode), SsnAge Unit(DDDD:HH:MM)
 A '*' before a session means the session is being deleted.
 ------------------------------------------------------------------------
 PeerID            Status       LAM   SsnRole  SsnAge      KASent/Rcv
 ------------------------------------------------------------------------
 2.2.2.2:0         Operational  DU    Passive  0000:00:03  13/13
 ------------------------------------------------------------------------
 TOTAL: 1 session(s) Found.
```

可以看到，AR1 和 2.2.2.2（AR2）建立了 LDP 会话关系。

其中，PeerID 表示对等体的 LDP 标识符，格式为 <LSR ID>:< 标签空间 >。标签空间取值如下。

● "0" 表示全局标签空间。

● "1" 表示接口标签空间。

● Status 为 Operational 表示 LDP 会话建立成功。

● LAM 为 DU 表示标签的分发方式为下游自主。

（5）查看 LDP 动态建立的 LSP。

```
[AR1]display mpls lsp
--------------------------------------------------------------------------------
                  LSP Information: LDP LSP
--------------------------------------------------------------------------------
FEC              In/Out Label   In/Out IF                Vrf Name
1.1.1.1/32       3/NULL         -/-
2.2.2.2/32       NULL/3         -/GE0/0/0
2.2.2.2/32       1024/3         -/GE0/0/0
3.3.3.3/32       NULL/1025      -/GE0/0/0
3.3.3.3/32       1025/1025      -/GE0/0/0
4.4.4.4/32       NULL/1026      -/GE0/0/0
4.4.4.4/32       1026/1026      -/GE0/0/0
```

可以看到，设备为每一个 32 位的主机地址分配了标签，并且动态地建立了 LSP 隧道。以 3.3.3.3/32

这条 FEC 为例，FEC 为 3.3.3.3/32、In/Out Label 为 1025/1025、In/Out IF 为 –/GE0/0/0，表示当设备收到目标 IP 为 3.3.3.3 的数据时，入标签为 1025，则将标签交换 1025 并且从 G0/0/0 接口转发出去。

（6）使用 AR1 测试 3.3.3.3 的连通性，并且在 AR1 的 G0/0/0 接口抓包查看结果。

```
[AR1]ping -a 1.1.1.1 3.3.3.3
  PING 3.3.3.3: 56  data bytes, press CTRL_C to break
    Reply from 3.3.3.3: bytes=56 Sequence=1 ttl=254 time=40 ms
    Reply from 3.3.3.3: bytes=56 Sequence=2 ttl=254 time=20 ms
    Reply from 3.3.3.3: bytes=56 Sequence=3 ttl=254 time=20 ms
    Reply from 3.3.3.3: bytes=56 Sequence=4 ttl=254 time=20 ms
    Reply from 3.3.3.3: bytes=56 Sequence=5 ttl=254 time=30 ms
  --- 3.3.3.3 ping statistics ---
    5 packet(s) transmitted
    5 packet(s) received
    0.00% packet loss
    round-trip min/avg/max = 20/26/40 ms
```

如图 21-11 所示，通过抓包结果可以发现，AR1 访问 3.3.3.3 时，设备会查看 MPLS LSP，MPLS LSP 中的出标签为 1025，因此设备在发送数据时会为数据包封装一层 MPLS 头部，并且携带标签为 1025。当下一跳设备收到该报文时，就可以直接通过标签转发，而不需要再查询路由表。

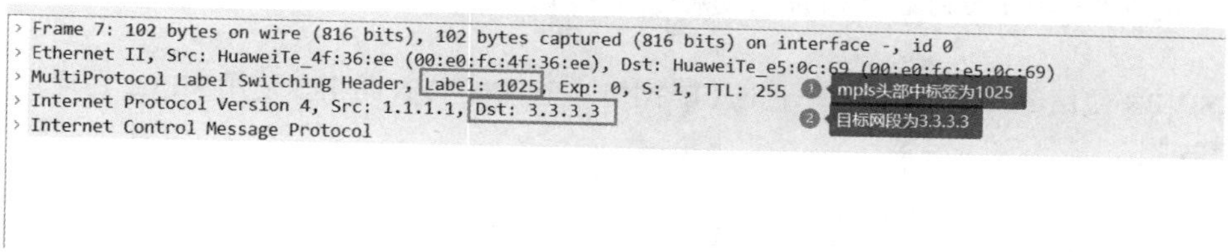

图 21-11 AR1 的 G0/0/0 接口抓包结果

第 22 章　MPLS VPN

本章阐述了MPLS VPN技术的应用场景、基本配置以及工作原理。

本章包含以下内容：
- MPLS VPN网络框架
- MPLS VPN路由交互
- MPLS VPN报文转发过程
- MPLS VPN配置实验

22.1　MPLS VPN 概述

BGP/MPLS IP VPN 网络一般由运营商搭建，VPN 用户购买 VPN 服务来实现用户网络之间的路由传递、数据互通等。BGP/MPLS IP VPN 又被简称为 MPLS VPN，是一种常见的 L3VPN（Layer 3 VPN）技术。

MPLS VPN 使用 BGP 在运营商骨干网（IP 网络）上发布 VPN 路由，使用 MPLS 在运营商骨干网上转发 VPN 报文。

22.1.1　MPLS VPN 网络框架

MPLS VPN 的网络框架如图 22–1 所示，由三部分组成：CE（Customer Edge，用户网络的边缘设备）、PE（Provider Edge，服务提供商网络的边缘设备）和 P（Provider，服务提供商网络的骨干设备），其中 PE 和 P 是运营商设备，CE 是 MPLS VPN 用户设备。

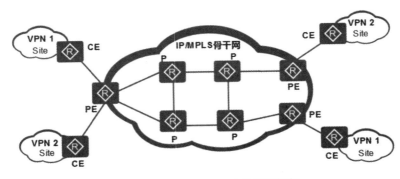

图 22–1　MPLS VPN 的网络框架

1. MPLS VPN 网络框架的设备简介

（1）CE：用户网络的边缘设备，有接口直接与服务提供商网络相连。CE 可以是路由器或交换机，也可以是一台主机。通常情况下，CE"感知"不到 VPN 的存在，也不需要支持 MPLS。

（2）PE：是服务提供商网络的边缘设备，与 CE 直接相连。在 MPLS 网络中，对 VPN 的所有处理都发生在 PE 上，因此对 PE 的性能要求较高。

（3）P：服务提供商网络的骨干设备，不与 CE 直接相连。P 设备只需要具备基本的 MPLS 转发能力，不需要维护 VPN 信息。

2. MPLS 的技术架构

MPLS VPN 不是单一的一种 VPN 技术，它是多种技术结合的综合解决方案，主要包含下列技术。

（1）MP-BGP：负责在 PE 与 PE 之间传递站点内的路由信息。

（2）LDP：负责建立 PE 与 PE 之间的隧道。

（3）VRF：负责 PE 的 VPN 用户管理。

22.1.2　MPLS VPN 路由交互

MPLS VPN 的路由交互过程如图 22-2 所示。

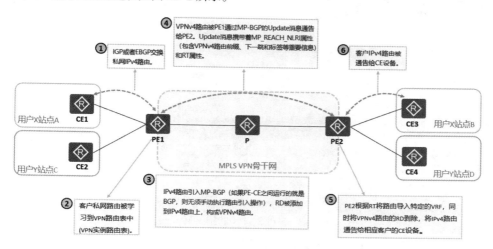

图 22-2　MPLS VPN 的路由交互过程

（1）CE 和 PE 之间：CE 和 PE 之间可以使用静态路由、OSPF、IS-IS 或 BGP 交换路由信息。无论使用哪种路由协议，CE 和 PE 之间交换的都是标准的 IPv4 路由。

（2）PE 和 PE 之间：PE 之间使用 MP-BGP 传递 VPNv4 路由信息。需要注意以下几个问题。

① 不同站点之间需要把私网路由传递给 PE，可能出现地址重叠的问题，需要使用 VRF 技术将 CE 发送过来的路由存储到不同的 VPN 实例路由表中，解决地址重叠问题。

② PE 收到不同 VPN 的 CE 发来的 IPv4 地址前缀，本地根据 VPN 实例配置来区分这些地址前缀。但是 VPN 实例只是一个本地的概念，PE 无法将 VPN 实例信息传递到对端 PE，需要使用 RD（路由标识符）区分不同 CE 发送的路由，IPv4 路由前缀 +RD=VPNv4 路由。

③ MP-BGP 将 VPNv4 传递到远端 PE 之后，远端 PE 需要将 VPNv4 路由导入正确的 VPN 实例。

MPLS VPN 使用 BGP 扩展团体属性 VPN Target（也称为 Route Target）控制 VPN 路由信息的发布与接收。本地 PE 在发布 VPNv4 路由前附上 RT 属性，对端 PE 在接收到 VPNv4 路由后根据 RT 将路由导入对应的 VPN 实例。

在 PE 上，每个 VPN 实例都会与一个或多个 VPN Target 属性绑定，有两类 VPN Target 属性。

（1）Export Target（ERT）：本地 PE 从直接相连站点学习到 IPv4 路由后，转换为 VPN IPv4 路由，并为这些路由添加 Export Target 属性。Export Target 属性作为 BGP 的扩展团体属性随路由发布。

（2）Import Target（IRT）：PE 收到其他 PE 发布的 VPN IPv4 路由时，检查其 Export Target 属性。当此属性与 PE 上某个 VPN 实例的 Import Target 匹配时，PE 就把路由加入该 VPN 实例的路由表。

22.1.3　MPLS VPN 报文转发过程

MPLS VPN 的报文转发过程如图 22-3 所示。

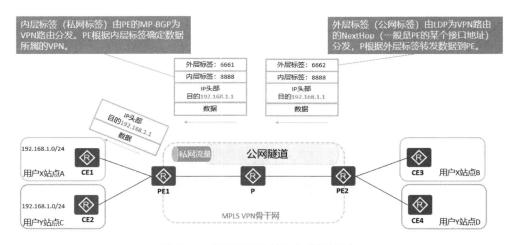

图 22-3　MPLS VPN 的报文转发过程

（1）CE 给本端 PE 发送普通的 IPv4 报文。

（2）本端 PE 发送给 P 设备。

① 根据报文入接口找到 VPN 实例，查找对应 VPN 的转发表。

② 匹配目的 IPv4 前缀，并添加对应的内层标签（由 MP-BGP 分配）。

③ 根据下一跳地址，查找对应的 Tunnel-ID。

④ 将报文从隧道发送出去，即添加外层标签（由 LDP 分配）。

（3）P 设备转发报文：查看外层标签并且进行标签交换，把报文交给远端 PE。

（4）远端 PE 收到报文。

① 收到携带两层标签的报文，交给 MPLS 处理，MPLS 协议将去掉外层标签。

② 继续处理内层标签：根据内层标签确定对应的下一跳，并将内层标签剥离后，发送纯 IPv4 报文给远端 CE。

22.2 MPLS VPN 配置实验

实验 22-1 配置 MPLS VPN 基本组网——Intranet

扫一扫，看视频

1. 实验环境

CE1 和 CE2 属于 VPN1、CE3 和 CE4 属于 VPN2。要求 VPN1 的 RD 值配置为 100:1，RT 值配置为 100:1 both；VPN2 的 RD 值配置为 200:1，RT 值配置为 200:1 both。最终要求 CE1 能访问 CE2、CE3 能访问 CE4。

（1）配置互联 IP 地址如图 22-4 所示，每个设备配置对应的环回口。

（2）CE1、CE2 与 PE 设备之间运行 OSPF 协议。CE3、CE4 与 PE 设备之间运行 BGP 协议。

（3）ISP 内部的 IGP 协议选择 OSPF，并且运行 MPLS-LDP，建立 LSP 隧道。PE1 和 PE2 建立 MP-BGP 邻居关系，传递私网路由。

2. 实验目的

（1）掌握 MPLS VPN 的基本配置方法。

（2）熟悉 MPLS VPN 中 VPNv4 路由传递的过程。

（3）熟悉 MPLS VPN 中数据传递的过程。

3. 实验拓扑

配置 MPLS VPN 基本组网——Intranet 的实验拓扑如图 22-4 所示。

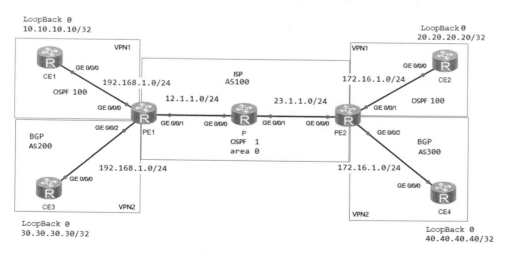

图 22-4 配置 MPLS VPN 基本组网——Intranet

4. 实验步骤

（1）配置接口 IP 地址，IP 地址规划见表 22-1。接口属于 VPN 实例的 IP 地址之后再进行配置。

表 22-1　配置 MPLS VPN 基本组网——Intranet 实验 IP 地址规划

设备名称	接口编号	IP 地址	所属 VPN 实例
PE1	G0/0/1	12.1.1.1/24	
PE1	G0/0/0	192.168.1.1/24	VPN1
PE1	G0/0/2	192.168.1.1/24	VPN2
PE1	LoopBack 0	1.1.1.1/32	
P	G0/0/0	12.1.1.2/24	
P	G0/0/1	23.1.1.1/24	
P	LoopBack 0	2.2.2.2/32	
PE2	G0/0/0	23.1.1.2/24	
PE2	G0/0/1	172.16.1.1/24	VPN1
PE2	G0/0/2	172.16.1.1/24	VPN2
PE2	LoopBack 0	3.3.3.3/32	
CE1	G0/0/0	192.168.1.2/24	
CE1	LoopBack 0	10.10.10.10/32	
CE3	G0/0/0	192.168.1.2/24	
CE3	LoopBack 0	30.30.30.30/32	
CE2	G0/0/0	172.16.1.2/24	
CE2	LoopBack 0	20.20.20.20/32	
CE4	G0/0/0	172.16.1.2/24	
CE4	LoopBack 0	40.40.40.40/32	

（2）配置 ISP 内部的 OSPF 协议。
PE1 的配置：

```
[PE1]ospf
[PE1-ospf-1]area 0
[PE1-ospf-1-area-0.0.0.0]network 12.1.1.0 0.0.0.255
[PE1-ospf-1-area-0.0.0.0]network 1.1.1.1 0.0.0.0
```

P 的配置：

```
[P]ospf
[P-ospf-1]area 0
[P-ospf-1-area-0.0.0.0]network 2.2.2.2 0.0.0.0
[P-ospf-1-area-0.0.0.0]network 12.1.1.0 0.0.0.255
[P-ospf-1-area-0.0.0.0]network 23.1.1.0 0.0.0.255
```

PE2 的配置：

```
[PE2]ospf
[PE2-ospf-1]area 0
```

```
[PE2-ospf-1-area-0.0.0.0]network 23.1.1.0 0.0.0.255
[PE2-ospf-1-area-0.0.0.0]network 3.3.3.3 0.0.0.0
```

（3）查看 PE1 是否有 ISP 内部路由。

```
[PE1]display ip routing-table
Route Flags: R - relay, D - download to fib
------------------------------------------------------------------------------
Routing Tables: Public
         Destinations: 11        Routes: 11
Destination/Mask      Proto    Pre  Cost   Flags  NextHop        Interface
1.1.1.1/32            Direct   0    0      D      127.0.0.1      LoopBack0
2.2.2.2/32            OSPF     10   1      D      12.1.1.2       GigabitEthernet0/0/1
3.3.3.3/32            OSPF     10   2      D      12.1.1.2       GigabitEthernet0/0/1
12.1.1.0/24           Direct   0    0      D      12.1.1.1       GigabitEthernet0/0/1
12.1.1.1/32           Direct   0    0      D      127.0.0.1      GigabitEthernet0/0/1
12.1.1.255/32         Direct   0    0      D      127.0.0.1      GigabitEthernet0/0/1
23.1.1.0/24           OSPF     10   2      D      12.1.1.2       GigabitEthernet0/0/1
127.0.0.0/8           Direct   0    0      D      127.0.0.1      InLoopBack0
127.0.0.1/32          Direct   0    0      D      127.0.0.1      InLoopBack0
127.255.255.255/32    Direct   0    0      D      127.0.0.1      InLoopBack0
255.255.255.255/32    Direct   0    0      D      127.0.0.1      InLoopBack0
```

可以看到 PE1 设备有 ISP 内部的路由。

（4）配置 ISP 内部的 MPLS 及 MPLS LDP，建立公网的 LSP 隧道。

PE1 的配置：

```
[PE1]mpls lsr-id 1.1.1.1
[PE1]mpls
[PE1]mpls ldp
[PE1-mpls-ldp]quit
[PE1]interface g0/0/1
[PE1-GigabitEthernet0/0/1]mpls
[PE1-GigabitEthernet0/0/1]mpls ldp
```

P 的配置：

```
[P]mpls lsr-id 2.2.2.2
[P]mpls
[P]mpls ldp
[P-mpls-ldp]quit
[P]interface g0/0/1
[P-GigabitEthernet0/0/1]mpls
[P-GigabitEthernet0/0/1]mpls ldp
[P]interface g0/0/0
[P-GigabitEthernet0/0/0]mpls
[P-GigabitEthernet0/0/0]mpls ldp
```

PE2 的配置：

```
[PE2]mpls lsr-id 3.3.3.3
```

```
[PE2]mpls
[PE2]mpls ldp
[PE2-mpls-ldp]quit
[PE2]interface g0/0/0
[PE2-GigabitEthernet0/0/0]mpls
[PE2-GigabitEthernet0/0/0]mpls ldp
```

查看 PE1 的 LSP 信息：

```
[PE1]display mpls lsp
-------------------------------------------------------------------------------
                         LSP Information: LDP LSP
-------------------------------------------------------------------------------
FEC                    In/Out Label   In/Out IF                    Vrf Name
1.1.1.1/32             3/NULL         -/-
2.2.2.2/32             NULL/3         -/GE0/0/1
2.2.2.2/32             1024/3         -/GE0/0/1
3.3.3.3/32             NULL/1025      -/GE0/0/1
3.3.3.3/32             1025/1025      -/GE0/0/1
```

可以看到 PE 设备已经为 32 位的环回口地址分配了标签，并建立了 LSP 隧道。

（5）配置 VPN 实例，将接口加入 VPN 实例。

① 在 PE1 和 PE2 上为不同的 VPN 配置 VPN 实例。因为在 ISP 中会接入很多不同的客户即 CE 设备，CE 设备的 IP 地址可能会出现冲突现象，所以配置不同的 VPN 实例可以将不同用户的路由放到不同的 VPN 实例路由表中，实现逻辑隔离。

PE1 的配置：

```
[PE1]ip vpn-instance vpn1                                      // 创建 VPN 实例，命名为 vpn1
[PE1-vpn-instance-vpn1]ipv4-family                             // 进入 IPv4 地址族视图
[PE1-vpn-instance-vpn1-af-ipv4]route-distinguisher 100:1      // 配置 RD 为 100:1
[PE1-vpn-instance-vpn1-af-ipv4]vpn-target 100:1 both
 // 配置 Import、Export RT 都为 100:1
[PE1-vpn-instance-vpn1-af-ipv4]quit
[PE1]ip vpn-instance vpn2
[PE1-vpn-instance-vpn2]ipv4-family
[PE1-vpn-instance-vpn2-af-ipv4]route-distinguisher 200:1
[PE1-vpn-instance-vpn2-af-ipv4]vpn-target 200:1 both
```

PE2 的配置：

```
[PE2]ip vpn-instance vpn1
[PE2-vpn-instance-vpn1] ipv4-family
[PE2-vpn-instance-vpn1-af-ipv4] route-distinguisher 100:1
[PE2-vpn-instance-vpn1-af-ipv4] vpn-target 100:1 both
[PE2-vpn-instance-vpn1-af-ipv4] quit
[PE2-vpn-instance-vpn1] quit
[PE2]ip vpn-instance vpn2
[PE2-vpn-instance-vpn2] ipv4-family
[PE2-vpn-instance-vpn2-af-ipv4] route-distinguisher 200:1
[PE2-vpn-instance-vpn2-af-ipv4] vpn-target 200:1 both
```

【技术要点】

（1）RD的作用：用于标记VPNv4路由，BGP传递VPNv4路由时会携带RD值，表示这是一条唯一的VPNv4路由。

（2）RT的作用：用于控制VPNv4路由的接收，如果出方向RT等于对端设备入方向RT，则接收路由，并将路由加入对应的VPN实例路由表中。

② 将接口加入对应的 VPN 实例。

PE1 的配置：

```
[PE1]interface g0/0/0
[PE1-GigabitEthernet0/0/0]ip binding vpn-instance vpn1
// 将 G0/0/0 接口绑定到 VPN 实例 vpn1 中
[PE1-GigabitEthernet0/0/0]ip address 192.168.1.1 24
[PE1]interface g0/0/2
[PE1-GigabitEthernet0/0/2]ip binding vpn-instance vpn2
// 将 G0/0/2 接口绑定到 VPN 实例 vpn2 中
[PE1-GigabitEthernet0/0/2]ip address 192.168.1.1 24
```

通过 display ip routing-table vpn-instance vpn1、display ip routing-table vpn-instance vpn2 命令查看不同 VPN 实例的路由表。可以看到 G0/0/0 接口与 G0/0/2 接口的直连路由虽然 IP 地址相同，但是属于不同 VPN 实例的路由表中，实现了逻辑隔离。

```
[PE1]display ip routing-table  vpn-instance vpn1
Route Flags: R - relay, D - download to fib
------------------------------------------------------------------------------
Routing Tables: vpn1
         Destinations: 4        Routes: 4
Destination/Mask    Proto   Pre  Cost   Flags  NextHop      Interface
   192.168.1.0/24   Direct  0    0      D      192.168.1.1  GigabitEthernet0/0/0
   192.168.1.1/32   Direct  0    0      D      127.0.0.1    GigabitEthernet0/0/0
   192.168.1.255/32 Direct  0    0      D      127.0.0.1    GigabitEthernet0/0/0
255.255.255.255/32  Direct  0    0      D      127.0.0.1    InLoopBack0

[PE1]display ip routing-table vpn-instance vpn2
Route Flags: R - relay, D - download to fib
------------------------------------------------------------------------------
Routing Tables: vpn2
         Destinations: 4        Routes: 4
Destination/Mask    Proto   Pre  Cost   Flags  NextHop      Interface
192.168.1.0/24      Direct  0    0      D      192.168.1.1  GigabitEthernet0/0/2
192.168.1.1/32      Direct  0    0      D      127.0.0.1    GigabitEthernet0/0/2
192.168.1.255/32    Direct  0    0      D      127.0.0.1    GigabitEthernet0/0/2
255.255.255.255/32  Direct  0    0      D      127.0.0.1    InLoopBack0
```

PE2 的配置：

```
[PE2]interface g0/0/1
[PE2-GigabitEthernet0/0/1]ip binding vpn-instance vpn1
```

```
[PE2-GigabitEthernet0/0/1]ip address 172.16.1.1 24
[PE2]interface g0/0/2
[PE2-GigabitEthernet0/0/2]ip binding vpn-instance vpn2
[PE2-GigabitEthernet0/0/2]ip address 172.16.1.1 24
```

（6）按照实验环境需求配置 CE 和 PE 之间的路由协议。

PE1 的 OSPF 配置：

```
[PE1]ospf 100 vpn-instance vpn1 // 将 OSPF 100 绑定到 VPN 实例 vpn1
[PE1-ospf-100]area 0
[PE1-ospf-100-area-0.0.0.0]network 192.168.1.0 0.0.0.255
```

CE1 的 OSPF 配置：

```
[CE1]ospf 100
[CE1-ospf-100]area 0
[CE1-ospf-100-area-0.0.0.0]network 10.10.10.10 0.0.0.0
[CE1-ospf-100-area-0.0.0.0]network 192.168.1.0 0.0.0.255
```

等待邻居建立，查看 PE1 的 VPN 实例 vpn1 的路由表中能否学习到 CE1 的路由信息：

```
[PE1]display ip routing-table vpn-instance vpn1
Route Flags: R - relay, D - download to fib
------------------------------------------------------------------------
Routing Tables: vpn1
         Destinations: 5        Routes: 5
Destination/Mask    Proto   Pre  Cost  Flags  NextHop        Interface
10.10.10.10/32      OSPF    10   1     D      192.168.1.2    GigabitEthernet0/0/0
192.168.1.0/24      Direct  0    0     D      192.168.1.1    GigabitEthernet0/0/0
192.168.1.1/32      Direct  0    0     D      127.0.0.1      GigabitEthernet0/0/0
192.168.1.255/32    Direct  0    0     D      127.0.0.1      GigabitEthernet0/0/0
255.255.255.255/32  Direct  0    0     D      127.0.0.1      InLoopBack0
```

可以看到，VPN 实例 vpn1 可以学习到 10.10.10.10/32 的路由信息。

PE2 的 OSPF 配置：

```
[PE2]ospf 100 vpn-instance vpn1
[PE2-ospf-100]area 0
[PE2-ospf-100-area-0.0.0.0]network 172.16.1.0 0.0.0.255
```

CE2 的 OSPF 配置：

```
[CE2]ospf 100
[CE2-ospf-100]area 0
[CE2-ospf-100-area-0.0.0.0]network 172.16.1.0 0.0.0.255
[CE2-ospf-100-area-0.0.0.0]network 20.20.20.20 0.0.0.0
```

等待邻居建立，查看 PE2 的 VPN 实例 vpn1 的路由表中能否学习到 CE2 的路由信息：

```
[PE2]display ip routing-table vpn-instance vpn1
Route Flags: R - relay, D - download to fib
------------------------------------------------------------------------
```

```
Routing Tables: vpn1
        Destinations: 5          Routes: 5
Destination/Mask    Proto    Pre  Cost   Flags    NextHop          Interface
20.20.20.20/32      OSPF     10   1      D        172.16.1.2       GigabitEthernet0/0/1
172.16.1.0/24       Direct   0    0      D        172.16.1.1       GigabitEthernet0/0/1
172.16.1.1/32       Direct   0    0      D        172.16.1.1       GigabitEthernet0/0/1
172.16.1.255/32     Direct   0    0      D        127.0.0.1        GigabitEthernet0/0/1
255.255.255.255/32  Direct   0    0      D        127.0.0.1        InLoopBack0
```

可以看到，VPN 实例 vpn1 可以学习到 20.20.20.20/32 的路由信息。

PE1 的 BGP 配置：

```
[PE1]bgp 100
[PE1-bgp]ipv4-family vpn-instance vpn2          // 进入 VPN 实例 vpn2 的地址族
[PE1-bgp-vpn2]peer 192.168.1.2 as-number 200    // 配置与 CE3 的 EBGP 邻居关系
```

CE3 的 BGP 配置：

```
[CE3]bgp 200
[CE3-bgp]peer 192.168.1.1 as-number 100
[CE3-bgp]network 30.30.30.30 32
```

查看 PE1 和 CE3 的 BGP 邻居关系：

```
<PE1>display bgp vpnv4 all peer
 BGP local Router ID: 12.1.1.1
 Local AS number: 100
 Total number of peers: 1          Peers in established state: 1
  Peer          V   AS   MsgRcvd  MsgSent  OutQ  Up/Down     State        PrefRcv
  Peer of IPv4-family for vpn instance:
 VPN-Instance vpn2, Router ID 12.1.1.1:
 192.168.1.2    4   200  17       17       0     00:14:37    Established  1
```

可以看到，设备之间建立了 VPN 实例的邻居关系。查看 PE1 的 VPN 实例 vpn2 的路由表中能否学习到 CE3 的路由信息：

```
[PE1]display ip routing-table  vpn-instance vpn2
Route Flags: R - relay, D - download to fib
------------------------------------------------------------------------------
Routing Tables: vpn2
        Destinations: 5          Routes: 5
Destination/Mask    Proto    Pre  Cost   Flags    NextHop          Interface
30.30.30.30/32      EBGP     255  0      D        192.168.1.2      GigabitEthernet0/0/2
192.168.1.0/24      Direct   0    0      D        192.168.1.1      GigabitEthernet0/0/2
192.168.1.1/32      Direct   0    0      D        127.0.0.1        GigabitEthernet0/0/2
192.168.1.255/32    Direct   0    0      D        127.0.0.1        GigabitEthernet0/0/2
255.255.255.255/32  Direct   0    0      D        127.0.0.1        InLoopBack0
```

可以看到，VPN 实例 vpn2 可以学习到 30.30.30.30/32 的路由信息。

再次查看 BGP 的 VPNv4 路由表：

```
[PE1]display bgp vpnv4 all routing-table
 BGP Local Router ID is 12.1.1.1
 Status codes: * - valid, > - best, d - damped,
               h - history,  i - internal, s - suppressed, S - Stale
               Origin: i - IGP, e - EGP, ? - incomplete
 Total number of routes from all PE: 1
 Route Distinguisher: 200:1
  Network          NextHop         MED        LocPrf     PrefVal    Path/Ogn
 *> 30.30.30.30/32   192.168.1.2     0                     0          200i
 VPN-Instance vpn2, Router ID 12.1.1.1:
 Total Number of Routes: 1
 Network          NextHop         MED        LocPrf     PrefVal    Path/Ogn
 *> 30.30.30.30/32   192.168.1.2     0                     0          200i
```

可以看到，30.30.30.30/32 的路由直接导入到了 BGP 的 VPNv4 路由表中，其中分为了 RD 为 200：1 的路由，以及 VPN 实例 VPN2 的路由。那么怎样说明 CE1 的 10.10.10.10/32 的路由并没有出现在这张路由表中呢？

因为 CE1 和 PE1 之间运行的是 OSPF 协议，而此表项为 VPNv4 的路由表，如果将 CE1 的路由导入 VPNv4 路由表中再传递给对端 PE2，那么 PE1 就必须在 BGP 中引入 OSPF 100 的路由，还要将 BGP 的路由引入 OSPF 100，将 VPNv4 路由传递给 CE1［此步骤将在步骤（7）中体现］。

PE2 的 BGP 配置：

```
[PE2]bgp 100
[PE2-bgp]ipv4-family vpn-instance vpn2
[PE2-bgp-vpn2]peer 172.16.1.2 as-number 300
```

CE4 的 BGP 配置：

```
[CE4]bgp 300
[CE4-bgp]peer 172.16.1.1 as-number 100
[CE4-bgp]network 40.40.40.40 32
```

查看 PE2 的 VPNv4 路由：

```
[PE2]display bgp vpnv4 all routing-table
 BGP Local Router ID is 23.1.1.2
 Status codes: * - valid, > - best, d - damped,
               h - history,  i - internal, s - suppressed, S - Stale
               Origin: i - IGP, e - EGP, ? - incomplete
 Total number of routes from all PE: 1
 Route Distinguisher: 200:1
  Network          NextHop         MED        LocPrf     PrefVal    Path/Ogn
 *> 40.40.40.40/32   172.16.1.2      0                     0          300i
 VPN-Instance vpn2, Router ID 23.1.1.2:
 Total Number of Routes: 1
 Network          NextHop         MED        LocPrf     PrefVal    Path/Ogn
 *> 40.40.40.40/32   172.16.1.2      0                     0          300i
```

（7）将 PE1、PE2 的 OSPF 100 的路由引入 BGP 中，把 VPN 实例 vpn1 的路由变为 VPNv4 路由，在步骤（8）中再使用 MP–BGP 传递给对端 PE，并且将 BGP 的路由引入 OSPF 100 中。

PE1 的配置：

```
[PE1]bgp 100
[PE1-bgp]ipv4-family vpn-instance vpn1
[PE1-bgp-vpn1]import-route ospf 100
 // 在 BGP 的 VPN 实例 vpn1 中引入 OSPF 100 的路由
```

查看 PE1 的 VPNv4 路由表：

```
[PE1]display bgp vpnv4 all  routing-table
BGP Local Router ID is 12.1.1.1
Status codes: * - valid, > - best, d - damped,
              h - history,  i - internal, s - suppressed, S - Stale
              Origin: i - IGP, e - EGP, ? - incomplete
Total number of routes from all PE: 3
Route Distinguisher: 100:1
Network              NextHop         MED          LocPrf      PrefVal   Path/Ogn
*> 10.10.10.10/32    0.0.0.0         2                        0         ?
*> 192.168.1.0       0.0.0.0         0                        0         ?
Route Distinguisher: 200:1
 Network             NextHop         MED          LocPrf      PrefVal   Path/Ogn
*> 30.30.30.30/32    192.168.1.2     0                        0         200i
VPN-Instance vpn1, Router ID 12.1.1.1:
Total Number of Routes: 2
Network              NextHop         MED          LocPrf      PrefVal   Path/Ogn
*> 10.10.10.10/32    0.0.0.0         2                        0         ?
*> 192.168.1.0       0.0.0.0         0                        0         ?
VPN-Instance vpn2, Router ID 12.1.1.1:
Total Number of Routes: 1
 Network             NextHop         MED          LocPrf      PrefVal   Path/Ogn
*> 30.30.30.30/32    192.168.1.2     0                        0         200i
```

可以看到，10.10.10.10/32 的路由已经被导入 VPNv4 路由表中了。

将 BGP 的路由再次引入 OSPF 100 中，其目的是对端的 PE2 将 CE2 的路由发送给 BGP 时，再把 BGP 的路由引入 OSPF 100，PE1 就能将 CE2 的路由发送给 CE1 了。

PE1 的配置：

```
[PE1]ospf 100
[PE1-ospf-100]import-route bgp
```

PE2 的配置：

```
[PE2]bgp 100
[PE2-bgp]ipv4-family vpn-instance vpn1
[PE2-bgp-vpn1]import-route ospf 100
[PE2]ospf 100
[PE2-ospf-100]import-route bgp
```

（8）配置 PE1 和 PE2 之间的 MP-BGP，传递各个站点之间的 VPNv4 路由信息。

PE1 的配置：

```
[PE1]bgp 100
[PE1-bgp]peer 3.3.3.3 as-number 100
[PE1-bgp]peer 3.3.3.3 connect-interface LoopBack 0
[PE1-bgp]ipv4-family vpnv4                    // 进入 VPNv4 地址族
[PE1-bgp-af-vpnv4]peer 3.3.3.3 enable         // 使能 3.3.3.3 对等体的 VPNv4 邻居关系
```

PE2 的配置：

```
[PE2]bgp 100
[PE2-bgp]peer 1.1.1.1 as-number 100
[PE2-bgp]peer 1.1.1.1 connect-interface LoopBack 0
[PE2-bgp]ipv4-family vpnv4
[PE2-bgp-af-vpnv4]peer 1.1.1.1 enable
```

查看 VPNv4 邻居的建立情况：

```
[PE1]display bgp vpnv4 all peer
 BGP local Router ID: 12.1.1.1
 Local AS number: 100
 Total number of peers: 2          Peers in established state: 2
 Peer          V  AS      MsgRcvd MsgSent  OutQ  Up/Down     State         PrefRcv
 3.3.3.3       4  100        6       6       0   00:01:49    Established    3
  Peer of IPv4-family for vpn instance:
 VPN-Instance vpn2, Router ID 12.1.1.1:
 192.168.1.2 4  200        38      40       0   00:36:01    Established
```

可以看到 PE1 和 PE2 已经建立了 MP-BGP 邻居关系。
查看对端的 VPNv4 路由是否传递：

```
[PE1]display bgp vpnv4 all routing-table
 BGP Local Router ID is 12.1.1.1
 Status codes: * - valid, > - best, d - damped,
               h - history, i - internal, s - suppressed, S - Stale
               Origin: i - IGP, e - EGP, ? - incomplete
 Total number of routes from all PE: 6
 Route Distinguisher: 100:1
   Network            NextHop        MED      LocPrf     PrefVal    Path/Ogn
 *> 10.10.10.10/32    0.0.0.0        2                   0          ?
 *>i 20.20.20.20/32   3.3.3.3        2        100        0          ?
 *>i 172.16.1.0/24    3.3.3.3        0        100        0          ?
 *> 192.168.1.0       0.0.0.0        0                   0          ?
 Route Distinguisher: 200:1
   Network            NextHop        MED      LocPrf     PrefVal    Path/Ogn
 *> 30.30.30.30/32    192.168.1.2    0                   0          200i
 *>i 40.40.40.40/32   3.3.3.3        0        100        0          300i
 VPN-Instance vpn1, Router ID 12.1.1.1:
 Total Number of Routes: 4
```

```
        Network           NextHop        MED        LocPrf      PrefVal     Path/Ogn
  *>   10.10.10.10/32     0.0.0.0        2                      0           ?
  *>i  20.20.20.20/32     3.3.3.3        2          100         0           ?
  *>i  172.16.1.0/24      3.3.3.3        0          100         0           ?
  *>   192.168.1.0        0.0.0.0        0                      0           ?
VPN-Instance vpn2, Router ID 12.1.1.1:
Total Number of Routes: 2
        Network           NextHop        MED        LocPrf      PrefVal     Path/Ogn
  *>   30.30.30.30/32     192.168.1.2    0                      0           200i
  *>i  40.40.40.40/32     3.3.3.3        0          100         0           300i
```

可以看到，VPNv4 路由中的 VPN 实例 vpn1、vpn2 各自携带各个站点的路由信息。
查看 CE1 的路由：

```
[CE1]display ip routing-table protocol ospf
Route Flags: R - relay, D - download to fib
--------------------------------------------------------------------------------
Public routing table: OSPF
        Destinations: 2        Routes: 2
OSPF routing table status: <Active>
        Destinations: 2        Routes: 2
Destination/Mask     Proto   Pre  Cost  Flags  NextHop        Interface
20.20.20.20/32       OSPF    10   3     D      192.168.1.1    GigabitEthernet0/0/0
172.16.1.0/24        O_ASE   150  1     D      192.168.1.1    GigabitEthernet0/0/0
```

可以看到，CE1 已经学习到了 CE2 的路由信息。
查看 CE3 的路由：

```
[CE3]display ip routing-table protocol bgp
Route Flags: R - relay, D - download to fib
--------------------------------------------------------------------------------
Public routing table: BGP
        Destinations: 1        Routes: 1
BGP routing table status: <Active>
        Destinations: 1        Routes: 1
Destination/Mask     Proto   Pre  Cost  Flags  NextHop        Interface
40.40.40.40/32       EBGP    255  0     D      192.168.1.1    GigabitEthernet0/0/0
```

可以看到，CE3 已经学习到了 CE4 的路由信息。
（9）测试网络连通性，理解 MPLS VPN 的转发流程。

```
[CE1]ping 20.20.20.20
  PING 20.20.20.20: 56 data bytes, press CTRL_C to break
    Reply from 20.20.20.20: bytes=56 Sequence=1 ttl=252 time=60 ms
    Reply from 20.20.20.20: bytes=56 Sequence=2 ttl=252 time=40 ms
    Reply from 20.20.20.20: bytes=56 Sequence=3 ttl=252 time=30 ms
    Reply from 20.20.20.20: bytes=56 Sequence=4 ttl=252 time=40 ms
    Reply from 20.20.20.20: bytes=56 Sequence=5 ttl=252 time=40 ms
  --- 20.20.20.20 ping statistics ---
    5 packet(s) transmitted
```

```
    5 packet(s) received
    0.00% packet loss
    round-trip min/avg/max = 30/42/60 ms
[CE3]ping -a 30.30.30.30 40.40.40.40
  PING 40.40.40.40: 56  data bytes, press CTRL_C to break
    Reply from 40.40.40.40: bytes=56 Sequence=1 ttl=252 time=40 ms
    Reply from 40.40.40.40: bytes=56 Sequence=2 ttl=252 time=30 ms
    Reply from 40.40.40.40: bytes=56 Sequence=3 ttl=252 time=40 ms
    Reply from 40.40.40.40: bytes=56 Sequence=4 ttl=252 time=30 ms
    Reply from 40.40.40.40: bytes=56 Sequence=5 ttl=252 time=30 ms
  --- 40.40.40.40 ping statistics ---
    5 packet(s) transmitted
    5 packet(s) received
    0.00% packet loss
    round-trip min/avg/max = 30/34/40 ms
```

测试结果表明，CE1 能访问 CE2，CE3 能访问 CE4，那么具体的通信过程是怎样的呢？我们根据以下几个表项来了解一下，这里以 CE1 访问 20.20.20.20/32 的目标网段为例。

查看私网路由的标签分配情况：

```
[PE1]display bgp vpnv4 all routing-table label
------------------------------------------------------------
VPN-Instance vpn1, Router ID 12.1.1.1:
Total Number of Routes: 2
      Network          NextHop          In/Out Label
                                        NULL/1028
*>i   20.20.20.20      3.3.3.3          NULL/1027
*>i   172.16.1.0       3.3.3.3
VPN-Instance vpn2, Router ID 12.1.1.1:
Total Number of Routes: 1
      Network          NextHop          In/Out Label
*>i   40.40.40.40      3.3.3.3          NULL/1026
```

可以看到，PE2 为 20.20.20.20/32 分配了私网标签 1028。

查看公网路由的标签分配情况：

```
[PE1]display mpls lsp
----------------------------------------------------------------
                    LSP Information: BGP  LSP
----------------------------------------------------------------
FEC                 In/Out Label  In/Out IF            Vrf Name
30.30.30.30/32      1026/NULL     -/-                  vpn2
192.168.1.0/24      1027/NULL     -/-                  vpn1
10.10.10.10/32      1028/NULL     -/-                  vpn1
----------------------------------------------------------------
                    LSP Information: LDP LSP
----------------------------------------------------------------
FEC                 In/Out Label  In/Out IF            Vrf Name
1.1.1.1/32          3/NULL        -/-
2.2.2.2/32          NULL/3        -/GE0/0/1
```

2.2.2.2/32	1024/3	-/GE0/0/1
3.3.3.3/32	NULL/1025	-/GE0/0/1
3.3.3.3/32	1025/1025	-/GE0/0/1

通过上述表项内容可知，PE1 收到目标网段为 20.20.20.20 的数据时，先分配私网标签 1028，下一跳为 3.3.3.3。因此将迭代进入 MPLS LDP 建立的公网 LSP 隧道。出标签为 1025，因此内层标签为私网标签 1028、出标签为公网标签 1025。

CE1 访问 20.20.20.20/32 的同时在 PE1 的 G0/0/1 接口抓包，抓包结果如图 22-5 所示。

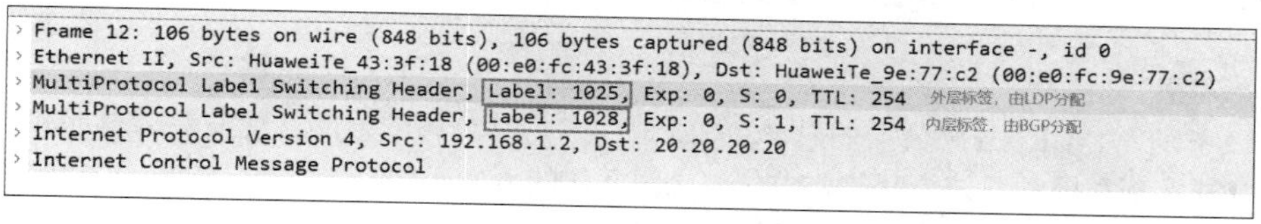

```
> Frame 12: 106 bytes on wire (848 bits), 106 bytes captured (848 bits) on interface -, id 0
> Ethernet II, Src: HuaweiTe_43:3f:18 (00:e0:fc:43:3f:18), Dst: HuaweiTe_9e:77:c2 (00:e0:fc:9e:77:c2)
> MultiProtocol Label Switching Header, Label: 1025, Exp: 0, S: 0, TTL: 254    外层标签，由LDP分配
> MultiProtocol Label Switching Header, Label: 1028, Exp: 0, S: 1, TTL: 254    内层标签，由BGP分配
> Internet Protocol Version 4, Src: 192.168.1.2, Dst: 20.20.20.20
> Internet Control Message Protocol
```

图 22-5　PE1 的 G0/0/1 接口抓包结果

因此，此数据可以通过外层标签（MPLS LSP 隧道）发送到 PE2，PE2 再查看内层标签 1028，通过 MPLS 标签的表现决定发往哪个 VPN 实例。

```
[PE2]display mpls lsp
--------------------------------------------------------------------------
                    LSP Information: BGP LSP
--------------------------------------------------------------------------
FEC                   In/Out Label    In/Out IF              Vrf Name
40.40.40.40/32        1026/NULL       -/-                    vpn2
172.16.1.0/24         1027/NULL       -/-                    vpn1
20.20.20.20/32        1028/NULL       -/-                    vpn1
--------------------------------------------------------------------------
                    LSP Information: LDP LSP
--------------------------------------------------------------------------
FEC                   In/Out Label    In/Out IF              Vrf Name
1.1.1.1/32            NULL/1024       -/GE0/0/0
1.1.1.1/32            1024/1024       -/GE0/0/0
2.2.2.2/32            NULL/3          -/GE0/0/0
2.2.2.2/32            1025/3          -/GE0/0/0
3.3.3.3/32            3/NULL          -/-
```

通过以上输出信息可知，入标签为 1028 的数据将发往 vpn1。PE2 查看 vpn1 实例的路由表决定发往哪个接口。

查看 PE2 的 VPN 实例 vpn1 的路由表：

```
[PE2]display ip routing-table vpn-instance vpn1
Route Flags: R - relay, D - download to fib
--------------------------------------------------------------------------
Routing Tables: vpn1
         Destinations: 7        Routes: 7
Destination/Mask    Proto   Pre  Cost   Flags   NextHop      Interface
   10.10.10.10/32   IBGP    255  2      RD      1.1.1.1      GigabitEthernet0/0/0
   20.20.20.20/32   OSPF    10   1      D       172.16.1.2   GigabitEthernet0/0/1
```

172.16.1.0/24	Direct	0	0	D	172.16.1.1	GigabitEthernet0/0/1
172.16.1.1/32	Direct	0	0	D	127.0.0.1	GigabitEthernet0/0/1
172.16.1.255/32	Direct	0	0	D	127.0.0.1	GigabitEthernet0/0/1
192.168.1.0/24	IBGP	255	0	RD	1.1.1.1	GigabitEthernet0/0/0
255.255.255.255/32	Direct	0	0	D	127.0.0.1	InLoopBack0

最终 PE2 查看 vpn1 的路由表可以将数据从 G0/0/1 接口发出，发往 172.16.1.2（即 CE2）。

实验 22-2　配置 MPLS VPN 基本组网——Hub-and-Spoke

1. 实验环境

如图 22-6 所示，CE1 为某公司的总部，CE2、CE3 为某公司的分部。现在要求总部和分部之间通过 MPLS VPN 实现私网的互访，并且要求分部之间互访的流量必须经过总部。

（1）AS 400 为 ISP 网络，其中 IGP 协议使用 OSPF。

（2）CE 和 PE 之间运行 BGP 协议。

2. 实验目的

（1）掌握 Hub-and-Spoke 的基本配置方法。

（2）掌握 Hub-and-Spoke 的工作原理。

3. 实验拓扑

配置 MPLS VPN 基本组网——Hub-and-Spoke 的实验拓扑如图 22-6 所示。

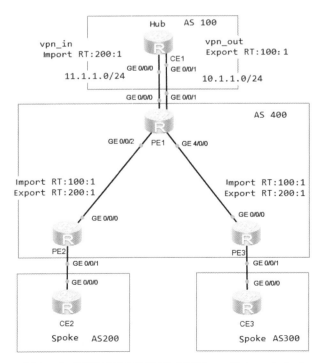

图 22-6　配置 MPLS VPN 基本组网——Hub-and-Spoke

4. 实验步骤

（1）接口配置 IP 地址，IP 地址规划见表 22-2。接口属于 VPN 实例的 IP 地址在之后再进行配置。

表 22-2 配置 MPLS VPN 基本组网——Hub-and-Spoke IP 地址规划

设备名称	接口编号	IP 地址	所属 VPN 实例
PE1	G0/0/0	11.1.1.1/24	VPN_in
PE1	G0/0/1	10.1.1.2/24	VPN_out
PE1	G0/0/2	10.0.12.1/24	
PE1	G4/0/0	10.0.13.1/24	
PE1	LoopBack 0	1.1.1.1/32	
PE2	G0/0/0	10.0.12.2/24	
PE2	G0/0/1	22.1.1.1/24	VPN1
PE2	LoopBack 0	2.2.2.2/32	
PE3	G0/0/0	10.0.13.2/24	
PE3	G0/0/1	33.1.1.1/24	VPN1
PE3	LoopBack 0	3.3.3.3/32	
CE1	G0/0/0	11.1.1.2/24	
CE1	G0/0/1	10.1.1.2/24	
CE1	LoopBack 0	10.10.10.10/32	
CE2	G0/0/0	22.1.1.2/24	
CE2	LoopBack 0	20.20.20.20/32	
CE3	G0/0/0	33.1.1.2/24	
CE3	LoopBack 0	30.30.30.30/32	

（2）配置 ISP 网络的 IGP 协议。

PE1 的配置：

```
[PE1]ospf
[PE1-ospf-1]area 0
[PE1-ospf-1-area-0.0.0.0]network 10.0.12.0 0.0.0.255
[PE1-ospf-1-area-0.0.0.0]network 10.0.13.0 0.0.0.255
[PE1-ospf-1-area-0.0.0.0]network 1.1.1.1 0.0.0.0
```

PE2 的配置：

```
[PE2]ospf
[PE2-ospf-1]area 0
[PE2-ospf-1-area-0.0.0.0]network 10.0.12.0 0.0.0.255
[PE2-ospf-1-area-0.0.0.0]network 2.2.2.2 0.0.0.0
```

PE3 的配置：

```
[PE3]ospf
[PE3-ospf-1]area 0
```

```
[PE3-ospf-1-area-0.0.0.0]network 10.0.13.0 0.0.0.255
[PE3-ospf-1-area-0.0.0.0]network 3.3.3.3 0.0.0.0
```

查看 PE1 的路由表：

```
[PE1]display ip routing-table
Route Flags: R - relay, D - download to fib
----------------------------------------------------------------------------
Routing Tables: Public
         Destinations : 13      Routes : 13
Destination/Mask    Proto    Pre  Cost   Flags  NextHop       Interface
1.1.1.1/32          Direct   0    0      D      127.0.0.1     LoopBack0
2.2.2.2/32          OSPF     10   1      D      10.0.12.2     GigabitEthernet0/0/2
3.3.3.3/32          OSPF     10   1      D      10.0.13.2     GigabitEthernet4/0/0
10.0.12.0/24        Direct   0    0      D      10.0.12.1     GigabitEthernet0/0/2
10.0.12.1/32        Direct   0    0      D      127.0.0.1     GigabitEthernet0/0/2
10.0.12.255/32      Direct   0    0      D      127.0.0.1     GigabitEthernet0/0/2
10.0.13.0/24        Direct   0    0      D      10.0.13.1     GigabitEthernet4/0/0
10.0.13.1/32        Direct   0    0      D      127.0.0.1     GigabitEthernet4/0/0
10.0.13.255/32      Direct   0    0      D      127.0.0.1     GigabitEthernet4/0/0
127.0.0.0/8         Direct   0    0      D      127.0.0.1     InLoopBack0
127.0.0.1/32        Direct   0    0      D      127.0.0.1     InLoopBack0
127.255.255.255/32  Direct   0    0      D      127.0.0.1     InLoopBack0
255.255.255.255/32  Direct   0    0      D      127.0.0.1     InLoopBack0
```

可以看到，PE1 能够学习到 PE2 和 PE3 的环回口路由。

（3）配置 ISP 内部的 MPLS 及 MPLS LDP，建立公网的 LSP 隧道。

PE1 的配置：

```
[PE1]mpls lsr-id 1.1.1.1
[PE1]mpls
[PE1-mpls]q
[PE1]mpls ldp
[PE1]interface g0/0/2
[PE1-GigabitEthernet0/0/2]mpls
[PE1-GigabitEthernet0/0/2]mpls ldp
[PE1-GigabitEthernet0/0/2]q
[PE1]interface g4/0/0
[PE1-GigabitEthernet4/0/0]mpls
[PE1-GigabitEthernet4/0/0]mpls ldp
```

PE2 的配置：

```
[PE2]mpls lsr-id 2.2.2.2
[PE2]mpls
[PE2-mpls]q
[PE2]mpls ldp
[PE2]interface g0/0/0
[PE2-GigabitEthernet0/0/0]mpls
```

```
[PE2-GigabitEthernet0/0/0]mpls ldp
```

PE3 的配置：

```
[PE3]mpls lsr-id 3.3.3.3
[PE3]mpls
[PE3-mpls]q
[PE3]mpls ldp
[PE3]interface g0/0/0
[PE3-GigabitEthernet0/0/0]mpls
[PE3-GigabitEthernet0/0/0]mpls ldp
```

查看 MPLS LSP 的建立情况：

```
[PE1]display mpls lsp
-------------------------------------------------------------------------------
                     LSP Information: LDP LSP
-------------------------------------------------------------------------------
FEC              In/Out Label  In/Out IF              Vrf Name
2.2.2.2/32       NULL/3        -/GE0/0/2
2.2.2.2/32       1024/3        -/GE0/0/2
1.1.1.1/32       3/NULL        -/-
3.3.3.3/32       NULL/3        -/GE4/0/0
3.3.3.3/32       1025/3        -/GE4/0/0
```

（4）配置 VPN 实例，将接口加入 VPN 实例。
PE1 的配置：

```
[PE1]ip vpn-instance vpn_in // 创建 VPN 实例 vpn_in，用于接收分部的路由
[PE1-vpn-instance-vpn_in]route-distinguisher 100:1
[PE1-vpn-instance-vpn_in-af-ipv4]vpn-target 200:1 import-extcommunity
// 配置入 RT 为 200:1
[PE1]ip vpn-instance vpn_out// 创建 VPN 实例 vpn_out，用于发送路由
[PE1-vpn-instance-vpn_out]route-distinguisher 100:2
[PE1-vpn-instance-vpn_out-af-ipv4]vpn-target 100:1 export-extcommunity
// 配置出 RT 为 100:1
[PE1]int g0/0/0
[PE1-GigabitEthernet0/0/0]ip binding vpn-instance vpn_in
// 将 G0/0/0 接口绑定到实例 vpn_in
[PE1-GigabitEthernet0/0/0]ip address 11.1.1.1 24
[PE1]interface g0/0/1
[PE1-GigabitEthernet0/0/1]ip binding vpn-instance vpn_out
/ 将 G0/0/1 接口绑定到实例 vpn_out
[PE1-GigabitEthernet0/0/1]ip address 10.1.1.1 24
```

PE2 的配置：

```
[PE2]ip vpn-instance vpn1
[PE2-vpn-instance-vpn1]route-distinguisher 200:1
```

```
[PE2-vpn-instance-vpn1-af-ipv4]vpn-target 100:1 import-extcommunity
// 配置入 RT 为 100:1，此处需要与 Hub 节点的 PE 中的 vpn_out 对应
[PE2-vpn-instance-vpn1-af-ipv4]vpn-target 200:1 export-extcommunity
// 配置出 RT 为 200:1，此处需要与 Hub 节点的 PE 中的 vpn_in 对应
[PE2]interface g0/0/1
[PE2-GigabitEthernet0/0/1]ip binding vpn-instance vpn1
[PE2-GigabitEthernet0/0/1]ip address 22.1.1.1 24
```

PE3 的配置：

```
[PE3]ip vpn-instance vpn1
[PE3-vpn-instance-vpn1]route-distinguisher 300:1
[PE3-vpn-instance-vpn1-af-ipv4]vpn-target 200:1 export-extcommunity
 // 配置入 RT 为 100:1，此处需要与 Hub 节点的 PE 中的 vpn_out 对应
[PE3-vpn-instance-vpn1-af-ipv4]vpn-target 100:1 import-extcommunity
// 配置出 RT 为 200:1，此处需要与 Hub 节点的 PE 中的 vpn_in 对应
[PE3]interface g0/0/1
[PE3-GigabitEthernet0/0/1]ip binding vpn-instance vpn1
[PE3-GigabitEthernet0/0/1]ip address 33.1.1.1 24
```

此处 RT 值的配置规则如下。

Spoke-PE 的入 RT 必须与 Hub-PE 的 vpn_out 相同，Spoke-PE 的出 RT 必须与 Hub-PE 的 vpn_in 相同。Hub PE 的 vpn_in 用于接收 Spoke 路由给 Hub 节点，Hub-PE 的 vpn_out 用于接收 Hub 节点的路由，然后再发送给 Spoke-PE。

（5）配置 PE 和 CE 的 BGP 路由协议。

CE1 的配置：

```
[CE1]bgp 100
[CE1-bgp]peer 11.1.1.1 as-number 400
[CE1-bgp]peer 10.1.1.1 as-number 400
[CE1-bgp]network 10.10.10.10 32
```

PE1 的配置：

```
[PE1]bgp 400
[PE1-bgp]ipv4-family vpnv4
[PE1-bgp]ipv4-family vpn-instance vpn_in
[PE1-bgp-vpn_in]peer 11.1.1.2 as-number 100
[PE1-bgp-vpn_in]q
[PE1-bgp]ipv4-family vpn-instance vpn_out
[PE1-bgp-vpn_out]peer 10.1.1.2 as-number 100
```

查看 PE1 的 BGP 邻居关系：

```
[PE1]display bgp vpnv4 all peer
 BGP local Router ID: 10.0.12.1
 Local AS number: 400
 Total number of peers: 2          Peers in established state: 2
```

Peer	V	AS	MsgRcvd	MsgSent	OutQ	Up/Down	State	PrefRcv
Peer of IPv4-family for vpn instance:								
VPN-Instance vpn_in, Router ID 10.0.12.1:								
11.1.1.2	4	100	4	3	0	00:01:31	Established	1
VPN-Instance vpn_out, Router ID 10.0.12.1:								
10.1.1.2	4	100	4	3	0	00:01:19	Established	1

显示结果为 PE1 分别通过 vpn_in 和 vpn_out 与 11.1.1.2、10.1.1.2 建立了 BGP 邻居关系。

CE2 的配置：

```
[CE2]bgp 200
[CE2-bgp]peer  22.1.1.1 as-number 400
[CE2-bgp]network 20.20.20.20 32
```

PE2 的配置：

```
[PE2]bgp 400
[PE2-bgp]ipv4-family vpn-instance vpn1
[PE2-bgp-vpn1]peer 22.1.1.2 as-number 200
```

查看 PE2 的 BGP 邻居关系：

```
[PE2]display bgp  vpnv4 all  peer
 BGP local Router ID: 10.0.12.2
 Local AS number: 400
 Total number of peers: 1          Peers in established state: 1
```

Peer	V	AS	MsgRcvd	MsgSent	OutQ	Up/Down	State	PrefRcv
Peer of IPv4-family for vpn instance:								
VPN-Instance vpn1, Router ID 10.0.12.2:								
22.1.1.2	4	200	5	40	0	0:02:36	Established	1

CE3 的配置：

```
[CE3]bgp 300
[CE3-bgp]peer 33.1.1.1 as-number 400
[CE3-bgp]network 30.30.30.30 32
```

PE3 的配置：

```
[PE3]bgp 400
[PE3-bgp]ipv4-family vpn-instance vpn1
[PE3-bgp-vpn1]peer 33.1.1.2 as-number 300
```

查看 PE3 的 BGP 邻居关系：

```
[PE3]display bgp vpnv4 all peer
 BGP local Router ID: 10.0.13.2
 Local AS number: 400
 Total number of peers: 1          Peers in established state: 1
```

Peer	V	AS	MsgRcvd	MsgSent	OutQ	Up/Down	State	PrefRcv

```
  Peer of IPv4-family for vpn instance:
 VPN-Instance vpn1, Router ID 10.0.13.2:
 33.1.1.2    4    300    4        3        0        00:01:17    Established  1
```

（6）配置 Spoke-PE 和 Hub-PE 之间的 MP-BGP 邻居关系。

PE1 的配置：

```
[PE1]bgp 400
[PE1-bgp]peer 2.2.2.2 as-number 400
[PE1-bgp]peer 2.2.2.2 connect-interface LoopBack 0
[PE1-bgp]peer 3.3.3.3 as-number 400
[PE1-bgp]peer 3.3.3.3 connect-interface LoopBack 0
[PE1-bgp]ipv4-family vpnv4
[PE1-bgp-af-vpnv4]peer 2.2.2.2 enable
[PE1-bgp-af-vpnv4]peer 3.3.3.3 enable
```

PE2 的配置：

```
[PE2]bgp 400
[PE2-bgp]peer 1.1.1.1 as-number 100
[PE2-bgp]peer 1.1.1.1 connect-interface LoopBack 0
[PE2-bgp]ipv4-family vpnv4
[PE2-bgp-af-vpnv4]peer 1.1.1.1 enable
```

PE3 的配置：

```
[PE3]bgp 400
[PE3-bgp] peer 1.1.1.1 as-number 100
[PE3-bgp] peer 1.1.1.1 connect-interface LoopBack0
[PE3-bgp] ipv4-family vpnv4
[PE3-bgp-af-vpnv4] peer 1.1.1.1 enable
```

查看 PE1 的 VPNv4 邻居关系：

```
[PE1]display bgp vpnv4 all peer
 BGP local Router ID: 10.0.12.1
 Local AS number: 400
 Total number of peers: 4              Peers in established state: 4
  Peer        V   AS     MsgRcvd MsgSent OutQ  Up/Down     State        PrefRcv
  2.2.2.2     4   400    3       5       0     00:00:47    Established  1
  3.3.3.3     4   400    3       7       0     00:00:03    Established  1
  Peer of IPv4-family for vpn instance:
 VPN-Instance vpn_in, Router ID 10.0.12.1:
  11.1.1.2    4   100    23      22      0     00:18:48    Established  1
 VPN-Instance vpn_out, Router ID 10.0.12.1:
  10.1.1.2    4   100    23      20      0     00:18:36    Established  1
```

结果表明 PE1 分别和 PE2（2.2.2.2）、PE3（3.3.3.3）建立了 MP-BGP 的邻居关系。

查看 PE1 的 VPNv4 路由表：

```
[PE1]display bgp vpnv4 all routing-table
 BGP Local Router ID is 10.0.12.1
 Status codes: * - valid, > - best, d - damped,
               h - history,  i - internal, s - suppressed, S - Stale
               Origin: i - IGP, e - EGP, ? - incomplete
-------------------- 此处省略前面一部分路由信息
 VPN-Instance vpn_in, Router ID 10.0.12.1:
 Total Number of Routes: 3
  Network           NextHop         MED        LocPrf     PrefVal    Path/Ogn
 *> 10.10.10.10/32   11.1.1.2        0                     0         100i
 *>i 20.20.20.20/32  2.2.2.2         0          100        0         200i
 *>i 30.30.30.30/32  3.3.3.3         0          100        0         300i
 VPN-Instance vpn_out, Router ID 10.0.12.1:
 Total Number of Routes: 1
  Network           NextHop         MED        LocPrf     PrefVal    Path/Ogn
 *> 10.10.10.10/32   10.1.1.2        0                     0         100i
```

结果表明，在 vpn_in 的路由中，学习到了各个 CE 节点的路由信息，但是在 vpn_out 的路由中，并没有学习到 Spoke–CE 的路由信息。

> **🔔【思考】**
>
> 为什么vpn_out无法学习到Spoke-CE的路由信息？如何解决该问题？
>
> 以路由从Spoke-CE2发布到Spoke-CE3为例，大体过程如下。
>
> （1）Spoke-CE2通过EBGP将路由发布给Spoke-PE2。
>
> （2）Spoke-PE2通过IBGP将该路由发布给Hub-PE1。
>
> （3）Hub-PE1通过VPN实例（vpn_in）的Import Target属性将该路由引入vpn_in路由表，并通过EBGP发布给Hub-CE1。
>
> （4）Hub-CE1通过EBGP连接学习到该路由，并通过另一个EBGP连接将该路由发布给Hub-PE1的VPN实例（vpn_out）。
>
> （5）Hub-PE1发布携带vpn_out的Export Target属性的路由给所有Spoke-PE。
>
> （6）Spoke-PE3通过EBGP将该路由发布给Spoke-CE3。
>
> 当执行到步骤（4）时，20.20.20.20/32路由的AS_PATH属性为400 200，再次发送给PE1，由于PE1为AS 400，基于BGP的防环规则，收到AS_PATH属性包括本地AS号的路由时，将不接收路由。

在 CE1 上虽然可以看到路由信息，但是 PE1 却无法通过实例 vpn_out 学习到其他 CE 的路由信息。内容如下：

```
[CE1]display bgp routing-table
 BGP Local Router ID is 11.1.1.2
 Status codes: * - valid, > - best, d - damped,
               h - history,  i - internal, s - suppressed, S - Stale
               Origin: i - IGP, e - EGP, ? - incomplete
 Total Number of Routes: 3
  Network           NextHop         MED        LocPrf     PrefVal    Path/Ogn
 *>10.10.10.10/32    0.0.0.0         0                     0         i
 *> 20.20.20.20/32   11.1.1.1                              0         400 200i
 *> 30.30.30.30/32   11.1.1.1                              0         400 300i
```

在 PE1 上使用以下配置即可解决该问题。

PE1 的配置：

```
[PE1]bgp 400
[PE1-bgp]ipv4-family vpn-instance vpn_out
[PE1-bgp-vpn_out]peer 10.1.1.2 allow-as-loop
 // 配置从 10.1.1.2 收到路由时，能够与本地 AS 号重复的次数，默认为 1 次
```

再次查看 PE1 的 BGP 实例 vpn_out 路由表：

```
[PE1]display bgp vpnv4 vpn-instance vpn_out routing-table
 BGP Local Router ID is 10.0.12.1
 Status codes: * - valid, > - best, d - damped,
               h - history,  i - internal, s - suppressed, S - Stale
               Origin: i - IGP, e - EGP, ? - incomplete
 VPN-Instance vpn_out, Router ID 10.0.12.1:
 Total Number of Routes: 3
 Network            NextHop         MED        LocPrf      PrefVal   Path/Ogn
 *> 10.10.10.10/32  10.1.1.2        0                      0         100i
 *> 20.20.20.20/32  10.1.1.2                               0         100 400 200i
 *> 30.30.30.30/32  10.1.1.2                               0         100 400 300i
```

此时 PE1 的 vpn_out 能够学习到 Spoke-CE 发布的路由信息。

查看 CE2 的 BGP 路由表：

```
[CE2]display bgp routing-table
 BGP Local Router ID is 22.1.1.2
 Status codes: * - valid, > - best, d - damped,
               h - history,  i - internal, s - suppressed, S - Stale
               Origin: i - IGP, e - EGP, ? - incomplete
 Total Number of Routes: 3
  Network           NextHop         MED        LocPrf      PrefVal   Path/Ogn
 *> 10.10.10.10/32  22.1.1.1                               0         400 100i
 *> 20.20.20.20/32  0.0.0.0         0                      0         i
 *> 30.30.30.30/32  22.1.1.1                               0         400 100 400 300i
```

结果表明，用于 Hub 节点 10.10.10.10/32 的路由也拥有 Spoke 节点 30.30.30.30/32 的路由，不过 AS_PATH 为 400 100 400 300，说明去往 Spoke 节点需要经过 Hub 节点转发。

测试 CE2 去往 CE3 的流量路径：

```
[CE2]tracert -a 20.20.20.20 30.30.30.30
  traceroute to 30.30.30.30(30.30.30.30), max hops: 30,packet length: 40,press CTRL_C
    to break
 1 22.1.1.1 30 ms   20 ms   10 ms
 2 10.1.1.1 30 ms   30 ms   30 ms
 3 10.1.1.2 40 ms   40 ms   30 ms
 4 11.1.1.1 40 ms   40 ms   40 ms
 5 33.1.1.1 50 ms   60 ms   50 ms
 6 33.1.1.2 50 ms   60 ms   50 ms
```

结果表明，流量路径为 CE2—PE2—PE1—CE1—PE1—PE3—CE3。Spoke 节点互访的数据都将经过 Hub 节点，能够更加方便流量信息的管控。

实验 22-3 配置 MPLS VPN 基本组网——MCE

1. 实验环境

某公司需要通过 MPLS VPN 实现总部和分部的互访，并且要实现不同部门之间的业务隔离。为了节省开支，总公司使用 MCE 设备接入不同的部门。要求分公司 A 只能访问总公司的部门 A，分公司 B 只能访问总公司的部门 B。

（1）CE1 和 CE3 为分公司 A 和分公司 B 的 CE 设备。

（2）MCE 作为 VPN 多实例设备接入总公司侧的部门 A 和部门 B。

（3）分公司 A 和部门 A 属于 VPN 实例 vpn1、分公司 B 和部门 B 属于 VPN 实例 vpn2。要求相同的 VPN 实例能够互访，不同的 VPN 实例不能互访。

2. 实验目的

掌握 MCE 的应用场景和基本配置。

3. 实验拓扑

配置 MPLS VPN 基本组网——MCE 的实验拓扑如图 22-7 所示。

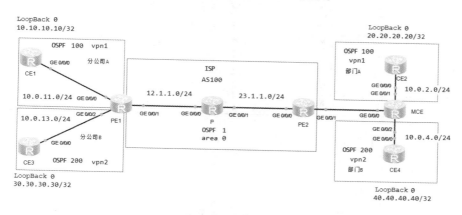

图 22-7 配置 MPLS VPN 基本组网——MCE

4. 实验步骤

（1）配置接口 IP 地址，IP 地址规划见表 22-3。

表 22-3 配置 MPLS VPN 基本组网—MCE 实验 IP 地址规划

设备名称	接口编号	IP 地址	所属 VPN 实例
PE1	G0/0/0	10.0.11.1/24	vpn1
PE1	G0/0/1	12.1.1.1/24	
PE1	G0/0/2	10.0.13.1/24	vpn2
PE1	LoopBack 0	1.1.1.1/32	

续表

设备名称	接口编号	IP 地址	所属 VPN 实例
PE2	G0/0/0	23.1.1.2/24	
PE2	G0/0/1.10	10.0.100.1/24	vpn1
PE2	G0/0/1.20	10.0.101.1/24	vpn2
PE2	LoopBack 0	3.3.3.3/32	
P	G0/0/0	12.1.1.2/24	
P	G0/0/1	23.1.1.1/24	
P	LoopBack 0	2.2.2.2/32	
CE1	G0/0/0	10.0.11.2/24	
CE1	LoopBack 0	10.10.10.10/32	
CE2	G0/0/0	10.0.2.2/24	
CE2	LoopBack 0	20.20.20.20/32	
CE3	G0/0/0	10.0.13.2/24	
CE3	LoopBack 0	30.30.30.30/32	
CE4	G0/0/0	10.0.4.2/24	
CE4	LoopBack 0	4.4.4.4/32	
MCE	G0/0/0.10	10.0.100.2/24	vpn1
MCE	G0/0/0.20	10.0.101.2/24	vpn2
MCE	G0/0/1	10.0.2.1/24	vpn1
MCE	G0/0/2	10.0.4.1/24	vpn2

（2）配置 ISP 网络的 IGP 协议。

PE1 的配置：

```
[PE1]ospf
[PE1-ospf-1]area 0
[PE1-ospf-1-area-0.0.0.0]network 12.1.1.0 0.0.0.255
[PE1-ospf-1-area-0.0.0.0]network 1.1.1.1 0.0.0.0
```

PE2 的配置：

```
[PE2]ospf
[PE2-ospf-1]area 0
[PE2-ospf-1-area-0.0.0.0]network 23.1.1.0 0.0.0.255
[PE2-ospf-1-area-0.0.0.0]network 3.3.3.3 0.0.0.0
```

P 的配置：

```
[P]ospf
[P-ospf-1]area 0
```

```
[P-ospf-1-area-0.0.0.0]network 12.1.1.0 0.0.0.255
[P-ospf-1-area-0.0.0.0]network 2.2.2.2 0.0.0.0
[P-ospf-1-area-0.0.0.0]network 23.1.1.0 0.0.0.255
```

查看公网路由的学习情况：

```
[P]display ip routing-table protocol ospf
Route Flags: R - relay, D - download to fib
------------------------------------------------------------------------------
Public routing table: OSPF
         Destinations: 2       Routes : 2
OSPF routing table status : <Active>
         Destinations: 2       Routes : 2
Destination/Mask    Proto   Pre  Cost  Flags  NextHop      Interface
1.1.1.1/32          OSPF    10   1     D      12.1.1.1     GigabitEthernet0/0/0
3.3.3.3/32          OSPF    10   1     D      23.1.1.2     GigabitEthernet0/0/1
OSPF routing table status : <Inactive>
         Destinations: 0       Routes : 0
```

（3）配置 ISP 内部的 MPLS 及 MPLS LDP，建立公网的 LSP 隧道。

PE1 的配置：

```
[PE1]mpls lsr-id 1.1.1.1
[PE1]mpls
[PE1-mpls]q
[PE1]mpls ldp
[PE1-mpls-ldp]q
[PE1]int g0/0/1
[PE1-GigabitEthernet0/0/1]mpls
[PE1-GigabitEthernet0/0/1]mpls ldp
```

P 的配置：

```
[P]mpls ls
[P]mpls lsr-id 2.2.2.2
[P]mpls
[P-mpls]q
[P]mpls ldp
[P-mpls-ldp]q
[P]interface g0/0/0
[P-GigabitEthernet0/0/0]mpls ldp
[P-GigabitEthernet0/0/0]q
[P]interface g0/0/1
[P-GigabitEthernet0/0/1]mpls
[P-GigabitEthernet0/0/1]mpls ldp
```

PE2 的配置：

```
[PE2]mpls lsr-id 3.3.3.3
[PE2]mpls
```

```
[PE2-mpls]q
[PE2]mpls ldp
[PE2-mpls-ldp]q
[PE2]interface g0/0/0
[PE2-GigabitEthernet0/0/0]mpls
[PE2-GigabitEthernet0/0/0]mpls ldp
```

查看 MPLS LSP 的建立情况：

```
[PE1]display mpls lsp
------------------------------------------------------------------------------
                        LSP Information: LDP LSP
------------------------------------------------------------------------------
FEC                   In/Out Label    In/Out IF                 Vrf Name
1.1.1.1/32            3/NULL          -/-
2.2.2.2/32            NULL/3          -/GE0/0/1
2.2.2.2/32            1024/3          -/GE0/0/1
3.3.3.3/32            NULL/1025       -/GE0/0/1
3.3.3.3/32            1025/1025       -/GE0/0/1
```

（4）配置 VPN 实例，并且将接口加入 VPN 实例。
PE1 的配置（VPN 实例 vpn1）：

```
[PE1]ip vpn-instance vpn1
[PE1-vpn-instance-vpn1]route-distinguisher 100:1
[PE1-vpn-instance-vpn1-af-ipv4]vpn-target 1:1 both
[PE1]interface g0/0/0
[PE1-GigabitEthernet0/0/0]ip binding vpn-instance vpn1
[PE1-GigabitEthernet0/0/0]ip address 10.0.11.1 24
```

PE1 的配置（VPN 实例 vpn2）：

```
[PE1]ip vpn-instance vpn2
[PE1-vpn-instance-vpn2]route-distinguisher 200:1
[PE1-vpn-instance-vpn2-af-ipv4]vpn-target 2:2 both
[PE1]interface g0/0/2
[PE1-GigabitEthernet0/0/2]ip binding vpn-instance vpn2
[PE1-GigabitEthernet0/0/2]ip address 10.0.13.1 24
```

PE2 的配置（VPN 实例 vpn1）：

```
[PE2]ip vpn-instance vpn1
[PE2-vpn-instance-vpn1]route-distinguisher 100:2
[PE2-vpn-instance-vpn1-af-ipv4]vpn-target 1:1 both
[PE2]interface g0/0/1.10
[PE2-GigabitEthernet0/0/1.10]ip binding vpn-instance vpn1
[PE2-GigabitEthernet0/0/1.10]ip address 10.0.100.1 24
[PE2-GigabitEthernet0/0/1.10]dot1q termination vid 10
```

PE2 的配置（VPN 实例 vpn2）：

```
[PE2]ip vpn-instance vpn2
[PE2-vpn-instance-vpn2] route-distinguisher 200:2
[PE2-vpn-instance-vpn2-af-ipv4] vpn-target 2:2 both
[PE2]interface g0/0/1.20
[PE2-GigabitEthernet0/0/1.20]ip binding vpn-instance vpn2
[PE2-GigabitEthernet0/0/1.20]ip address 10.0.101.1 24
[PE2-GigabitEthernet0/0/1.20]dot1q termination vid 20
```

MCE 的配置（VPN 实例 vpn1）：

```
[MCE]ip vpn-instance vpn1
[MCE-vpn-instance-vpn1]route-distinguisher 100:3
[MCE-vpn-instance-vpn1-af-ipv4]vpn-target 1:1 both
[MCE]interface g0/0/0.10
[MCE-GigabitEthernet0/0/0.10]ip binding vpn-instance vpn1
[MCE-GigabitEthernet0/0/0.10]dot1q termination vid 10
[MCE-GigabitEthernet0/0/0.10]ip address 10.0.100.2 24
[MCE]interface g0/0/1
[MCE-GigabitEthernet0/0/1]ip binding vpn-instance vpn1
[MCE-GigabitEthernet0/0/1]ip address 10.0.2.1 24
```

MCE 的配置（VPN 实例 vpn2）：

```
[MCE]ip vpn-instance vpn2
[MCE-vpn-instance-vpn2]route-distinguisher 200:3
[MCE-vpn-instance-vpn2-af-ipv4]vpn-target 2:2 both
[MCE]interface g0/0/0.20
[MCE-GigabitEthernet0/0/0.20]ip binding vpn-instance vpn2
[MCE-GigabitEthernet0/0/0.20]dot1q termination vid 20
[MCE-GigabitEthernet0/0/0.20]ip address 10.0.101.2 24
[MCE]interface g0/0/2
[MCE-GigabitEthernet0/0/2]ip binding vpn-instance vpn2
[MCE-GigabitEthernet0/0/2]ip address 10.0.4.1 24
```

● 【技术要点】

由于PE2和MCE要区分两个不同部门的路由，实现业务隔离，因此需要配置两个VPN实例，并且使用子接口的方式，将子接口划分到不同的VPN实例中，实现业务流量和路由层面的隔离。

（5）配置 PE 与 CE 的路由协议，本实验全部使用 OSPF（配置总公司部门 A 和部门 B 的 OSPF 协议）。

PE2 的配置：

```
[PE2]ospf 100 vpn-instance vpn1
[PE2-ospf-100]area 0
[PE2-ospf-100-area-0.0.0.0]network 10.0.100.0 0.0.0.255
[PE2]ospf 200 vpn-instance vpn2
```

```
[PE2-ospf-200]area 0
[PE2-ospf-200-area-0.0.0.0]network 10.0.101.0 0.0.0.255
```

MCE 的配置：

```
[MCE]ospf 100 vpn-instance vpn1
[MCE-ospf-100]area 0
[MCE-ospf-100-area-0.0.0.0]network 10.0.100.0 0.0.0.255
[MCE-ospf-100-area-0.0.0.0]network 10.0.2.0 0.0.0.255
[MCE]ospf 200 vpn-instance vpn2
[MCE-ospf-200]area 0
[MCE-ospf-200-area-0.0.0.0]network 10.0.101.0 0.0.0.255
[MCE-ospf-200-area-0.0.0.0]network 10.0.4.0 0.0.0.255
```

CE2 的配置：

```
[CE2]ospf 100
[CE2-ospf-100]area 0
[CE2-ospf-100-area-0.0.0.0]network 10.0.2.0 0.0.0.255
[CE2-ospf-100-area-0.0.0.0]network 20.20.20.20 0.0.0.0
```

CE4 的配置：

```
[CE4]ospf 200
[CE4-ospf-200]area 0
[CE4-ospf-200-area-0.0.0.0]network 10.0.4.0 0.0.0.255
[CE4-ospf-200-area-0.0.0.0]network 40.40.40.40 0.0.0.0
```

查看 MCE 的 OSPF 邻居关系：

```
[MCE]display ospf peer brief
        OSPF Process 100 with Router ID 10.0.100.2
                Peer Statistic Information
---------------------------------------------------------------------------
Area Id         Interface                   Neighbor id         State
0.0.0.0         GigabitEthernet0/0/0.10     10.0.100.1          Full
0.0.0.0         GigabitEthernet0/0/1        10.0.2.2            Full
---------------------------------------------------------------------------
        OSPF Process 200 with Router ID 10.0.101.2
                Peer Statistic Information
---------------------------------------------------------------------------
Area Id         Interface                   Neighbor id         State
0.0.0.0         GigabitEthernet0/0/0.20     10.0.101.1          Full
0.0.0.0         GigabitEthernet0/0/2        10.0.4.2            Full
---------------------------------------------------------------------------
```

可以看到 MCE 与 PE2、CE2 和 CE4 建立了 OSPF 的邻居关系。

下面查看 MCE 的路由表。

VPN 实例 vpn1 的路由表：

```
[MCE]display  ip routing-table vpn-instance vpn1
Route Flags: R - relay, D - download to fib
------------------------------------------------------------------------
Routing Tables: vpn1
         Destinations : 8        Routes : 8
Destination/Mask      Proto    Pre  Cost  Flags  NextHop      Interface
10.0.2.0/24           Direct   0    0     D      10.0.2.1     GigabitEthernet0/0/1
10.0.2.1/32           Direct   0    0     D      127.0.0.1    GigabitEthernet0/0/1
10.0.2.255/32         Direct   0    0     D      127.0.0.1    GigabitEthernet0/0/1
10.0.100.0/24         Direct   0    0     D      10.0.100.2   GigabitEthernet0/0/0.10
10.0.100.2/32         Direct   0    0     D      127.0.0.1    GigabitEthernet0/0/0.10
10.0.100.255/32       Direct   0    0     D      127.0.0.1    GigabitEthernet0/0/0.10
20.20.20.20/32        OSPF     10   1     D      10.0.2.2     GigabitEthernet0/0/1
255.255.255.255/32    Direct   0    0     D      127.0.0.1    InLoopBack0
```

结果表明，MCE 能够学习到 20.20.20.20/32 的路由。

VPN 实例 vpn2 的路由表：

```
[MCE]display ip routing-table vpn-instance vpn2
Route Flags: R - relay, D - download to fib
------------------------------------------------------------------------
Routing Tables: vpn2
         Destinations: 8        Routes: 8
Destination/Mask      Proto    Pre  Cost  Flags  NextHop      Interface
10.0.4.0/24           Direct   0    0     D      10.0.4.1     GigabitEthernet0/0/2
10.0.4.1/32           Direct   0    0     D      127.0.0.1    GigabitEthernet0/0/2
10.0.4.255/32         Direct   0    0     D      127.0.0.1    GigabitEthernet0/0/2
10.0.101.0/24         Direct   0    0     D      10.0.101.2   GigabitEthernet0/0/0.20
10.0.101.2/32         Direct   0    0     D      127.0.0.1    GigabitEthernet0/0/0.20
10.0.101.255/32       Direct   0    0     D      127.0.0.1    GigabitEthernet0/0/0.20
40.40.40.40/32        OSPF     10   1     D      10.0.4.2     GigabitEthernet0/0/2
255.255.255.255/32    Direct   0    0     D      127.0.0.1    InLoopBack0
```

结果表明，MCE 能够学习到 40.40.40.40/32 的路由。

下面配置分公司和 PE 之间的路由协议。

PE1 的配置：

```
[PE1]ospf 100 vpn-instance vpn1
[PE1-ospf-100]area 0
[PE1-ospf-100-area-0.0.0.0]network 10.0.11.0 0.0.0.255
[PE1]ospf 200 vpn-instance vpn2
[PE1-ospf-200]area 0
[PE1-ospf-200-area-0.0.0.0]network 10.0.13.0 0.0.0.255
```

CE1 的配置：

```
[CE1]ospf 100
[CE1-ospf-100]area 0
```

```
[CE1-ospf-100-area-0.0.0.0]network 10.10.10.10 0.0.0.0
[CE1-ospf-100-area-0.0.0.0]network 10.0.11.0 0.0.0.255
```

CE3 的配置：

```
[CE3]ospf 200
[CE3-ospf-200]area 0
[CE3-ospf-200-area-0.0.0.0]network 10.0.13.0 0.0.0.255
[CE3-ospf-200-area-0.0.0.0]network 30.30.30.30 0.0.0.0
```

（6）配置 PE 之间的 MP-BGP 邻居关系。
PE1 的配置：

```
[PE1]bgp 100
[PE1-bgp]peer 3.3.3.3 as-number 100
[PE1-bgp]peer 3.3.3.3 connect-interface LoopBack 0
[PE1-bgp]ipv4-family vpnv4
[PE1-bgp-af-vpnv4]peer 3.3.3.3 enable
```

PE2 的配置：

```
[PE2]bgp 100
[PE2-bgp]peer 1.1.1.1 as-number 100
[PE2-bgp]peer 1.1.1.1 connect-interface LoopBack 0
[PE2-bgp]ipv4-family vpnv4
[PE2-bgp-af-vpnv4]peer 1.1.1.1 enable
```

查看 PE1 的 VPNv4 邻居是否建立：

```
[PE1]display bgp vpnv4 all peer
 BGP local Router ID: 12.1.1.1
 Local AS number: 100
 Total number of peers: 1          Peers in established state: 1
  Peer         V    AS    MsgRcvd MsgSent  OutQ  Up/Down     State        PrefRcv
  3.3.3.3      4    100   2       3        0     00:00:49    Established  0
```

在 PE 上将从 CE 学习到的 OSPF 路由引入 BGP，再通过 MP-BGP 传递给对端 PE，并将 BGP 的路由引入 OSPF 中，发布给 CE 设备。
PE1 的配置：

```
[PE1]bgp 100
[PE1-bgp]ipv4-family vpn-instance vpn1
[PE1-bgp-vpn1]import-route ospf 100
[PE1-bgp-vpn1]q
[PE1-bgp]ipv4-family vpn-instance vpn2
[PE1-bgp-vpn2]import-route ospf 200
[PE1]ospf 100
[PE1-ospf-100]import-route bgp
[PE1]ospf 200
[PE1-ospf-200]import-route bgp
```

PE2 的配置：

```
[PE2]bgp 100
[PE2-bgp]ipv4-family vpn-instance vpn1
[PE2-bgp-vpn1]import-route ospf 100
[PE2-bgp-vpn1]q
[PE2-bgp]ipv4-family vpn-instance vpn2
[PE2-bgp-vpn2]import-route ospf 200
[PE2]ospf 100
[PE2-ospf-100]import-route bgp
[PE2]ospf 200
[PE2-ospf-200]import-route bgp
```

查看 VPN 实例 vpn1 的路由表：

```
[PE2]display bgp vpnv4 vpn-instance vpn1 routing-table
 BGP Local Router ID is 23.1.1.2
 Status codes: * - valid, > - best, d - damped,
               h - history,  i - internal, s - suppressed, S - Stale
               Origin: i - IGP, e - EGP, ? - incomplete
 VPN-Instance vpn1, Router ID 23.1.1.2:
 Total Number of Routes: 5
  Network              NextHop         MED        LocPrf    PrefVal   Path/Ogn
  *> 10.0.2.0/24       0.0.0.0         3                    0         ?
  *>i 10.0.11.0/24     1.1.1.1         0          100       0         ?
  *> 10.0.100.0/24     0.0.0.0         0                    0         ?
  *>i 10.10.10.10/32   1.1.1.1         2          100       0         ?
  *> 20.20.20.20/32    0.0.0.0         3                    0         ?
```

结果表明，实例 vpn1 的路由表中包含 CE1（10.10.10.10）和 CE2（20.20.20.20）的路由信息。
查看 VPN 实例 vpn2 的路由表：

```
[PE2]display bgp vpnv4 vpn-instance vpn2 routing-table
 BGP Local Router ID is 23.1.1.2
 Status codes: * - valid, > - best, d - damped,
               h - history,  i - internal, s - suppressed, S - Stale
               Origin: i - IGP, e - EGP, ? - incomplete
 VPN-Instance vpn2, Router ID 23.1.1.2:
 Total Number of Routes: 5
  Network              NextHop         MED        LocPrf    PrefVal   Path/Ogn
  *> 10.0.4.0/24       0.0.0.0         3                    0         ?
  *>i 10.0.13.0/24     1.1.1.1         0          100       0         ?
  *> 10.0.101.0/24     0.0.0.0         0                    0         ?
  *>i 30.30.30.30/32   1.1.1.1         2          100       0         ?
  *> 40.40.40.40/32    0.0.0.0         3                    0         ?
```

结果表明，实例 vpn2 的路由表中包含 CE3（30.30.30.30）和 CE4（40.40.40.40）的路由信息。
以 VPN 实例 vpn1 的站点为例，查看 CE1 和 CE2 的路由表：

```
[CE1]display ip routing-table
Route Flags: R - relay, D - download to fib
------------------------------------------------------------------------------
Routing Tables: Public
         Destinations: 11        Routes: 11
Destination/Mask    Proto    Pre   Cost   Flags   NextHop      Interface
10.0.2.0/24         OSPF     10    4      D       10.0.11.1    GigabitEthernet0/0/0
10.0.11.0/24        Direct   0     0      D       10.0.11.2    GigabitEthernet0/0/0
10.0.11.2/32        Direct   0     0      D       127.0.0.1    GigabitEthernet0/0/0
10.0.11.255/32      Direct   0     0      D       127.0.0.1    GigabitEthernet0/0/0
10.0.100.0/24       O_ASE    150   1      D       10.0.11.1    GigabitEthernet0/0/0
10.10.10.10/32      Direct   0     0      D       127.0.0.1    LoopBack0
20.20.20.20/32      OSPF     10    4      D       10.0.11.1    GigabitEthernet0/0/0
127.0.0.0/8         Direct   0     0      D       127.0.0.1    InLoopBack0
127.0.0.1/32        Direct   0     0      D       127.0.0.1    InLoopBack0
127.255.255.255/32  Direct   0     0      D       127.0.0.1    InLoopBack0
255.255.255.255/32  Direct   0     0      D       127.0.0.1    InLoopBack0


[CE2]display ip routing-table
Route Flags: R - relay, D - download to fib
------------------------------------------------------------------------------
Routing Tables: Public
         Destinations: 11        Routes: 11
Destination/Mask    Proto    Pre   Cost   Flags   NextHop      Interface
10.0.2.0/24         Direct   0     0      D       10.0.2.2     GigabitEthernet0/0/0
10.0.2.2/32         Direct   0     0      D       127.0.0.1    GigabitEthernet0/0/0
10.0.2.255/32       Direct   0     0      D       127.0.0.1    GigabitEthernet0/0/0
10.0.11.0/24        O_ASE    150   1      D       10.0.2.1     GigabitEthernet0/0/0
10.0.100.0/24       OSPF     10    2      D       10.0.2.1     GigabitEthernet0/0/0
10.10.10.10/32      OSPF     10    4      D       10.0.2.1     GigabitEthernet0/0/0
20.20.20.20/32      Direct   0     0      D       127.0.0.1    LoopBack0
127.0.0.0/8         Direct   0     0      D       127.0.0.1    InLoopBack0
127.0.0.1/32        Direct   0     0      D       127.0.0.1    InLoopBack0
127.255.255.255/32  Direct   0     0      D       127.0.0.1    InLoopBack0
255.255.255.255/32  Direct   0     0      D       127.0.0.1    InLoopBack0
```

结果表明，CE1 能够学习到 CE2 的 20.20.20.20/32 路由，但是 CE2 无法学习到 CE1 的 10.10.10.10/32 路由。

查看 MCE 的 VPN 实例 vpn1 的路由表：

```
[MCE]display ip routing-table vpn-instance vpn1
Route Flags: R - relay, D - download to fib
------------------------------------------------------------------------------
Routing Tables: vpn1
         Destinations: 8         Routes: 8
Destination/Mask    Proto    Pre   Cost   Flags   NextHop      Interface
10.0.2.0/24         Direct   0     0      D       10.0.2.1     GigabitEthernet0/0/1
10.0.2.1/32         Direct   0     0      D       127.0.0.1    GigabitEthernet0/0/1
```

10.0.2.255/32	Direct	0	0	D	127.0.0.1	GigabitEthernet0/0/1
10.0.100.0/24	Direct	0	0	D	10.0.100.2	GigabitEthernet0/0/0.10
10.0.100.2/32	Direct	0	0	D	127.0.0.1	GigabitEthernet0/0/0.10
10.0.100.255/32	Direct	0	0	D	127.0.0.1	GigabitEthernet0/0/0.10
20.20.20.20/32	OSPF	10	1	D	10.0.2.2	GigabitEthernet0/0/1
255.255.255.255/32	Direct	0	0	D	127.0.0.1	InLoopBack0

结果表明，MCE 上并没有 10.10.10.10/32 的路由信息。但是与 PE2 的 OSPF 邻居关系可以正常建立。

查看 MCE 的 OSPF 100 的 LSDB：

```
[MCE]display ospf 100 lsdb
            OSPF Process 100 with Router ID 10.0.100.2
                    Link State Database
                        Area: 0.0.0.0
Type       LinkState ID    AdvRouter        Age   Len   Sequence       Metric
Router     10.0.2.2        10.0.2.2         494   48    80000004       1
Router     10.0.100.2      10.0.100.2       489   48    80000008       1
Router     10.0.100.1      10.0.100.1       599   36    80000005       1
Network    10.0.2.1        10.0.100.2       489   32    80000002       0
Network    10.0.100.1      10.0.100.1       599   32    80000002       0
Sum-Net    10.10.10.10     10.0.100.1       134   28    80000001       2
                    AS External Database
Type       LinkState ID    AdvRouter        Age   Len   Sequence       Metric
External   10.0.11.0       10.0.100.1       134   36    80000001       1
```

结果表明，可以学习到 10.10.10.10 这条 3 类 LSA，但是并没有产生 10.10.10.10/32 的 OSPF 路由。原因是为了防止环路，OSPF 多实例进程使用 LSA Options 域中一个原先未使用的比特作为标志位，称为 DN 位。当设备收到 DN 置位的 LSA 时，将执行接收不计算的动作，因此需要在 OSPF 进程中关闭该功能。

MCE 的配置：

```
[MCE]ospf 100
[MCE-ospf-100]vpn-instance-capability simple
// 禁止路由环路检测，直接进行路由计算
[MCE]ospf 200
[MCE-ospf-200]vpn-instance-capability simple
```

再次查看 MCE 的 VPN 实例 vpn1 的路由表：

```
[MCE]display ip routing-table vpn-instance vpn1
Route Flags: R - relay, D - download to fib
-------------------------------------------------------------------------------
Routing Tables: vpn1
         Destinations : 10       Routes : 10
Destination/Mask    Proto    Pre   Cost   Flags   NextHop      Interface
10.0.2.0/24         Direct   0     0      D       10.0.2.1     GigabitEthernet0/0/1
10.0.2.1/32         Direct   0     0      D       127.0.0.1    GigabitEthernet0/0/1
```

10.0.2.255/32	Direct	0	0	D	127.0.0.1	GigabitEthernet0/0/1
10.0.11.0/24	O_ASE	150	1	D	10.0.100.1	GigabitEthernet0/0/0.10
10.0.100.0/24	Direct	0	0	D	10.0.100.2	GigabitEthernet0/0/0.10
10.0.100.2/32	Direct	0	0	D	127.0.0.1	GigabitEthernet0/0/0.10
10.0.100.255/32	Direct	0	0	D	127.0.0.1	GigabitEthernet0/0/0.10
10.10.10.10/32	OSPF	10	3	D	10.0.100.1	GigabitEthernet0/0/0.10
20.20.20.20/32	OSPF	10	1	D	10.0.2.2	GigabitEthernet0/0/1
255.255.255.255/32	Direct	0	0	D	127.0.0.1	InLoopBack0

结果表明，可以正常学习到 10.10.10.10/32 的路由信息。
查看 CE2 的路由表：

```
[CE2]display ip routing-table
Route Flags: R - relay, D - download to fib
-------------------------------------------------------------------------------
Routing Tables: Public
        Destinations: 11        Routes: 11
Destination/Mask    Proto    Pre  Cost  Flags  NextHop      Interface
10.0.2.0/24         Direct   0    0     D      10.0.2.2     GigabitEthernet0/0/0
10.0.2.2/32         Direct   0    0     D      127.0.0.1    GigabitEthernet0/0/0
10.0.2.255/32       Direct   0    0     D      127.0.0.1    GigabitEthernet0/0/0
10.0.11.0/24        O_ASE    150  1     D      10.0.2.1     GigabitEthernet0/0/0
10.0.100.0/24       OSPF     10   2     D      10.0.2.1     GigabitEthernet0/0/0
10.10.10.10/32      OSPF     10   4     D      10.0.2.1     GigabitEthernet0/0/0
20.20.20.20/32      Direct   0    0     D      127.0.0.1    LoopBack0
127.0.0.0/8         Direct   0    0     D      127.0.0.1    InLoopBack0
127.0.0.1/32        Direct   0    0     D      127.0.0.1    InLoopBack0
127.255.255.255/32  Direct   0    0     D      127.0.0.1    InLoopBack0
255.255.255.255/32  Direct   0    0     D      127.0.0.1    InLoopBack0
```

结果表明，也可以正常学习到 10.10.10.10/32 的路由信息。
（7）测试实验结果。

```
[CE1]ping 20.20.20.20
  PING 20.20.20.20: 56  data bytes, press CTRL_C to break
    Reply from 20.20.20.20: bytes=56 Sequence=1 ttl=251 time=50 ms
    Reply from 20.20.20.20: bytes=56 Sequence=2 ttl=251 time=40 ms
    Reply from 20.20.20.20: bytes=56 Sequence=3 ttl=251 time=50 ms
    Reply from 20.20.20.20: bytes=56 Sequence=4 ttl=251 time=50 ms
    Reply from 20.20.20.20: bytes=56 Sequence=5 ttl=251 time=40 ms
  --- 20.20.20.20 ping statistics ---
    5 packet(s) transmitted
    5 packet(s) received
    0.00% packet loss
    round-trip min/avg/max = 40/46/50 ms
[CE1]ping 40.40.40.40
  PING 40.40.40.40: 56 data bytes, press CTRL_C to break
    Request time out
```

```
    Request time out
    Request time out
    Request time out
    Request time out
 --- 40.40.40.40 ping statistics ---
    5 packet(s) transmitted
    0 packet(s) received
    100.00% packet loss
```

结果表明，CE1 可以正常访问 CE2，但无法访问 CE4。

```
[CE3]ping 40.40.40.40
  PING 40.40.40.40: 56 data bytes, press CTRL_C to break
    Reply from 40.40.40.40: bytes=56 Sequence=1 ttl=251 time=60 ms
    Reply from 40.40.40.40: bytes=56 Sequence=2 ttl=251 time=50 ms
    Reply from 40.40.40.40: bytes=56 Sequence=3 ttl=251 time=50 ms
    Reply from 40.40.40.40: bytes=56 Sequence=4 ttl=251 time=40 ms
    Reply from 40.40.40.40: bytes=56 Sequence=5 ttl=251 time=40 ms
 --- 40.40.40.40 ping statistics ---
    5 packet(s) transmitted
    5 packet(s) received
    0.00% packet loss
    round-trip min/avg/max = 40/48/60 ms
[CE3]ping 20.20.20.20
  PING 20.20.20.20: 56 data bytes, press CTRL_C to break
    Request time out
    Request time out
    Request time out
    Request time out
    Request time out
 --- 20.20.20.20 ping statistics ---
    5 packet(s) transmitted
    0 packet(s) received
    100.00% packet loss
```

结果表明，CE3 无法访问 CE2，但可以访问 CE4。
结果与实验需求是一致的。